STERNE

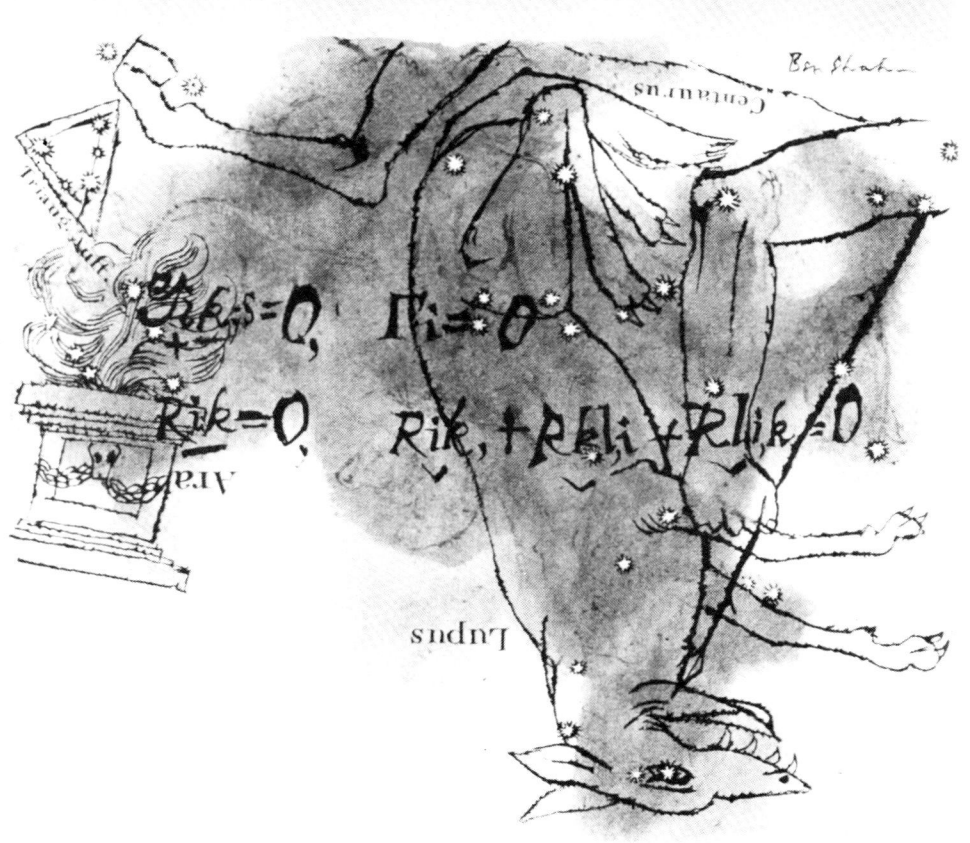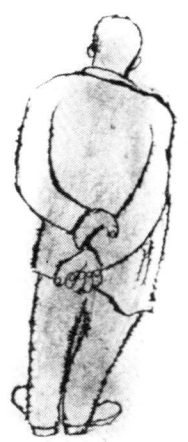

STERNE

Die physikalische Welt der kosmischen Sonnen

James B. Kaler

Aus dem Amerikanischen übersetzt von Margit Röser

Spektrum Akademischer Verlag Heidelberg · Berlin

Originaltitel: Stars
Aus dem Amerikanischen übersetzt von Margit Röser

Amerikanische Originalausgabe bei
Scientific American Library, New York
© 1992 James B. Kaler

Titelbild: Gasnebel und junger Sternhaufen RCW 38,
Foto: European Southern Observatory

Die Deutsche Bibliothek – CIP-Einheitsaufnahme

Kaler, James B.:
Sterne: die physikalische Welt der kosmischen Sonnen / James B. Kaler.
Aus dem Amerikan. übers. von Margit Röser. –
Heidelberg : Spektrum, Akad. Verl., 2000
    Einheitssacht.: Stars <dt.>
    ISBN 3-8274-1046-0

© 2000, 1993 Spektrum Akademischer Verlag GmbH Heidelberg · Berlin

Alle Rechte, insbesondere die der Übersetzung in fremde Sprachen, sind vorbehalten. Kein Teil des Buches darf ohne schriftliche Genehmigung des Verlages fotokopiert oder in irgendeiner anderen Form reproduziert oder in eine von Maschinen verwendbare Sprache übertragen oder übersetzt werden.

Wir haben uns bemüht, sämtliche Rechteinhaber von Abbildungen zu ermitteln. Sollte dem Verlag gegenüber dennoch der Nachweis der Rechtsinhaberschaft geführt werden, wird das branchenübliche Honorar gezahlt.

Lektorat: Katharina Neuser-von Oettingen/Marianne Vollmer,
Anja Groth (Ass.)
Copy-editing: Sonia Burgos Vela
Produktion: Karin Kern
Druck und Verarbeitung: Triltsch, Print und digitale Medien GmbH

Für Maxine, in Liebe

Inhalt

Danksagung	9
Prolog	11
1. Alte Wunder	15
2. Die Werkzeuge der Entdeckung	49
3. Die Entdeckung der Wirklichkeit	83
4. Der Bau eines Sterns	131
5. Der Reifungsprozeß	171
6. Katastrophe	211
7. Das erste Tageslicht	249
Epilog	291
Anhänge	295
Bildnachweise	310
Weiterführende Literatur	312
Sachindex	314
Sternindex	323

Danksagung

Dieses Buch zu schreiben, war eine Freude. Viele Menschen haben mir dabei geholfen und mich auf dem Weg bis hin zu seiner Vollendung geleitet. Mein Dank geht an Jerry Lyons, der das Projekt ins Leben rief und mich bat, für die Library (deren deutschsprachiges Pendant die Spektrum-Bibliothek ist, Anm. d. Übers.) zu schreiben, und an Amy Johnson, die die Entstehung des Manuskripts mit Kreativität, Freundlichkeit und stetiger Ermutigung begleitete. Für sie hatte Qualität stets Vorrang vor Produktionsterminen, und sie sorgte dafür, daß ich die Zeit hatte, die ich brauchte. Mein besonderer Dank gilt meiner Redakteurin Nancy Brooks, die die englische Sprache liebt und alle meine Satzkonstruktionen peinlich genau überprüfte. Klarheit war ihr großes Ziel, und ich werde sie stets als einen meiner Lehrer ansehen. Dank auch an Elisa Adams und Christine Hastings, die das Projekt fachmännisch in der Produktionsphase betreuten.

Dieses Buch ist eine Mischung aus Naturwissenschaft und Kunst. Ich danke Travis Amos für seine Kenntnisse auf diesem Gebiet, seinen Rat und seine erfolgreiche Suche nach hervorragenden Photographien. Dank auch an den Illustrator Ian Worpole für die ansprechend und exakt gezeichneten Abbildungen und an Megan Higgins für ihr wunderschönes Design.

Kein Buch dieses Umfangs ist möglich ohne die Hilfe und den Rat wissenschaftlicher Kollegen. Bruce Twarog war bei der Umgestaltung von Teilen des Textes sehr behilflich; außerdem wies er auf einige Stellen im ersten Entwurf hin, die der Verbesserung bedurften. Mein alter Freund Ray White brachte emsig und mit großer Sorgfalt zahlreiche Korrekturen an, und Icko Iben und Jim Truran, meine Mitarbeiter aus Illinois, klärten mich über die Feinheiten der Theorie der Sterne auf.

Der wichtigste Platz ist jedoch für meine Frau Maxine Grossman Kaler reserviert – aus Dank für ihre Unterstützung, ihre Begeisterung und ihre Geduld. Danke Maxine und danke Ihnen allen.

Vincent van Goghs „Sternhimmel über der Rhône".

Prolog

Jede Nacht sind die Sterne da, für jedermann sichtbar – und doch unerreichbar. Es scheint, als ob wir hingreifen und einen zu uns herunterholen könnten, aber sie liegen gänzlich außerhalb unserer Reichweite. Vielleicht ist es diese Dichotomie, die dem Nachthimmel seinen Zauber verleiht, die Jung und Alt hinauslockt, um die funkelnden Lichter zu betrachten, und die zu einer lebenslangen Begeisterung für die Naturwissenschaft führen kann. Das war bei unseren Vorfahren nicht anders. Sie brachten zwar den Himmel mit den Göttern und der Geisterwelt in Verbindung, doch sie führten uns auch auf den langen und schwierigen, aber stets wundervollen und an Naturschönheiten reichen Weg zu der Erkenntnis, was die Sterne wirklich sind, wo sie herkommen, was aus ihnen werden wird und auf welche Weise sie so eng mit unseren eigenen Anfängen verknüpft sind.

STERNE

Versetzen wir uns zurück in die alten Zeiten und beobachten wir den Himmel, wie es die ersten Astronomen getan haben. Der Nachthimmel erscheint wie eine riesige Schüssel, bedeckt mit Sternen, die sich von Ost nach West bewegen – wie es auch die Sonne im Laufe des Tages tut. In jeder folgenden Nacht verschiebt sich das sternenübersäte Gewölbe ein Stückchen weiter westwärts, so daß einige Sterne in der Abenddämmerung verschwinden, während andere neu am Morgenhimmel auftauchen. Wir beobachten, wie sich im Laufe eines Jahres das ganze Gefüge einmal gegen die Sonne dreht und stellen fest, daß die Königin des Tageslichts in Wirklichkeit eine stetig ostwärts führende Bahn zwischen den Sternen verfolgt. Während unserer nächtlichen Wache beobachten wir auch, wie ein heller, silbriger Mond seine Gestalt verändert und sich auf fast der gleichen Bahn bewegt, nur ein dutzendmal schneller. Mit wachsender Verwunderung stellen wir fest, daß fünf der hellsten Himmelskörper, die Planeten, nicht an ihrem Platz bleiben, sondern torkelnd hin und her wandern, obgleich auch sie sich auf der breiten östlichen Straße bewegen, die durch den Kurs der Sonne bestimmt ist. Andere Erscheinungen lassen uns einfach nur staunen. Plötzlich durchkreuzt eine Lichtspur – ein Meteor – den Himmel. Ist es ein Stern, der sein himmlisches Gleichgewicht verloren hat und herabstürzt? Wir könnten auch ein zartes, leuchtendes Band entdecken – einen Kometen, der langsam seine Bahn durch das nächtliche Gepränge zieht. Doch alle diese Erscheinungen unterscheiden sich deutlich von den echten Sternen, den Tausenden von Lichtern, die stetig ihren Kurs halten, die einem ein Leben lang ein Gefühl der himmlischen Beständigkeit vermitteln und damit Menschengenerationen über Jahrtausende hinweg verbinden.

Generationen von Himmelsbeobachtern haben in den vergangenen 3000 Jahren in stetiger Folge die verschiedenen Himmelserscheinungen sortiert und eingeordnet. Wir haben festgestellt, daß die Körper, die sich bewegen, alle sehr nahe sind und die Sonne umkreisen, und daß unsere Heimat, die Erde, ebenfalls ein Planet ist, der zu ihnen gerechnet werden muß. Was noch bemerkenswerter ist, wir haben erkannt, daß die echten Sterne erstaunlich weit entfernt sind – hunderttausendmal, millionenmal, ja *milliardenmal* weiter als die Sonne und die Planeten – und was am wichtigsten ist, *daß die Sonne einer von ihnen ist.* Sterne, so haben wir gelernt, sind riesige, leuchtende Gaskugeln, die tief in ihrem Inneren durch gewaltige Kernreaktionen gespeist werden. Die Sonne, typisch für viele ihrer Verwandten, hat einen Durchmesser von über einer Million Kilometern und enthält die Masse von fast einer Million Erden. Diese nuklearen Schmelzöfen sind die wichtigsten Vorrichtungen zur Umwandlung von Materie in Energie – sie liefern die Stoffe, aus denen das Leben entsteht, und sie nähren es.

Gemeinsam stellen die Sterne den Hauptanteil der sichtbaren Masse des Universums – sie sind die Indikatoren, mit deren Hilfe wir den Entwicklungskreislauf der Galaxis, ja aller Schöpfung verstehen können. Geburt und Leben der Sterne sind ein brodelnder Hexenkessel, der den ruhigen, friedvollen Nachthimmel Lügen straft. Ständig kommen und gehen Sterne – die meisten sterben leise, manche treten mit einem gleißend hellen Blitz der Zerstörung ab, und alle werden sie ersetzt durch andere, die darauf warten, geboren zu werden.

Sterne bilden riesige Gruppen, die man Galaxien nennt. Unsere eigene Galaxis besteht aus etwa 200 Milliarden Sternen. In dem Teil des Universums, den wir sehen können, schätzen wir die Zahl der Galaxien auf mehr als eine Milliarde. Und jede Galaxie ist vollbesetzt mit Sternen – 100 Trillionen Sterne und jenseits davon noch mehr, und kaum zwei von ihnen sind exakt gleich! Ihre Größe reicht von aufgeblähten Riesen, so groß wie das Sonnensystem, bis hinab zu unglaublich dichten Materieklumpen, die nicht viel größer sind als eine kleine Stadt. Die meisten leuchten so schwach, daß sie mit bloßem Auge nicht zu sehen wären, selbst wenn sie sich in unserer nächsten stellaren Nachbarschaft befänden, während andere als strahlende Leuchtfeuer den Weg durch die Weiten des intergalaktischen Raums erhellen.

Die Sterne haben weit mehr zu bieten als ihre rein wissenschaftliche oder ästhetische Anziehungskraft. Sie sind natürliche Laboratorien, die wir bei unserem ewigen Bemühen, Materie und Energie zu verstehen, benutzen können. Nirgendwo auf der Erde können wir die Bedingungen herstellen und aufrechterhalten, die im Zentrum der Sonne herrschen oder in der kühlen Schwärze der Geburtsstätten von Sternen oder in den lodernden Feuern des Sternentods. Was wir dort lernen, können wir hier anwenden. Kein Fach kann sich isoliert entwickeln. Astronomisches Wissen kommt der Chemie, Physik, Geologie, ja sogar der Biologie zugute, und diese revanchieren sich mit ihren eigenen Erkenntnissen. Um uns selbst zu kennen, müssen wir die Sterne kennen.

Die Astronomie umfaßt einen weiten Bereich. Die einen denken dabei an den Mond und die Planeten, andere an die Milliarden von Galaxien und den Ursprung und das Schicksal des Universums selbst. Doch wenn man in einer dunklen, klaren Nacht nach draußen geht, richtet sich die Aufmerksamkeit auf die Sterne, die funkelnden Lichter, die einfach den ganzen Himmel füllen. Und der Blick umfaßt immer schwächere und schwächere, bis sie in der Schwärze verschwinden. Folgen Sie uns also auf eine Reise, die uns von der Erde in die Tiefen des Raums und weiter bis ins Innerste der Sterne führen wird.

1.1 Tafel des nördlichen Himmels aus dem *Astronomicum Caesareum* des Peter Apian, 1540.

Alte Wunder

Sternenkunde und der Schauplatz Himmel

1

In der heutigen Zeit konzentrieren wir uns ganz auf die *Wissenschaft* der Astronomie – auf die physikalischen Eigenschaften, die Entstehung und das Schicksal der Sterne. Allzuoft vergessen wir, auch einmal ohne unsere Meß- und Analyseinstrumente nach oben zu schauen, den Nachthimmel und die unzähligen Sterne über unseren Köpfen zu betrachten und still über ihre Erhabenheit und ihre jahrhundertelange Bedeutung für die Menschheit nachzusinnen. Wenn also die ganze Geschichte erzählt werden soll, so müssen wir mit dem alten Wissen beginnen, das bis auf den heutigen Tag überlebt hat – überlieferte Kunde und Kenntnisse, die die nachfolgenden abstrakten Diskussionen mit echten Sternen am Himmel verknüpfen, die uns einen Blick in die Vergangenheit werfen lassen und eine ungebrochene Verbindung zu unseren Vorfahren aus so ferner Zeit schaffen.

Erde und Himmel

Um die Sterne zu untersuchen, müssen wir sie in Zusammenhang miteinander bringen. Der Himmel zeigt eine bemerkenswerte Ordnung. Man kann sich darauf verlassen, daß die Sonne an einem bestimmten Ort und Tag an dem vorhergesagten Punkt und zur vorhergesagten Zeit über dem Horizont erscheint, und man weiß ohne hinzuschauen genau, welche Sterne um 20 Uhr an einem Januarabend am Himmel stehen. Die Bewegung und die Anordnung der himmlischen Population wird verständlich, wenn man von der alten Vorstellung einer Himmelssphäre ausgeht, einer Sphäre mit unendlich großem Radius, in deren Zentrum die Erde liegt. Sie ist das Himmelsgewölbe, die Kuppel, an der Sonne, Mond, Planeten und Sterne scheinbar befestigt sind. Wir kehren also für den Augenblick – aus ganz praktischen Gründen – zur Fiktion des geozentrischen Universums zurück.

Wir alle wissen, daß die Erde eine Kugel ist. Doch vor nur einigen hundert Jahren glaubte man noch allgemein, daß sie flach sei. Verschiedene „Flache-Erde-Gesellschaften" vertreten sogar heute noch diese Ansicht. Die Vorstellung von einer runden Erde geht jedoch mindestens auf Pythagoras (um 550 vor Christus) zurück. Es gibt zahllose Beweise für die Kugelgestalt der Erde. So verschwindet bei Schiffen zuerst der Rumpf, wenn sie hinter den Horizont tauchen – ein Beweis, daß die Erdoberfläche gekrümmt ist. Aristoteles (384–322 vor Christus) beschrieb, wie Sterne ihre Position am Himmel verändern und sich nach Norden zu bewegen scheinen, wenn der Reisende nach Süden wandert. Er beobachtete auch, daß der Umriß des Erdschattens, der während einer Mondfinsternis auf den Mond fällt, kreisförmig ist. Eratosthenes von Kyrene (um 275–195 vor Christus) maß sogar die Größe der Erde! Er wußte, daß in Syene in Südägypten die Sonne am Sommeranfang mittags direkt im Zenit steht und keinen Schatten wirft, während sie sich in Alexandria, wo er lebte, zu diesem Zeitpunkt den 50. Teil eines Kreises südlich des Zenits befindet. Demnach muß der Umfang der Erde 50mal größer sein als die Entfernung zwischen den beiden Städten. Wenn wir uns bezüglich der Größe der Entfernungseinheit seiner Zeit nicht irren, bestimmte Eratosthenes den Erdumfang auf etwa zwei Prozent genau.

Ein weiterer Umstand ist die Rotation der Erde, die dafür verantwortlich ist, daß die Sonne und die Sterne auf- und untergehen. Aristoteles behauptete mit großer Überzeugungskraft, daß die Erde zu schwer sei, um sich zu bewegen, und seine Ansicht blieb bis ins 17. Jahrhundert unverrückbar bestehen. Doch selbst zu seiner Zeit erkannten bereits einige, daß die einfachste Erklärung für die Wande-

1. ALTE WUNDER

rung der Sterne nach Westen eine entgegengesetzte Drehung der Erde nach Osten wäre.

Nun wollen wir uns an die Geburtsstätte dieser Vorstellungen, in das antike Griechenland, begeben und den Anblick des Himmels rekonstruieren, der sich den Bewohnern dort bot. Die Erde dreht sich um eine Achse, die durch ihr Zentrum geht und an zwei Polen wieder austritt. Zwischen den Polen liegt der Äquator, der die Erde in zwei Hälften teilt. Den senkrecht vom Äquator aus gemessenen Winkel zu einem beliebigen Punkt der Erdoberfläche nennt man geographische Breite (ein moderner Begriff, abgekürzt φ). Der Himmel wird exakt so beschrieben, wie er uns erscheint. Als Beobachter scheinen wir immer „oben" auf der Welt zu stehen. Und da wir offensichtlich aufrecht stehen, muß die Erde im Raum relativ zur Senkrechten geneigt sein, wobei der Erdäquator um den Winkel südlich von uns liegt, der unserer geographischen Breite entspricht. Der Nordpol liegt dann im Norden bei einem Winkel von 90 Grad minus der geographischen Breite. Legen wir an unserem Standort eine ebene Fläche tangential an die Erde an, so schneidet diese die Himmelssphäre in einem Großkreis (dessen Mittelpunkt mit dem Mittelpunkt der Sphäre zusammenfällt), den man Horizont nennt und der den Himmel in zwei gleich große Hemisphären – eine sichtbare und eine unsichtbare – unterteilt. Direkt über uns ist der Zenit und unter uns der unsichtbare Nadir. Zenit und Nadir sind unser persönliches Eigentum – bewegen wir uns entlang der gekrümmten Erdoberfläche, folgen sie uns zwischen den Sternen nach.

Als nächstes wollen wir die Rotationsachse der Erde verlängern und die Äquatorebene ausdehnen, bis sie die Himmelssphäre schneiden und dort den nördlichen und südlichen Himmelspol (NHP und SHP) und den Himmelsäquator definieren. Diese entsprechen genau ihren irdischen Gegenstücken, wobei der Himmelsäquator den Himmel in eine nördliche und eine südliche Hemisphäre unterteilt. Da die Erde gegen den Uhrzeigersinn (von oberhalb des Nordpols aus gesehen) um ihre geographischen Pole rotiert und sich der Beobachter dabei stets parallel zum Äquator bewegt, scheint sich der Himmel in entgegengesetzter Richtung um *seine* Pole zu drehen, so daß sich alle Sterne von Ost nach West auf festen täglichen Bahnen parallel zum Himmelsäquator bewegen. Schließlich teilt auch noch der Großkreis, der durch Zenit, Nadir und die Himmelspole verläuft und Himmelsmeridian genannt wird, den Himmel in eine östliche und eine westliche Hemisphäre. Die Schnittpunkte des Himmelsmeridians mit dem Horizont bestimmen den Nord- und Südpunkt, während Ost und West durch die Punkte definiert werden, an denen sich der Horizont und der Himmelsäquator schneiden. (Die Himmelsrichtungen werden also *nicht* durch einen magnetischen Kompaß festgelegt, der

1.2 Auf dieser zwei Stunden belichteten Himmelsaufnahme, die an einem Observatorium auf Mauna Kea gemacht wurde, erkennt man, wie die Sterne den nördlichen Himmelspol umkreisen. Sterne, die nahe genug am Pol stehen, bleiben immer sichtbar.

auf den in Kanada gelegenen magnetischen Nordpol zeigt.) Der Himmelsäquator schneidet den Himmelsmeridian am Äquatorpunkt Σ.

Erde und Himmel sind eng miteinander verknüpft. Das himmlische Analogon zur geographischen Breite ist die Deklination δ, also der senkrecht vom Himmelsäquator (nach Norden oder Süden) gemessene Winkel zu einem Stern. Da sich der Äquator und die Pole des Himmels direkt oberhalb des Äquators und der Pole der Erde befinden, ist die Deklination des Zenit stets gleich der geographischen Breite des Beobachters. Der senkrecht vom Horizont aus gemessene Höhenwinkel eines Sterns heißt Höhe h. Die Höhe des Himmelsnordpols ist ebenfalls gleich der geographischen Breite des Beobachters. Aus der Orientierung des Himmels können wir also Informationen darüber erhalten, an welchem Ort der Erde wir uns befinden. Sterne auf dem Äquator, also solche mit einer Deklination von Null Grad, gehen genau im Osten auf und genau im Westen unter. Solche mit nördlichen Deklinationen schneiden den Horizont nördlich des

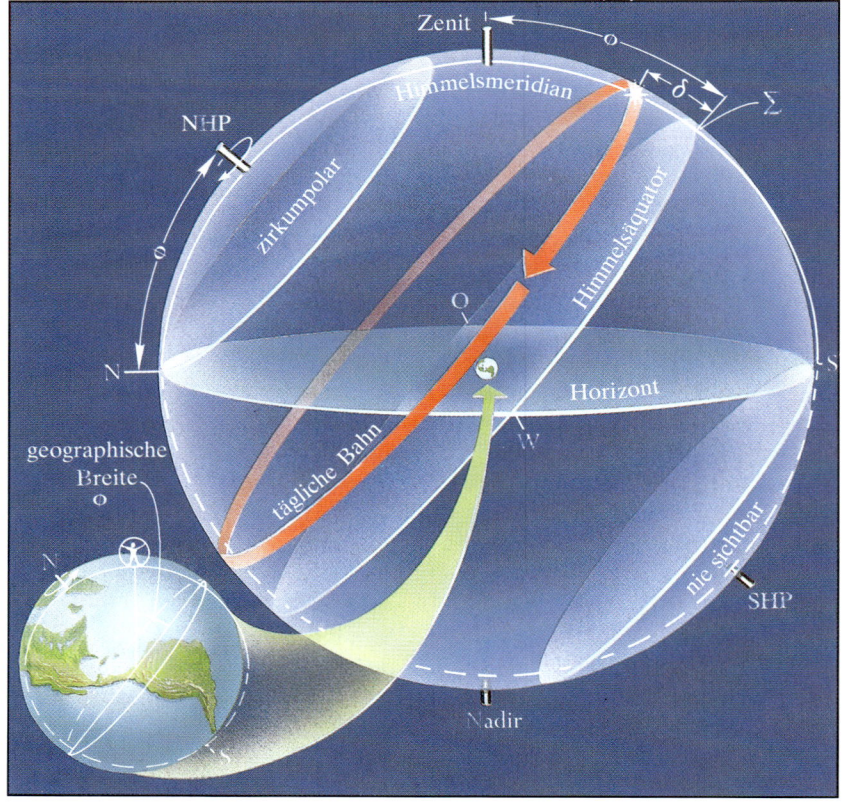

1.3 Der Himmelsäquator teilt den Himmel in eine nördliche und eine südliche Hemisphäre, der Himmelsmeridian, der vom Zenit durch die Pole läuft, in eine östliche und eine westliche. Die Schnittpunkte des Horizonts mit dem Himmelsmeridian und dem Äquator definieren Norden, Süden, Osten und Westen; Äquator und Meridian schneiden sich im Äquatorpunkt Σ. Der senkrecht vom Himmelsäquator aus bis zum Stern gemessene Winkel heißt Deklination δ. Die geographische Breite des Beobachters ist stets gleich der Deklination des Zenits und der Höhe (der Höhenwinkel senkrecht zum Horizont) des Himmelspols. Da die Erde von West nach Ost rotiert, scheint sich der Himmel in entgegengesetzter Richtung von Ost nach West um die Himmelspole zu drehen, wobei die Sterne und die Sonne auf ihren täglichen Bahnen parallel zum Himmelsäquator laufen.

Ost- beziehungsweise Westpunkts, jene mit südlichen Deklinationen südlich davon. Ist die Deklination eines Sterns größer als ein bestimmter Wert, nämlich 90 Grad minus der geographischen Breite, und damit sein Winkelabstand zum Himmelspol geringer als der Winkelabstand des Himmelspols zum Horizont, so kann der Stern niemals untergehen – man sagt, er ist zirkumpolar. Hat umgekehrt ein Stern eine größere südliche Deklination als der kritische Wert, so wird er niemals aufgehen. Von einer gegebenen geographischen Breite aus sind also bestimmte Sterne immer sichtbar, während andere niemals gesehen werden können.

Je weiter wir also nach Norden reisen und je höher damit der Himmelsnordpol steht, desto mehr zirkumpolare Sterne gibt es und desto weniger können wir von der südlichen Himmelshemisphäre sehen. Wenn wir tapfer (oder närrisch) genug sind, uns direkt an den Nordpol zu stellen, dann befindet sich der NHP im Zenit, alle Sterne der nördlichen Hemisphäre sind zirkumpolar und alle der Südhalbkugel ständig verborgen. Wenn wir nach Süden an den Äquator reisen, liegen die Pole direkt am Horizont; kein Stern ist zirkumpolar, dafür sind sie *alle* zu sehen. Sowie wir die Südhalbkugel betreten, kommt der südliche Himmelspol in Sicht, und Teile des nördlichen Himmels bleiben unsichtbar.

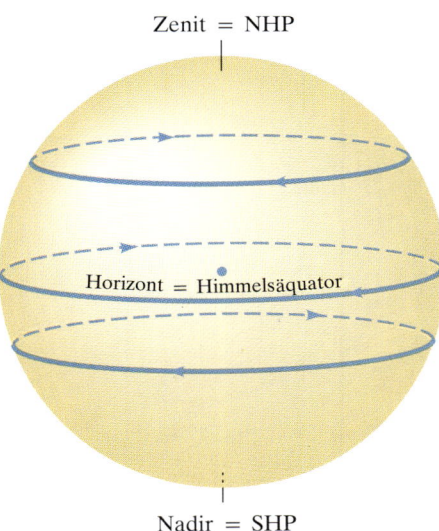

1.4 Am Nordpol der Erde steht der nördliche Himmelspol (NHP) im Zenit und der Himmelsäquator liegt auf dem Horizont.

Erde und Sonne

Die Sonne macht nun alles noch um eine Stufe komplexer. Zusammen mit den Sternen geht sie entsprechend der Erdrotation auf und unter und durchläuft eine tägliche Bahn. Zur gleichen Zeit bewegt sie sich jedoch vor dem Sternenhintergrund stetig etwa um ein Grad pro Tag ostwärts. Diese jährliche Bahn wird Ekliptik genannt und ist gegen den Himmelsäquator um einen Winkel von 23,5 Grad geneigt. Die Sonne überquert am 20. März, dem Frühlingsanfang auf der Nordhalbkugel (Frühlingsäquinoktium), den Äquator auf ihrem Weg nach Norden an einem Punkt, der Frühlingspunkt heißt. Am 21. Juni, dem Sommeranfang in nördlichen Breiten, hat sie ihre maximale nördliche Deklination von 23,5 Grad erreicht (Sommersonnenwende). Dann bewegt sie sich sechs Monate lang nach Süden, überschreitet den Herbstpunkt am 23. September (Herbstanfang, Herbstäquinoktium) und erreicht zur Wintersonnenwende ihre minimale Deklination von 23,5 Grad Süd. (Die Namen der Jahreszeiten sind auf der Südhalbkugel, wo entgegengesetzte Jahreszeiten herrschen, vertauscht.) Nach 365¼ Tagen kommt die Sonne wieder an ihrem Ausgangspunkt an. Diese solaren Bezugspunkte besitzen feste Positionen relativ zu den Sternen (zumindest insoweit es uns im Moment interessiert) und folgen täglichen Bahnen um die Erde.

Die Ekliptik und die Bewegung der Sonne entstehen offensichtlich durch den Umlauf der Erde um die Sonne. Während des größten Teils der menschlichen Geschichte glaubte man jedoch, daß die Sonne um die Erde kreist – was auch recht logisch schien. Denn wenn sich die Erde durch den Raum bewegt, müßte man ja erwarten, daß die Sterne jährlich hin und her rücken. Und solche Sternparallaxen waren – wie Aristoteles besonders hervorhob – nicht zu sehen. Nur ganz wenige Denker, angeführt durch Aristarch von Samos, der eine Generation nach Aristoteles lebte, wiesen auf die Vorzüge einer irdischen Umlaufbahn hin. Tatsächlich entdeckt wurden die Sternparallaxen zwar erst im 19. Jahrhundert, doch schon 1543 erhielt die Theorie vom Umlauf der Erde um die Sonne durch Kopernikus eine solide Grundlage. Weiter gestützt wurde sie dann durch die ersten Fernrohrbeobachtungen Galileis 1609 und 1610.

Da die Erde ihre Bahn gegen den Uhrzeigersinn durchläuft, scheint sich auch die Sonne in der gleichen Richtung vor dem Sternenhintergrund zu bewegen. Die östliche Bewegung der Sonne führt dazu, daß sich die Sterne auf ihren täglichen Bahnen ein wenig schneller als die Sonne nach Westen bewegen. Merken Sie sich die Position eines Sterns zu einem bestimmten Zeitpunkt heute Nacht. Morgen zur gleichen Zeit wird der Stern fast um ein Grad (360 Grad dividiert durch 365 Tage) weiter westlich gerückt sein, übermorgen um zwei Grad. Nach einem Monat wird er fast 30 Grad Vorsprung haben, während die Sonne langsam nachrückt. Die Folge davon ist, daß das Erscheinen der Sterne von den Jahreszeiten abhängt – die einen sind im Sommer sichtbar, andere im Winter. Der Anblick, den uns der Himmel bietet, hängt davon ab, an welcher Stelle der Ekliptik sich die Sonne gerade befindet. Bei Nacht sehen wir nämlich dann den gegenüberliegenden Teil des Himmels: Steht die Sonne im Frühlingspunkt, durchlaufen der Herbstpunkt und die Sterne in seiner Nachbarschaft um Mitternacht den Meridian und umgekehrt.

Das Hin- und Herwechseln der Sonne von Nord nach Süd entsteht dadurch, daß die Erdachse nicht senkrecht auf der Bahnebene der Erde steht: Sie ist – rein zufällig – um 23,5 Grad, die sogenannte Schiefe der Ekliptik, geneigt. Im nördlichen Sommer steht die Sonne auf der Nordhalbkugel und im nördlichen Winter auf der Südhalbkugel hoch am Himmel. Der Wechsel der Jahreszeiten kommt zustande, weil im Sommer, wenn die Sonne fast im Zenit steht, die Sonnenstrahlung beinahe senkrecht auf den Boden trifft, während sie im Winter wegen des niedrigen Sonnenstands schräg einfällt. Dadurch wird der gleiche Betrag an Sonnenenergie über eine größere

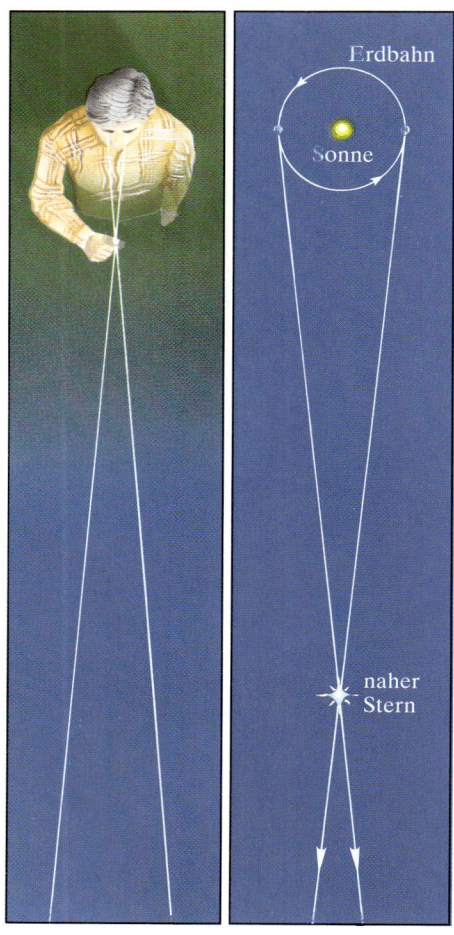

1.5 Die astronomische Parallaxe ist nur eine Variante des dreidimensionalen Sehens. Man betrachte ein Objekt zunächst mit dem einen, dann mit dem anderen Auge; das Objekt scheint sich bewegt zu haben. Auf ähnliche Weise scheint ein naher Stern vor dem Hintergrund der weit entfernten anderen Sterne hin und her zu rücken, wenn die Erde die Sonne umkreist.

1. ALTE WUNDER

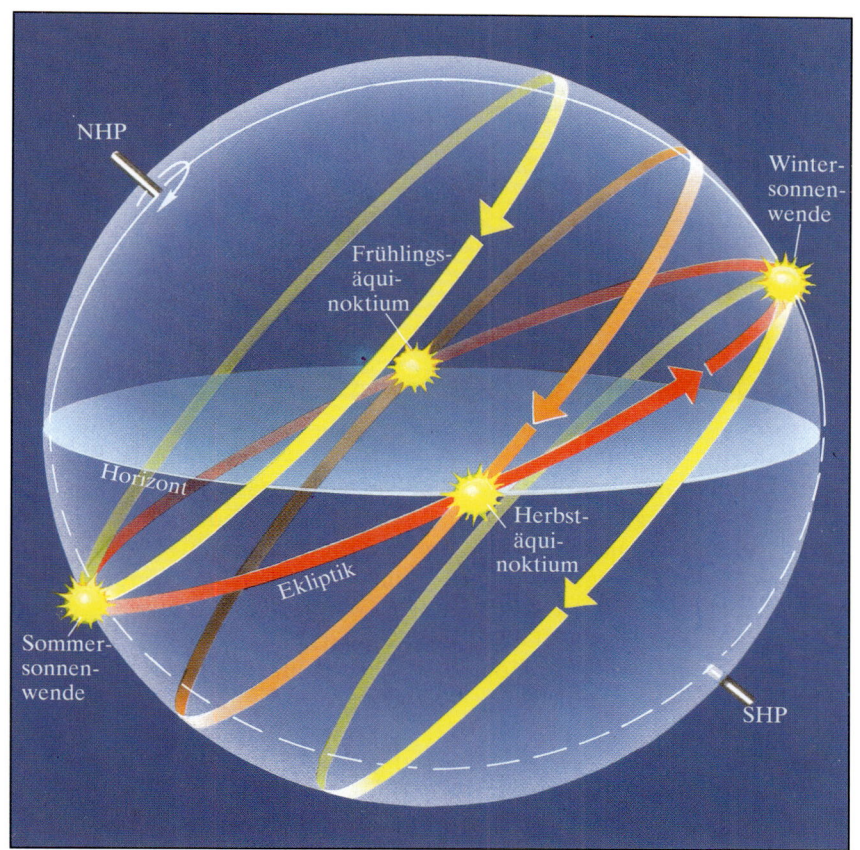

1.6 Die Ekliptik läuft schräg über den Himmel und schneidet den Himmelsäquator am Frühlings- und Herbstpunkt unter einem Winkel von 23,5 Grad. Die äußersten südlichen und nördlichen Punkte, die Winter- und Sommersonnenwendpunkte, haben eine Deklination von 23,5 Grad Süd beziehungsweise Nord. Jeder dieser Punkte umläuft auf seiner täglichen Bahn einmal den Himmel. Das Diagramm zeigt gerade den Aufgang des Frühlingspunkts. In zwölf Stunden wird er wieder untergehen, und der nördliche Teil der Ekliptik wird sich oberhalb des Horizonts befinden. Die Sonne bewegt sich auf der Ekliptik um nicht ganz 1 Grad pro Tag in entgegengesetzter Richtung zu ihrer täglichen Bahn. Die Tageslänge und die Auf- und Untergangspunkte der Sonne hängen davon ab, an welcher Stelle der Ekliptik sie sich befindet.

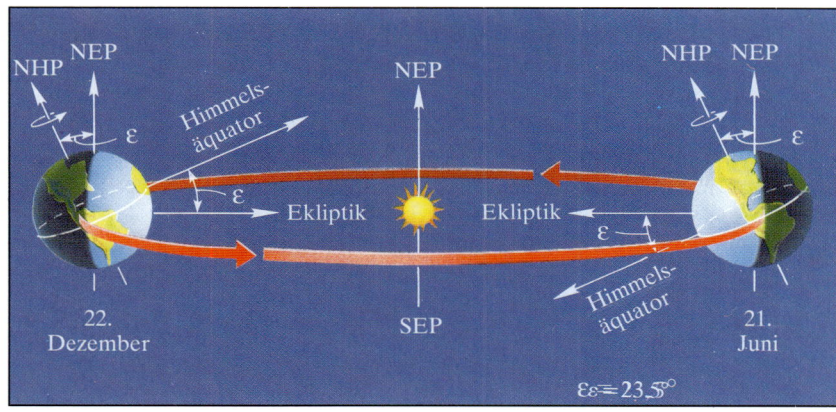

1.7 Die Erdachse steht nicht senkrecht auf der Erdbahnebene, sondern ist um 23,5 Grad geneigt. Links steht die Sonne im Dezember im Wintersonnenwendpunkt und deshalb auf der Südhalbkugel hoch am Himmel; rechts hat die Sonne den Äquator überquert und steht im Norden hoch am Himmel. Diese zwischen Nord und Süd wechselnde Sonneneinstrahlung ist der direkte — und einzige — Grund für den Wechsel der Jahreszeiten.

1.8 Der Lauf der Mitternachtssonne am Sommeranfang in der Nähe von Fairbanks in Alaska.

Fläche verteilt, so daß sich diese weniger aufwärmt. Am Frühlings- und Herbstanfang, wenn die Sonne an den Äquinoktialpunkten steht ($\delta = 0$), geht sie genau im Osten auf und im Westen unter – Tag und Nacht sind gleich lang. Im Sommer führt die hohe Deklination der Sonne dazu, daß sie weit nördlich vom Ost- und Westpunkt auf- beziehungsweise untergeht. Deshalb sind die Tage lang. Sechs Monate später durchläuft die Sonne den Himmel tief im Süden, und die Nacht hat die Oberhand.

Da am Nordpol der ganze Himmel zirkumpolar ist, ist dort auch die Sonne zirkumpolar, solange sie sich auf der nördlichen Himmelssphäre befindet (zwischen 20. März und 23. September). Jemand, der mitten im Arktischen Ozean auf einer Eisscholle dahintreibt, erlebt sechs volle Monate lang nur Tageslicht. Dann folgt eine immer tiefer werdende Dämmerung spät im September und Oktober, und schließlich ist einige Monate lang absolute Nacht. Verläßt man den Pol, ist die zirkumpolare Phase der Sonne kürzer. Die Grenze liegt bei einer geographischen Breite von 66,5 Grad. Diese Bezugslinie rings um den Globus heißt Nördlicher Polarkreis. Hier ist die Sonne nur am 21. Juni zirkumpolar, wenn sie die größte Deklination von 23,5 Grad Nord erreicht. Unterhalb dieser geographischen Breite geht die Sonne das ganze Jahr über auf und unter. (Rein technisch geht man bei der Definition des Polarkreises von einer punktförmigen Sonne und einer Erde ohne Atmosphäre aus. Die Ausdehnung der Sonnenscheibe und der anhebende Effekt der Lichtbrechung in der Atmosphäre führen jedoch dazu, daß der obere Rand der Sonne auch noch fast ein Grad südlich des nördlichen Polarkreises zirkumpolar ist.) Am südlichen Polarkreis ist die Sonne dagegen am 22. Dezember zirkumpolar. Und wenn 24 Stunden Nacht den Nordpol in Dunkelheit hüllen, beleuchten 24 Stunden Sonnenlicht den Süden. Da die Deklination des Zenits gleich der geographischen Breite des Be-

1. ALTE WUNDER

obachters ist, muß die Sonne am 21. Juni und am 22. Dezember bei 23,5 Grad nördlicher beziehungsweise südlicher Breite im Zenit stehen. Diese beiden Breitenlinien, die Wendekreise, begrenzen die Tropen. Hier scheint die Sonne zweimal im Jahr senkrecht von oben – zuerst wenn sie sich nach Norden bewegt, und dann wieder, wenn sie südlich wandert.

Dies also ist die Himmelsleinwand. Nun wollen wir unsere Vorfahren die Bilder darauf malen lassen.

Die alten Sternbilder: Geschichten am Himmel

Abgesehen von einigen sehr interessanten Ausnahmen, die wir später untersuchen werden, sind die Sterne zufällig am Himmel verteilt. Doch „zufällig" bedeutet nicht „gleichförmig". Sie sind recht unregelmäßig angeordnet – Gruppen von hellen Sternen sind durch Gebiete getrennt, in denen es nur sehr wenig Sterne gibt. Da das Auge natürlicherweise dazu neigt, Muster zu erkennen, wird ein Neuling der Astronomie automatisch solche Gruppierungen oder Sternbilder auswählen, ganz ähnlich wie schon unsere Vorfahren vor Tausenden von Jahren. Und schon ist unser Anfänger ein *astronomos*, wie die Griechen sagen würden, einer, der die Sterne ordnet. In vielen Fällen sind die Konfigurationen so auffällig, daß das Muster des Anfängers tatsächlich recht gut mit den alten Sternbildern übereinstimmen wird. Mit bloßem Auge sind auf der gesamten Himmelssphäre bis zu 8 000 Sterne zu sehen, und der Novize wird sehr schnell entdecken,

1.9 Der Große Wagen (in Ursa Major) zieht seine Bahn um Polaris, den Nordstern, gefolgt vom orangefarbenen Arktur. Zwischen den beiden Wagen liegt Draco, und links unten verschwindet am nordwestlichen Horizont ein Teil von Leo hinter den Black Hills von Süddakota.

daß die einfachste Art, sie zum Zwecke der leichteren Identifizierung und für spätere Untersuchungen zu ordnen, die Einteilung in solche Gruppierungen ist.

Sämtliche Gesellschaften überall auf der Erde haben Sternbilder erfunden. Die Sternbilder, die uns heute in unserer westlichen Zivilisation vertraut sind, stammen aus so alter Zeit, daß wir ihre wahren Ursprünge nicht kennen. Wir wissen, daß sie auf die Völker Mesopotamiens aus der Zeit um 2000 vor Christus oder sogar noch früher zurückgehen. Zunächst übernahmen die alten Griechen diese Figuren und benannten viele davon neu. Dann kamen die Römer und gaben ihnen die lateinischen Namen, die wir heute benutzen. Schließlich fügten noch die Araber des Mittelalters, die Bewahrer der klassischen griechischen Kultur, ihre eigene besondere Patina hinzu. Allmählich bevölkerte sich der Himmel mit einer wundervollen Mischung aus Personen, Tieren und Geräten – ein Spiegel der menschlichen Geschichte.

48 alte Sternbilder sind uns überliefert. Der griechische Mathematiker Eudoxus (403–350 vor Christus) schrieb sie als erster formal auf. Ihre endgültige Form erhielt die Liste etwa 600 Jahre später in der *Syntaxis* des großen Astronomen Ptolemäus aus Alexandrien. Die Namen der Sternbilder erinnern an Mythen und Geschichten, an Götter und große Helden. Oft wird bemängelt, wie wenig die meisten (doch ganz bestimmt nicht alle) Figuren dem ähneln, was sie darstellen sollen. Doch das sollten wir auch nicht von ihnen erwarten: Sie sollen nicht *porträtieren*, sondern *verkörpern*.

Die bei weitem wichtigste Gruppe von Sternbildern ist der Tierkreis – die zwölf Sternbilder, die entlang der Ekliptik liegen. Sie waren nicht nur die Wohnstätte Apollos, des Sonnengottes, sondern auch der Planeten, die andere olympische Götter verkörperten, wie zum Beispiel den Kriegsgott Mars, die fruchtbare Venus und selbst den obersten Gott Jupiter. Es sind zwölf, da der Mond, der ebenfalls den Tierkreis durchläuft, etwas mehr als zwölfmal im Jahr die Erde umkreist, so daß die Sonne während jedes Mondphasenzyklus in einem anderen Sternbild steht. (Das chinesische Gegenstück des Tierkreises besitzt 28 „Mond-Stationen", etwa eine für jeden Tag der Reise des Monds um die Erde.)

Einige dieser Bilder gehören zu den vertrautesten am Himmel überhaupt. Von unserem Standort in Griechenland aus gesehen leuchtet Taurus im Spätherbst und Winter herab. Mit einem hellen, roten Auge in seinem V-förmigen Kopf erinnert er tatsächlich an einen großen Stier. Im Sternbild Gemini können wir immer noch die kriegerischen Zwillinge Castor und Pollux erkennen. Leo, der Löwe, mit seinem riesigen, sichelförmigen Vorderteil, das in dem hellen Stern Regulus endet, durchschreitet königlich den ansonsten eintönigen Frühjahrshimmel. Und im Sommer wartet der auffällige Scorpius mit dem wundervollen roten Edelstein Antares in seinem Herzen auf seine Beute und sieht für alle Welt wie ein richtiger Skorpion aus, der sich über der südlichen Landschaft sonnt. Zu Homers Zeiten lag der Frühlingspunkt im Sternbild Aries, dem Widder – ein passendes Fruchtbarkeitssymbol für den Beginn der fruchtbaren Jahreszeit. Mit den wärmer werdenden Tagen richteten sich die Augen nachts in die entgegengesetzte Richtung auf Libra, die Waage, die den Herbstpunkt in ihren Schalen hielt (obwohl sie zu jener Zeit zu Scorpius gehörte). Der schwach leuchtende Capricornus, der Steinbock, beherbergte die Wintersonnenwende, und Cancer, der Krebs, der so unscheinbar ist, daß er vermutlich nie ein altes Sternbild geworden wäre, wenn es nicht die Bahn der Sonne so verlangt hätte, umklammerte mit seinen Scheren den Sommer. Deshalb wird auch der nördliche Wendekreis, an dem die Sonne am 21. Juni im Zenit steht, Wendekreis des Krebses und sein südliches Gegenstück Wendekreis des Steinbocks genannt. (Diese Namen wurden so beibehalten, obwohl sich die Positionen der vier Punkte an der Himmelssphäre verändert haben. Die Erklärung dafür kommt später.)

Die beliebtesten Sternbilder außerhalb des Tierkreises sind zweifellos der Große und der Kleine Bär, Ursa Major und Ursa Minor, die stetig den Nordpol umkreisen. Sie enthalten den Großen beziehungsweise den Kleinen Wagen – Figuren aus je sieben Sternen, die fast jeder, der auf der Nordhalbkugel außerhalb der großen Städte wohnt, von Kindheit an kennt. Die beiden Wagen sind keine eigenen Sternbilder, sondern Sterngruppen, also kleinere, auffällige Teile von größeren Sternbildern. Der Große Wagen, der in England auch Pflug heißt, besitzt in vielen Kulturen eine eigene Bedeutung: In Arabien symbolisierte ein Teil von ihm eine Totenbahre, und für einige Ureinwohner Amerikas stellte er sechs Brüder und ihre kleine Schwester dar. Am Ende der Deichsel des Kleinen Wagen, der wirklich ziemlich schwer zu erkennen ist, weil die meisten seiner Sterne so schwach sind, liegt Polaris, der Nordstern. Die beiden hinteren Sterne des Großen Wagen zeigen stets in seine Richtung. In unserem Jahrhundert ist Polaris weniger als ein Grad vom Himmelsnordpol entfernt. Für diejenigen von uns, die nördlich des Äquators leben, stellt er somit ein Wegzeichen dar, das uns bei der nächtlichen Orientierung hilft. Der Kleine Bär ist für die meisten Menschen auf der Nordhalbkugel zirkumpolar, der Große Bär zum größten Teil ebenfalls. Angrenzend am Großen Bären liegt Bootes, der Ochsentreiber, mit dem hell strahlenden, orangefarbenen Stern Arktur, dem Bärenjäger, der ständig auf der Spur des Bären ist, ihn jagt, ihn aber niemals erreicht.

STERNE

1.10 Der rote Beteigeuze an der rechten Schulter des großen Orion bildet einen hübschen Kontrast zum blauen Rigel an seinem linken Knie. Von den drei deutlich sichtbaren Gürtelsternen, die praktisch auf dem Himmelsäquator liegen, hängt das Schwert des Orion herab, geschmückt mit dem Orion-Nebel. Am unteren Bildrand steht Canis Major auf seinen Hinterbeinen. Seine Schnauze wird vom strahlend weißen Sirius beleuchtet. Oben links befindet sich Canis Minor.

Wenn sich dann der Himmel weiterdreht und der Große Bär tief unter dem Pol entlangzieht, tritt der majestätische Orion auf, der von den Göttern an den Winterhimmel plaziert wurde, dem tödlichen Scorpius genau gegenüber, damit der himmlische Jäger niemals seinen Mörder anschauen muß. Dieses wunderschöne Sternbild beherrscht derart den Winterhimmel, daß die Araber es „den im Mittelpunkt Stehenden" nannten. Links unterhalb des Orion liegt sein Großer Hund, Canis Major, mit Sirius, dem hellsten Stern am Himmel. Oben links ist der Kleine Hund, Canis Minor, beleuchtet vom hellen Procyon.

Manchmal stellen einige Sternbilder zusammen eine bekannte Geschichte dar, wie zum Beispiel sechs Sternbilder des nördlichen Herbsthimmels die Perseus-Sage: Die stolze *Cassiopeia*, Gemahlin des König *Cepheus*, prahlte damit, daß sie schöner sei als selbst die Meernymphen. Daraufhin sandte Neptun voller Zorn das Seeungeheuer *Cetus*, den Wal, um das Königreich des Cepheus zu verwüsten. Nun wurde der König gezwungen, seine Tochter *Andromeda* als Opfer darzubieten, um Neptun zu besänftigen. Sie wurde an einen Felsen am Meeresufer angekettet, damit Cetus sie fressen könne. Zu ihrer Rettung erschien dann *Perseus*, der auf seinem fliegenden Pferd

Pegasus ritt. Er hatte gerade die schreckliche Medusa geköpft, und indem er das scheußliche, mit Schlangenhaaren bedeckte Gorgonenhaupt vor Cetus hin und her schwenkte, verwandelte er das Seeungeheuer in Stein. Gedemütigt verbringt die himmlische Cassiopeia nun die Hälfte des Jahres mit dem Kopf nach unten. Dies ist eine aufregende Abenteuergeschichte und zugleich eine Gedächtnisstütze für die Anordnung der Sterne.

Die Sternbilder und ihre Sterne enthüllten die Pläne der Götter und erzählten ihre Geschichten; sie enthielten auch den Schlüssel zum weltlichen Erfolg. Wenn Sirius zum erstenmal in der Morgendämmerung erschien, wußten die Ägypter, daß der Nil bald ihre Äcker überschwemmen und fruchtbar machen würde. Und man höre, welchen Rat Hesiod vor fast 3000 Jahren den griechischen Bauern gab:

»Zu der Zeit, wo die Plejaden, die Töchter des Atlas, aufgehen, beginne deine Ernte, und pflüge, wenn sie untergehen. Die Plejaden sind vierzig Nächte und vierzig Tage verborgen, und dann, wenn das Jahr jenen Punkt erreicht, an dem sie sich wieder zeigen, zu der Zeit schärfe zum ersten Mal deine Sense.«

Die modernen Sternbilder: Lückenfüller

Die klassischen Sternbilder füllen den Himmel kaum aus. Zwischen vielen der alten Figuren gibt es weite Gebiete mit wenig hellen, aber vielen schwachen Sternen. Die Griechen nannten diese Gebiete die *amorphotoi*, die Gestaltlosen. Darüber hinaus konnten die Völker des Nahen Ostens und des Mittelmeers einen großen Teil des fernen Südhimmels nicht sehen – nämlich den unterhalb einer Deklination von etwa 50 Grad Süd – und folglich seinen Sternen und Figuren auch keine Namen geben.

Die neuen Wissenschaftler der Renaissance brauchten jedoch eine bessere Einteilung des Himmels. Sie schauten sich die amorphotoi erneut an und begannen dann, unterstützt von Reisenden und Forschern, den Himmel zu vervollständigen. Rund 200 Jahre lang, im 17. und 18. Jahrhundert, stritten sie ausgiebig um freien Raum und erfanden Dutzende von neuen Sternbildern, die ihre eigenen Interessen und Entdeckungen widerspiegelten.

Der deutsche Astronom Johann Hevel (oder Hevelius, 1611–1687) füllte kunstreich die amorphotoi des Nordhimmels mit Tieren und Geräten – ihm verdanken wir solche Schöpfungen wie Canes Venati-

STERNE

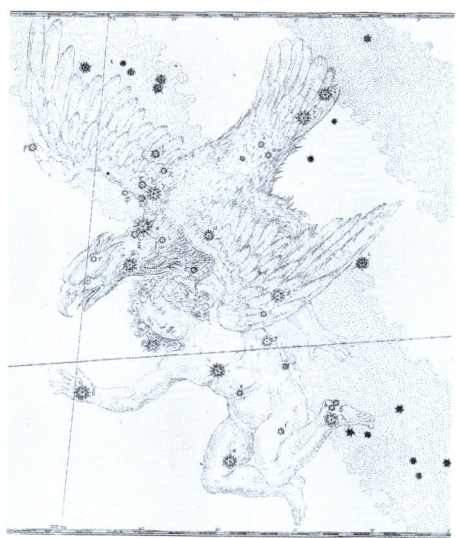

1.11 Antinous, der Gefährte Hadrians, hängt in den Klauen des Aquila, der ihn emporträgt, damit er mit den Göttern lebe. Der helle Altair und die beiden Sterne rechts und links von ihm bilden den Adler, der auf diesem Kupferstich von Jacobo de Gehyn in Bayers berühmter *Uranometria* (1603) im Fluge dargestellt ist.

1.12 Das Kreuz des Südens.

ci, die Jagdhunde, die südlich des Großen Wagen liegen, einen Sextant, eine Eidechse, einen Luchs und einen kleinen Löwen. Um das Jahr 1600 bevölkerten die holländischen Reisenden Pieter Keyser und Frederick de Houtman den Südhimmel mit phantastischen und phantasievollen Tieren. Diese neuen Sternbilder sind in Johann Bayers berühmtem Atlas *Uranometria* aus dem Jahre 1603 verewigt. Endgültig vervollständigt wurde der südliche Himmel Mitte des 17. Jahrhunderts, als der Abbé Nicolas de Lacaille die Erfindungen einer aufblühenden Technologie mit den Sternbildern Microscopium, Telescopium und Fornax, dem Schmelzofen, begrüßte. Das berühmteste aller modernen Sternbilder aber ist Crux, das Kreuz des Südens, das Augustine Royer, ein französischer Astronom des 17. Jahrhunderts, aus den Füßen des Centaurus bildete. Nichts beherrscht und repräsentiert den Südhimmel mehr als diese erlesene Figur aus vier Sternen, die westlich der beiden hellsten Sterne des Centaurus liegt. Sie wird auf den Flaggen Australiens und Neuseelands verehrt und besitzt sogar eine „Titelmusik" – Richard Rodgers einprägsamen Tango „Beneath the Southern Cross" („Unter dem Kreuz des Südens"), der für die Fernsehserie „Victory at Sea" („Sieg auf See") geschrieben wurde.

Diese Sternbilder stellen jedoch nur einen Bruchteil aller jemals erfundenen dar. Eine große Anzahl geriet (glücklicherweise) schnell wieder in Vergessenheit. Zu den „erloschenen Sternbildern" gehören hauptsächlich solche mit nationalistischer Prägung, die geschaffen worden waren, um die Gunst von Königen und Prinzen zu erlangen (und ihnen Geld zu entlocken): Kein anderer als Edmund Halley schuf aus Sternen des Sternbilds Argo das neue Bild Robur Carolinium, die Eiche Karls, um die Welt an Karl II. zu erinnern. Dieser war dann auch so beeindruckt, daß er der Universität Cambridge „erlaubte", dem großen Mathematiker und Astronom den Magister-Grad zu verleihen. Das einzige politische Sternbild, das in die moderne Einteilung übernommen wurde, ist das wunderschön in der sommerlichen Milchstraße der Nordhalbkugel gelegene Scutum – es stellt den Schild des polnischen Helden und Königs John Sobieski dar, der Europa vor den angreifenden Türken gerettet hatte. Andere dagegen waren nutzlos oder einfach nur albern. Eines sei jedoch noch erwähnt, und zwar das von Kaiser Hadrian eingeführte Sternbild Antinous, das heute zu Aquila, dem Adler, gezählt wird. Es verkörperte den jungen Freund des Kaisers, der Selbstmord beging im Glauben, daß seine restlichen Jahre seinem Herrn zugeschrieben würden.

Das Durcheinander von konkurrierenden Ansprüchen auf den Himmel wurde schließlich 1922 auf einer Tagung der Internationalen Astronomischen Union geregelt, bei der die Organisation der Be-

1. ALTE WUNDER

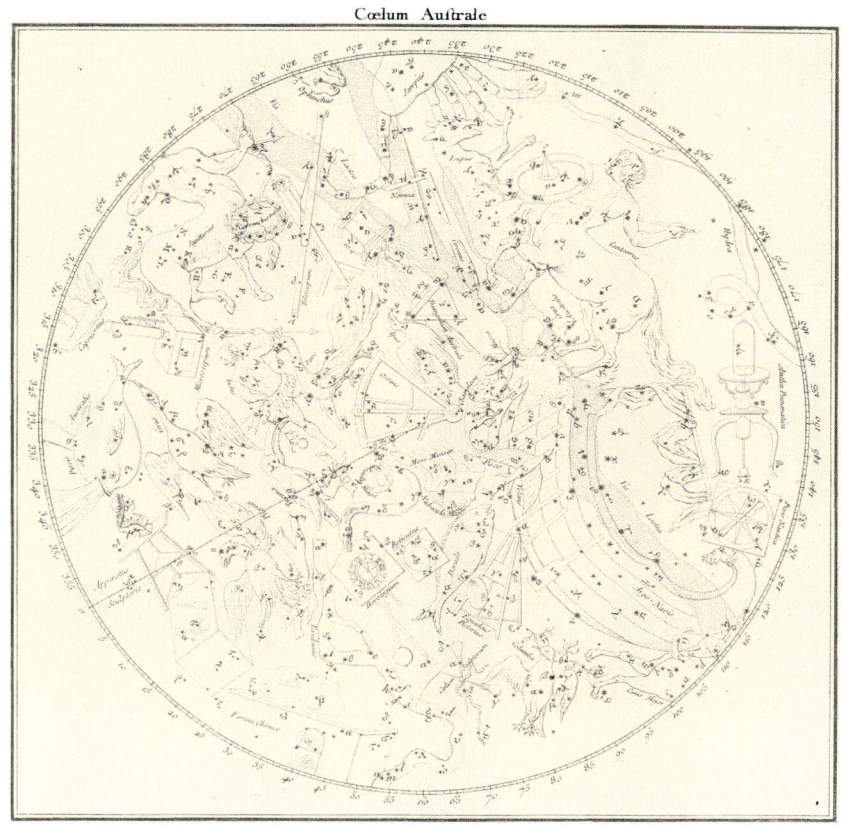

1.13 Abbé Lacailles Karte vom Südhimmel zeigt außer den alten Sternbildern, die von den geographischen Breiten der klassischen Zivilisationen aus sichtbar waren, die von ihm sowie die von Bayer neu erfundenen Sternbilder.

rufsastronomen die 48 klassischen – eigentlich sind es 50, da das Schiff Argo in seine Teile Carina (Kiel), Puppis (Hinterdeck) und Vela (Segel) aufgeteilt wurde – und 38 der modernen Sternbilder offiziell bestätigte. Insgesamt sind es also 88, die alle in Anhang 1 und 2 aufgeführt sind. Später wurden dann noch formale geradlinige Sternbildgrenzen eingeführt, um endlich eine systematische Einteilung des Himmels zu erhalten.

Die Milchstraße

Eines der alten Bilder gibt unserem gesamten Sternsystem, der Galaxis, den Namen. Ein Himmel voller Sterne ist an sich schon ehrfurchtgebietend genug, doch das weite, weiße Lichtband, das den Himmel vollständig umspannt und poetisch und sehr zutreffend die

STERNE

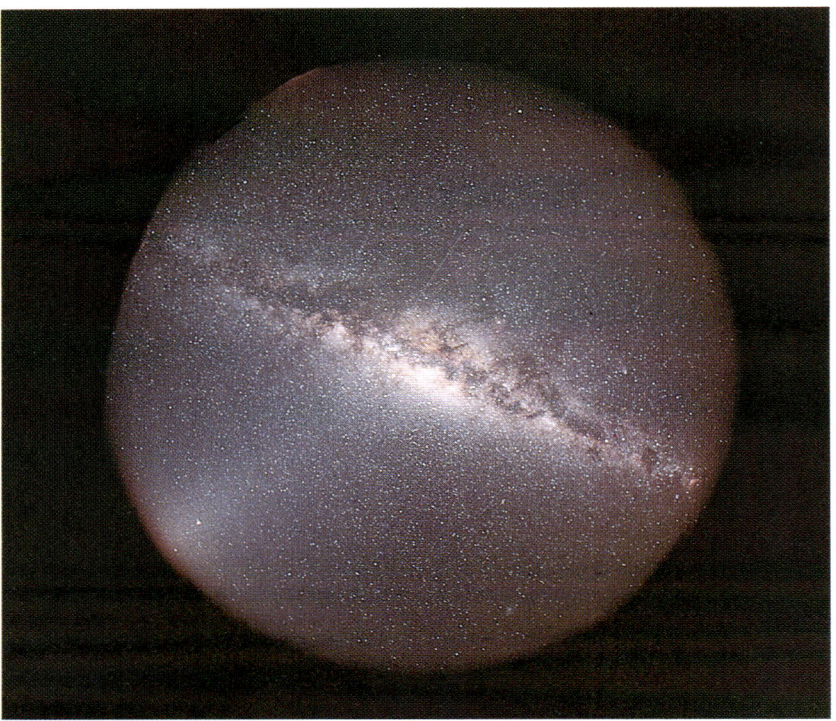

1.14 Die Milchstraße erstreckt sich von Horizont zu Horizont, wobei in dieser Aufnahme das Zentrum der Galaxis senkrecht über uns steht. Die nördliche Krone liegt links oben, die südliche rechts unten. Das Leuchten, das von links unten ausgeht, ist das Zodiakallicht, das durch Streuung von Sonnenlicht an Staub in der Ebene des Sonnensystems entsteht. Die Lichtspur durch das Zentrum wurde von einem Meteor in der Erdatmosphäre erzeugt.

Milchstraße genannt wird, stellt ihn noch in den Schatten. Wie bei den Sternbildern, die es ziert, rankt sich auch um dieses milchige Band ein altes, tiefverwurzeltes Sagengut. Der deutsche Name Milchstraße ist einfach die Übersetzung des griechischen Wortes *galaxias* (von *gala*, die Milch) – gemeint ist die himmlische Milch, die von der Brust Heras floß, als sie das lebhafte, zappelnde Kind Herakles stillte. Man sah in der Milchstraße den Weg für die Seelen in den Himmel, die Straße zum Paradies, eine Schlange, einen himmlischen Fluß, eine funkelnde Wolke aus Staub. Man stelle sich vor, wie Galilei gestaunt haben muß, als er 1609 sein Fernrohr auf sie richtete und feststellte, daß sie in Wirklichkeit aus unzähligen schwachen Sternen besteht. Heute wissen wir, daß es Abermilliarden sind, die alle zu unserer Galaxis gehören und deren Licht zu dem weißen Band verschmilzt. Alle Sterne im Weltall sind Mitglieder solcher Sternsysteme oder Galaxien, von denen es viele verschiedene Typen gibt. Unsere Galaxis läßt sich grob als ein flaches, scheibenförmiges System beschreiben, das aus rund 200 Milliarden Sternen besteht und einen Durchmesser von etwa 100 000 Lichtjahren hat (ein Lichtjahr ist die Strecke, die das Licht in einem Jahr bei einer Geschwindigkeit von 300 000 Kilometern pro Sekunde zurücklegt). Von oben betrachtet würde sie ein wunderschönes System von Spiralarmen zeigen – die beste Vorstellung davon erhält man, wenn man andere, ähnliche Sternsysteme betrachtet.

Die Milchstraße ist nicht gleichförmig, sondern von riesigen, dicken, unregelmäßigen Wolken aus undurchsichtigem interstellarem Staub unterbrochen, die kein Sternlicht durchlassen. Das Ergebnis ist ein Band mit einem sehr charakteristischen Muster – so charakteristisch, daß die Inkas von Peru in den dunklen Flecken Bilder sahen. Darüber hinaus liegt die Sonne nicht im Zentrum, sondern bei etwa drei Fünfteln des Radius nach außen zum Rand hin, so daß sich der Anblick der Milchstraße ständig ändert: In Richtung des galaktischen Zentrums im Sternbild Sagittarius ist sie sehr viel heller als in der entgegengesetzten Richtung zu Taurus und Auriga. An Sommerabenden auf der Nordhalbkugel erstreckt sich die Milchstraße von der Cassiopeia im Nordosten durch das Sternbild Cygnus im Zenit, wo eine Staubwolke, der Große Spalt, sie in zwei Teile zerteilt. Der westliche Ast führt durch Ophiuchus hinab in den Scorpius, wo er eine auffällige Kaskade von Sternen bildet. Der östliche Ast ist noch heller; er durchquert die Sternbilder Aquila und Scutum (wo eine helle Sternwolke den Schild Sobieskis darstellt) und läuft weiter durch das galaktische Zentrum im Sagittarius, wo er dann unter den südlichen Horizont taucht. Dagegen können wir während des nördlichen Winters die Milchstraße in Auriga kaum erkennen. Nur dort, wo sie im Süden Canis Major durchquert, wird sie ein wenig heller und läßt uns etwas von der Herrlichkeit erahnen, die sie jenseits des Horizonts entfaltet. Die wahre Majestät der Milchstraße ist daher den glücklichen Bewohnern der Südhalbkugel vorbehalten, wo Sagittarius seinen Bogen im Zenit spannt und sich wahre Sternkaskaden nach beiden Seiten hin ergießen – ein einzigartiger Anblick, den keiner je vergessen wird.

Bei uns, die wir in großen und kleinen Städten leben, gerät dieses großartige Naturschauspiel immer mehr in Vergessenheit. Eine Photographie, wie kunstreich sie auch sein mag, kann es niemals richtig vermitteln. Gehen Sie also hinaus aufs Land, weit fort von den Lichtern, in die Berge, wenn es sein muß, und sehen Sie selbst!

Die Benennung der Sterne

Die Sternbilder unterteilen also das Himmelsgewölbe in geeignete Segmente. Nun wollen wir unseren Blick auf die einzelnen Sterne selbst richten. Für jede Art von Untersuchung, von der einfachen Himmelsbeobachtung bis zur astrophysikalischen Forschung, ist es

a

b

1.15 a) Die Spiralgalaxie NGC4565, die unserer Galaxis sehr ähnelt, sieht man von der Seite her. So zeichnet sich der Staub in der Galaxienscheibe als dunkles Band deutlich ab. b) Bei M33 blickt man direkt von oben auf die Galaxie, so daß die Spiralarme klar zu sehen sind.

unerläßlich, sie einzeln zu identifizieren. Eines der Hauptkriterien ist ihre Helligkeit. Sie reicht vom strahlenden Sirius, den man vom Fenster eines mittelmäßig erleuchteten Raums aus noch erkennen kann, bis zu den schwächsten Sternen, die mit bloßem Auge oder mit dem Teleskop gerade noch zu sehen sind. Als allererstes brauchen wir also eine Meßmethode. Vor mehr als 2000 Jahren teilte der griechische Astronom Hipparchos im Rahmen des besten Sternkatalogs der damaligen Zeit die Sternhelligkeiten in sechs Stufen ein, die Größenklassen oder Magnituden genannt werden. Die erste Klasse bezeichnet die allerhellsten Sterne und die sechste diejenigen, die mit bloßem Auge gerade noch zu sehen sind. Polaris und die meisten Sterne des Großen Wagen sind zweiter Größe, die Sterne rechts und links neben Altair, die den Adler darstellen, dritter, die Deichselsterne des Kleinen Wagen vierter, und der schwächste Stern seines Kastens ist fünfter Größe. Um die fünfte und sechste Größenklasse erkennen zu können, ist eine wirklich dunkle, mondlose Nacht weit entfernt von den Lichtern der Stadt nötig. Je schwächer die Größenklasse, desto mehr Sterne finden sich in ihr, und wenn man die schwächsten betrachtet, ist der Himmel voll von ihnen.

Die Astronomen des 19. Jahrhunderts stellten schließlich fest, daß die Skala des Hipparchos logarithmisch ist und die Sterne erster Größe 100mal heller sind als die sechster Größe. Nun war es naheliegend, das Verhältnis exakt festzulegen und das System quantitativ zu bestimmen. Wenn fünf aufeinanderfolgende Größenklassenstufen einem Helligkeitsfaktor von 100 entsprechen, dann entspricht jede Größenklasse einem Anstieg oder Abfall der Helligkeit um den Faktor fünfte Wurzel aus 100, also 2,512...; so ist zum Beispiel die zweite Größenklasse 2,5mal heller als die dritte. Als Ausgangspunkt der Skala wählten die Astronomen eine Gruppe schwacher Sterne in der Nähe des Himmelsnordpols rings um Polaris und setzten ihre mittlere Größe auf 6,00 fest (der allgemeine Ausdruck „sechste Größe" umfaßt die Größen 5,51 bis 6,50; für die anderen Größenklassen gilt das entsprechende). 22 Sterne sind heller als 1,5. Größe. Sie werden zwar etwas ungenau als „erster Größe" bezeichnet, doch sie umfassen einen so großen Bereich, daß acht von ihnen nullter Größe (zwischen −0,49 und +0,50) und zwei, nämlich Canopus im Sternbild Carina (Argo) und Sirius, sogar minus erster Größe sind. Die nahen Planeten sind sogar noch heller: Jupiter und Mars erreichen −3, und Venus ist mit −5 so hell, daß man sie mit bloßem Auge bei vollem Tageslicht sehen kann. In Fortsetzung der Skala hat der Vollmond, dessen Licht nicht ganz ausreicht, um dabei lesen zu können, −12 und die Sonne, deren Licht das Auge zerstören kann, −27. Mit dem Teleskop kann man natürlich noch schwächere Sterne als sechster Größe sehen. Die größten Instrumente können Sterne bis hinab zur 29. Größenklasse nachweisen, also Sterne, die 23 Größenklassen schwächer sind als die mit bloßem Auge sichtbaren – das entspricht einem erstaunlichen Faktor von 6×10^8 in der Helligkeit. Dem Physiker mag dieses System bizarr und unnötig kompliziert erscheinen, doch am Himmel funktioniert es gut, und man gewöhnt sich schnell daran.

Nun geben wir Namen. Etwa 2000 mit bloßem Auge sichtbare Sterne tragen immer noch ihre alten Eigennamen, die aus den verschiedenartigsten Kulturen und Sprachen übernommen wurden. (Ihre besondere Eigenart zeigt sich in der Liste der 40 hellsten Sterne in Anhang 3.) Einige Namen stammen aus dem Griechischen, wie Sirius, „der Versengende" – offensichtlich ein Hinweis auf seine Helligkeit –, und Procyon, dessen Name sich von *pro kyon*, „vor dem Hund", ableitet und darauf hindeutet, daß er vor dem Hundsstern Sirius aufgeht. Einige weitere Namen wie Capella, „das Ziegenböckchen", und Spica, „die Kornähre", sind lateinisch. Die überwältigende Mehrheit stammt jedoch aus dem Arabischen. Ein Großteil der griechischen Astronomie wurde ins Arabische übertragen, ehe sie im Mittelalter nach Europa zurückkehrte. Die Araber übernahmen auf Kosten ihrer eigenen Sternbilder die griechischen, gaben aber den Sternen meistens entsprechend ihren Positionen in den griechischen Sternbildern arabische Namen. (Somit haben wir also griechische Sternbilder mit lateinischen Namen geerbt, die aus arabisch benannten Sternen bestehen – eine herrliche Mischung!) Deshalb taucht der Name Deneb, der „Schwanz" bedeutet, sowohl in Cygnus als hinterer Teil des Schwans auf als auch als Denebola im hinteren Teil des Löwen, als Deneb Kaitos am Schwanz des Cetus und schließlich als Deneb Algedi in Capricornus, dem Steinbock. Gelegentlich schimmert auch noch das ursprüngliche arabische Sternbild durch. So bezieht sich der Name Alkaid in Ursa Major auf den „Obersten der Trauernden", da die Araber in diesem Sternbild keinen Bären sondern eine Totenbahre sahen. Die meisten der Namen wären für einen heutigen Araber ziemlich unverständlich, da sie beim Zurückübersetzen in die europäischen Sprachen stark verzerrt und verfälscht wurden. Beteigeuze, ursprünglich Bet al Jauza, „die rechte Hand des im Mittelpunkt Stehenden", wurde verstümmelt und verkürzt und schließlich zurückübersetzt als „Schulter" des Riesen, den wir als Orion kennen.

Diese Eigennamen sind jedoch weder eindeutig noch leicht zu merken. In seinem Werk *Uranometria* löste Bayer das Problem, indem er den Sternen eines Sternbilds mehr oder weniger in der Reihenfolge ihrer Helligkeit griechische Buchstaben zuordnete und den Buchstaben mit der Genitivform des Sternbildnamens ergänzte. Beteigeuze wird also „α des Orion" oder „α Orionis". Eine andere bekannte Methode geht auf den englischen Astronom John Flamsteed (1646–1719) zurück, der die besten Himmelskarten seiner Zeit schuf. Er ordnete alle mit bloßem Auge sichtbaren Sterne ihrer Lage innerhalb der Sternbilder nach von West nach Ost; kurz darauf versah der Franzose Joseph Lalande sie mit Nummern. Nach diesem System heißt Beteigeuze auch 58 Orionis. Diese Flamsteed-Nummern werden allgemein für Sterne verwendet, die keinen griechischen Buchstaben haben. Eigennamen bekommen gewöhnlich nur Sterne der ersten Größenklasse. Im Allgemeinen verwendet man nur die Abkürzungen der Sternbildnamen, so daß Beteigeuze zu αOri wird und 61 Cygni, der erste Stern, dessen Entfernung zur Erde gemessen wurde, zu 61 Cyg.

Für die Sterne, die nur mit einem Teleskop zu sehen sind und die ebenfalls eine Bezeichnung brauchen, haben wir verschiedene Katalogsysteme. Insgesamt tragen sage und schreibe 15 Millionen Sterne irgendeine formelle Bezeichnung – doch das ist nur ein kleiner Bruchteil der Milliarden Sterne, die tatsächlich beobachtet werden können. In der großen Mehrzahl sind die Sterne heutzutage anonyme Lichtpünktchen. Die benannten reichen jedoch völlig aus, um sich mit verschiedenen Karten und Atlanten leicht und genau am Himmel zurechtzufinden. Sie können zum Beispiel mit den Sternkarten in Anhang 4 beginnen.

Die Vermessung des Himmels und der Erde

Unsere Betrachtungen gingen vom weiten, offenen Himmel mit seinen Sternbildern und der strahlenden Milchstraße hin zu den einzelnen Sternen. Doch nun müssen wir unseren Blick noch enger eingrenzen. Wird ein leuchtender, mit bloßem Auge sichtbarer Komet oder ein heller explodierender Stern gemeldet, so mag es genügen zu sagen, daß er im Sternbild Gemini oder Delphinus liegt. Doch diese Information würde nicht viel nützen, um einen schwachen Stern, der nur im Teleskop zu sehen ist, zu lokalisieren – einen der Millionen, die auf jeder Photographie der Milchstraße zu sehen sind. Hier müssen wir sehr viel genauer sein und Methoden finden, um Positionen am Himmel exakt festzulegen. Nur mit Hilfe eines solchen Systems können die Astronomen die relativen Bewegungen der Sterne zueinander beobachten, also die Dynamik der Galaxis erkennen. Darüber hinaus ermöglicht es uns außerdem, den Fluß der Zeit zu messen und auf der Erdkugel zu navigieren.

Um die Lage einer Stadt auf der zweidimensionalen Oberfläche der Erdkugel oder die eines Sterns an der Himmelskugel zu bezeichnen, reicht die geographische Breite beziehungsweise die Deklination alleine nicht aus. Betrachten wir die Erde. Ein Meridian ist ein Kreis auf dem Globus, der senkrecht zum Äquator verläuft und durch einen gegebenen Punkt und die beiden Pole geht. Der Nullmeridian verläuft durch das alte Royal Greenwich Observatory in England – dies ist durch historische Übereinkunft und nicht aus wissenschaftlichen Gründen so festgelegt. Sein Schnittpunkt mit dem Äquator definiert einen Nullpunkt. Nun wählen wir eine Stadt, legen einen Meridian durch sie hindurch und stellen fest, wo dieser Meridian den Äquator schneidet. Die geographische Länge λ dieser Stadt ist nun der Abstand ihres Meridians zum Nullmeridian gemessen entlang des Äquators, östlich oder westlich von Greenwich. Die geographische Breite φ wird entlang eines Meridians nördlich oder südlich des Äquators gemessen.

Als nächstes übertragen wir dieses Grundkonzept auf den Himmel. Diesmal legen wir einen sogenannten Stundenkreis vom Himmelsnordpol durch einen Stern zum Himmelssüdpol und schauen, wo er den Himmelsäquator schneidet. Der Kreisbogen vom Äquatorpunkt Σ bis zu diesem Schnittpunkt (stets gemessen in westlicher Richtung – wenn nötig, einmal um den ganzen Äquator herum) ist der Stundenwinkel t. Der auf dem Stundenkreis vom Himmelsäquator zum Stern gemessene Bogen ist die Deklination. Der Stundenwinkel wird gewöhnlich in Einheiten der Uhrzeit angegeben, wobei der Vollkreis in 24 gleiche, als Stunden bezeichnete Teile aufgeteilt wird, die jeweils 15 Grad (360/24) entsprechen. Nun können wir also die Drehung des Himmels mit einer Uhr messen, da der Stundenwinkel gleichmäßig mit der Zeit größer wird. Jede Stunde ist in 60 Minuten (^{m}) unterteilt, so daß 1 Grad 4 Zeitminuten entspricht, das heißt, alle 4 Minuten dreht sich der Himmel um 1 Grad: Gehen Sie hinaus und beobachten Sie es selbst. Diese Zeitminuten müssen von den „Bogenminuten", den 60 Unterteilungen eines Grads, unterschieden werden. Diese werden durch einen hochgestellten Strich (') bezeichnet. Wenn 1 Grad gleich 4^m, dann ist 1^m gleich $15'$ (ebenso entspricht eine Zeitsekunde einem Winkel von 15 Bogensekunden).

1.16 Der Nullmeridian in Greenwich.

Da die täglichen Bahnen der Sterne parallel zum Äquator verlaufen, sind die Deklinationen zeitlich konstant. Doch die Stundenwinkel ändern sich ständig. Deshalb brauchen wir einen Nullpunkt auf dem Äquator, der sich *mit* den Sternen dreht. Der naive Weg wäre nun, wie auf der Erde zu verfahren und einen speziellen Stern auszuwählen, der einen „Nullstundenwinkel" definiert, so wie Greenwich den Nullmeridian bezeichnet. Doch das würde ganz und gar nicht funktionieren, da sich die Sterne, anders als Greenwich, bewegen. (Zugegeben, es gibt eine Kontinentalverschiebung – doch die ist so langsam, daß sie keinen merklichen Effekt hat.) Wenn wir zum Beispiel

STERNE

ein Koordinatensystem an der Wega festmachen würden, dann könnte es nur als Standard für Messungen von Bewegungen relativ zu ihm selbst dienen. Wir brauchen einen Nullpunkt, der vollkommen von den Sternen getrennt ist, und hierzu verwenden wir den Frühlingspunkt, der durch Sonnenbeobachtungen bestimmt werden kann.

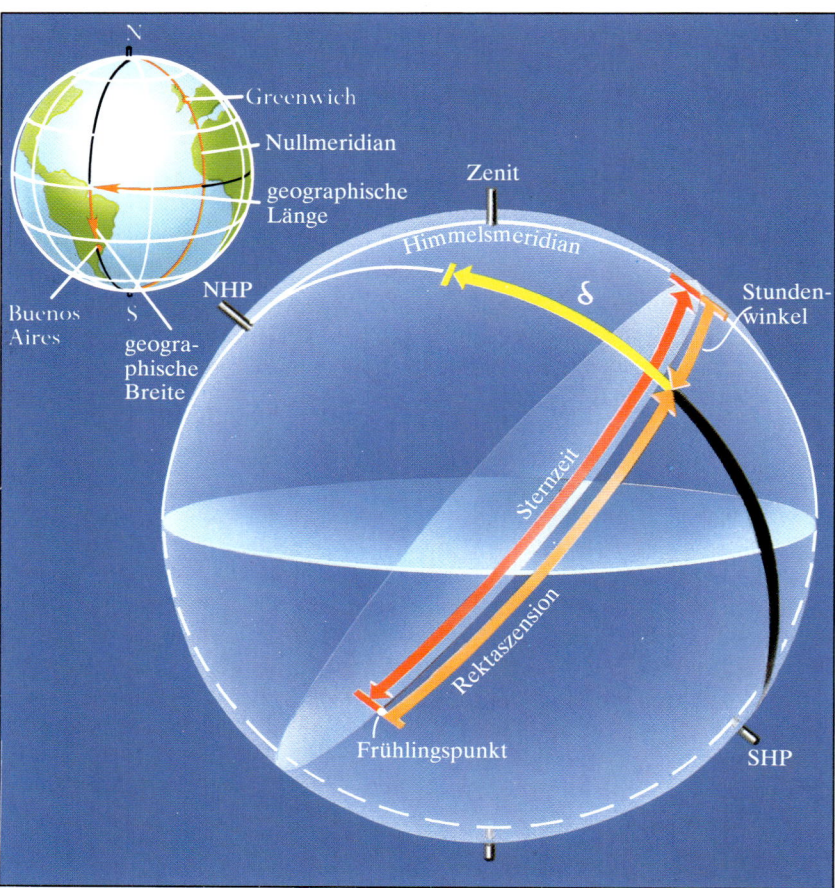

1.17 Auf der Erde (oben links) laufen die Meridiane senkrecht zum Äquator von Pol zu Pol. Die geographische Länge eines Orts ist gegeben durch den Kreisbogen auf dem Äquator zwischen dem Ortsmeridian und dem Nullmeridian, der durch Greenwich in der Nähe Londons verläuft. Am Himmel laufen die Stundenkreise durch die Sterne und die beiden Himmelspole. Der Stundenwinkel eines Sterns ist der Kreisbogen auf dem Himmelsäquator zwischen dem Himmelsmeridian und dem Stundenkreis des Sterns. Die Rektaszension eines Sterns ist der in der entgegengesetzten Richtung gemessene Kreisbogen zwischen Frühlingspunkt und dem Stundenkreis des Sterns. Die Sternzeit ist gleich dem Stundenwinkel des Frühlingspunkts; sie ist immer gleich dem Stundenwinkel eines Sterns plus seiner Rektaszension.

Der vom Frühlingspunkt aus ostwärts (also entgegengesetzt zum Stundenwinkel) bis zum Schnittpunkt des Stundenkreises eines Sterns mit dem Äquator gemessene Kreisbogen ist die Rektaszension α. Dieser Kreisbogen und die Deklination δ sind alles, was wir brauchen. Bis Mitte der achtziger Jahre kannte man α und δ von

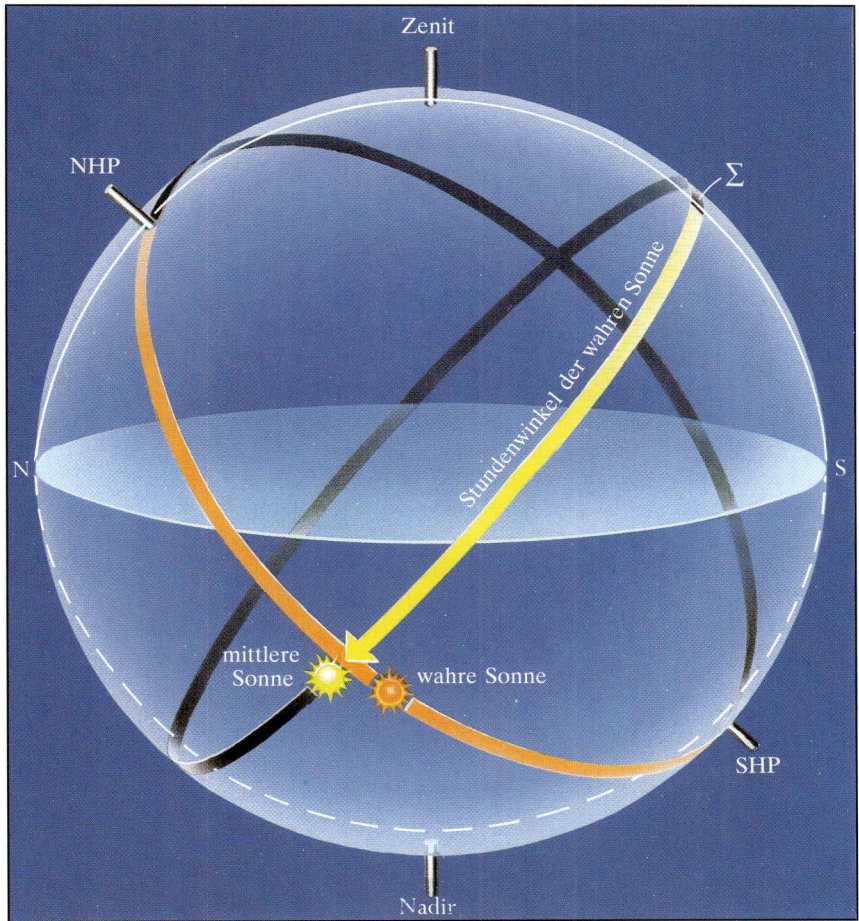

1.18 Die Sonnenzeit ist durch den Stundenwinkel der Sonne plus 12 Stunden gegeben. Hier ist die Sonne am 15. Februar (wenn sie sich südlich des Äquators befindet) abgebildet. Ihr Stundenwinkel beträgt 8^h, so daß die Zeit $8 + 12 = 20^h$ oder 20:00 Uhr ist. Die wahre Sonne bewegt sich mit wechselnder Geschwindigkeit entlang der Ekliptik, so daß sie nicht ganz mit der künstlich definierten mittleren Sonne übereinstimmt, die mit konstanter Geschwindigkeit am Himmelsäquator entlangläuft. Am 15. Februar liegt die mittlere Sonne um 3,5 Grad hinter der wahren Sonne zurück. Der Stundenwinkel der mittleren Sonne beträgt also $8^h 14^m$ und die mittlere Ortszeit $20^h 14^m$ oder 20:14 Uhr.

etwa einer Million Sternen. Da man für die genaue Ausrichtung des *Hubble*-Weltraumteleskops exakte Sternpositionen braucht, ist diese Zahl inzwischen auf erstaunliche 15 Millionen angestiegen. Der Himmel ist in der Tat recht gut bekannt.

Mit diesen Messungen haben wir nun die Möglichkeit, uns in der Welt zu orientieren. Betrachten wir als erstes die Zeit, deren einfachste Definition durch den Stundenwinkel der Sonne gegeben ist. Am Mittag, wenn die Sonne den Himmelsmeridian bei Tage überquert, beträgt ihr Stundenwinkel 0^h; nachts, wenn sie ihn unterhalb des Pols kreuzt, beträgt er 12^h. Da laut Konvention der Tag um Mitternacht beginnt, werden zu den Stundenwinkeln einfach stets zwölf Stunden hinzuaddiert, so daß Mittag bei 12^h und Mitternacht bei 24^h oder 0^h ist. Diese „wahre Ortszeit" (WOZ) kann man an einer einfachen Sonnenuhr ablesen.

Die echte (oder wahre) Sonne ist jedoch ein schlechtes Zeitmaß. Da die Erdumlaufbahn eine Ellipse ist, läuft die Sonne mal schneller, mal langsamer. Außerdem bewegt sie sich entlang der geneigten Ekliptik, während die Stundenwinkel auf dem Äquator gemessen werden. Als Folge davon sind die Intervalle zwischen aufeinanderfolgenden Durchgängen der Sonne durch den Meridian nicht konstant, so daß einige Tage etwas länger sind als andere. Wir lösen dieses Problem, indem wir eine *mittlere* Sonne erfinden, die mit konstanter Geschwindigkeit am Himmelsäquator entlang läuft, wobei sie im Mittel mit der wirklichen Sonne Schritt hält. Somit definieren wir die „mittlere Ortszeit" (MOZ) als den Stundenwinkel der mittleren Sonne plus 12 Stunden. Der Unterschied zwischen wahrer und mittlerer Sonne, die sogenannte Zeitgleichung, ist einfach zu berechnen, so daß man eine Sonnenuhr problemlos korrigieren kann.

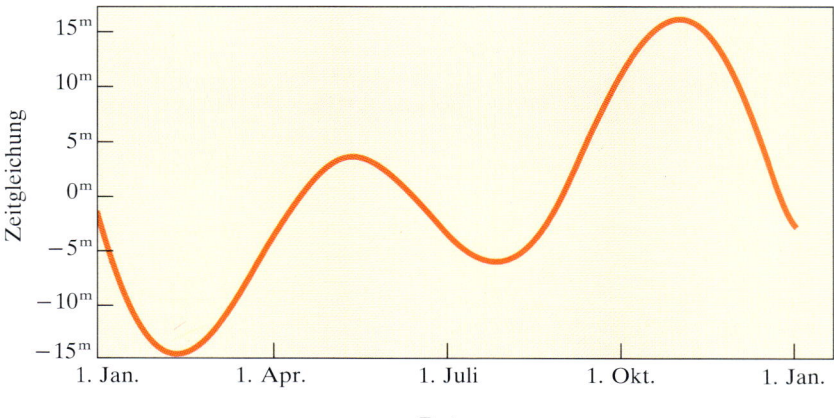

1.19 Die Zeitgleichung, aufgetragen gegen das Datum, ist die Differenz zwischen wahrer und mittlerer Ortszeit.

1. ALTE WUNDER

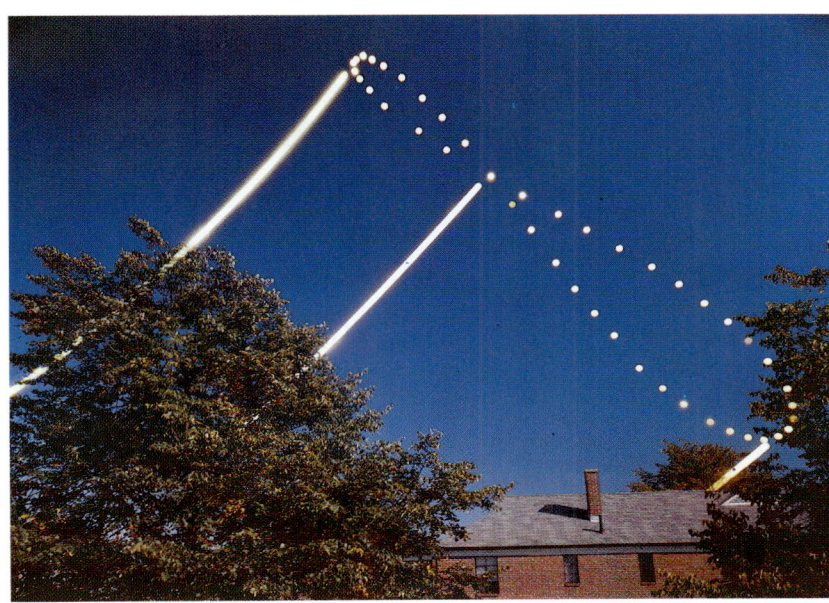

1.20 Ein Jahr lang nahm der Photograph alle zehn Tage zur gleichen mittleren Ortszeit die Sonne auf. Wir sehen, wie sie sich über den Äquator hinweg zwischen den Deklinationen 23,5 Grad Nord und Süd hin und her bewegt; sie bewegt sich auch nach Osten und Westen — ihrer mittleren Position voraus- und hinterherlaufend — und erzeugt so das Analemma, eine Figur, die häufig auf Erdgloben zu sehen ist.

Ein Kollege, der 30 Meter entfernt genau in östlicher Richtung von uns steht, sieht die Sonne nach Westen verschoben, so daß ihr Stundenwinkel um etwa eine Bogensekunde größer ist. Wenn wir unsere Uhren vergleichen, so wird die unseres Kollegen um 1/15 Sekunde vorgehen. Die Ortszeit hängt also von der geographischen Länge ab, wobei jedes Grad vier Zeitminuten entspricht und jede Stunde 15 Grad. Das bedeutet, daß jede Stadt in jedem Land oder in jeder Provinz eine andere Zeit hat — man stelle sich einmal Eisenbahnfahrpläne, Flugpläne oder Fernsehprogramme vor! Dieses Problem wird gelöst, indem man die Zeit standardisiert und die Erde in 24 Zonen einteilt, deren mittlere Meridiane jeweils einen Abstand von 15 Grad haben. Im Prinzip gilt für jeden, der innerhalb von 7,5 Grad östlich oder westlich eines „Standard"-Meridians lebt, dieselbe Zeit. So bezieht sich die Eastern Standard Time zum Beispiel auf 75° W, die Mitteleuropäische Zeit (MEZ) auf 15° O und so weiter. (In der Praxis sind die Zeitzonen aus sozialen und politischen Gründen zum Teil jedoch erheblich verzerrt.) Standardzeit ist das, was unsere Küchenuhr anzeigt. Als weltweit gültige Standardzeit oder Weltzeit (Universal Time, UT) wird die mittlere Ortszeit am Greenwich-Meridian definiert. Umgekehrt können wir auch die geographische Länge anhand von Zeitunterschieden messen. Wir müssen nur die Ortszeit mit der UT vergleichen und die Differenz in Grad umwandeln. Keine Uhr — keine geographische Länge! Das war auch einer der Gründe, warum die Seefahrt vor der Erfindung der ersten guten seetüchtigen Uhren Mitte des 18. Jahrhunderts so gefährlich war.

STERNE

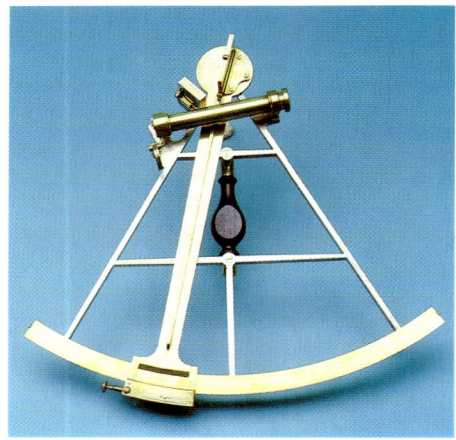

1.21 Ein Sextant, wie er auch von Kapitän James Cook auf seinen berühmten Entdeckungsfahrten Mitte des 18. Jahrhunderts benutzt wurde. Der Navigator schaut durch das kleine Teleskop an den Horizont. Ein System von zwei Spiegeln, von denen der eine an einem beweglichen Arm montiert ist, ermöglicht es dem Beobachter, das Bild eines Sterns auf den Horizont zu projizieren. Die Höhe des Sterns kann dann aus der Lage des beweglichen Spiegels mittels eines Zeigers auf einer kreisbogenförmigen Skala abgelesen werden. Aus den Höhen von drei verschiedenen Sternen und der Weltzeit kann sowohl die geographische Breite als auch die Länge berechnet werden. Moderne Sextanten sehen ganz ähnlich aus. Heute führt man allerdings die Navigation anhand von Beobachtungen von Erdsatelliten des globalen Positionsbestimmungssystems durch, wobei man eine erstaunliche Genauigkeit erzielt. Doch zur Sicherheit muß auch die alte Methode immer noch erlernt werden.

Mit der Höhe des Himmelspols und der Zeitdifferenz zwischen unserem Standort und Greenwich kennen wir also sowohl unsere geographische Breite als auch die Länge und damit die Position unseres Schiffs oder unserer Stadt. Es gibt jedoch noch eine einfachere Methode. Mit einem so einfachen Instrument wie dem Hand-Sextanten können beide irdischen Koordinaten gleichzeitig bestimmt werden. Die Höhen von Sternen hängen von der geographischen Breite und Länge sowie der Uhrzeit ab. Wenn wir die Zeit kennen, können wir unsere Position bestimmen, indem wir die Höhen von nur drei Sternen messen. Denn nur an einem Ort auf der Erde haben zu dieser bestimmten Zeit diese drei Sterne diese Höhen. Mit ein wenig Trigonometrie ist dieses Problem zu lösen, und damit steht uns die ganze Welt offen – ein Geschenk des Himmels.

Mit der Sonnenzeit können wir jedoch nicht die Sterne lokalisieren. Dafür brauchen wir die Sternzeit Θ, die als der Stundenwinkel des Frühlingspunkts definiert ist. Man stelle sich vor, die mittlere Sonne steht am 21. September, wenn sie sich also im Herbstpunkt befindet, im Meridian: Dann ist es 12 Uhr mittlerer Ortszeit oder Mittag. Der Frühlingspunkt liegt ihr genau gegenüber, hat also einen Stundenwinkel von 12^h, so daß die lokale Sternzeit ebenfalls 12 Stunden beträgt – Sonnen- und Sternzeit sind gleich.

Die Erde dreht sich weiter, der Himmel dreht sich mit, und da die Erde gleichzeitig auch auf ihrer Bahn weiterläuft, verläßt die mittlere Sonne den Herbstpunkt und rückt weiter nach Osten. Am nächsten Tag, dem 22. September, wird der Herbstpunkt also *vor* der Sonne den Meridian erreichen. Da sich die Sonne um fast ein Grad nach Osten bewegt hat, braucht sie vier Minuten (genau $3^m\,56{,}56^s$) länger, bis sie im Meridian steht, so daß zu diesem Zeitpunkt die Sternzeit bereits $12^h\,04^m$ beträgt. Hier sehen wir zwei eng miteinander verknüpfte Dinge. Erstens ist ein Sterntag nicht ganz vier Minuten *kürzer* als ein Sonnentag, so daß die Sternzeit der Sonnenzeit um jeweils fast vier Minuten pro Tag vorausläuft. Der Sterntag und die Sternzeit sind die fundamentalen Größen; ein Beobachter von außen würde diese „siderische", das heißt auf die Sterne bezogene Zeit messen, wenn er Rotations- und Umlaufperiode der Erde bestimmen wollte. Und zweitens summieren sich im Laufe eines Jahres die vorauslaufenden Minuten der Sternzeit zu einem vollen Tag, so daß das Jahr $366\,^1/_4$ Sterntage hat.

Da per Definition der Stundenwinkel des Frühlingspunkts gleich der Rektaszension des Meridians ist, können wir die lokale Sternzeit Θ_{lokal} angeben, indem wir die Rektaszension von Sternen feststellen, die gerade den Meridian durchlaufen. Wenn wir das Datum – genauer die seit dem letzten Durchgang der mittleren Sonne durch den

Herbstpunkt vergangene Zeit – und den Zeitpunkt der Beobachtung kennen, können wir berechnen, um wieviel die Sternzeituhr der Sonnenuhr vorausläuft und daraus die mittlere Ortszeit (MOZ) bestimmen. Dann brauchen wir nur die Korrektur für die geographische Länge anzubringen und erhalten die Weltzeit UT. In der Praxis werden für diese Messungen jedoch keine Sterne mehr benutzt. Statt dessen bestimmt man die Sternzeit, indem man mit Radioteleskopen weit entfernte Quasare beobachtet – leuchtkräftige, punktförmige Strahlungsquellen, die zwischen den Galaxien am Rande des Universums liegen und eine sehr viel größere Genauigkeit ergeben.

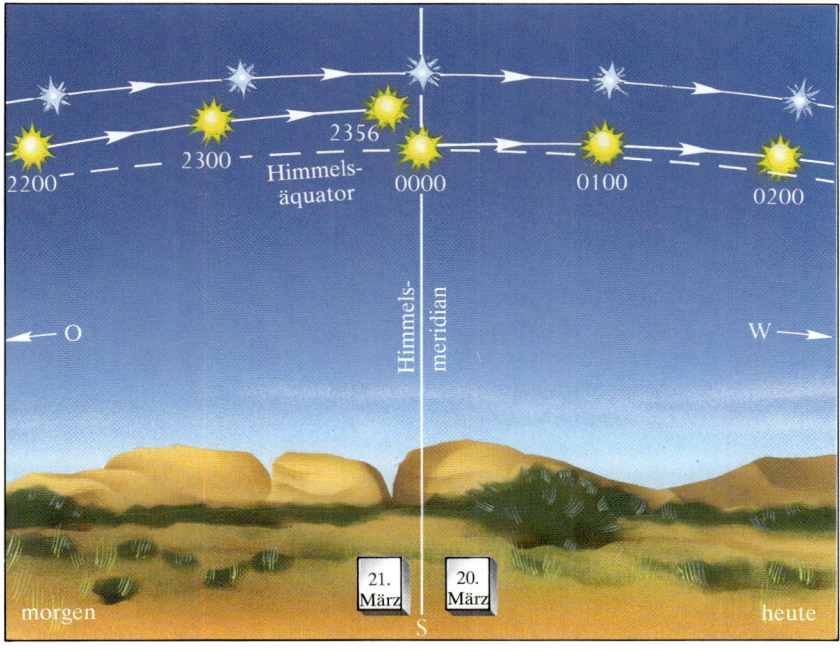

1.22 Diese Darstellung zeigt die Sonne zusammen mit einem Stern, der genau über ihr steht, am Mittag (0000 Stunden) des 20. März, wo sie den Frühlingspunkt passiert. Während die Sonne und der Stern aufgrund der Erdrotation auf ihren täglichen Bahnen westwärts ziehen, bewegt sich die Sonne auf der Ekliptik nördlich des Äquators und bleibt aufgrund der Bahnbewegung der Erde um die Sonne östlich hinter dem Stern zurück. Am nächsten Tag beträgt die Deklination der Sonne fast 1 Grad Nord, und sie steht beinahe ein Grad östlich des Sterns. Deshalb erreicht der Stern nicht ganz vier Minuten vor der Sonne wieder den Meridian, wodurch der Sterntag fast vier Minuten kürzer ist als der Sonnentag. (Die Bewegungen sind hier stark übertrieben dargestellt.)

Umgekehrt können die Astronomen die Rektaszensionen von Sternen bestimmen, indem sie mit einer Sternzeituhr den Zeitpunkt messen, an dem sie den Meridian passieren. Und wenn sie die genaue geographische Breite des Beobachtungsorts kennen, können sie die Deklinationen sehr leicht aus den beobachteten Höhen der Sterne über dem Horizont ableiten. (Hier handelt es sich nicht um einen Zirkelschluß, da in der Praxis Θ_{lokal} und α gleichzeitig mit Hilfe iterativer Methoden bestimmt werden.)

Da Stundenwinkel und Rektaszension eines Sterns jeweils in entgegengesetzten Richtungen vom Meridian und vom Frühlingspunkt aus gemessen werden, muß die lokale Sternzeit stets gleich der Rektaszension des Sterns plus seinem Stundenwinkel sein. Es gilt also $t_{\text{Stern}} = \Theta_{\text{lokal}} - \alpha_{\text{Stern}}$. Will man einen bestimmten Stern auffinden, kann man mit dieser Beziehung seinen Stundenwinkel bestimmen. Nun muß man nur noch auf dem Stundenkreis die Deklination des Sterns einstellen, und schon hat man ihn gefunden. Mit Hilfe dieses Systems können wir uns also nun am Himmel orientieren und zwischen den Sternen umherschweifen.

Das Wackeln der Pole

Man betrachte eine heutige Sternkarte oder einen Himmelsglobus mit eingezeichneter Ekliptik. Hier findet man den Frühlingspunkt nicht im Sternbild Widder sondern in den Fischen und den Herbstpunkt im Sternbild Jungfrau. Die Zwillinge umfassen fest die Sommersonnenwende und der Schütze balanciert den Winter über seinem Bogen. Was geht hier vor? Warum heißt es nicht Wendekreis der Zwillinge und Wendekreis des Schützen? Die Abweichung entsteht dadurch, daß das ganze Koordinatensystem aufgrund einer Schwankung der Erdachse relativ zu den Sternen rotiert. Diese kreiselartige Schwankung nennt man Präzession. Dabei rotiert die Erdachse um die Senkrechte auf der Erdumlaufbahn, wobei sie für einen Umlauf 25 800 Jahre braucht. Der Winkel zwischen Erdachse und Senkrechter bleibt dabei stets etwa 23,5 Grad, doch die Lage der Himmelspole und des Himmelsäquators im Raum wird verändert. Die physikalische Ursache für die Präzession ist die Gravitationsanziehung, die Sonne und Mond auf den äquatorialen Wulst der Erde ausüben, der etwa 20 Kilometer hoch ist und durch die Rotation der Erde entsteht. Infolge der Präzession wandern die Äquinoktial- und Sonnenwendpunkte relativ zu den Sternen mit einer Geschwindigkeit von etwa 50 Bogensekunden pro Jahr westwärts, was ungefähr einem Tierkreissternbild pro 2 000 Jahre entspricht.

Diese Erkenntnis ist keineswegs neu. Sie wurde bereits vor mehr als 2 000 Jahren mit bloßem Auge gewonnen! Im 3. Jahrhundert vor Christus erstellten die Griechen Timocharis und Aristyllus aus Alexandria den wahrscheinlich ersten Sternkatalog, der echte Messungen von Winkelpositionen enthielt. Als dann eineinhalb Jahrhunderte später Hipparchos seinen Katalog verfaßte, stellte er fest, daß sich die Winkel zwischen den Sternen und den Äquinoktialpunkten verändert hatten. Zur Zeit von Hesoid und Homer lag der Frühlingspunkt wirklich im Sternbild Aries (Widder), dessen Symbol ♈ zur Kennzeichnung dieses Punkts verwendet wird. Tatsächlich wird der

1. ALTE WUNDER

Frühlingspunkt immer noch als erster Punkt des Widder bezeichnet, obwohl er inzwischen im Sternbild Fische liegt.

Wie real die Präzession ist, läßt sich sehr schön an den Horoskopen in den Zeitungen erkennen. Die astrologischen Tierkreiszeichen sind an den Frühlingspunkt gebunden, und als sie erfunden wurden, lag dieser im Sternbild Widder. Dieses führt auch gewöhnlich die Liste an. Doch das Zeichen des Widders liegt heute im Sternbild Fische, das der Fische im Wassermann (was aber anscheinend die astrologischen Eigenschaften des Widders oder des Wassermanns nicht verändert) und so weiter. Die Sonne mag im Schützen gestanden haben, als Sie geboren wurden, doch wenn Ihr Geburtstag zwischen dem 21. Dezember und dem 19. Januar liegt, sind Sie trotzdem immer noch ein „Steinbock" – was immer das bedeuten mag!

Es gibt noch andere faszinierende Auswirkungen der Präzession. Heute liegt zum Beispiel der Himmelsnordpol recht nahe bei Polaris, doch das war nicht immer so. In alten ägyptischen Aufzeichnungen wird Thuban (γ Draconis) als Polstern bezeichnet. Der Himmelspol wird bis Anfang des nächsten Jahrhunderts noch näher an Polaris heranrücken und sich dann wieder entfernen. In 14 000 Jahren wird Wega, die heute in New York durch den Zenit zieht, den Himmelspol markieren. Auf der Südhalbkugel gibt es zur Zeit keinen Polstern. Doch vor 3 000 Jahren befand sich die Kleine Magellansche Wolke, eine mit bloßem Auge sichtbare Begleitgalaxie unserer Galaxis, an dieser Stelle.

So wie sich Wega scheinbar in Richtung des Pols bewegt, müssen Sterne, die heute von New York oder Chicago aus nicht zu sehen sind – die also den Meridian südlich von Wega, aber unterhalb des Horizonts überqueren –, langsam sichtbar werden. Dafür werden andere Sterne, die heute in diesen Städten gesehen werden können, in Richtung des südlichen Himmelspols wandern, und wenn ihre Deklinationen bereits gering genug sind, werden sie schließlich unter dem südlichen Horizont verschwinden. Vor 6 000 Jahren sahen die Eingeborenen Amerikas von Norddakota aus das Kreuz des Südens, und wenn es im Jahre 12 000 noch Einwohner von Kansas gibt, werden sie es dann wieder sehen. Bewohner von Südaustralien sehen heute nicht viel vom Großen Wagen; doch wenn sie 6 000 Jahre warten, werden sie ihn jedes Frühjahr über dem nördlichen Horizont aufsteigen sehen.

Wenn sich die Winkelabstände der Sterne zu den Polen verändern, so müssen sich auch ihre Deklinationen ändern. Und wenn sich der Frühlingspunkt westwärts bewegt, so müssen sich die Rektaszensionen ebenfalls verändern. Gerade als wir dachten, wir hätten nun

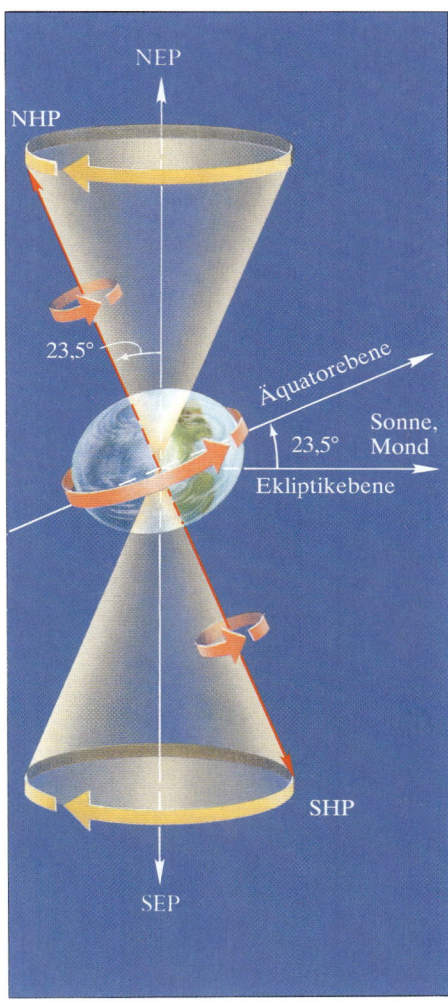

1.23 Da sich der Mond und die Sonne nicht in der Äquatorebene befinden, übt ihre Gravitation ein Drehmoment auf die Erde aus, das eine Präzession der Erdachse verursacht. Die kreiselnde Achse nimmt den Äquator mit sich, wodurch sich der Schnittpunkt zwischen Himmelsäquator und Ekliptik verschiebt.

endlich ein unveränderliches Koordinatensystem, holt uns die Realität wieder ein: Nichts ist fest, alles verändert sich. Die Koordinatenänderungen sind sehr deutlich: Eine Änderung von 50 Bogensekunden pro Jahr ist riesig, wenn man bedenkt, daß wir Positionsgenauigkeiten von 0,01 Bogensekunden erreichen können! Mit den entsprechenden Geräten können die Astronomen sogar die täglichen Veränderungen bei einer Bewegung mit einer Periode von 26 000 Jahren nachweisen. Doch das Problem ist nicht so groß wie es scheint. Aus langfristigen Beobachtungen von Sternen können wir die Präzessionsgleichungen mit großer Genauigkeit ableiten. Wir müssen nur die Rektaszensionen und Deklinationen von Sternen zu einem bestimmten Zeitpunkt, der Standardepoche, festlegen; dann können wir die Koordinatenrotation durchführen und α und δ des Sterns für die heutige Nacht berechnen. In Sternkatalogen sind gewöhnlich die Koordinaten von Sternen für den Beginn des Jahres 1950.0 angegeben. Doch mit Herannahen des neuen Jahrtausends gibt es mehr und mehr Listen für die Standardepoche 2000.0.

Bis hier scheint die Präzession recht einfach zu sein, doch wie vielleicht bereits vermutet, ist das noch nicht alles. Die Mond- und die Erdbahn sind nicht kreisförmig, so daß die am Äquatorwulst angreifenden Gravitationskräfte nicht konstant sind. Darüber hinaus ist die Mondbahn um fünf Grad gegen die Ekliptikebene geneigt, so daß die Einwirkungen von Sonne und Mond nicht zusammenfallen. Diese Eigenschaften der Mond- und Erdbahn führen zu Schwankungen der Präzession, die insgesamt als Nutation bezeichnet werden. Im wesentlichen besteht sie aus kleinen Schwingungen mit monatlichen und jährlichen Perioden und einer größeren Schwingung (bis zu 19 Bogensekunden), die von einer Schwankung der Mondbahnachse mit einer Periode von 18,6 Jahren herrührt. Es gibt mehr als 100 einzelne Effekte, die alle zur Nutation beitragen und bei der Ortsbestimmung von Sternen mitberücksichtigt werden müssen – bemerkenswerterweise wissen wir jedoch, wo sie herstammen, und können entsprechende Korrekturen anbringen.

Die Kenntnis der Sterne

Die aufmerksame Beobachtung des Himmels reicht zurück bis zu den Anfängen der Zivilisation, und schon damals stellte man Überlegungen an, wie er funktioniert. Pythagoras erahnte die Kugelgestalt der Erde, Aristoteles bestritt, daß die Erde rotiert, und man konstruierte ausgeklügelte Mechanismen, um die Bewegungen der Planeten am Himmel zu erklären und doch an der Vorstellung festhalten zu

1. ALTE WUNDER

können, daß sie die Erde umkreisen. Es geht also nicht darum, was „richtig" oder „falsch" ist, sondern um das Lernenwollen, aus dem sich letztendlich dann die Wahrheit ergibt.

Der Schlüssel zum Verständnis ist jedoch nicht das reine Denken, sondern die Beobachtung und Messung. Schauen wir, was die Astronomen des alten Griechenland zu leisten im Stande waren, betrachten wir ihr immer noch gültiges Vermächtnis. Vor fast 2400 Jahren maß Eratosthenes die Größe der Erde, und nur ein Jahrhundert später entdeckte Hipparchos die Präzession. Diese Messungen betrafen nur die Erde, doch nun gehen wir hinaus in den Weltraum. Aristarch von Samos, sicherlich einer der bemerkensweteren unter seinen Zeitgenossen, entwickelte eine geniale Methode zur Messung der Entfernung der Sonne relativ zu der des Monds. Wenn die Sonne unendlich weit entfernt wäre, würde die „Elongation" des zunehmenden Halbmonds, also sein Winkel relativ zur Sonne, genau 90 Grad betragen. Je näher jedoch die Sonne ist, desto kleiner ist die Elongation. Aristarch versuchte, sie zu bestimmen und erhielt einen Winkel von 87 Grad, aus dem er ein Entfernungsverhältnis von 20 ableitete. Der wahre Winkel von 89°51′, der sich aus dem tatsächlichen Verhältnis von 400 ergibt, ist wegen der rauhen Mondoberfläche und der Unregelmäßigkeit der Linie, die Tag und Nacht auf dem Mond trennt, unmöglich zu messen. Aristarchs Wert, der bis zum 17. Jahrhundert in Gebrauch war, ist zwar um einen Faktor 20 falsch, doch sein Konzept war richtig. Damit zeigte er auch ganz klar, daß die Himmelskörper nicht einfach nur an einer Sphäre befestigt sind, sondern auch eine dritte Dimension besitzen – und daß die Sonne tatsächlich sehr weit entfernt ist.

Ein Jahrhundert später entwickelte Hipparchos Methoden, um aus Sonnen- und Mondfinsternissen die Entfernung des Monds relativ zur Größe der Erde zu berechnen. Ungefähr 300 Jahre danach wandte Claudius Ptolemäus eine direktere Methode an, wobei er den Abstand des Monds aus dessen Parallaxe bestimmte, indem er die Meridiandurchgänge des Monds an verschiedenen Punkten der Mondbahn beobachtete. Beide fanden für das Verhältnis von Mondentfernung zu Erddurchmesser einen Wert von etwa 30, was mit dem modernen Wert gut übereinstimmt. Diese Messungen ermöglichen

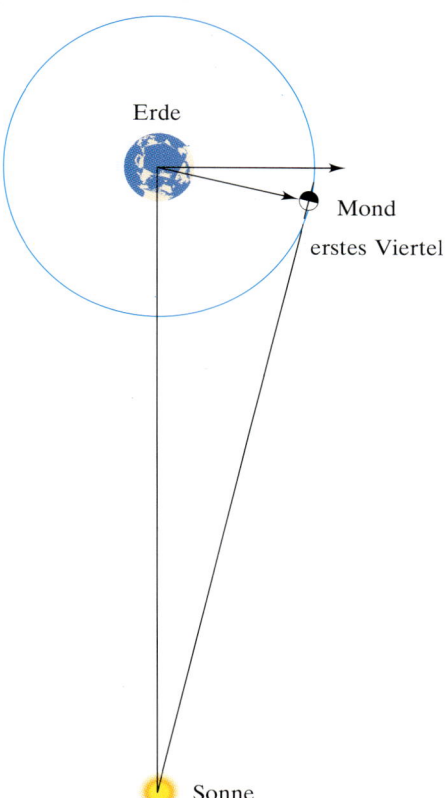

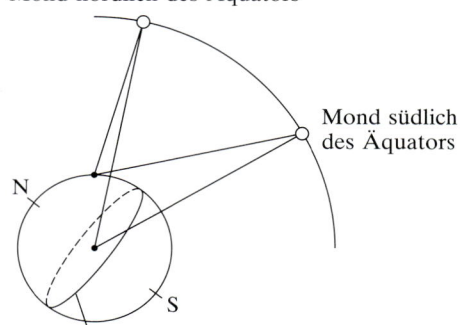

1.24 Aristarch bestimmte aus dem Winkel, unter dem der Mond bei zunehmendem Halbmond erscheint, das Verhältnis der Entfernungen von Sonne und Mond (oben). Ptolemäus bestimmte den Mondabstand relativ zur Größe der Erde (unten) mit Hilfe der Parallaxe. Der Winkel zwischen Mondpositionen nördlich und südlich des Äquators ist von der Erdoberfläche aus gesehen ein anderer, als wenn man ihn vom Zentrum der Erde aus beobachten würde.

1.25 Galileo Galilei (1564—1642) hat das Teleskop nicht erfunden. Er tat etwas sehr viel Wichtigeres: Er lernte es zu benutzen.

zusammen mit dem Wert für die Größe der Erde die Bestimmung der tatsächlichen Entfernung des Monds und der Sonne.

Und was ist mit den Sternen? Aristarch behauptete steif und fest, daß sie sehr viel weiter entfernt seien als die Sonne, konnte es aber nicht beweisen. Erst als Kopernikus zeigte, daß die Erde und die anderen Planeten die Sonne umkreisen, und das geozentrische Weltbild des Ptolemäus als falsch erkannt wurde, konnten die Astronomen überhaupt eine Aussage zu diesem Problem machen: Das Fehlen von Parallaxen diente nun als Beweis, daß die Sterne wirklich in sehr großen Entfernungen stehen. Doch mehr war durch Beobachtungen mit bloßem Auge nicht möglich. Der Umschwung in der Astronomie, die große Wende, kam mit einer herausragenden Persönlichkeit: Galileo Galilei.

Galilei benutzte als erster ein Fernrohr und lieferte damit Beweise für die Richtigkeit der kopernikanischen Theorie. Er beobachtete Krater und Berge auf dem Mond und zeigte damit, daß andere Körper des Sonnensystems der Erde sehr ähnlich sein konnten. Er entdeckte, daß winzige Monde den Planeten Jupiter umkreisen – eine deutliche Analogie zu den sonnenumkreisenden Planeten. Seine Entdeckung der Venusphasen gab dem strengen geozentrischen System dann den endgültigen Todesstoß: Diese Phasen können nur entstehen, weil wir die Venus unterschiedlich beleuchtet sehen, während Erde und Venus beide die Sonne umkreisen; die Venusphasen wären niemals zu beobachten, wenn alles um die Erde kreiste.

1. ALTE WUNDER

Darüber hinaus fand Galilei auch den Weg, die Tiefen des Weltalls zu erkunden und entdeckte dabei, daß die geheimnisvolle Milchstraße einfach nur aus sehr vielen Sternen besteht. Sein Werk und das seiner ebenso brillanten Nachfolger führte schließlich zur Lösung des Entfernungsproblems der Sterne. Es stellte sich heraus, daß die Sterne wirklich weit entfernte Sonnen sind wie die eine, die unseren Tag erhellt. Galilei lieferte die Grundlagen, die es uns letztendlich ermöglichten zu erkennen, was die Sterne wirklich sind, wo sie herkommen, welche Zeit ihnen gegeben ist und – da wir vollkommen von einem speziellen Stern abhängig sind – welche Zeit *uns* damit gegeben ist. Um diese großen Erkenntnisse nachvollziehen zu können, müssen wir jedoch zunächst das Vermächtnis Galileis studieren – die Teleskope und Instrumente, mit denen die Entdeckungen gemacht wurden.

2.1 Bei Sonnenuntergang gibt das geöffnete Kuppeltor den Blick frei auf das 10-m-Keck-Teleskop auf Mauna Kea, Hawaii.

Die Werkzeuge der Entdeckung

Wie wir die Sterne beobachten

Angeblich haben zu Anfang des 17. Jahrhunderts mehrere Optiker unabhängig voneinander bemerkt, daß bestimmte Linsenkombinationen entfernte Dinge größer erscheinen lassen. Das Teleskop ist also nicht Galileis Erfindung, doch in seinen Händen erwachte es zum Leben. Die wirkliche Leistung Galileis bestand nicht so sehr darin, daß er Beobachtungen machte und darüber redete, sondern daß er sie niederschrieb und darüber nachdachte. Es folgte eine wahre Explosion an Entdeckungen. Die Teleskope wurden immer größer und leistungsfähiger, und als es dann ab dem 19. Jahrhundert den Astronomen möglich war, das Sternlicht zu analysieren, konnten sie auch damit beginnen, das Innere dieser entfernten Sonnen zu untersuchen. In unserem eigenen Jahrhundert haben wir die Himmelswissenschaft über den Bereich des sichtbaren Lichts hinaus bis in den Radio- und sogar in den Röntgenbereich ausgedehnt. Wir haben die engen Grenzen unseres Planeten überwunden und lassen unsere Teleskope frei im Weltraum schweben. Hier ist die Geschichte.

Licht

Wir können nicht direkt zu den Sternen hingehen, sondern nur mit Hilfe von Teleskopen ihre Strahlung beobachten und analysieren. Doch ehe wir uns der Funktionsweise von Teleskopen zuwenden, müssen wir die Natur dieser Strahlung untersuchen und lernen, wie sie beeinflußt werden kann.

Licht stellt man sich allgemein als schwingende elektromagnetische (EM) Welle vor, entfernt vergleichbar mit einer Wasserwelle. Der Unterschied besteht darin, daß Lichtwellen kein Medium brauchen, um sich auszubreiten. Im Vakuum bewegen sich die Lichtwellen mit einer Geschwindigkeit von 300 000 Kilometern pro Sekunde, der Lichtgeschwindigkeit c. Respekt vor dieser Zahl, bitte! Ein Lichtstrahl kann in einer Sekunde achtmal die Erde umrunden und in 1,3 Sekunden von hier bis zum Mond fliegen. Es ist die größtmögliche Geschwindigkeit überhaupt – eine Tatsache, die durch zahllose Experimente und eine solide Theorie gestützt wird.

Jede Welle ist durch zwei voneinander abhängige Zahlen charakterisiert – die Wellenlänge λ, also den räumlichen Abstand zwischen zwei Wellenbergen, und die Frequenz ν, die Anzahl der Wellenberge, die pro Sekunde einen Punkt durchlaufen (gemessen in Hertz, abgekürzt Hz). Diese beiden Zahlen miteinander multipliziert ergeben die Ausbreitungsgeschwindigkeit, im Falle von Licht also $\lambda\nu = c$. Ein ganzer Bereich von Lichtwellen ist für das Auge sichtbar. Diese Wellenlängen nehmen wir als Farben wahr – als optisches Spektrum. Es beginnt bei rotem Licht, das eine Wellenlänge von etwa 7×10^{-5} cm oder 7000 Ångström hat (1Å = 10^{-8} cm) und geht mit kürzer werdenden Wellenlängen über Orange, Gelb, Grün, Blau bis zu Violett mit einer Wellenlänge von etwa 4000Å.

Doch die Natur macht an diesen Grenzen nicht halt. Das gesamte elektromagnetische Spektrum erstreckt sich über einen Faktor 10^{15} in der Wellenlänge, wobei die verschiedenen Bereiche unterschiedliche Namen tragen. Der visuelle oder optische Bereich enthält die beobachteten Farben. Auf der langwelligen Seite von Rot liegen die Infrarot- und die Radiostrahlen, deren Wellenlängen sich bis zu Kilometern dehnen. Auf der kurzwelligen Seite des Violett begegnen wir den Ultraviolett-, den Röntgen- und den Gammastrahlen, wobei die letzteren Wellenlängen unter einem Ångström besitzen. Im Vakuum bewegen sie sich alle mit der Geschwindigkeit c. Die Sterne und die mit ihnen verbundenen Erscheinungen senden Strahlung über das gesamte elektromagnetische Spektrum aus. Wenn wir also die Prozesse verstehen wollen, die im Weltraum ablaufen, müssen wir in der Lage sein, alle Strahlungsarten zu beobachten.

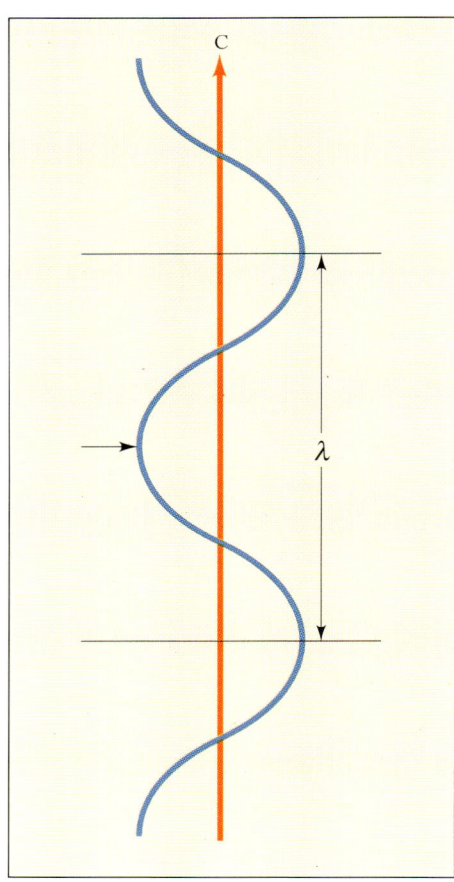

2.2 Die Welle bewegt sich mit Lichtgeschwindigkeit c = 300 000 km/s. Die Wellenlänge ist der Abstand zwischen zwei Wellenbergen und die Frequenz die Anzahl der Wellenberge, die pro Sekunde einen bestimmten Punkt (Pfeil) passieren.

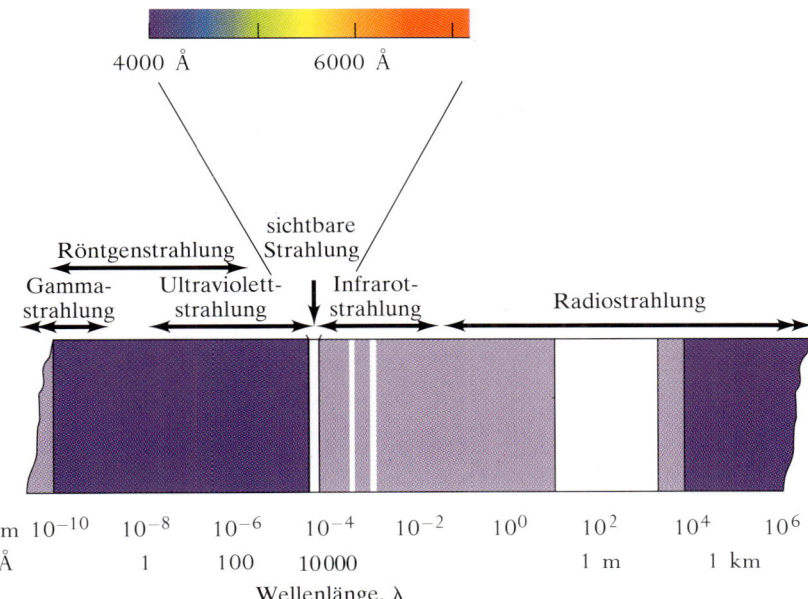

2.3 Das elektromagnetische Spektrum, das von Wellenlängen unter 10^{-8} cm bis hin zu Kilometern reicht, ist in breite Bänder unterteilt, die sich teilweise überschneiden. Es gibt viele physikalische Prozesse, die im optischen Bereich keine Energie abstrahlen, so daß man nur durch die Untersuchung der entsprechenden Spektralbereiche etwas über sie erfahren kann. Je heller der Farbton in dieser Darstellung, desto größer ist die Transparenz der Erdatmosphäre in diesem Wellenlängenbereich.

Doch merkwürdigerweise trifft die Wellenbeschreibung von Licht – gewöhnlich bezeichnet man mit Licht jegliche EM Strahlung – nicht immer zu. Unter bestimmten Bedingungen verhält sich Licht nicht wie eine Welle, sondern wie ein Teilchen. Ein solches Teilchen, das auch Welleneigenschaften besitzt, heißt Photon.

Energie – die Fähigkeit eines Körpers oder einer Strahlung, an einem anderen Körper Arbeit zu verrichten, ihn über eine Strecke zu beschleunigen oder ihn aufzuheizen – wird hauptsächlich via Licht durch das Universum transportiert. Die Energie eines bestimmten Photons hängt von seiner Frequenz ab, entsprechend der Gleichung $E = h\nu$. Das sogenannte Plancksche Wirkungsquantum h ist eine universelle Naturkonstante. Photonen der Gammastrahlung tragen demnach 10^{15}mal so viel Energie wie Radiophotonen. Das ist auch der Grund, warum uns Radiosendungen nicht schaden, während die Gammastrahlen einer Atombombe das sehr wohl tun. Der Energiebetrag, den ein einzelnes Photon trägt, ist sehr klein. Zum Beispiel gilt für gelbes Licht $\lambda = 5500$ Å, also $\nu = 5 \times 10^{14}$ Hz. Da h (in gewöhnlichen Meter-Kilogramm-Sekunden-Einheiten) nur einen Wert von 6×10^{-34} hat, trägt ein solches Photon nur eine Energie von 3×10^{-19} Joule (ein Joule ist die Einheit der Energie). Eine 100-Watt-Birne strahlt 100 Joule pro Sekunde ab, so daß sie (sehr grob gerechnet) erstaunliche 10^{20} Photonen pro Sekunde über uns versprüht.

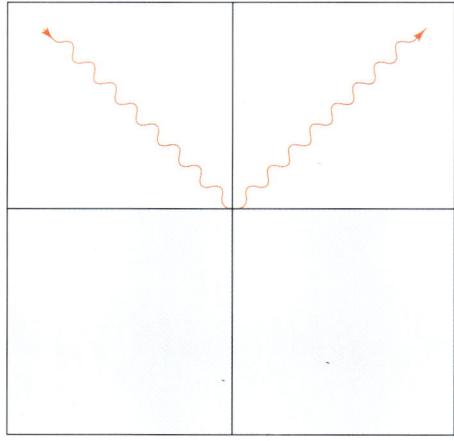

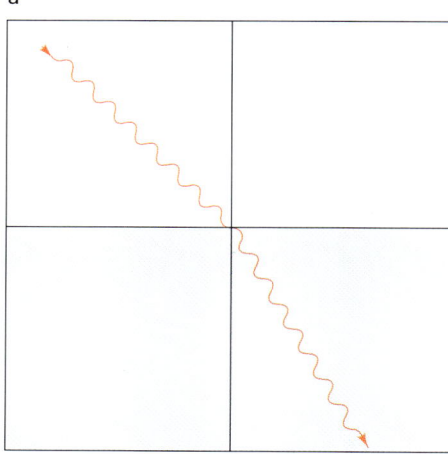

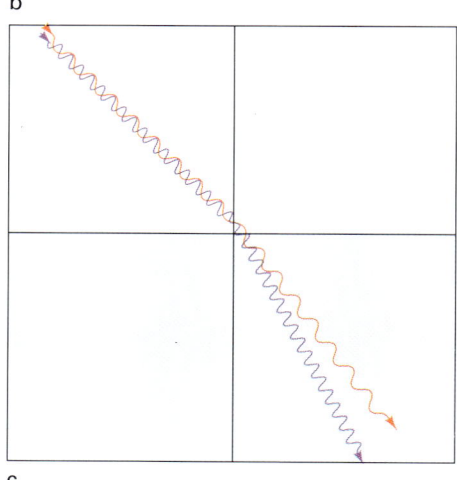

2.4 Reflexion (a), Brechung (b) und Dispersion (c).

Optische Prinzipien

Licht tritt auf alle mögliche Arten mit Materie in Wechselwirkung. Es kann zum Beispiel reflektiert werden. Ein Lichtstrahl, der auf eine glatte, reflektierende Oberfläche fällt, zum Beispiel auf einen gewöhnlichen Spiegel, prallt unter dem gleichen Winkel (gemessen gegen die Senkrechte) wieder zurück, unter dem er aufgetroffen ist. Ohne dieses einfache Prinzip würde unser Gesicht in einem Badezimmerspiegel sonderbar verzerrt erscheinen.

Ein Lichtstrahl kann auch abgelenkt werden, wenn er eine Substanz durchläuft. Man schicke einen Lichtstrahl unter einem bestimmten Winkel aus der Luft in ein durchsichtiges Material wie Glas oder Wasser. Beim Eintritt in das Material wird der Lichtstrahl abgebremst und durch diese Änderung der Geschwindigkeit zur Senkrechten *hin* abgelenkt oder gebrochen. Je größer der Einfallswinkel, desto größer die Brechung. Geht der Strahl in die andere Richtung und *verläßt* das Wasser, so wird er in die entgegengesetzte Richtung abgelenkt, also *weg* von der Senkrechten, da seine Geschwindigkeit zunimmt. Als Folge davon sieht unter Wasser alles verschoben und verzerrt aus – zum Beispiel auch die Fische in einem Teich. Der Grad der Abbremsung und Brechung des Lichtstrahls hängt von der Substanz ab. Die Lichtgeschwindigkeit c dividiert durch die Geschwindigkeit in der Substanz heißt Brechungsindex n. Mit einem n von etwa 1,5 besitzt Glas einen höheren Brechungsindex als Wasser. Den höchsten von fast 2,5 hat Diamant.

Der Brechungsindex hängt von der Wellenlänge ab und wird fast immer größer, wenn λ kleiner wird. Als Folge davon wird violettes Licht stärker gebrochen als grünes und grünes stärker als rotes. Wenn also weißes Licht, das eine Mischung aus allen Farben des Spektrums darstellt, in eine Substanz eintritt oder sie verläßt, so werden die verschiedenen Wellenlängen in leicht unterschiedliche Richtungen abgelenkt, so daß das Licht in seine Bestandteile aufgeteilt wird. Eine solche Dispersion können wir überall in unserer Umgebung beobachten – in einem Regenbogen, in dem farbigen Funkeln von Pulverschnee, im Farbenspiel eines schön geschliffenen Diamanten. Mit Hilfe dieser Erscheinung können wir Sternlicht zerlegen und den inneren Aufbau von Sternen untersuchen. Läßt man einen Sonnenstrahl durch ein Prisma, ein dreieckiges Stück Glas, fallen, wird er sowohl beim Ein- als auch beim Austritt gebrochen und in die Farben des Sonnenlichts zerlegt.

Licht kann auch durch ein etwas unbekannteres Phänomen abgelenkt und dispergiert werden, die sogenannte Beugung. Man lasse einen monochromatischen (einfarbigen) Lichtstrahl auf eine Platte mit

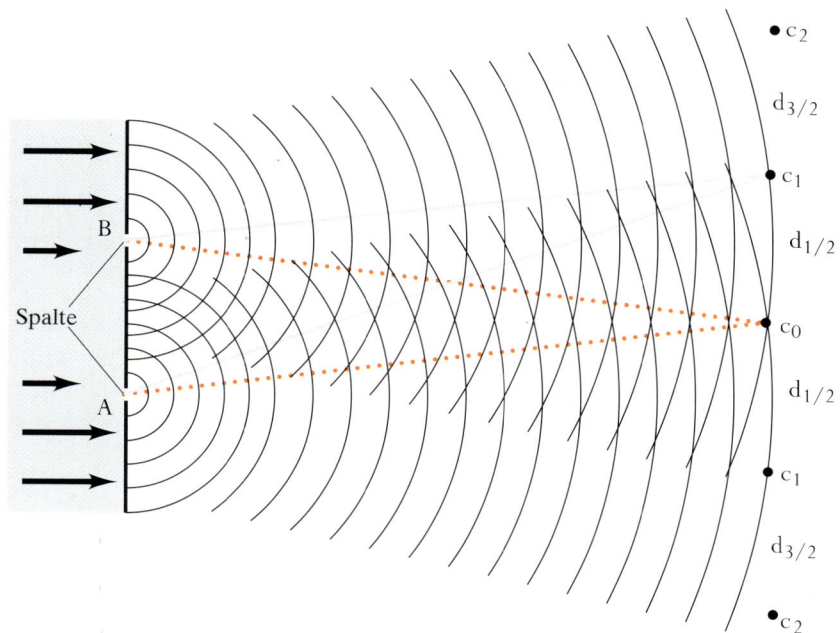

2.5 Lichtwellen, die durch einen Doppelspalt fallen, erzeugen auf einem weiter entfernt stehenden Schirm Interferenzstreifen. Bei jedem hellen Streifen c ist die Differenz der Wegstrecken zu jedem der beiden Spalte ein ganzzahliges Vielfaches der Wellenlänge; bei jedem dunklen Streifen d ist sie ein ganzzahliges Vielfaches der halben Wellenlänge.

einem Doppelspalt fallen. Jeder Spalt wirkt nun wie eine neue Lichtquelle, wobei die Wellen, die von beiden ausgehen, im Gleichtakt, das heißt in Phase sind. Wenn das Licht von diesen Öffnungen auf einen entfernten Schirm fällt, so interferieren die verschiedenen Wellengruppen miteinander und erzeugen ein Muster aus dunklen und hellen Streifen, sogenannte Interferenzstreifen. Der hellste Streifen liegt genau auf der Mittellinie zwischen den beiden Spalten an der Stelle, wo der Abstand vom Streifen zu jedem der beiden Spalte gleich groß ist. Hier überschneiden und addieren sich nämlich die beiden Wellengruppen, was zu einer Verstärkung führt. Ein kleines Stück beidseitig neben dem ersten Streifen ist die Entfernung von dem einen Spalt um eine halbe Wellenlänge größer als die Entfernung zum anderen. Hier fällt der Wellenberg der einen Welle in das Wellental der anderen Welle, so daß es zu einer Auslöschung kommt und ein dunkler Streifen entsteht. Noch ein Stück weiter weg beträgt der Unterschied der Abstände zu den Spalten wieder eine ganze Wellenlänge, so daß sich die Wellen wieder überlagern und addieren. So setzt sich das Muster bei 3/2 Wellenlängen, 2 Wellenlängen und so weiter ständig fort. Erstaunlicherweise beobachtet man auch bei einem einzigen Spalt Interferenzstreifen. Man kann sich den Spalt aus unendlich vielen Doppelspaltpaaren zusammengesetzt vorstellen, die so dicht beieinander liegen, daß sie ein einziges Interferenzmuster erzeugen. Wenn man seine Finger sehr eng nebeneinan-

2.6 Gitterspektren.

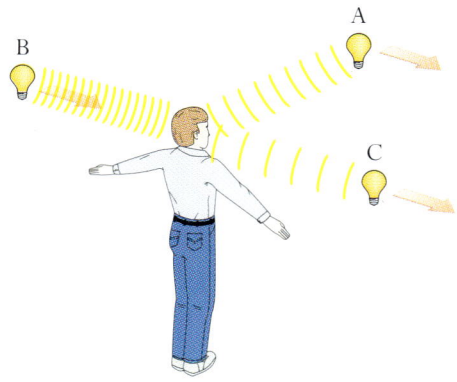

2.7 Glühbirne A bewegt sich am Beobachter vorbei, doch da keine Bewegung in Richtung der Sichtlinie stattfindet, sieht der Beobachter die ursprüngliche Wellenlänge. Birne B kommt auf den Beobachter zu, der wegen des Dopplereffekts die Lichtwellen zu kürzeren Wellenlängen hin verschoben sieht. Birne C bewegt sich vom Beobachter weg, und die Wellen werden zu längeren Wellenlängen verschoben. Der Effekt ist der gleiche, egal ob sich die Quelle oder der Beobachter bewegt.

der dicht vor das Auge hält und in eine helle Lichtquelle blickt, kann man diese Interferenzstreifen sehen.

Auch die Beugung erzeugt Spektren. Je größer die Wellenlänge, desto weiter liegt ein heller Streifen vom Zentrum entfernt. Wenn weißes Licht durch einen Doppelspalt fällt, liegt bei jedem Streifen rotes Licht am einen und blaues oder violettes Licht am anderen Rand. Wird ein dritter Spalt hinzugefügt, sind die Bedingungen für eine verstärkende Überlagerung strenger, so daß die Trennung der Farben klarer wird. Je mehr Spalte also vorhanden sind, desto besser wird das Spektrum. Mit einigen tausend Spalten erhält man überwältigende Spektren. Geräte, die solche Spektren erzeugen, heißen Beugungsgitter. Gewöhnlich bestehen sie aus reflektierenden Platten mit eingeritzten Rillen. Ein sehr alltägliches Beispiel ist eine Compact Disc mit ihrer feinen spiralförmigen Rille. Wenn man sie gegen das Licht hält, sieht man nacheinander mehrere Spektren. Mit Gittern erzeugte Spektren sind Prismenspektren überlegen, da bei der Beugung die Dispersion linear mit der Wellenlänge geht, während bei Prismen röteres Licht enger beieinander liegt. Hinzu kommt, daß Glas im Ultravioletten absorbiert.

Schließlich hängen Wellenlänge und Frequenz der EM Strahlung auch noch von der relativen Geschwindigkeit entlang der Sichtlinie zwischen Quelle und Beobachter ab. Diese Erscheinung heißt Dopplereffekt. Wenn man sich in eine Wellengruppe hineinbewegt, zum Beispiel in Wasserwellen auf einem See, erhöht sich die Frequenz, mit der sie bei einem ankommen, so daß ihre Abstände vermindert erscheinen. Wenn man sich in der gleichen Richtung mit ihnen bewegt, beobachtet man das Gegenteil. Bei Schallwellen ist dieser Effekt eine alltägliche Erscheinung. Wenn sich ein Flugzeug mit hoher Geschwindigkeit nähert, ist der Ton der Motoren höher, als er in Ruhe sein würde. Wenn es uns überfliegt, wird die Geschwindigkeitskomponente in Richtung der Sichtlinie kleiner und der Ton niedriger. Entfernt sich das Flugzeug schließlich, werden die Wellenlängen größer, und der Ton sinkt noch weiter ab. Wenn eine Lichtquelle auf uns zukommt, wird ihre Strahlung zu kürzeren Wellenlängen hin verschoben, das heißt, sie wird uns ein wenig blauer erscheinen, als wenn sie in Ruhe wäre. Entfernt sie sich dagegen von uns, gibt es eine Verschiebung zum roten Ende des Spektrums. Der relative Betrag der Verschiebung ist der Geschwindigkeit direkt proportional. Es gilt also das Dopplersche Gesetz $\Delta\lambda/\lambda = v/c$, wobei λ die Wellenlänge, $\Delta\lambda$ die Änderung der Wellenlänge und v die Geschwindigkeit entlang der Sichtlinie zwischen Quelle und Beobachter ist.

Die Formel gilt nur, wenn v sehr viel kleiner als v ist. Wenn sich v der Lichtgeschwindigkeit c annähert, muß eine andere Gleichung auf der Grundlage der Relativitätstheorie verwendet werden. In den meisten Fällen sind die Geschwindigkeiten und die Verschiebungen sehr klein. Die Farbe einer Quelle kann sich nur ändern, wenn sich die Quelle mit einem deutlichen Bruchteil der Lichtgeschwindigkeit bewegt. Ein alltägliches Beispiel für den EM Dopplereffekt ist das Polizeiradar. Eine Radarkanone sendet ein Radiosignal bei einer exakt festgelegten Wellenlänge aus. Wenn diese Radiowellen von einem näher kommenden Auto zurückprallen, verkürzen sich ihre Wellenlängen. Die Radarkanone fängt das zurückgeworfene Signal auf, vergleicht seine Wellenlänge mit der ausgesandten, wendet das Dopplersche Gesetz an und zeigt (möglicherweise zur Bestürzung des Fahrers) die Geschwindigkeit des Fahrzeugs an.

Mit diesen Grundbegriffen ausgestattet, können wir nun die Instrumente bauen, die zur Untersuchung der Sterne nötig sind.

Refraktoren

Selbst das hochentwickeltste Teleskop ist in seiner Grundfunktion extrem einfach. Es ist ein lichtsammelndes Instrument mit zwei deutlich unterschiedlichen Aufgaben: Es soll helle Bilder von schwachen Lichtquellen liefern, damit genug Licht für die Analyse zur Verfügung steht, und es soll ein hohes Auflösungsvermögen besitzen, damit dicht beieinanderliegende Dinge getrennt gesehen werden können. Galilei benutzte bei seinen Teleskopen Linsen und wandte das Prinzip der Refraktion an. Sterne sind quasi unendlich weit entfernt, so daß ihre Lichtwellen parallel zueinander auf der Erde eintreffen. An den sphärisch gekrümmten Oberflächen der Linse werden sie gebrochen und alle in einen Brennpunkt gelenkt. Wenn wir nun einen Detektor wie zum Beispiel eine Photoplatte in die parallel zur Linse liegende Brennebene (in welcher der Brennpunkt liegt) setzen, können wir ein Bild des Sterns aufnehmen. Mehr ist nicht nötig: Eine Linse und ein Detektor.

Der kritischste Parameter eines Teleskops ist der Durchmesser (auch Öffnung oder Apertur genannt) des „Objektivs", also der lichtsammelnden Linse. Je größer die Öffnung, desto mehr Licht kann sie sammeln und desto heller ist das Bild und desto schwächere Sterne können beobachtet oder photographiert werden. Die gesammelte Lichtmenge ist proportional zur Fläche der Objektivlinse und damit proportional zum Quadrat der Öffnung. Öffnung ist alles. Teleskope werden nach ihrer Öffnung benannt. Wir sprechen vom „Palomar-5m-Teleskop", vom „Kitt-Peak-4-m-Teleskop" oder vom „Lick-91-

cm-Refraktor". Das dunkeladaptierte menschliche Auge hat eine Pupillenöffnung von etwa sieben Millimetern. Mit einem 70-mm-Teleskop kann man somit 100mal schwächere Sterne sehen als mit bloßem Auge, also Sterne 11. Größe.

Natürlich beobachtet man mit einem Teleskop nicht nur einen Stern, sondern ein ganzes Feld mit einem bestimmten Winkeldurchmesser. Die Größe des Gesichtsfelds hängt nicht von der Öffnung ab, sondern direkt von der Brennweite (dem Abstand zwischen Linse und Brennpunkt). Je länger die Brennweite, desto weiter auseinander erscheinen auch zwei bestimmte Sterne. Eine einzelne Linse erzeugt jedoch ein umgekehrtes Bild in der Brennebene, bei dem Ost und West sowie Nord und Süd vertauscht sind.

Galilei besaß keinen photographischen Film. Er schaute durch sein Instrument genau wie heute ein gewöhnlicher Hobbyastronom. Würde man jedoch einfach nur sein Auge in die Brennebene halten, würde man keine Sternbildchen sehen, sondern das beleuchtete Objektiv. Um Sterne sehen zu können, muß man ein Okular benutzen, das die Strahlen wieder parallel macht, so daß sie auf die Netzhaut des menschlichen Auges fokussiert werden können. Dazu gibt es zwei Möglichkeiten. Galilei setzte eine Konkavlinse vor die Brennebene, wodurch ein normales, aufrechtes Bild entsteht. Diese Methode wird heute noch bei billigen Ferngläsern und Operngläsern angewandt. Die erzielte Vergrößerung und das Gesichtsfeld sind jedoch sehr beschränkt. Sehr viel besser ist es, eine konvexe Linse hinter die Brennebene zu setzen. In gewissem Sinne kann man das Okular als Vergrößerungsglas ansehen, mit dem man die Brennebene betrachtet. Die sich daraus ergebende Gesamtvergrößerung M der Linsenkombination hängt vom Verhältnis der Brennweiten des Objektivs und des Okulars ab, also $M = f_{Objektiv}/f_{Okular}$. Die Vergrößerung kann leicht verändert werden, indem man die Okulare wechselt. Einen Nachteil hat dieses System – es erzeugt immer noch umgekehrte Bilder. Doch die Astronomen gewöhnen sich daran, die Dinge auf dem Kopf stehen zu sehen.

Der Berufsastronom schaut kaum noch mit dem Auge durchs Teleskop. Eine solche direkte Beobachtung wird höchstens beim Einstellen des Objekts oder beim Nachführen während langer Belichtungen durchgeführt, und selbst das geschieht heute meistens automatisch. Statt dessen wird das Teleskop benutzt, um Licht in irgendeinen Detektor zu speisen. Deshalb ist die Vergrößerung auch nicht weiter von Bedeutung. Wichtig sind der Abbildungsmaßstab und vor allem das Auflösungsvermögen, das von der Beugung abhängt. Eine Teleskopöffnung wirkt wie ein Einzelspalt, und obgleich sie sehr groß ist, erzeugt sie doch ein Interferenzmuster. Das Sternbild ist das helle,

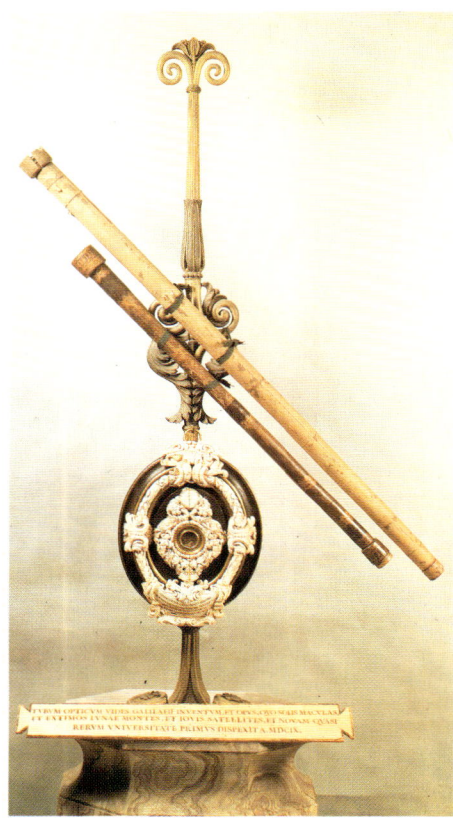

2.8 Zwei von Galileis Teleskopen. Mit Instrumenten, die eine geringere Qualität besaßen als die billigsten, die man heute in einem gewöhnlichen Versandkatalog findet, führte Galilei ganz außergewöhnliche Beobachtungen durch.

2. DIE WERKZEUGE DER ENTDECKUNG

zentrale Beugungsscheibchen. Da die Linse kreisförmig ist, ist dieses Bildchen von einer Serie heller und dunkler kreisförmiger Beugungsringe umgeben. Soweit es das Teleskop betrifft, ist ein Stern zwar praktisch ein mathematischer Punkt, doch das Beugungsscheibchen

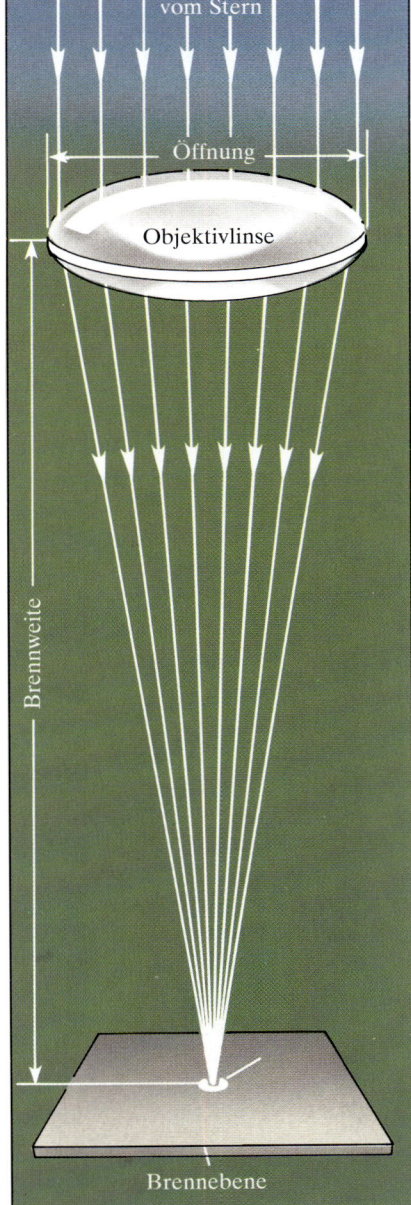
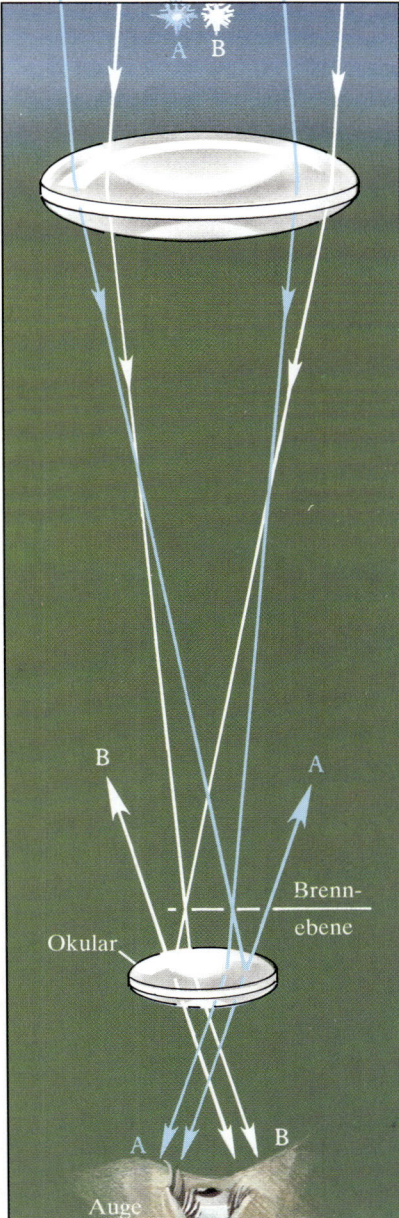

2.9 Die ersten Teleskope waren Linsenfernrohre, auch Refraktoren genannt. Die gekrümmten Oberflächen der Linse (links) lenken die einfallenden parallelen Lichtstrahlen des Sterns um und vereinigen sie im Brennpunkt im Mittelpunkt der Brennebene, wo ein Bild des Sterns entsteht. Setzt man eine Photoplatte an diese Stelle, so nimmt sie ein Bild des Sterns auf. Die Helligkeit des Bilds hängt vom Quadrat des Linsendurchmessers, der Apertur, ab. Das Licht zweier Sterne tritt in die Linse ein (rechts) und wird in der Brennebene fokussiert. Es entsteht ein umgekehrtes Bild: Oben und unten sowie rechts und links sind vertauscht. Ein Okular hinter der Brennebene macht die Lichtstrahlen wieder parallel und vergrößert den Winkelabstand der Sterne. Das Bild steht jedoch immer noch auf dem Kopf.

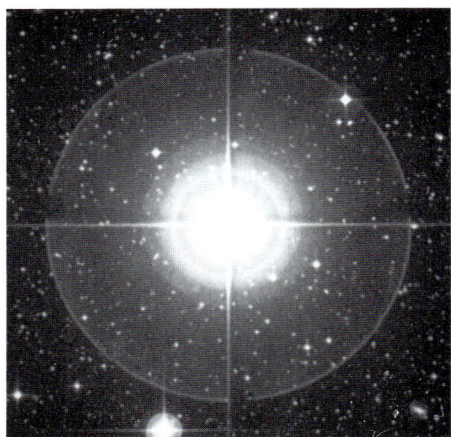

2.10 Die von Teleskopen erzeugten Sternbilder können recht kompliziert sein. Das zentrale Bildscheibchen des hellen Sterns ist in Wirklichkeit ein von kreisförmigen Beugungsringen umgebenes Beugungsscheibchen. Die Beugungsringe sind aber auf diesem Photo *nicht* zu sehen, da sie durch atmosphärische Effekte verschmiert sind. Die hier erkennbaren Ringe sind durch Reflexionen innerhalb des Teleskops entstanden. Das Strahlenkreuz dagegen ist ein echter Beugungseffekt, verursacht durch die Halterung des Sekundärspiegels.

hat eine Ausdehnung und ist nicht punktförmig. Die Fähigkeit eines Teleskops, feine Details aufzulösen, hängt nur vom Durchmesser dieses Scheibchens ab, der mit wachsender Teleskopöffnung kleiner wird. Die einzige Möglichkeit, von einer Punktquelle auch ein punktförmiges Bild zu erhalten, bestünde darin, die Öffnung unendlich groß zu machen, was unmöglich ist. Eine generelle Daumenregel für das Auflösungsvermögen eines Teleskops in Bogensekunden (″) lautet $5″/D$, wenn D in Zoll und $13″/D$, wenn D in Zentimetern angegeben ist.

In der Praxis wird das Auflösungsvermögen jedoch nicht durch das Teleskop, sondern durch die Erdatmosphäre bestimmt. Das poetische „Funkeln der Sterne" kann einem Astronomen den ganzen Tag verderben – von der Nacht ganz zu schweigen. Das Funkeln, oder wie es richtig heißt, die Szintillation, entsteht durch unterschiedliche Lichtbrechung in der Luft und verschmiert den Punkt, den ein Stern in Wirklichkeit darstellt, über eine Scheibe, die bis zu einigen Bogensekunden groß sein kann. Die Szintillation ist einer der Hauptgründe, warum die Teleskope der Berufsastronomen auf hohen Bergen errichtet werden, wo das „Seeing" (die Bildqualität im Hinblick auf Luftunruhe) am besten ist. Doch selbst an den besten Standorten ist die Bildgröße, das „Seeing-Scheibchen", niemals kleiner als etwa eine halbe Bogensekunde. Bei Öffnungen von mehr als 30 Zentimetern wird dadurch die Steigerung des Auflösungsvermögens zunehmend eingeschränkt, wenn man keine hochentwickelten Vorrichtungen zur Korrektur der Szintillationseffekte verwendet.

Refraktoren sind mit drei Schwächen behaftet. Erstens führt die Brechungsdispersion dazu, daß blaue und violette Strahlen von einem Stern schneller in einem Brennpunkt konvergieren als rote. Folglich hängt die Lage der Brennebene von der Farbe ab. Wenn man auf das rote oder gelbe Bild eines Sterns fokussieren will, wird es von einem ausgedehnten blauen Schimmer umgeben sein. Der Effekt dieser chromatischen Aberration wird durch eine große Brennweite minimalisiert. Noch besser bekommt man sie in den Griff, wenn man das Objektiv aus zwei oder mehr Elementen zusammensetzt. Ein achromatisches Objektiv (eigentlich eine etwas irreführende Bezeichnung) besteht gewöhnlich aus zwei zusammengefügten Linsen mit unterschiedlicher Krümmung und unterschiedlichem Brechungsindex. Auf diese Weise können zwei beliebig ausgewählte

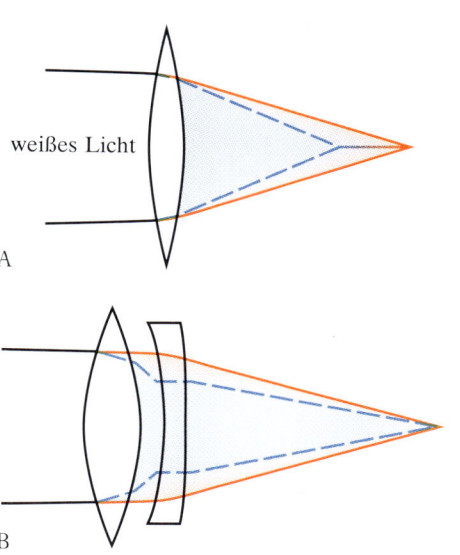

2.11 Das von einer einzelnen Linse erzeugte Bild eines Sterns ist eine farbige Linie entlang der optischen Achse, da blaue Strahlen stärker abgelenkt werden als rote. Es kann nur jeweils immer eine Farbe richtig fokussiert werden. Kombinierte Konvex- und Konkavlinsen mit unterschiedlichen Brechungsindizes können dagegen je zwei beliebige Farben in einem Brennpunkt vereinen.

2. DIE WERKZEUGE DER ENTDECKUNG

Farben in einem Punkt fokussiert werden. Bei drei Farben braucht man drei Linsen, doch jede zusätzliche Linse absorbiert und reflektiert auch etwas Licht, so daß man sich außer bei einigen Spezialkameras gewöhnlich auf zwei Linsen beschränkt. Die restliche chromatische Aberration wird durch eine große Brennweite und Filter, die unfokussiertes Licht abblocken, vermindert.

Das zweite Problem ist die Öffnung. Ein Refraktorobjektiv besteht aus zwei Linsen hoher optischer Qualität, so daß vier Oberflächen geschliffen und poliert werden müssen, wobei die Kosten dramatisch mit der Größe ansteigen. Der größte jemals gebaute Refraktor hat nur einen Durchmesser von etwa einem Meter. Darüber hinaus müssen die Rohre sehr lang und damit die Stützkonstruktionen sehr massiv und die Beobachtungskuppeln sehr groß sein, was die ohnehin schon hohen Kosten noch mehr steigert.

Das dritte Problem besteht darin, daß Glas die Ultraviolettstrahlung absorbiert, die von unserer Atmosphäre durchgelassen wird. Das schränkt die Brauchbarkeit des Instruments für die Forschung beträchtlich ein. Das Problem kann gemildert werden, indem man spezielle – und teure – ultraviolettdurchlässige Gläser benutzt, oder Quarz, der noch teurer ist. Doch trotz all dieser Schwierigkeiten ist

2.12 Der 61-cm-Refraktor des Lowell Observatory ist durch den geöffneten Kuppelspalt auf den Mars gerichtet.

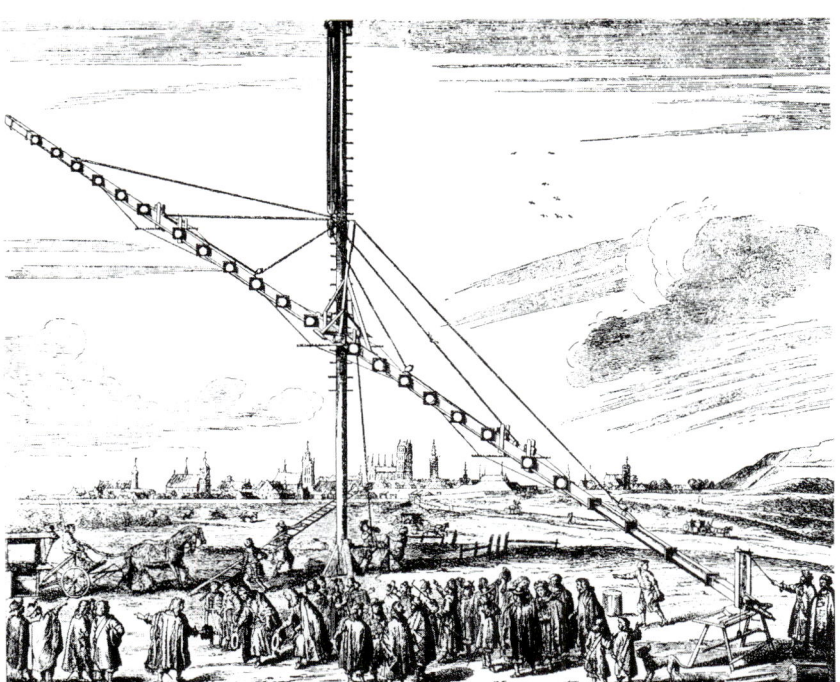

2.13 Der von Johann Hevelius um 1670 gebaute Refraktor war enorm lang, um die chromatische Aberration zu verringern. Man kann sich kaum vorstellen, wie Hevelius damit überhaupt irgend etwas am Himmel finden konnte.

59

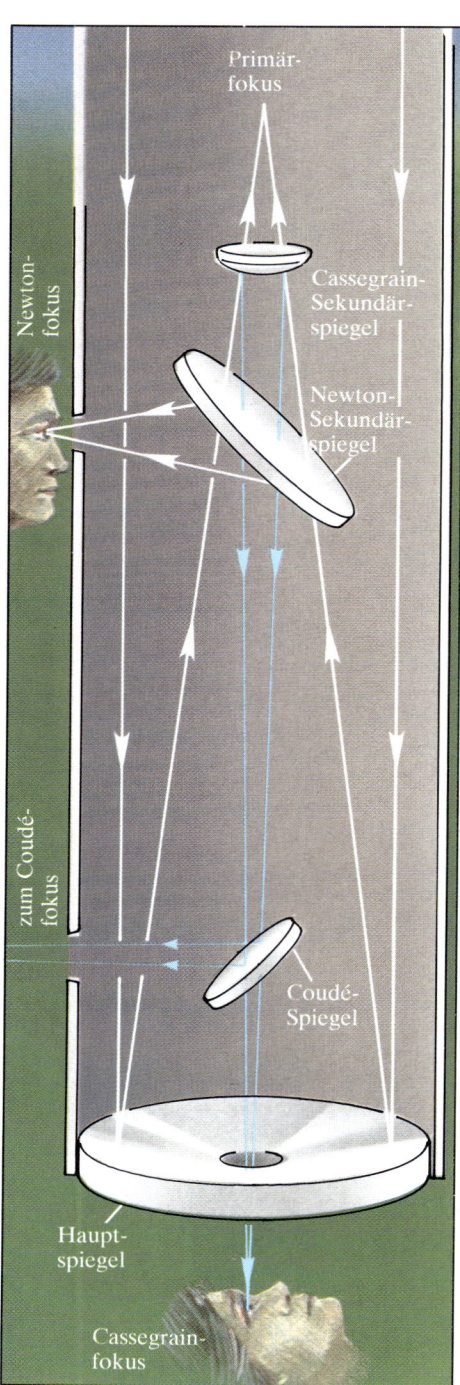

die Tatsache, daß Refraktoren immer noch mit Erfolg für spezielle Forschungen eingesetzt werden – obwohl der letzte große bereits vor fast 100 Jahren gebaut wurde – ein Beweis für die Schönheit und Einfachheit dieser großartigen Instrumente.

Die Revolution der Spiegelteleskope

Den Anfang zur Lösung der eben genannten Schwierigkeiten machte im 17. Jahrhundert kein anderer als Isaac Newton (1642–1727). Er erfand das Spiegelteleskop (Reflektor), das statt einer Linse einen Spiegel zur Fokussierung des Lichts benutzt. Es dauerte jedoch bis Mitte des 18. Jahrhunderts, ehe die Technologie so weit entwickelt war, daß das Spiegelteleskop mit dem Refraktor in Konkurrenz treten konnte. In den Händen William Herschels (1738–1822), des Begründers der modernen Astronomie, erwachte das Spiegelteleskop sozusagen zum Leben. Der große Durchbruch kam dann schließlich in diesem Jahrhundert.

Da der Reflexionswinkel nicht von der Farbe abhängt, gibt es keine chromatische Aberration, und da das Licht nirgendwo durch Glas hindurchfällt, gibt es auch keine Absorption im Ultravioletten. Da nur eine optische Fläche geschliffen werden muß, kann das Innere des Spiegels sogar fehlerhaft sein. Das Instrument kann sehr groß und trotzdem recht kurz gemacht werden, weshalb keine so großen Schutzräume nötig sind. Als Folge davon sind Reflektoren sehr viel billiger zu bauen als Refraktoren, so daß man für das eingesparte Geld das Instrument größer machen kann.

Der Objektiv- oder Hauptspiegel eines Teleskops besteht zunächst einmal aus einer konkaven Kreisscheibe aus Glas oder Keramik, wobei heute das letztere benutzt wird, um thermische Ausdehnungen zu vermeiden. Eine sphärisch geformte Oberfläche fokussiert jedoch das Licht nicht richtig, da Strahlen von den äußeren Bereichen des Spiegels in einem Fokus gesammelt werden, der *vor* dem Fokus der Strahlen aus dem inneren Bereich liegt. Durch diese sphärische

2.14 Im Spiegelteleskop sammelt und fokussiert ein großer parabolförmiger Hauptspiegel das Licht. Für Direktaufnahmen wird häufig der Primärfokus verwendet, da der Lichtweg hier durch nichts unterbrochen wird. Amateurinstrumente benutzen gewöhnlich den Newton-Fokus. Große Geräte wie zum Beispiel ein Spektrograph machen jedoch eine mechanisch stabilere Plattform erforderlich, so daß man hier oft den Cassegrain-Fokus verwendet. Bei noch schwereren Geräten wird das Licht weiter zum Coudé-Fokus gelenkt.

Aberration entsteht ein verwaschenes Bild. Deshalb wird der Spiegel in Form eines Paraboloids geschliffen, der alle parallelen Lichtstrahlen von einem Stern auf der optischen Achse in einem einzigen Fokus vereinigt. Die lichtzugewandte Spiegeloberfläche wird in einer Vakuumkammer mit einer sehr dünnen, glänzenden Aluminiumschicht bedampft. Die Brennebene, das heißt der Primärfokus, befindet sich also vor dem Spiegel. Wie kann man nun beobachten, ohne den Lichteinfall zu blockieren? Newton löste das Problem, indem er kurz vor den Fokus einen kleinen, ebenen Sekundärspiegel in einem Winkel von 45 Grad plazierte, der das Licht zur Seite lenkt. Dieses Newtonsche System ist bei älteren Spiegelteleskopen weit verbreitet und sehr beliebt bei Amateurteleskopen, da es nicht teuer ist und eine günstige Beobachtungsposition bietet.

Es gibt jedoch noch eine Reihe weiterer Möglichkeiten. Bei den meisten professionellen Teleskopen verwendet man das Cassegrain-System. Dabei wird das Licht von einem Sekundärspiegel durch ein Loch im Hauptspiegel geworfen. Der Sekundärspiegel hat die Form eines konvexen Hyperboloids, der das Licht schmaler bündelt und es in einem Fokus zusammenfaßt, der wie beim Newtonschen System außerhalb des Fernrohrtubus liegt. Bei entsprechender Krümmung und Plazierung des Sekundärspiegels sind sehr große *effektive* Brennweiten – sehr viel größer als die des Hauptspiegels – in einem sehr kurzen Tubus möglich. Darüber hinaus kann der Sekundärspiegel leicht ausgewechselt werden, so daß verschiedene Brennweiten (und damit verschiedene Abbildungsmaßstäbe) für verschiedene Zwecke zur Verfügung stehen. Beim Hauptspiegel mag das Verhältnis von Brennweite zur Öffnung nur 3 betragen (bezeichnet mit $f/3$); durch das Cassegrain-System sind jedoch effektive Werte von $f/7$, $f/13$ und $f/30$ oder noch größer möglich. Außerdem liegt der Brennpunkt auf der mechanischen Achse des Instruments, so daß schwere Analysegeräte einfach zu plazieren sind.

In einer weiteren Variante kann das vom Cassegrain-Sekundärspiegel kommende Licht von einem ebenen Spiegel aufgefangen werden, der vor dem Hauptspiegel an einem der Rotationspunkte des Instruments sitzt und das Licht zur Seite ablenkt. Zusätzliche Spiegel lenken es dann zum Coudé-Fokus (französisch „umgelenkt"), der an einem ortsfesten Platz in einem besonderen Raum – meistens im Keller des Observatoriums – liegt, wo große, schwere Analysegeräte montiert werden können. Und schließlich können wir auch noch den

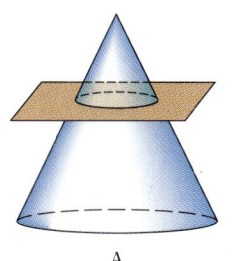

A

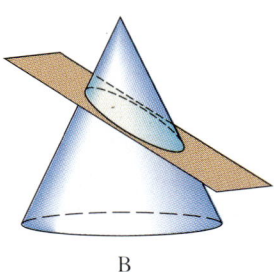

B

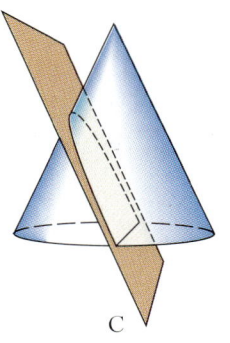

C

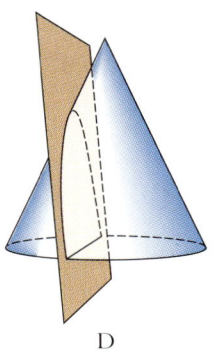

D

2.15 Kegelschnitte sind eine Gruppe von Kurven, die entstehen, wenn eine Ebene einen Kegel schneidet: (A) Kreis; (B) Ellipse; (C) Parabel; (D) Hyperbel. Der bei Rotation der Parabel um ihre Achse entstehende Rotationskörper ist ein Paraboloid. Die meisten Hauptspiegel von Spiegelteleskopen besitzen diese Form.

STERNE

Primärfokus selbst benutzen, wenn das Instrument groß genug dafür ist. Bei einigen großen Spiegelteleskopen ist an diesem Punkt im Instrument ein Käfig angebracht, der es dem Beobachter ermöglicht, nachts während der Beobachtung innerhalb des Instruments zu sitzen. Alle diese Optionen machen das Spiegelteleskop enorm flexibel, während es trotzdem relativ billig ist.

Das erste wirklich große Spiegelteleskop war das 1918 fertiggestellte 2,5-m-Teleskop, das die Carnegie Institution of Washington auf dem Mount Wilson oberhalb von Los Angeles errichtete. Ihm folgte 30 Jahre später das Hale-Teleskop mit fünf Metern Spiegeldurchmesser, das von Carnegie und dem California Institute of Technology auf Mount Palomar etwa auf halbem Wege zwischen Los Angeles und San Diego gebaut wurde. Man stelle sich nur das Lichtsammelvermögen dieses Teleskops vor! Es sammelt mehr als eine halbe Million mal so viel Licht wie das bloße Auge – durch ein Okular könnte man Sterne 20. Größe sehen! Es ist ein Wunder der Ingenieurskunst, so fein auf Öldrucklagern ausbalanciert, daß seine ganzen 500 Tonnen Gewicht mit der Hand bewegt werden können. Nach ihm wurden noch einige Teleskope der 3- bis 4-m-Klasse gebaut, doch mit Ausnahme eines ziemlich untauglichen 6-m-Teleskops in der ehemaligen Sowjetunion werden erst jetzt, nach über 40 Jahren, Teleskope konstruiert, die größer sind als das 5-m-Hale-Teleskop. Eine Reihe von 8-m-Instrumenten mit dem 2,5fachen Lichtsammelvermögen des Palomar-Teleskops – das entspricht einer vollen Größenklasse – sind in Planung. Es ist unwahrscheinlich, daß es je sehr viel größere,

2.16 Das 3,6-m-Teleskop der Europäischen Südsternwarte (ESO) in La Silla, Chile.

2. DIE WERKZEUGE DER ENTDECKUNG

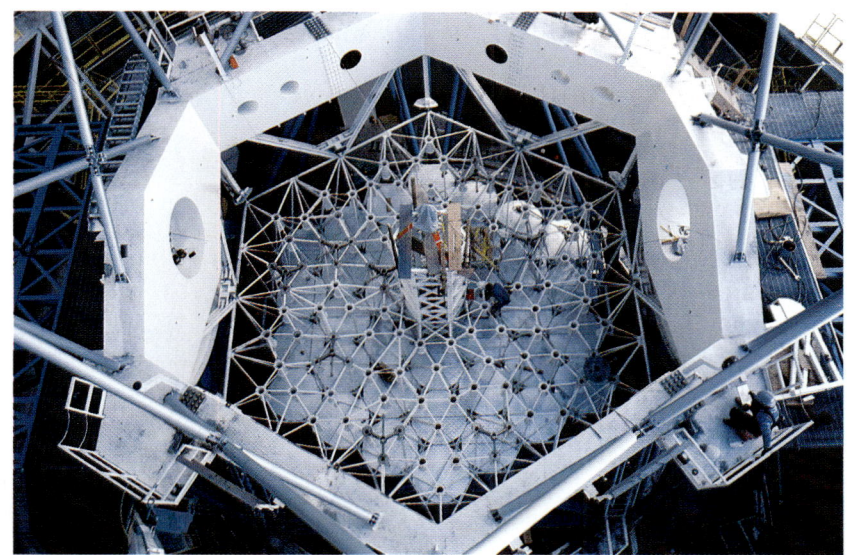

2.17 Das im Bau befindliche 10-m-Keck-Teleskop auf dem 4200 Meter hohen Mauna Kea.

aus einem Stück bestehende Spiegel geben wird, da sie sehr schwierig zu gießen, zu schleifen und zu montieren sind. Das riesige Keck-Teleskop mit zehn Metern Durchmesser, das gerade auf Hawaii gebaut wird, besitzt einen aus einzelnen Segmenten zusammengesetzten Spiegel, wobei jedes Spiegelsegment einen Durchmesser von nur einem Meter hat. Bei solchen neuartigen Konstruktionen gibt es keine direkte Grenze für die Teleskopgröße – außer der, die durch die Finanzierung gegeben ist (allerdings eine *sehr* bedeutende Einschränkung).

Doch auch Spiegelteleskope haben ihre Probleme. Ein einfacher Paraboloid erzeugt ein wunderschönes Bild, aber nur auf der optischen Achse. Sterne, die nicht genau in der Mitte des Gesichtsfelds liegen, erleiden einen als Koma (lateinisch „Haar") bezeichneten Abbildungsfehler, der die Sternbildchen zu kometenschweifartigen Figuren auseinanderzieht, die alle radial nach außen zeigen. Dieser Effekt schränkt das Gesichtsfeld erheblich ein: Es würde ewig dauern, den gesamten Himmel mit dem 5-m-Teleskop zu durchmustern. In den dreißiger Jahren fand Bernhard Schmidt eine Lösung für dieses Problem: Er entwickelte ein Instrument mit einer nichtfokussierenden Objektivlinse, einer sogenannten Korrektorplatte, die vor einen größeren sphärischen Spiegel gesetzt wird. Die komplizierte Form der Korrektorplatte verändert die Bahnen der Lichtstrahlen so, daß sowohl die sphärische Aberration als auch die Koma korrigiert werden. Das Ergebnis ist eine Himmelskamera mit einem riesigen Gesichtsfeld. Das bekannteste derartige Instrument ist das 122-cm-

Schmidt-Teleskop auf Mount Palomar. Eine andere Lösung stellt das Ritchey-Chrétien-System dar, das hyperbolisch geformte Haupt- und Sekundärspiegel benutzt. Es wird zum Beispiel beim Keck-Teleskop verwendet.

Montage und Betrieb

Alle Teleskope müssen um zwei Achsen drehbar sein, damit sie auf jeden Punkt der zweidimensionalen Oberfläche der Himmelskugel gerichtet werden können. Bei der normalen Äquatorialmontierung zeigt eine Achse auf den Himmelspol, so daß sich das Teleskop parallel zum Äquator drehen und dem täglichen Gang der Gestirne folgen kann. Mit der anderen Achse kann es in der Nord-Süd-Richtung, senkrecht zum Äquator, ausgerichtet werden. Jede Achse hat einen Teilkreis – auf dem einen wird der Stundenwinkel, auf dem anderen die Deklination abgelesen. Bei klassischen oder historischen Instrumenten sind die Teilkreise Eisenringe mit eingravierter Gradeinteilung. Zunächst schaut der Astronom die Koordinaten eines Sterns, eines Planeten oder einer Galaxie nach. Der Unterschied zwischen α und der lokalen Sternzeit, die von der Observatoriumsuhr angezeigt wird, ergibt dann den Stundenwinkel. Wenn die Koordinaten eingestellt sind, erscheint das Objekt im Okular eines kleinen Suchfernrohrs, das am Tubus des Hauptteleskops angebracht ist. Stellt der Beobachter nun das Objekt in die Mitte eines Fadenkreuzes im Suchfernrohr, so erscheint das Objekt im Hauptinstrument. Die Polachse ist direkt mit einer Sternzeituhr verbunden, die das Teleskop langsam auf einer Deklinationsparallelen der Sternbahn nachführt, so daß der Stern stets im Gesichtsfeld bleibt, während die Erde rotiert.

Teleskope sind im allgemeinen in einer drehbaren Kuppel untergebracht, die mit einem Spalt zum Himmel hin zu öffnen ist. Die Kuppel bietet Schutz vor unfreundlichem Wetter und – bei geöffnetem Spalt – vor Wind und Streulicht. Teleskope sind Instrumente fürs Freie, die möglichst auf der Temperatur ihrer Umgebung gehalten werden sollten, damit das Seeing-Scheibchen so klein wie möglich ist. Wärme ist nicht erlaubt, so daß die Astronomen früher häufig sehr harte Arbeitsbedingungen ertragen mußten. Die Temperaturkontrolle ist so kritisch, daß das Äußere der Kuppel mit einer speziellen Titandioxid-Verbindung gestrichen wird, die Sonnenlicht reflektiert und gut im Infraroten strahlt. Bei einigen Teleskopen sind sogar Kühlaggregate im Boden der Kuppel eingebaut, so daß tagsüber die Temperaturen niedrig gehalten werden können.

2. DIE WERKZEUGE DER ENTDECKUNG

Die heutigen Berufsastronomen haben kaum noch direkten Kontakt mit ihren Teleskopen. Schon vor langer Zeit wurde das Auge durch objektive, nüchterne Instrumente ersetzt – höchstens daß vielleicht einmal die Versuchung zu groß ist, während der Dämmerung einen kurzen Blick auf ein besonderes Lieblingsobjekt zu werfen (wobei der Blick durch ein 3- oder 4-m-Teleskop wirklich ehrfurchtgebietend ist). Die Teilkreise sind ebenfalls von elektronischen Encodern abgelöst worden, welche die Drehung der Teleskopachsen präzise anzeigen. Man gibt nur α, δ und die Standardepoche über eine Tastatur ein, und ein Computer berechnet die Präzession, bestimmt daraus die aktuellen Koordinaten für diese Nacht, liest die lokale Sternzeit von seiner internen Sternzeituhr ab, berechnet die Differenz und steuert die Motoren, welche die Teleskopachsen drehen, bis die gewünschte Einstellung erreicht ist. Der Computer enthält auch Informationen, um die Verbiegung des schweren Teleskops und die durch die Erdatmosphäre verursachte Brechung, die ein Objekt höher über dem Horizont erscheinen läßt, zu korrigieren. Die Steuerung ist so genau, daß kein Suchfernrohr nötig ist: Ein modernes Instrument kann mit der erstaunlichen Genauigkeit von einer Bogensekunde eingestellt und einem Stern nachgeführt werden. Das gesuchte Objekt erscheint dann fast wie durch Zauber im Zentrum des Fernsehmonitors, und sein Licht kann weiter in die Analyse-Instrumente gelenkt werden. Da dies alles automatisch geschieht, braucht der Astronom überhaupt nicht mehr in der Kuppel anwesend zu sein, sondern kann bequem in einem warmen Raum sitzen und Kaffee trinken, während die gewünschten Daten gewonnen werden.

Die Computersteuerung macht auch die Äquatorialmontierung überflüssig. Die Konstruktion ist sehr viel einfacher und damit billiger, wenn man die Teleskopmontierung nach dem Horizont ausrichtet, so daß die eine Achse zum Zenit zeigt, also in Richtung der Erdgravitation. Der Computer wandelt ständig die Rektaszension und Deklination in Höhe und Azimut um (Azimut ist der Bogen zwischen dem Südpunkt und dem Schnittpunkt des Höhenkreises des Sterns mit dem Horizont, gemessen über Süden, Westen, Norden, Osten) und führt so das Teleskop gleichmäßig über den Himmel. Alle neuen Großteleskope, zum Beispiel auch das Keck-Teleskop, arbeiten auf diese Weise.

Große Teleskope sind so teuer, ihre Bauart und Steuerung so kompliziert, daß sie von speziell ausgebildeten Operateuren bedient werden müssen. Der Astronom gibt die Koordinaten an und darf nur Steuerungsbewegungen mit geringer Geschwindigkeit zur Nachführung ausführen.

2.18 Eine photographische Himmelsaufnahme mit einer Belichtungszeit von 45 Minuten.

Analyse

Das Teleskop allein tut wenig. Seine Aufgabe ist es, Licht in die Analysedetektoren zu speisen. Bis gegen Ende des 19. Jahrhunderts stand uns als Detektor einzig und allein das menschliche Auge zur Verfügung, das keine dauerhaften Aufzeichnungen machen kann. Der erste große Durchbruch kam dann mit der Photographie. Dabei ist die astronomische Kamera nicht mehr als ein Plattenhalter, fest im Fokus montiert. Manchmal bleibt ihr Verschluß stundenlang geöffnet, um ein schwaches Signal zu integrieren und aufzuzeichnen, während das Teleskop das Objekt über den Himmel verfolgt. In der Astronomie benutzte photographische Emulsionen sind fast immer auf Glasplatten aufgebracht, die eine große Lebensdauer und räumliche Stabilität garantieren. Hauptsächlich bei Eastman Kodak wurden Emulsionen entwickelt, die auch noch auf sehr geringe Lichtintensitäten ansprechen. Die Plattengröße reicht von kleinen, einen Zentimeter großen Plättchen bis hin zu Monstern von einem halben Meter Durchmesser, die in Schmidt-Teleskopen verwendet werden. Die Photographie war das Arbeitspferd des 20. Jahrhunderts. In den fünfziger Jahren wurde mit dem Schmidt-Teleskop auf Mount Palomar der gesamte von Südkalifornien aus sichtbare Himmel in den beiden Farben Rot und Blau bis hinab zu etwa 19. Größe photographiert. (In diesem Buch sind zwar einige prächtige Farbphotos zu sehen, doch die Photos zu Forschungszwecken sind immer schwarz-weiß. Verschiedene „Farben" bezeichnen dabei nur die bei der Aufnahme benutzten Filter.) Von Großbritannien und der Europäischen Südsternwarte in Australien und Chile betriebene Partnerinstrumente haben inzwischen das gleiche für die Südhalbkugel durchgeführt, während das Schmidt-Teleskop auf Mount Palomar die nördliche Durchmusterung in *drei* Farben wiederholt. Dies sind alles Mammutunternehmen – Suchmissionen, die nach interessanten Objekten für die großen Spiegelteleskope Ausschau halten.

Die photographische Platte besitzt einige schwerwiegende Nachteile. Sie ist sehr ineffektiv, da sie bestenfalls nur etwa zwei Prozent des einfallenden Lichts nachweist und daher enorm lange Belichtungszeiten nötig sind. Sie ist auch nichtlinear: Die Schwärzungsrate der photographischen Körner hängt nicht direkt von der einfallenden Strahlungsintensität ab, so daß eine sorgfältige Kalibrierung nötig ist. Die Folge ist eine merkliche Ungenauigkeit bei Helligkeitsmessungen. So ist die Photographie ganz allmählich von der Elektronik abgelöst worden. Diese Revolution, die inzwischen fast abgeschlossen ist, begann etwa 1915 an der Universität von Illinois mit der Arbeit von Joel Stebbins und der Erfindung des photoelektrischen Photometers. Dieses Gerät macht sich die Teilcheneigenschaft des Lichts zunutze. Verschiedene Substanzen setzen nämlich Elektronen frei, wenn sie von Photonen (den Lichtteilchen, welche die Energie tragen) getroffen werden, wobei die Ausbeute fast 90 Prozent beträgt. Diese Elektronen können durch ein elektrisches Feld beschleunigt werden und einen meßbaren elektrischen Strom erzeugen, der direkt proportional zur einfallenden Lichtintensität ist. In seinem ersten erfolgreichen Experiment konnte Stebbins den Mond nachweisen – 50 Jahre später waren photoelektrische Photometer in der Lage, die Helligkeit eines Sterns 20. Größe zu messen.

Das photoelektrische Photometer kann Sterne nur einzeln beobachten und ist damit – obwohl genau – ebenfalls ineffektiv. Es kann also die Erfassung des gesamten Himmels auch nicht beschleunigen. Die in den siebziger Jahren verwendeten Videokameras waren bereits ein Fortschritt, doch den größten Sprung vorwärts stellt das „charge-coupled device" (ladungsgekoppeltes Halbleiterschaltelement, kurz CCD) dar, das ebenfalls eine Ausbeute von fast 90 Prozent hat. Die Oberfläche des CCD ist in winzige Bildelemente („Pixel") unterteilt. Werden sie Licht ausgesetzt, baut jedes dieser Pixel eine elektrische Ladung auf, die direkt proportional zur Helligkeit ist, das heißt, jedes Lichtphoton erzeugt den gleichen leichten Anstieg der Ladung. Daher stimmt das Ladungsmuster auf dem Chip mit dem Helligkeitsmuster des Gesichtsfelds überein. Ist die Belichtung beendet, werden die Ladungen Pixelzeile für Pixelzeile als ein elektrischer Strom abgeleitet. Der Computer liest den fluktuierenden Strom mit einer zeitlich präzisen Rate ab, so daß jeder Zeitpunkt einem speziellen Pixel zugeordnet werden kann. Das Muster wird auf Magnetplatte oder -band gespeichert und kann Zeile für Zeile, Spalte für Spalte wieder zu einem Bild auf einem Videomonitor zusammengesetzt werden. Mit einem modernen CCD-System kann man in einer Minute aufnehmen, wozu man mit der Photographie ein oder zwei Stunden benötigt hätte. Dadurch steigt die Effizienz der Teleskope erheblich, so daß man mit den größten Instrumenten sogar Objekte bis zur 29. Größe aufnehmen kann. Darüber hinaus ermöglicht es das lineare elektronische Aufnahmeverfahren, die Helligkeiten praktisch aller Sterne im Gesichtsfeld gleichzeitig zu messen.

2.19 Eine 125 Minuten belichtete CCD-Aufnahme. Sie zeigt noch sehr viel schwächere Sternbildchen als eine gleich lang belichtete Photographie.

Die elektronische Revolution hat dazu geführt, daß man heute mit kleinen 1-m-Teleskopen Dinge tun kann, die vor nur 20 Jahren selbst mit dem großen 5-m-Spiegel nicht möglich waren. Das war auch der Hauptgrund, warum man so lange Zeit keine Instrumente gebaut hat, die das Hale-Teleskop in der Größe übertrafen. Man hatte ja leistungsmäßig immer größere Teleskope zur Verfügung, ohne sie wirklich bauen zu müssen. Da wir bei den Nachweismethoden aber mittlerweile fast die hundertprozentige Effizienz erreicht haben, müssen wir unsere Bemühungen jetzt wieder auf Glas und Eisen richten.

Die Photographie hat zwar an Bedeutung verloren, doch tot ist sie noch nicht. CCD-Chips sind klein – der größte bisher gebaute hat ein Feld von 2048 auf 2048 Pixel. Mit nur 30 Millimetern Seitenlänge können auch sie nur beschränkte Gesichtsfelder abbilden. Weitwinkelkameras wie die Schmidt-Spiegel müssen also weiterhin auf Photoplatten zurückgreifen. Doch die CCDs beherrschen inzwischen das Astronomie-Geschäft so sehr, daß Palomar die Photographie ganz vom 5-m-Teleskop verbannt hat – ein großer historischer Wendepunkt.

Alle Observatorien sind mit weit mehr als nur Geräten zur Erzeugung von Bildern ausgestattet. Der Spektrograph zum Beispiel spaltet Lichtstrahlen (die von einem Kollimator parallel gemacht wurden) in ihre Farben oder Wellenlängen auf, um spektrale Merkmale einzelner Atome aufzuzeichnen und Geschwindigkeiten zu messen. Hierzu könnte man zwar auch Prismen verwenden, doch alle modernen Spektrographen benutzen die weitaus vielseitigeren Beugungsgitter. Früher wurden die Spektren auf Photoplatten aufgezeichnet. Heute besitzen die Spektrographen ihre eigenen CCD-Systeme, die eine Aufzeichnung der spektralen Information auf Magnetplatten oder -bändern ermöglichen.

Das Beobachten ist eigentlich der einfachere Teil – schwieriger ist die Reduktion der Bilder, Helligkeiten oder Spektren zu sinnvollen Daten. CCD-Pixel haben keine gleichförmige Empfindlichkeit, so daß die Helligkeit an einer Stelle eines Bilds gegenüber einer anderen Stelle verzerrt sein kann. Die Erdatmosphäre schwächt die einfallende Strahlung ab, so daß die Sterne schwächer aussehen, als sie in Wirklichkeit sind, wobei der Effekt von der Höhe über dem Horizont abhängt. Die Luft absorbiert auch stärker im Blauen als im Roten und verfälscht daher die relativen Helligkeiten der verschiedenen Farben im Spektrum; das gleiche bewirken auch Wellenlängenabhängigkeiten im Transmissions-Wirkungsgrad der gesamten Teleskopoptik. Alle diese Effekte müssen mit verschiedenen Kalibrierungstechniken korrigiert werden. Die Reduktion der Daten einer Nacht kann einige Tage Arbeit am Computerterminal erfordern. Doch dann beginnt natürlich erst die richtige Arbeit – die Interpretation der Daten, die das ganze nächste Jahr oder sogar Jahrzehnt in Anspruch nehmen kann.

Die Arbeit an einem Observatorium ist straff geplant und organisiert. Es gibt viele Astronomen und nur wenige große Teleskope. Deshalb muß man bis zu sechs bis zwölf Monate im voraus Beobachtungszeit für einige wenige kostbare Nächte beantragen. Die Analysegeräte sind meistens so kompliziert, daß sie für längere Zeit – tage- oder sogar wochenlang – am Teleskop montiert bleiben und

2. DIE WERKZEUGE DER ENTDECKUNG

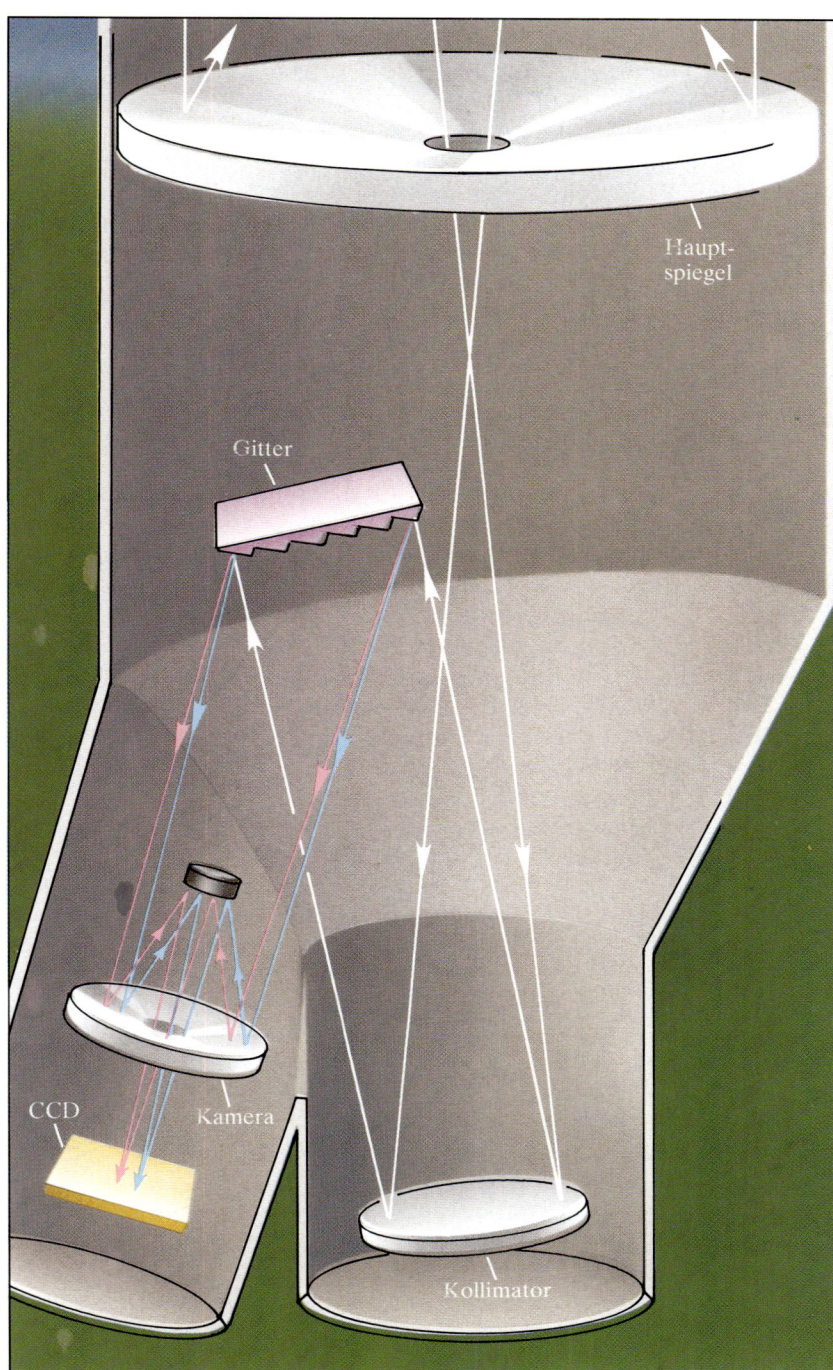

2.20 Ein Spektrograph zeichnet Sternspektren auf. Das Licht fällt zunächst auf einen Kollimator, der die Strahlen parallel macht, und dann auf ein sehr fein geritztes Gitter, das das Licht in ein Spektrum zerlegt. Mit einer Kamera wird das Spektrum zur Abbildung auf die Oberfläche eines CCDs fokussiert.

eine Reihe von Astronomen sich bei ihrem Gebrauch abwechselt. Die Beobachtungsplanung ist eng mit dem Mond verknüpft, der den Himmel so hell erleuchten kann, daß schwache Objekte nicht mehr beobachtbar sind. Daher werden Aufnahmen von schwachen Quellen generell während der „dunklen Zeit" in den beiden Wochen um Neumond gemacht, während man helle Objekte in der „hellen Zeit" um Vollmond beobachtet. Schon als vor langer, langer Zeit die Astronomie ihren Anfang nahm, waren die Menschen vom Kommen und Gehen des Erdtrabanten fasziniert – und so erweisen ihm auch die Astronomen heute noch ihre Reverenz.

Radioteleskope

Das elektromagnetische Spektrum ist sehr breit. Unterschiedliche physikalische Prozesse geben Strahlung in unterschiedlichen Wellenlängenbereichen ab. Wenn wir uns also auf das schmale optische Band des Spektrums beschränken, engen wir unsere Sicht vom Universum erheblich ein. Der erste nicht-optische Spektralbereich am Himmel wurde 1933 von Karl Jansky erschlossen, einem Ingenieur der Bell Laboratories, der eigentlich Radiointerferenzquellen ausfindig machen sollte. Er stellte fest, daß das Rauschen des Radiohintergrunds mit einer siderischen Periode von 23 Stunden und 56 Minuten an- und abschwoll – ein sicherer Hinweis, daß zumindest eine der Quellen extraterrestrischer Natur war. Es stellte sich heraus, daß es die Milchstraße war. So hatte Jansky unbeabsichtigt das erste Radioteleskop gebaut.

2.21 Sonnenuntergang hinter dem Radioteleskop des Parkes Observatory in New South Wales, Australien.

In seiner einfachsten Form ist ein Radioteleskop einfach nur eine Richtantenne – wie zum Beispiel auch ein langer Draht oder ein TV-Dipol –, die in den Himmel gehalten wird. Radiowellen aus dem Weltraum erregen einen elektrischen Strom in der Antenne, der dann verstärkt und gemessen wird. Eine bloße Antenne kann jedoch nicht viel Energie aufsammeln, da ihr Lichtsammlungsvermögen sehr gering ist und sie nur schlecht ausgerichtet werden kann. Um eine große Energiemenge aufzusammeln, wird die Antenne gewöhnlich in den Fokus eines Parabolreflektors gesetzt. Das Radioteleskop entspricht dann exakt einem optischen Teleskop, nur ist statt einer Photoplatte, eines Photomultipliers oder eines CCDs eine Antenne als Detektor mit einem System zur Verstärkung der einfallenden Strahlung gekoppelt.

Wie bei einem optischen Instrument erzeugt dieser Paraboloid ein Beugungsmuster. Die Größe jedes Interferenzmusters hängt direkt

2. DIE WERKZEUGE DER ENTDECKUNG

2.22 Der Kontrollraum des größten beweglichen Radioteleskops der Welt am Max-Planck-Institut für Radioastronomie in Effelsberg.

von der Wellenlänge ab. Je länger die Wellenlänge, desto weiter auseinander sind die hellen Streifen und desto größer ist die zentrale Scheibe. Deshalb haben einfache Radioteleskope bekanntermaßen ein schlechtes Auflösungsvermögen und müssen daher zum Ausgleich sehr groß sein. Ein Radioteleskop, das bei einer recht typischen Wellenlänge von zehn Zentimetern arbeitet, müßte einen Durchmesser von etwa 1,5 Kilometern haben, um das Auflösungsvermögen des unbewaffneten menschlichen Auges zu erreichen! Es ist unmöglich, ein solches Gerät zu konstruieren und zu bauen. Die größte einzeln steuerbare Radioschüssel, die je gebaut wurde, besitzt einen Durchmesser von „nur" 100 Metern (sie steht in Effelsberg in der Eifel) – sie zu betreiben ist ungefähr dasselbe, wie ein Sportstadion auf Doppelachsen zu balancieren und über den Himmel zu bewegen. Das größte Radioteleskop ist eine fest montierte Parabolantenne mit 304 Metern Durchmesser, die in einer natürlichen Talmulde in Puerto Rico errichtet wurde.

Zum Glück kann das Problem des beschränkten Auflösungsvermögen leicht behoben werden. Man stelle sich ein kilometergroßes Teleskop vor. Nun nehme man das gesamte Mittelstück heraus, ersetze das Ganze durch zwei getrennte Teleskope, die einen Kilometer voneinander entfernt stehen, und mische oder korreliere ihre Ausgangssignale. Verfolgt man jetzt mit dieser Anordnung eine Strahlungsquelle über den Himmel, so wirken die gekoppelten Teleskope wie ein Doppelspalt, der ein veränderliches Muster von Interferenzstreifen „sieht". Das Interferenzmuster kann mathematisch umgekehrt werden, um daraus das Bild des Gesichtsfelds zu konstruieren. Dieses einfache „Interferometer" verliert notwendigerweise Information, da es nur eindimensional gebaut ist. Doch wenn wir die gesamte Fläche unseres hypothetischen kilometergroßen Teleskops mit einer Anordnung von einzelnen Teleskopen ausfüllen, von denen jedes einzelne einfach zu bauen ist, können wir genau die gleiche Wirkung erzielen, als wenn wir mit einem großen Teleskop beobachteten. Die größte derartige Antennenanordnung, das *Very Large Array* (*VLA*), steht auf einer Hochebene in Neu-Mexiko. Es besteht aus 27 Antennen mit je 25 Metern Durchmesser, die auf Eisenbahnschienen montiert sind und ein Teleskop von etwa 37 Kilometern Durchmesser – etwa so groß wie die Umgehungsstraße rings um Washington, D.C. – simulieren können! Mit diesem Instrument erreichen die Astronomen Auflösungsvermögen, die sogar besser sind als bei optischen Teleskopen, da Radiowellen größtenteils von der störenden Lufthülle der Erde unbeeinflußt bleiben.

2.23 Das *Very Large Array* (*VLA*) in der Nähe von Socorro, New Mexico, erstreckt sich über ein Gebiet von 42 Kilometern Durchmesser.

Das *VLA* stellt die praktische Grenze für elektronisch gekoppelte Teleskope dar. Bei deutlich größeren Interferometern kann die Länge der elektrischen Kabel, die jede Antenne mit dem zentralen Korrelator verbinden, nicht mehr exakt genug aufeinander abgestimmt werden. Um diese Schwierigkeit zu umgehen, trennen wir die Teleskope und synchronisieren statt dessen ihre Beobachtungen mit Hilfe von präzise übereinstimmenden Atomuhren. Im Computer werden die Daten gemischt und die Interferenzstreifen neu erzeugt. Hierbei gibt es keine Größenbegrenzung mehr. So besitzt das *Very Long Baseline Array* (*VLBA*) Empfangsantennen von Neu-England bis Hawaii.

Dadurch entsteht ein Teleskop von 8000 Kilometern Durchmesser, das eine Auflösung von unter einer hunderttausendstel Bogensekunde ermöglicht! Interferometer mit noch größeren Basislängen wurden zwischen Europa, der ehemaligen Sowjetunion und den USA errichtet – das auf diese Weise simulierte Teleskop ist fast so groß wie die Erde. Eines Tages wird auch auf dem Mond ein Element einer Interferometeranlage stationiert sein.

Mit einem Radioteleskop kann man auch Bilder machen. Das Instrument kann den Himmel um eine Strahlungsquelle abtasten und so die räumliche Verteilung ihrer Strahlung aufzeichnen. Mit Hilfe des Computers kann dann das Aussehen der Quelle rekonstruiert werden, so daß das Bild genau wie eine Photographie wirkt – eine Photographie, gesehen mit Radioaugen. Radioteleskope sind auch mit Spektrographen ausgerüstet und können auf verschiedene Wellenlängen des Radiospektrums eingestellt werden – ganz ähnlich wie ein normales Radiogerät, das in der Tat ja auch eine Art Spektrograph ist. So kann man messen, ob sich die Intensität des Signals mit der Wellenlänge ändert.

Hinaus in den Weltraum

Trotz der ausgeklügelten Technik moderner Teleskope stellt die Tatsache, daß sie an die Erdoberfläche gebunden sind, eine ernsthafte Einschränkung dar. Unsere Atmosphäre läßt Strahlung nur in begrenzten Ausschnitten des elektromagnetischen Spektrums durch. Infrarotstrahlung wird von Kohlendioxid und Wasserdampf stark absorbiert. In diesem Bereich gibt es nur einige recht enge Frequenzbänder, bei denen es möglich ist, in den Weltraum hinauszuschauen. Ultraviolettstrahlung wird von Ozon absorbiert. Nur Strahlung aus einem ganz engen Bereich des nahen Ultraviolett, der unmittelbar an den optischen angrenzt, gelingt es, sich durchzuschmuggeln. Für das Leben auf der Erde sind diese Absorptionen allerdings von entscheidender Bedeutung. Die Absorption im Infraroten wirkt wie eine isolierende Decke und hält uns warm (der berühmte Treibhauseffekt), während die Ultraviolettabsorption die verbrennende – und tödliche – UV-Strahlung der Sonne in Schach hält (wenn auch nicht vollständig, wie man am Strand leicht feststellen kann). Auch Röntgenstrahlung kann nicht bis zum Boden durchdringen, ebenso wie einige Radiofrequenzbänder, die von elektrisch geladenen Schichten in der oberen Erdatmosphäre blockiert werden. (Die normalen „Kurzwellen"-Verbindungen beruhen ja gerade auf der Tatsache, daß ihre Signale von unten an diesen Schichten reflektiert werden.) Aus all die-

2.24 *ASTRO*, das Ultraviolett- und Röntgenteleskop, zieht über der Erde dahin, während Astronomen von der Ladebucht der Raumfähre aus ihre Beobachtungen durchführen.

sen Gründen – so vorteilhaft sie in anderer Beziehung auch sein mögen – können wir eine Vielzahl von hoch- und niederenergetischen Prozessen vom Boden aus nicht untersuchen. Selbst der optische Bereich ist durch Absorption und die allgegenwärtige Szintillation beeinträchtigt.

Wenn wir also weitere Fortschritte beim Studium des Universums erzielen wollen, haben wir keine andere Wahl, als über die Atmosphäre hinaus in den Weltraum zu gehen, wo die Sicht ungehindert ist. Seit den fünfziger Jahren sind zahlreiche Raketenflüge mit verschiedensten Instrumenten an Bord durchgeführt worden. Die ballistischen Bahnen solcher Raketen ermöglichen jedoch nur Beobachtungszeiten von jeweils wenigen Minuten. Hochfliegende Ballone sind ebenfalls als Beobachtungsplattformen benutzt worden, doch diese brauchen natürlich eine dünne Restatmosphäre, um schweben zu können. Richtige Beobachtungen vom Weltraum aus sind demnach nur mit Satelliten möglich. Der erste echte astronomische Satellit (im Gegensatz zu Satelliten, die geophysikalische Prozesse untersuchten) startete in den sechziger Jahren. Ihm folgten viele weitere, und die Instrumente, die sie an Bord hatten, eröffneten uns den größten Teil des verborgenen elektromagnetischen Spektrums.

An Hand einiger Beispiele sei die Vielfalt demonstriert. Der unbesungene mechanische Held der siebziger und achtziger Jahre war zweifellos der *International Ultraviolet Explorer* (*IUE*), ein 45 Zentimeter großes Teleskop. Es wurde 1978 gestartet und sollte während seiner ursprünglich auf drei Jahre geschätzten Lebensdauer alle Arten von Himmelskörpern im Ultravioletten unterhalb der atmosphärischen Grenzwellenlänge im Bereich zwischen 1000 und 3000 Ångström beobachten. Mittlerweile geht der *IUE*-Satellit ins 17. Jahr und zeigt nur wenig Ermüdungserscheinungen. Die Öffentlichkeit weiß kaum etwas von ihm, da er nur UV-Spektren liefert und keine spektakulären Bilder übermitteln kann. Es steht jedoch außer Frage, daß er zu einer Revolution innerhalb der Astronomie geführt hat, indem er uns physikalische Prozesse beobachten ließ, die vom Boden aus einfach nicht zu sehen sind. Eindrucksvolle UV-Bilder hat dagegen *ASTRO* geliefert, ein Observatorium, das im Mai 1991 für eine Woche an Bord der Raumfähre *Columbia* mitflog.

Röntgenstrahlen zeigen an, wo sich Gase sehr hoher Temperatur befinden und andere extrem energiereiche Prozesse ablaufen. Das erste erfolgreiche Röntgenteleskop, das den Namen *Uhuru* (Suaheli „Freiheit") trug, flog 1970 und fand sofort Quellen dieser energiereichen Strahlung. Es wurde schließlich von *HEAO2* (*High Energy Astronomical Observatory 2*, genannt *Einstein*) übertroffen, das 1978 flog und Röntgenbilder vom Himmel machen konnte. Dieser Satellit ist

2. DIE WERKZEUGE DER ENTDECKUNG

inzwischen durch *ROSAT* („Röntgen-Satellit") abgelöst worden, der von der Europäischen Weltraumbehörde (ESA) und der NASA betrieben wird. Jenseits des Röntgenbereichs erschließt uns das *Gamma Ray Observatory* (*GRO*) noch höhere Energien. Zur Erforschung des langwelligeren Spektralbereichs wurde 1983 der *Infrared Astronomical Satellite* (*IRAS*) gestartet, der ein Jahr lang Ergebnisse lieferte, bis sein Vorrat an flüssigem Helium, das zum Kühlen diente, verbraucht war. Er erfaßte den gesamten Himmel dreimal in vier Frequenzbändern, sammelte Infrarotspektren und lieferte Informationen von unschätzbarem Wert über kühle Sterne und die frostigen Tiefen des Weltraums.

Auch das *Hubble Space Telescope* (*HST*) ist inzwischen in Betrieb. Mit seiner Planung und dem Bau war bereits 1979 begonnen worden. Im April 1990 wurde es schließlich gestartet und sendet nun aufsehenerregende Bilder vom Himmel zur Erde. Es ist zwar bei weitem nicht das größte Teleskop der Welt, doch mit Sicherheit das am weitesten entwickelte – und zweifellos befindet es sich am besten Beobachtungsstandort. Das *HST* (ein Ritchey-Chrétien-System) enthält eine Vielzahl an bildgebenden, photometrischen und spektroskopischen Instrumenten. Sein praktisches Auflösungsvermögen beträgt 0,07 Bogensekunden und ist damit etwa siebenmal besser als das, was normalerweise von der Erde aus erzielt werden kann. Die ausführlich publizierten Schwierigkeiten mit dem 2,4-m-Spiegel des *HST* (der versehentlich in der falschen Form geschliffen wurde) beein-

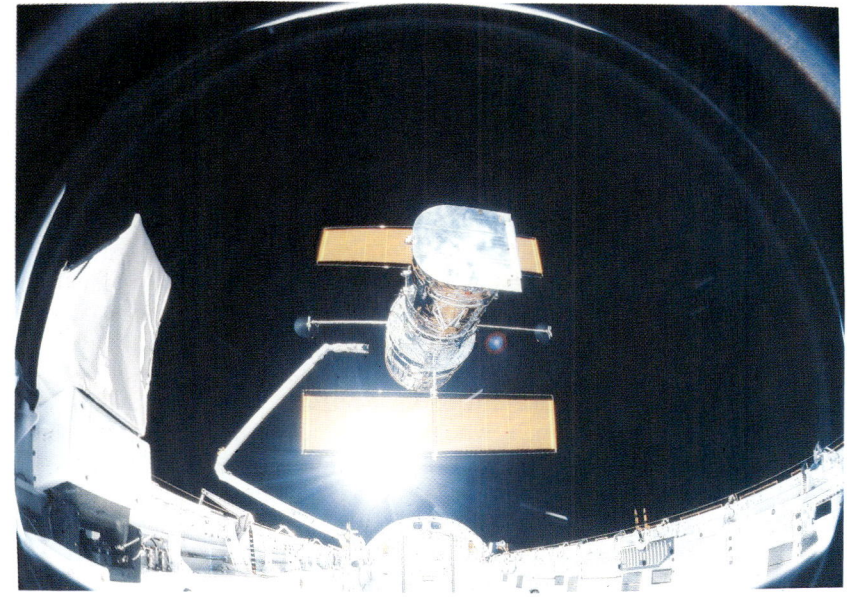

2.25 Noch am Greifarm der Raumfähre befestigt, schwebt das *Hubble*-Weltraumteleskop über der Erde. Inzwischen befindet es sich auf einer erdnahen Umlaufbahn in etwa 600 Kilometern Höhe.

trächtigen zwar das Auflösungsvermögen und die Leistungsfähigkeit des Instruments, doch mit Hilfe ausgeklügelter Bildverarbeitung durch Computer konnte man den verschmierenden Effekt der falschen Optik zum großen Teil wieder ausgleichen und eine gute Auflösung sowie einige wunderschöne Bilder erhalten, die auf den folgenden Seiten zu sehen sind.

Inzwischen unten am Boden ...

Astronomie vom Weltraum aus ersetzt nicht die bodengebundene Astronomie, sondern ergänzt sie – beide arbeiten ausgezeichnet zusammen. Die Entwicklungen auf der Erde sind ebenso spannend wie jene in einigen hundert oder tausend Kilometern Höhe über uns. Man betrachte zum Beispiel das Keck-Teleskop mit seinem 10-m-Spiegel oder die Reihe zukünftiger 8-m-Spiegel, die erheblich mehr Licht sammeln können als das *HST*. Noch spannender sind vielleicht sogar unsere wachsenden Möglichkeiten, die schädlichen Einflüsse unserer flimmernden Atmosphäre zu überwinden und bemerkenswert hohe Auflösungen zu erreichen. In Kürze werden Teleskope am Boden genauso gute – oder sogar noch bessere – Bilder liefern können wie das *HST*. Nur an seine Fähigkeiten im Ultraviolettbereich werden sie naturgemäß niemals heranreichen (es sei denn, wir zerstören das *gesamte* Ozon – ein schrecklicher Gedanke).

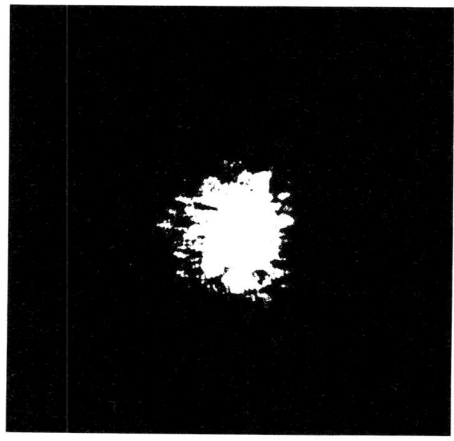

2.26 Eine Speckle-Aufnahme des Sterns Capella. Der Stern hat einen sehr kleinen Winkeldurchmesser, doch sein Bild wird durch die Turbulenzen in der Luft stark verschmiert. Die einzelnen Belichtungszeiten sind hier jedoch so kurz, daß wir tatsächlich die unzähligen, winzigen, verschobenen Sternbildchen erkennen, aus denen sich das Gesamtbild zusammensetzt.

Es gibt mehrere Möglichkeiten, das große Ziel der Astronomie – hohe Auflösung – von der Erde aus zu erreichen. Die Geschichte der Interferometrie reicht zurück bis ins Jahr 1913. In seiner einfachsten Anwendung benutzt man zwei Spalte, um das Beugungsmuster eines Sterns zu beobachten. Da ein Stern nicht wirklich punktförmig erscheint, erhalten wir in Wirklichkeit ein verwaschenes Muster von Beugungsstreifen, aus denen man den Winkeldurchmesser des Sterns bestimmen kann. Bei dem ersten derartigen Experiment setzte A. A. Michelson eine drei Meter lange Stahlstange mit je einem Spiegel an jedem Ende quer vor das 2,54-m-Spiegelteleskop auf Mount Wilson. Zwei weitere Spiegel reflektierten das Licht auf das Objektiv, wo sich die Strahlen vereinigten und das Beugungsmuster mit dem Auge beobachtet werden konnte. Mit dieser Methode erreichten Michelson und andere ein Auflösungsvermögen von einigen wenigen hundertstel Bogensekunden, so daß sie die Winkeldurchmesser einiger Sterne bestimmen konnten. Moderne Systeme, die Photometrie und Computer verwenden, liefern noch bessere Ergebnisse und ermöglichen die Beobachtung von sehr viel schwächeren Quellen. Eine weitere, als Speckle-Interferometrie bezeichnete Methode benutzt ultra-

2. DIE WERKZEUGE DER ENTDECKUNG

kurze Belichtungen von Sternen, auf denen die atmosphärischen Szintillationsmuster jeweils wie eingefroren erscheinen, so daß man Hunderte winziger Sternbildchen innerhalb der großen Seeingscheibe erkennen kann. Mit Hilfe von Computerbildverarbeitung vieler solcher Bilder kann ebenfalls der Winkeldurchmesser des Sterns gemessen werden. Diese Technik ist besonders für die Trennung von Sternen nützlich, die so nahe beieinander stehen, daß sie mit gewöhnlichen Beobachtungen nicht aufgelöst werden können. In nicht allzu ferner Zukunft werden wir sogar in der Lage sein, einzelne optische Teleskope ähnlich wie bei einem Radiointerferometer zu koppeln und damit erstaunliche Auflösungsvermögen erzielen.

Die interessanteste Methode verwendet die sogenannte Technik der adaptiven Optik. Dabei wird zusätzlich in den Strahlengang ein kleiner Spiegel installiert, der mit Hilfe von piezo-elektrischen Actuatoren verformt werden kann. Das Flimmern des Sterns wird im Teleskop überwacht und die Form der Spiegeloberfläche ständig so geändert, daß die Szintillation der einfallenden Lichtwellen kompensiert wird. Im Prinzip kann man auf diese Weise das theoretische Auflösungsvermögen des Teleskops erreichen. Auflösungen von 0,22 Bogensekunden sind bereits erzielt worden – und das ist erst der Anfang. Das Ziel dieser Techniken ist es, die Sterne selbst abzubilden, zu sehen, was sich auf ihren Oberflächen befindet, ja sogar nach ihren Planeten zu suchen. Der Erfolg sollte nicht mehr allzu lang auf sich warten lassen.

Machen Sie mit

Astronomie ist eine bemerkenswert leicht zugängliche Wissenschaft – alles was man tun muß ist, hinauszugehen und zu schauen. Darüber hinaus ist das Hauptinstrument der Astronomie, das Teleskop, eine höchst einfache Angelegenheit, die jeder besitzen und mit der jeder arbeiten kann (wenige Amateurphysiker besitzen dagegen eigene Teilchenbeschleuniger). Es gibt viele Sterne und wenige Berufsastronomen, und der wahre Amateur braucht nur ein bißchen Praxis und Hingabe, um einen wirklichen Beitrag zur Himmelswissenschaft leisten zu können.

Der Amateur kann auf vielen verschiedenen Stufen arbeiten, sowohl in technischer Hinsicht als auch bezüglich seiner Interessen. Es gibt Gruppen begeisterter Beobachter, die nur mit bloßem Auge Meteorschwärme am Himmel verfolgen. (Meteore werden im allgemeinen durch lockeren, von Kometen stammenden Staub erzeugt, der in die

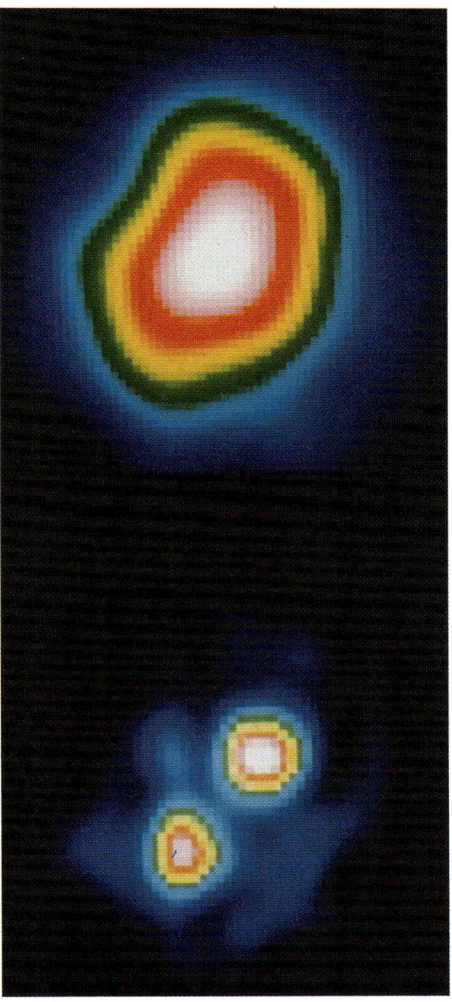

2.27 Zwei Ansichten eines Doppelsterns, dessen Komponenten nur 0,38 Bogensekunden auseinander stehen. Die obere Aufnahme wurde bei sehr gutem „Seeing" (0,8 Bogensekunden) mit dem 3,6-m-New-Technology-Telescope an der Europäischen Südsternwarte gemacht. Das untere Bild zeigt die positive Wirkung der eingeschalteten adaptiven Optik, die Sternbildchen von nur 0,22 Bogensekunden Durchmesser erzeugt.

Erdatmosphäre eintritt und dort verbrennt. Wenn die Erde nahe an der Bahn eines Kometen vorüberzieht, tauchen Tausende dieser kleinen Materiestückchen in die oberen Luftschichten ein, wo wir sie als kurzen Meteorschauer sehen.)

Die erste Stufe optischer Hilfsmittel ist ein Fernglas. Es ist beachtlich, was man damit alles sehen kann, insbesondere, wenn man ein Stativ benutzt, um es ohne zu wackeln halten zu können. Ferngläser werden durch zwei Zahlen charakterisiert, zum Beispiel 7 × 35. Die erste gibt die Vergrößerung an, die zweite die Öffnung in Millimetern. Für nächtliche Beobachtungen ist 7 × 50 ausgezeichnet; noch größere wie 11 × 80 liefern überwältigende Weitwinkelansichten vom Himmel. Die kleinen Jupitermonde, die größeren Krater auf dem Mond und einige Dutzend Sternhaufen werden Ihnen geradezu ins Auge springen.

Um diese Dinge optimal beobachten zu können, müssen Sie sich jedoch ein Teleskop zulegen. Das Problem liegt in der riesigen Auswahl. Obwohl heutige Refraktoren hervorragende Bilder liefern, ist man beim gleichen Preis mit einem Spiegelteleskop immer besser bedient. Der Mindestdurchmesser eines brauchbaren Spiegels beträgt etwa 75 Millimeter. Wenn es sich um ein klassisches Newton-System handelt, sind die Kosten mäßig und die sich bietenden Beobachtungen nahezu unerschöpflich. Es ist klar: je größer das Objektiv, desto besser. Einfache und recht preiswerte Instrumente sind bis in den 60-cm-Bereich zu haben. Auf einer höheren – und teureren – Stufe könnten Sie sich ein eigenes Schmidt- oder „katadioptrisches" Teleskop (bei dem eine Kombination aus Linsen und Spiegeln verwendet wird) wünschen. Diese sind als Cassegrain-System gebaut, bei dem eine lange effektive Brennweite, die eine große Vergrößerung bietet, in einen kurzen Tubus gefaltet wird. Daher können sie leicht an einen dunklen Beobachtungsstandort transportiert werden, was für tiefe Himmelsbeobachtungen unerläßlich ist. Alle Amateurinstrumente besitzen verschiedene Okulare: Die mit längeren Brennweiten bieten ein größeres Gesichtsfeld, während die mit kürzeren für das Betrachten von Details besser geeignet sind. Anders als erwartet, erreicht man die bessere Sicht gewöhnlich mit geringeren Vergrößerungen. Die größte, die man normalerweise benutzen kann, ist etwa die 20fache Vergrößerung pro Zentimeter Öffnung – und selbst das ist nur bei hervorragenden Nächten sinnvoll.

Um beginnen zu können, ist mehr nötig als nur der Kauf eines Teleskops. Wie jede andere Unternehmung ist astronomisches Beobachten – auf jeder Stufe – eine Fertigkeit, die Übung erfordert. Verwenden Sie Ihr neues Teleskop zunächst bei Tage, um entfernte Bäume zu betrachten und zu lernen, wie man das Suchfernrohr be-

2. DIE WERKZEUGE DER ENTDECKUNG

nutzt (und ausrichtet). Dabei werden Sie eine der verwirrendsten Eigenschaften eines astronomischen Teleskops kennenlernen: Das Bild steht auf dem Kopf. Sie bewegen das Instrument nach rechts, und alles scheint nach rechts statt nach links zu rücken. Man muß sich nur daran gewöhnen. Es wird nicht lange dauern, und der Mond wird Ihnen ungewohnt erscheinen, wenn Sie ihn richtig herum sehen.

Wenn Sie Ihr Teleskop dann bei Nacht benutzen, werden Sie auf ein weiteres Problem stoßen: Scheinbar vergrößert es nicht nur den Winkeldurchmesser eines Objekts, sondern auch die Rotationsgeschwindigkeit der Erde (oder des Himmels). Sie haben Ihr erstes Objekt eingestellt, und ehe Sie sich versehen, ist es wieder verschwunden. Um ihm zu folgen, müssen Sie das Teleskop ständig nachführen, aber in der „falschen" Richtung! Nur Geduld, Sie *werden* sich daran gewöhnen. Wenn Sie genug Geld bezahlt haben, besitzen Sie vielleicht einen von einer Sternzeituhr gesteuerten Antrieb, der das Teleskop für Sie einem Stern nachführt – aber natürlich nur, wenn Sie daran gedacht haben, die Polachse des Teleskops *auf den nördlichen Himmelspol* auszurichten. Das bedeutet, daß eine Anpassung an die geographische Breite nötig ist, und nachts dann die Achse exakt nach Norden (oder Süden, wenn Sie auf der Südhalbkugel leben) ausgerichtet werden muß. Viel Hilfe – und Spaß – können Sie durch Ihren örtlichen Amateurastronomenklub oder ihre Volkssternwarte bekommen.

Wenn Sie von Holzkirchen in Bayern nach Husum in Schleswig-Holstein fahren wollen, springen Sie nicht einfach in Ihr Auto und fahren los, sondern Sie besorgen sich eine Karte. Ganz ähnlich helfen Ihnen Karten, sich am Himmel zurechtzufinden. Wie bei den Landkarten gibt es auch Himmelskarten in allen Größen und Arten. Zunächst werden Sie eine wollen, die Ihnen die hellen Sterne und Sternbilder zeigt, so daß Sie einen guten Überblick über den Himmel bekommen. Wenn Sie dann mit der Grundanordnung vertraut sind, gehen Sie zu detaillierteren Karten über, die alle mit bloßem Auge sichtbaren Sterne sowie eine Vielzahl interessanter Himmelsobjekte zeigen, oder sogar zu solchen, die noch viel schwächere Sterne zeigen. Dann können Sie sich von einem hellen, leicht zu lokalisierenden Stern aus zu schwächeren, nur im Teleskop sichtbaren Sternen und, zum Beispiel, weiter zu einer schwachen Galaxie hangeln.

Es gibt zahlreiche Publikationen, die einen äußerst hilfreich durch den Himmel führen. Viele enthalten Anzeigen, die Ihnen behilflich sind, Ihr Trauminstrument zu finden und die Karten, um es zu benutzen. Einige weisen auch auf Astronomieklubs hin, in denen Sie begeisterte Gleichgesinnte finden können. Vielleicht stellen Sie auch

2.28 Ob wir nun den Orion bewundern, durch unsere Ferngläser schauen, unsere Amateurteleskope nachführen oder unsere 4-m-Spiegel steuern — alle sind wir Astronomen.

fest, daß Sie gern Forschung betreiben möchten. Hunderte Kometenjäger durchforsten jeden Abend und Morgen den Himmel nach diesen schwer faßbaren, verwaschenen Fleckchen. Die große Mehrzahl der Kometen wird von Amateuren gefunden, die den offenen Himmel über sich haben, und nicht von Berufsastronomen, die in dunklen Kuppeln vor Videoschirmen sitzen. Tausende weiterer Amateure überwachen unter der Leitung nationaler Gruppen (wie der *American Association of Variable Star Observers* oder in Deutschland der Fachgruppe „Veränderliche" der *Vereinigung der Sternfreunde e.V.*) Myriaden von veränderlichen Sternen und liefern damit den Profiastronomen auf der ganzen Welt schon seit Generationen wertvolle Daten.

Welche Stufe wir auch wählen – nun sind wir bereit, nach draußen zu gehen und zu schauen, das Universum mit unseren Augen und unseren Teleskopen zu durchstreifen und zu *lernen*.

3.1 Die 750 000 Parsec entfernte Andromeda-Galaxie ist ein Sternsystem wie das unsere.

Die Entdeckung der Wirklichkeit

3

Wo – und was – sind die Sterne?

Der Anblick, den uns der Nachthimmel bietet, täuscht. Manche Sterne sehen sehr hell aus – aber oft nur, weil sie nahe sind. Andere, die nur schwach leuchten, sind dagegen in Wirklichkeit unglaublich leuchtkräftig, aber sehr weit entfernt. Wie können wir sie richtig einordnen und ihre wahren Eigenschaften kennenlernen? Hierzu müssen wir Entfernungen bestimmen, Bewegungen messen und Sternlicht analysieren. Wir beginnen mit der Entfernung der Sonne und machen dann einen großen Sprung in den interstellaren Raum.

Entfernungen und Bewegungen im Sonnensystem

Die Frage nach der Entfernung der Sonne – eine fundamentale, heute als Astronomische Einheit (AE) bezeichnete Größe – wurde bereits von den Astronomen des klassischen Griechenland in Angriff genommen. Zumindest gab es zur Zeit des Ptolemäus eine – wenn auch falsche – Schätzung für diesen Wert: die 20fache Entfernung des Monds und den 600fachen Durchmesser der Erde. Bei diesem Wert blieb es 1700 Jahre lang, bis Kopernikus die These aufstellte, daß die Sonne im Mittelpunkt des Sonnensystems steht. (Den Beweis dafür lieferte später Galileo Galilei.) Unter dieser Voraussetzung konnte Kopernikus die relativen Durchmesser der Planetenbahnen aus den Positionen der Planeten am Himmel bestimmen.

Die Theorie des Kopernikus enthielt jedoch einen gravierenden Fehler. Da er wie die Griechen vor ihm von kreisförmigen Planetenbahnen ausging, befanden sich die Planeten nie genau dort, wo er es vorhergesagt hatte. Irgend etwas mußte falsch sein. Mit bewunderungswürdigem Arbeitsaufwand gelang es schließlich zwei Männern – Tycho Brahe (1546–1601) und Johannes Kepler (1571–1630) –, den wahren Aufbau des Sonnensystems zu enthüllen. Brahe hatte auf der dänischen Insel Ven ein Observatorium errichtet und führte dort mit Hilfe von Geräten mit sehr präzisen Gradeinteilungen äußerst sorgfältige Messungen von Stern- und Planetenörtern durch. In seinem letzten Lebensjahr arbeitete er in Prag mit Kepler zusammen, dem er die kostbaren Daten vermachte. Kepler ging nun auf revolutionierende Weise vor, indem er keine Annahmen über die Formen der Planetenbahnen machte, sondern Brahes Daten benutzte, um ihre Eigenschaften zu bestimmen. Das Ergebnis waren drei Gesetze, welche die Bewegungen innerhalb des Sonnensystems beherrschen.

1609, nach acht Jahren überwältigender Rechenarbeit, bei der er seine Vorhersagen über die Bahnen mit Brahes gemessenen Marspositionen verglich, stellte Kepler seine beiden ersten Gesetze auf. Das erste war eine Überraschung: Die Bahnen der Planeten sind keine Kreise, sondern *Ellipsen* mit der Sonne in einem ihrer Brennpunkte. Die Größe einer Ellipse ist durch die Hälfte ihrer großen Achse, also die große Halbachse a gegeben. Die Astronomische Einheit wird demnach korrekterweise als die große Halbachse der Erdbahn definiert.

Das zweite Gesetz beschreibt die Geschwindigkeiten, mit denen sich die Planeten auf ihren Bahnen bewegen. Kepler stellte fest, daß die

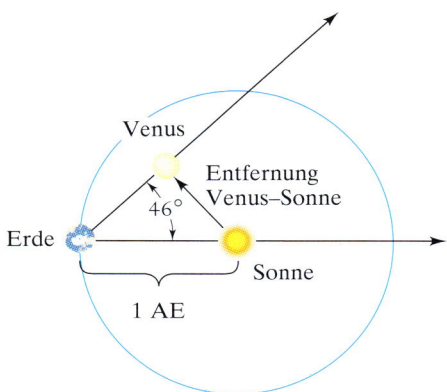

3.2 Von der Erde aus gesehen steht Venus maximal 46 Grad von der Sonne entfernt. Aus dem entsprechenden Dreieck berechnete Kopernikus ihren Abstand von der Sonne; er ist 0,7mal so groß wie der Abstand der Erde zur Sonne, also 0,7 Astronomische Einheiten.

Verbindungslinie zwischen Planet und Sonne, die auch Radiusvektor genannt wird, in gleichen Zeiten gleiche Flächen überstreicht. Das bedeutet, daß sich die Bahngeschwindigkeit eines Planeten mit seinem Abstand von der Sonne ändert.

Zehn weitere Jahre dauerte es, bis Kepler sein drittes Gesetz formulieren konnte. Dieses „harmonische Gesetz" verknüpft die Planetenbahnen mit der Erde und untereinander: Die Quadrate der planetaren Umlaufperioden gemessen in Jahren sind gleich den dritten Potenzen ihrer großen Halbachsen gemessen in AE, also $P^2 = a^3$. Jupiter braucht zum Beispiel zwölf Jahre für einen Umlauf um die Sonne. Zwölf zum Quadrat ist 144, die dritte Wurzel daraus 5,2 – also beträgt die Entfernung des Planeten von der Sonne 5,2 AE.

Die drei Keplerschen Gesetze sind empirische Gesetze, abgeleitet aus Beobachtungen und Berechnungen. Kepler hatte keine Ahnung, warum sie funktionierten. Erklärt wurden sie schließlich Ende des 17. Jahrhunderts durch Isaac Newton, den außergewöhnlichen Mathematiker und Denker, der die heute wohlbekannten Bewegungsgesetze aufstellte:

1. Ein sich bewegender Körper verharrt in dieser Bewegung, es sei denn, eine äußere Kraft wirkt auf ihn ein;
2. Kraft gleich Masse mal Beschleunigung ($F = MA$);
3. Für jede Kraft gibt es eine gleich große, entgegengesetzt gerichtete Gegenkraft.

Für uns ist hier das zweite Gesetz am wichtigsten. Eine Kraft ist etwas, das eine Beschleunigung, eine Änderung der Geschwindigkeit bewirkt, wobei hier mit Geschwindigkeit sowohl der Betrag als auch die Richtung der Geschwindigkeit eines Körpers gemeint ist. Masse stellt man sich gewöhnlich als die Menge an Materie innerhalb eines Körpers vor, doch da $F = MA$ gilt, kann Masse auch als F/A definiert und gemessen werden, also als die Kraft, die für das Erreichen einer bestimmten Beschleunigung nötig ist (oder die Beschleunigung, die durch Einwirkung einer bestimmten Kraft erreicht wird). Sie wird in Kilogramm (kg) gemessen.

Diesen Gesetzen ließ Newton sein berühmtes Gravitationsgesetz folgen, das besagt, daß die gleiche Kraft sowohl einen Apfel zu Boden fallen als auch den Mond um die Erde kreisen läßt. (Die überlieferte Geschichte, nach der ein fallender Apfel Newton inspiriert haben soll, ist allerdings sehr zweifelhaft.) In Wirklichkeit fällt auch der Mond auf die Erde zu, kann uns aber nicht erreichen, da er sich gleichzeitig senkrecht zu seiner Verbindungslinie zur Erde bewegt. Die Beschleunigung eines fallenden Körpers (g) ist proportional zur

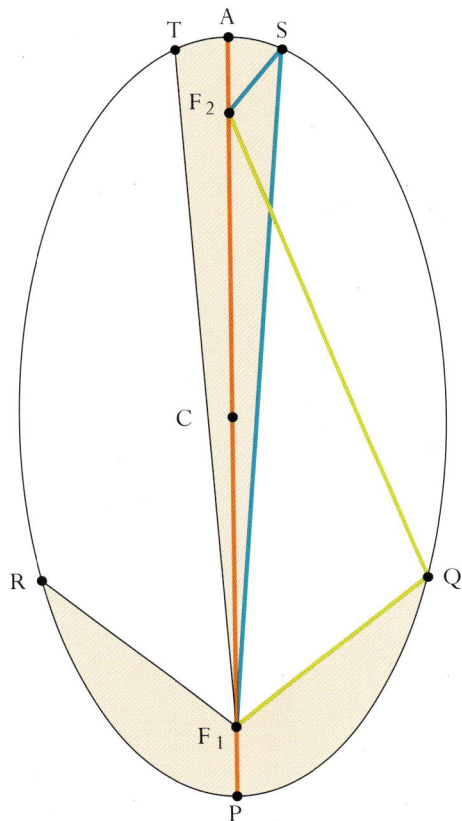

3.3 Die Summe der Abstände aller Punkte einer Ellipse zu jedem ihrer beiden Brennpunkten F_1 und F_2 ist konstant: $F_1Q + F_2Q = F_1S + F_2S$ und so weiter. Die Größe der Ellipse ist durch ihre große Halbachse CP bestimmt, die auch mit a bezeichnet wird, und ihre Form durch ihre Exzentrizität $e = CF_1/a$. Bei einer Planetenbahn steht die Sonne in einem der Brennpunkte, hier in F_1. Beim Umlauf des Planeten muß der Radiusvektor, der Planet und Sonne verbindet, in gleichen Zeiten gleiche Flächen überstreichen, so daß der Planet für den Bahnabschnitt Q bis R die gleiche Zeit benötigt wie für T bis S. Am schnellsten bewegt sich der Planet im Perihel P und am langsamsten im Aphel A. (In Wirklichkeit sind Planetenbahnen fast kreisförmig und nicht so langgestreckte Ellipsen wie hier dargestellt.)

Masse der Erde dividiert durch das Quadrat seiner Entfernung zum Erdmittelpunkt (da die Erdanziehung so wirkt, als ob die gesamte Erdmasse im Zentrum konzentriert sei). Es gilt also

$$g = GM_{\text{Erde}}/R^2.$$

Die Gravitationskonstante G wird im Labor bestimmt. Die Beschleunigung kann für beliebige Paare sich gegenseitig anziehender Körper verallgemeinert werden, und da $F = MA$ gilt, kann man die zwischen ihnen wirkende Kraft schreiben als

$$F = GM_1M_2/R^2,$$

wobei M_1 und M_2 die beiden Massen sind und R der Abstand zwischen ihren Zentren ist.

Mit Hilfe dieser Gesetze und der von ihm (gleichzeitig mit Leibniz in Deutschland) entwickelten Differentialrechnung konnte Newton die Keplerschen Gesetze theoretisch ableiten und in einer eleganten und allgemeinen Form darstellen. Die von Kepler empirisch gefundenen Versionen sind nur Spezialfälle der Newtonschen Gesetze. Als erstes stellte Newton fest, daß die Bahnen zweier Körper, die sich gegenseitig anziehen, die Form *jedes* Kegelschnitts haben können, nicht nur Ellipsen. Es können auch Parabeln oder Hyperbeln sein, auf denen sich der umlaufende Körper immer weiter entfernt. Das zweite Keplersche Gesetz findet seine Verallgemeinerung im sogenannten Prinzip der Erhaltung des Drehimpulses. Man binde einen Stein an eine Schnur und lasse ihn über dem Kopfe kreisen. Der Drehimpuls des Steins ist dann definiert als die Masse des Steins mal seiner Geschwindigkeit mal der Länge der Schnur. Einmal entstanden, ändert sich der Drehimpuls ohne äußere Krafteinwirkung nicht mehr: Wenn man die Schnur verkürzt, erhöht sich eben die Geschwindigkeit des Steins. So dreht sich auch ein Schlittschuhläufer, der bei der Pirouette seine Arme anzieht, auf magisch anmutende Weise schneller. Wegen der Erhaltung des Drehimpulses laufen die Planeten schneller, wenn sie sich auf ihren elliptischen Bahnen der Sonne nähern, und langsamer, wenn sie sich entfernen.

Da die Bahnen von der Gravitation bestimmt werden und Gravitation mit Masse zusammenhängt, muß das dritte Keplersche Gesetz irgendwie Masse, Umlaufperiode und Entfernung enthalten. In seiner Verallgemeinerung leitete Newton eine der wichtigsten Beziehungen der gesamten Astronomie ab:

$$P^2 = \frac{4\pi^2}{G} \frac{a^3}{(M_{\text{Sonne}} + M_{\text{Planet}})}$$

Die Bahnparameter sind nun von denen der Erde getrennt: Die Umlaufperiode (P) wird in Sekunden gemessen, die große Halbachse (a) in Metern. Keplers ursprüngliches Gesetz ist in dieser Beziehung enthalten. Da die Massen der Planeten so viel kleiner sind als die Masse der Sonne, ist die Summe ($M_\text{Sonne} + M_\text{Planet}$) praktisch konstant (zumindest bis zu der Genauigkeit, die Brahe bei seinen Beobachtungen mit bloßem Auge erreichen konnte). Wenn man die Gleichung, angewandt auf einen beliebigen Planeten, durch die Gleichung für die Erde dividiert, verschwinden die Konstanten und es gilt $P^2 = a^3$, wobei P wieder in Jahren und a in AE angegeben ist – genauso, wie von Kepler abgeleitet.

Newtons und Keplers Gesetze besitzen weitreichende Anwendungsmöglichkeiten. Mit ihnen konnten die Astronomen sofort die relativen Entfernungen zwischen den verschiedenen Körpern des Sonnensystems zu jeder beliebigen Zeit exakt in AE angeben. Kennt man nun die Entfernung zu einem der Planeten in Kilometern, so kann man daraus die Astronomische Einheit bestimmen und damit die Entfernung der Sonne. Daraus ergeben sich dann auch automatisch die Entfernungen aller anderen Planeten in Kilometern. Die erste derartige exakte Messung führte vor mehr als 300 Jahren Giovanni Cassini durch, wobei er seine eigenen Beobachtungen und die des französischen Astronomen Jean Richter benutzte. Die beiden Männer beobachteten von Paris beziehungsweise Französisch-Guayana aus den Mars und bestimmten seine Entfernung mit Hilfe seiner irdischen Parallaxe – mit Parallaxe ist hier die Positionsverschiebung des Mars vor dem Sternenhintergrund gemeint, die sich aus den Beobachtungen von entgegengesetzten Seiten der Erde aus ergab. Während des 19. und 20. Jahrhunderts bestimmte man mit Hilfe von Parallaxen und Entfernungen nahe vorüberziehender Asteroiden – kleiner Himmelskörper, die gewöhnlich zwischen der Mars- und Jupiterbahn liegen – die Entfernung der Sonne noch genauer. Der heute angenommene Wert für die AE lautet $1{,}459 \times 10^8$ km und stammt aus Radarbeobachtungen der Venus. Dabei sendet man einfach ein Radiosignal zu dem Planeten, stellt fest, wieviel Zeit zwischen Senden und Empfang des reflektierten Signals vergeht (wobei die Abbremsung durch Refraktion in der Erd- sowie der Venusatmosphäre mitberücksichtigt werden muß), multipliziert mit der Lichtgeschwindigkeit und dividiert das Ganze durch Zwei. Das Ergebnis all dieser Bemühungen, die schon vor so langer Zeit begannen, ist die Entfernung zu einem sehr wichtigen Stern – der Sonne.

STERNE

Die Entfernungen und Bewegungen der Sterne

Die Galaxis ist eine strudelnde, rotierende Masse. Alle Sterne kreisen um das galaktische Zentrum, wobei sich alle ihre Bahnen zumindest ein wenig, teilweise aber auch erheblich voneinander unterscheiden. Von unserer Heimat Sonne aus müßten wir also die Sterne ständig aneinander vorüberziehen sehen. Stellen wir uns einen Körper vor, zum Beispiel ein Auto, das an uns vorüberfährt, während wir selbst still stehen. Das Gefährt hat eine Geschwindigkeit (die auf dem Tacho abzulesen ist) und eine Bewegungsrichtung, die gemeinsam seine Raumgeschwindigkeit (v_s) ausmachen. Höchstwahrscheinlich bewegt sich das Auto in einem Winkel relativ zu unserer Sichtlinie. Seine Geschwindigkeit kann dann in zwei Komponenten aufgeteilt werden: die Radialgeschwindigkeit (v_r) entlang der Sichtlinie und die Tangentialgeschwindigkeit (v_t) senkrecht dazu. Die Tangentialbewegung führt dazu, daß sich das Auto quer zu unserer Sichtlinie mit einer bestimmten Winkelgeschwindigkeit von soundsoviel Grad pro Sekunde bewegt, der sogenannten „Eigenbewegung". Diese Eigenbewegung hängt sowohl von der Tangentialgeschwindigkeit als auch von der Entfernung ab: Ein Auto, das direkt an uns vorbeifährt, zischt vorüber, während eines auf einer entfernten Autobahn am Horizont entlang zu kriechen scheint.

Statt Autos stellen wir uns nun Sterne vor: Für sie gilt genau dasselbe. Die Messung der Eigenbewegung μ und der Entfernung d ermöglicht mit Hilfe einfacher Trigonometrie die Berechnung von v_t. Die Radialgeschwindigkeit v_r kann nach der Dopplerformel bestimmt werden. Wenn wir diese Größen kennen, können wir die wahre Richtung und Geschwindigkeit des Sterns, seine Raumgeschwindigkeit, berechnen. Nach dem Satz des Pythagoras gilt $v_s^2 = v_r^2 + v_t^2$.

Von diesen genannten Größen wurde als erstes die Eigenbewegung beobachtet. Sie führt zu einer Änderung in der Rektaszension und Deklination eines Sterns (neben den durch die Präzession verursachten Änderungen). Sie wurde 1718 von Edmund Halley entdeckt, der übrigens weit mehr leistete, als nur ein Sternbild zu erfinden und einem Kometen seinen Namen zu geben. Heute kennt man die Eigenbewegungen von zigtausend Sternen. Wegen der großen Entfernungen sind die meisten dieser Bewegungen sehr klein – nur wenige Zehntel, Hundertstel oder sogar Tausendstel einer Bogensekunde pro Jahr, so daß sie nur durch sorgfältige Messungen mit dem Teleskop nachzuweisen sind. Gleichwohl werden sie im Laufe der Zeit dazu führen, daß sich die Sternbilder erheblich verändern.

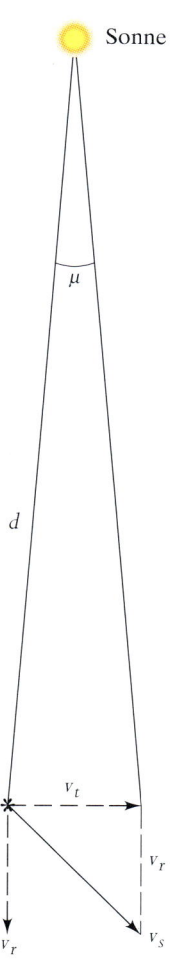

3.4 Ein Stern bewegt sich relativ zur Sonne mit einer Raumgeschwindigkeit v_s. Die Bewegung kann in zwei aufeinander senkrecht stehende Komponenten aufgeteilt werden, die Radialgeschwindigkeit v_r und die Tangentialgeschwindigkeit v_t. Über einen bestimmten Zeitraum zeigt der Stern eine Eigenbewegung μ, die sowohl von v_t als auch von der Entfernung d abhängt.

3. DIE ENTDECKUNG DER WIRKLICHKEIT

Aristoteles, Kopernikus und andere – sie alle wußten, daß die Sterne jährliche Verschiebungen oder Parallaxen zeigen müssen, wenn die Erde tatsächlich die Sonne umkreist. Da außerdem die Größe der Verschiebungen umgekehrt proportional zu den Entfernungen sein muß, kann man aus den Parallaxen die Entfernungen bestimmen. Die Sterne sind jedoch so weit weg und die Parallaxen so winzig, daß die erste Entfernungsbestimmung erst 1838 gelang, als Friedrich Wilhelm Bessel sein Teleskop und sein geschultes Auge auf den Stern 61 Cygni richtete. Zu Bessels Zeiten hatte dieser Stern, der in Wirklichkeit ein Doppelstern ist, die größte bekannte Eigenbewegung – enorme fünf Bogensekunden pro Jahr. (Heute ist er die Nummer Zwei nach Barnards Stern im Sternbild Ophiuchus, einem Stern zehnter Größe, der sich mit einer doppelt so großen Geschwindigkeit über den Himmel bewegt.) Bessel konnte also davon ausgehen, daß 61 Cygni mit großer Wahrscheinlichkeit einer der näherliegenden Sterne war – einer, der eine relativ große Parallaxe besitzen mußte und daher eine sorgfältige Untersuchung verdiente.

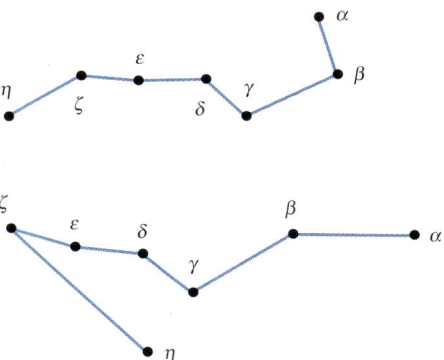

3.5 In 250 000 Jahren wird der Große Wagen (oben) so aussehen wie die Figur unten.

Bessel stellte fest, daß sich der Doppelstern 61 Cyg nach Abzug der Eigenbewegung im Laufe eines Jahres um einen Winkel von 2/3 Bogensekunden hin und her bewegte. Dieser kleine Winkel, 1/5 400 Grad, entspricht dem Winkel einer Daumenbreite in sechs Kilometern Entfernung. Die astronomische Parallaxe (p) ist definiert als die Hälfte des Verschiebungswinkels – für 61 Cyg beträgt sie also 1/3 Bogensekunde. Die in der professionellen Astronomie verwendete Entfernungseinheit ist das Parsec (pc), das einfach als $1/p$ definiert ist, so daß 61 Cyg eine Entfernung von drei Parsec besitzt. (Der verbesserte moderne Wert lautet 3,4 pc.) Ein Parsec ist die Entfernung, aus welcher der Erdbahnradius unter einem Winkel von einer Bogensekunde erscheinen würde, also 206 265 AE (die Anzahl der Bogensekunden pro Radian – nahezu eine magische Zahl in der Astronomie). Der nächste Nachbarstern der Sonne ist jedoch nicht 61 Cyg, sondern ein schwacher, rötlicher Begleiter 11. Größe von αCen namens Proxima Centauri. Er besitzt eine riesige Parallaxe von 0,76 Bogensekunden und eine Entfernung von 1,3 pc oder 270 000 AE. Wenn man sich die Erdbahn so groß wie einen Golfball vorstellt, dann wäre αCen etwa fünf Kilometer entfernt, und die Sonne hätte einen Durchmesser von nur 0,1 Millimetern – kein Wunder, daß die Sterne nicht zusammenstoßen! Wenn wir die Entfernungen kennen, können wir aus den Eigenbewegungen leicht die Transversalgeschwindigkeiten berechnen und damit etwas über die Relativgeschwindigkeiten der Sterne erfahren. Wir stellen fest, daß sie typischerweise bei einigen zig Kilometern pro Sekunde liegen.

3.6 Diese beiden Photographien wurden im Abstand von 32 Jahren aufgenommen. Man erkennt, wie sich der Doppelstern 61 Cyg durch den Raum bewegt. Seine Position relativ zu den vier Sternen in der rechten oberen Ecke des oberen Bilds hat sich unten deutlich verändert.

Die bekanntere Entfernungseinheit – das Lichtjahr – ist recht nützlich, um die Entfernungen der Sterne anschaulicher zu machen. Das

STERNE

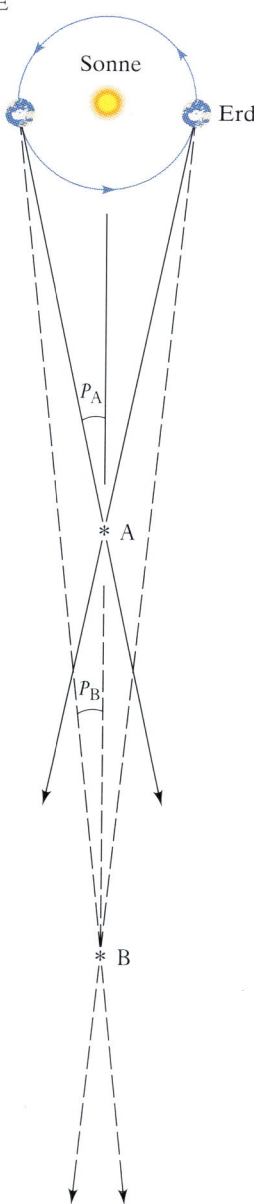

3.8 Zwei Sterne, von denen B doppelt so weit entfernt ist wie A, werden von der Bahnebene der Erde aus beobachtet. Im Laufe eines Jahres scheinen sie beide hin und her zu wandern. Die Parallaxe, die Hälfte der Gesamtverschiebung, ist der Winkel, unter dem die große Halbachse der Erdbahn vom Stern aus erscheint. Die Parallaxe P von B ist halb so groß wie die von A.

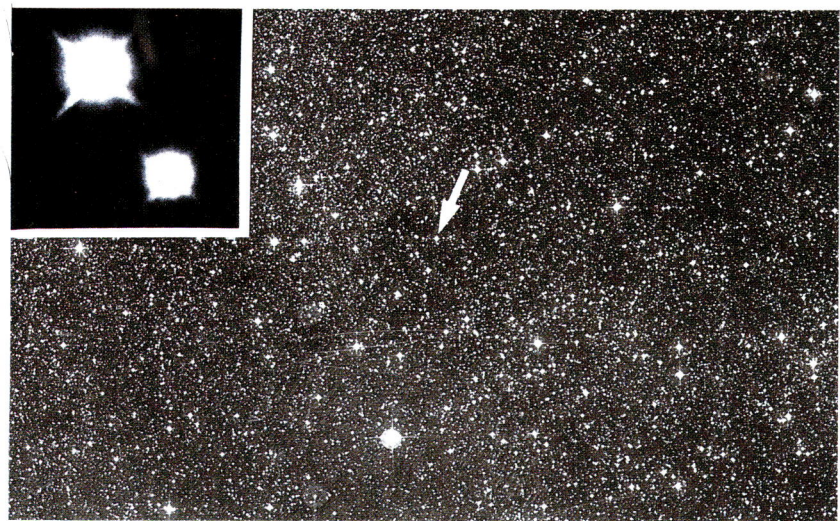

3.7 Proxima Centauri (Pfeil) ist der nächste Nachbarstern der Erde. Er ist gravitativ an αCentauri gebunden (kleines Bild), einen Doppelstern, der aber so weit von Proxima entfernt ist, daß er nicht mehr mit auf dem großen Bild ist.

Lichtjahr (LJ), also die Entfernung, die ein Lichtstrahl bei einer Geschwindigkeit von 300 000 Kilometern pro Sekunde in einem Jahr zurücklegt, entspricht 10^{13} Kilometern oder 3,26 Parsec. Das Licht, das wir heute von αCen empfangen, hat den Stern bereits *vor vier Jahren* verlassen. Dieser Stern ist natürlich nur der Anfang unserer Reise in den Weltraum. Die meisten Sterne, die wir am Nachthimmel sehen, sind Dutzende, Hunderte, ja Tausende von Parsec und Lichtjahren entfernt. Sie bilden die Galaxis, deren Durchmesser mehr als 30 000 Parsec oder 100 000 Lichtjahre beträgt. Wir besitzen sogar Aufnahmen von einzelnen Sternen in anderen Galaxien, die *Millionen* von Parsec entfernt sind.

Parallaxen sind sehr schwierig zu messen – jahrelange Beobachtungen sind nötig, um sie zu bestimmen. Die kleinste nachweisbare Verschiebung lag lange Zeit bei etwa 0,01 Bogensekunden, wodurch exakte Entfernungsbestimmungen nach dieser Methode auf Entfernungen unter etwa 50 bis 75 Parsec beschränkt waren. Diese Grenze wird jedoch langsam immer weiter nach außen geschoben, so daß bei ganz besonderen Anstrengungen heute Entfernungen bis 200 Parsec und darüber meßbar sind. Eine Einschränkung besteht also nach wie vor – aber wir können mit Hilfe der Parallaxen und Sternbewegungen andere Methoden zur Entfernungsbestimmung eichen und uns auf diese Weise unseren Weg durch die riesigen Weiten unseres Milchstraßensystems bahnen.

Wahre Helligkeit

Mit der Erkenntnis, daß die Sterne im dreidimensionalen Raum verteilt sind, haben wir die Himmelssphäre durchbrochen. Wir können jetzt die wahren Standorte der Sterne angeben, und damit müssen wir auch die Definition der Helligkeit erweitern. Die von der Erde aus aufgrund direkter Beobachtung durchs Teleskop oder mit bloßem Auge gemessene Helligkeit ist die scheinbare Helligkeit m. Jetzt brauchen wir eine Helligkeitsangabe, die von der Entfernung unabhängig und ein Maß der wahren Leuchtkraft oder der Energieabstrahlung ist. Diese Größe ist die absolute Helligkeit M. Sie ist definiert als die scheinbare Helligkeit, die ein Stern in der willkürlich festgelegten Standardentfernung von zehn Parsec (32,6 LJ) haben würde. Absolute Helligkeiten sind leicht zu berechnen, sobald das schwierige Problem der Entfernungsbestimmung gelöst ist. Die Helligkeit einer Lichtquelle ist umgekehrt proportional zum Quadrat ihrer Entfernung. Halbiert man den Abstand, ist die Quelle viermal so hell. Nehmen wir zum Beispiel einen Stern 6. Größe, der in 100 Parsec Entfernung steht. Wenn wir diesen Stern in einen Abstand von zehn Parsec rücken könnten, würde er 100mal, das heißt um fünf Größenklassen heller, so daß seine absolute Helligkeit M gleich $+1$ wäre. Jede scheinbare Helligkeit kann über eine einfache Formel, die berühmte Helligkeitsgleichung, in absolute Helligkeit umgewandelt werden:

$$M = m + 5 - 5 \log d$$

wobei d in Parsec angegeben wird. (Umgeformt wird sie auch häufig als Entfernungsmodul bezeichnet: $m - M = 5 \log d - 5$. Anm. d. Übers.) Merken Sie sich diese kleine Gleichung gut. Sie wird im folgenden eine wichtige Rolle spielen.

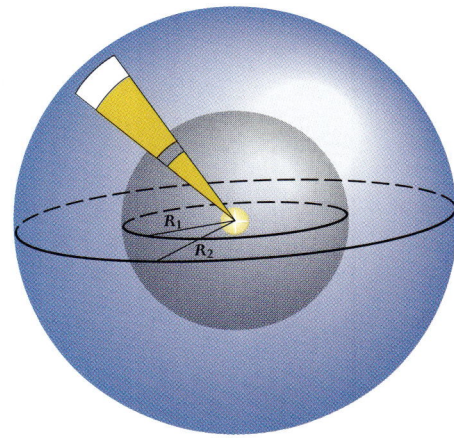

3.9 Das von einem Stern abgegebene Licht verteilt sich über eine Kugel mit Radius R_1. Mit wachsendem Abstand vom Stern wird die Kugel größer, und die Strahlungsmenge pro Flächeneinheit wird um $1/R^2$ verdünnt. Im doppelten Abstand R_2 ist die Quelle nur noch ein Viertel so hell.

Wenn wir alle Sterne in zehn Parsec Entfernung aufreihen könnten, würde der Himmel ganz anders aussehen. Fangen wir mit der Sonne an, deren Entfernung 1 AE oder 1/206 265 pc beträgt. Sie hat eine scheinbare Helligkeit von $-26{,}74$. Wenn wir diese Zahlen in die obige Gleichung einsetzen, ergibt sich eine absolute Helligkeit von $+4{,}83$. Damit wäre die Sonne so schwach, daß man sie im Schein des Vollmonds nicht mehr erkennen könnte. Betrachten wir nun die Wega. In einer Entfernung von 7,5 pc hat sie immer noch eine scheinbare Helligkeit $m = 0$. Damit ist sie fast 50mal heller als die Sonne. Für einen Stern ist Wega jedoch keineswegs außergewöhnlich. Ein wenig östlich von ihr liegt im Sternbild Cygnus der prächtige Stern Deneb mit $m = 1{,}25$ und $d = 500$ pc. Versetzt man ihn in zehn Parsec Entfernung, so springt seine absolute Helligkeit auf $M = -7{,}2$, womit er fast 1400mal heller als Wega und *65 000mal hel-*

ler als die Sonne im sichtbaren Bereich ist! Würde die Erde ein solches Monster umkreisen, müßte sie 250 AE von ihm entfernt sein, sechsmal weiter als Pluto von der Sonne, damit die Menschheit überleben könnte. Und das ist noch nicht der Rekord! Es gibt eine Handvoll Sterne, die eine Helligkeit von $M = -10$ besitzen, also noch 13mal heller sind als Deneb.

Von diesen strahlenden Höhen begeben wir uns nun hinab in die Tiefen. Wir erinnern uns an den Stern 11. Größe Proxima Centauri, unseren nächsten Nachbarn, der nur 1,3 pc entfernt und in einem mittleren Teleskop noch gut zu erkennen ist. Versetzt man ihn in zehn Parsec Entfernung, sinkt seine Helligkeit fast um das 60fache auf $M = 15,5$. Damit ist er 10,6 Größenklassen oder 18 000mal *schwächer* als die Sonne. Wenn wir unter Proximas schwachem Leuchten einen so hellen Tag haben möchten wie unter dem Sonnenlicht, so dürften wir nicht weiter als 0,008 AE – das heißt *1,5 Sonnenradien* – von ihm entfernt sein.

Doch Proxima Centauri ist noch geradezu hell, wenn wir ihn mit einem schwachen Stern im Sternbild Cepheus namens LHS2924 vergleichen, der eine absolute Helligkeit von $M = 20$ hat und damit im sichtbaren Bereich noch 70mal schwächer ist als Proxima Centauri. Um diesen kraftlosen Stern mit bloßem Auge sehen zu können, dürfte er nur 0,02 pc oder 4 000 AE von uns entfernt sein, also etwa 100mal weiter als Pluto. Stünde LHS2924 in Plutos Entfernung, erschiene er uns nur so hell wie Venus – und nun vergleichen Sie diesen Stern mit Deneb, der noch in 500 Parsec Entfernung ein Stern 1. Größe ist! Die absoluten Helligkeiten der Sterne erstrecken sich über einen Bereich von 30 Größenklassen. Das entspricht einem erstaunlichen Faktor von einer *Billion*. Damit reichen die Helligkeiten von rund einmillionenmal heller als unsere Sonne bis zu einmillionenmal schwächer.

Farbe und Temperatur

Die Leute sind oft erstaunt, wenn sie feststellen, daß Sterne Farben haben, zum Teil sogar recht kräftige. Auf Photographien sind sie deutlich erkennbar, in einer klaren Nacht sogar auch mit bloßem Auge: Beteigeuze und Antares sind ziemlich rot, Arktur ist orange, die Sonne und Capella sind gelblich, Wega und Sirius fast weiß, und einige Sterne sind sogar leicht bläulich. Doch diese Farben stellen mehr dar als einen hübschen Anblick: Sie sind eine Folge der Temperatur der Sterne.

Man kann einen Stern in sinnvoller Näherung als einen idealen Strahler, einen sogenannten Schwarzen Körper bezeichnen – eine Oberfläche, die alle einfallende Strahlung absorbiert. Der Ausdruck Schwarzer Körper rührt daher, daß keinerlei Strahlung reflektiert wird. Durch die Absorption von Strahlungsenergie würde die Temperatur des Körpers jedoch ansteigen. Um ein Gleichgewicht aufrechtzuerhalten, muß er genauso viel Energie *abstrahlen*, wie er empfängt, und kann damit dem Auge sehr hell erscheinen. Das von einem Schwarzen Körper abgestrahlte Spektrum ist ein Kontinuum, bei dem die verschiedenen Farben und Wellenlängen ohne Lücken und Unterbrechungen ineinander übergehen. Der Helligkeitsverlauf im Spektrum ändert sich mit der Wellenlänge auf eine ganz charakteristische Weise. Von hohen λ-Werten zu niedrigen steigt die Energie stetig bis zu einem Maximum an und fällt dann plötzlich fast auf Null. Bei steigender Temperatur (T) behält die Strahlungskurve eines Schwarzen Körpers dieselbe Gestalt; sie wird nur höher und weitet sich zu niedrigeren Wellenlängen hin aus. Bei wenigen Graden oberhalb des absoluten Nullpunkts (−273 Grad Celsius) strahlt ein

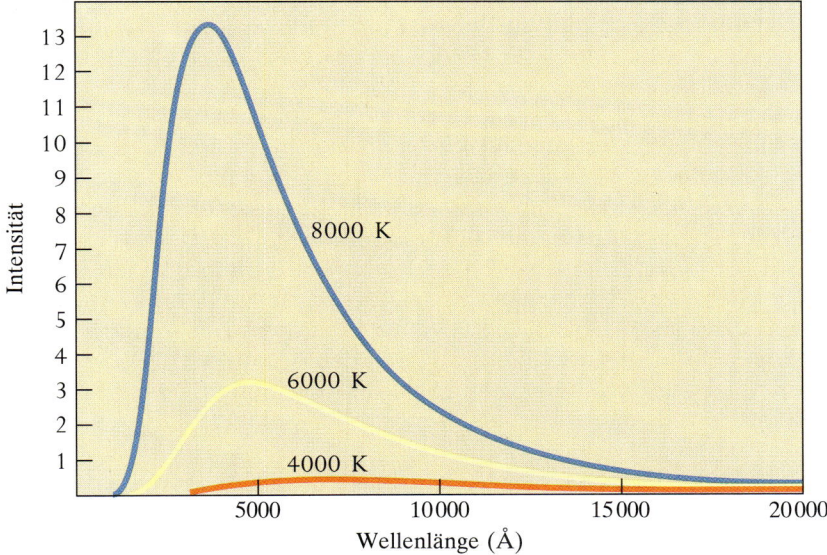

3.10 Die Spektren Schwarzer Körper zeigen bei kürzer werdenden Wellenlängen einen langsamen Anstieg bis zu einem Maximum und dann einen raschen Abfall. Hier sind die Spektralkurven von drei solchen (gleich großen) Körpern dargestellt, die bei Temperaturen von 4000, 6000 und 8000 Kelvin strahlen. Das Maximum der Emission λ_{max} verschiebt sich bei steigender Temperatur zu kürzeren Wellenlängen hin, wodurch ein heißerer Körper blauer erscheint. Zusätzlich steigt die bei jeder Wellenlänge abgegebene Strahlungsmenge an. Die Gesamtleuchtkraft, gegeben durch die Fläche unter der Kurve, ist proportional zur vierten Potenz der Temperatur.

Schwarzer Körper nur im Radiobereich. Bei einigen hundert Kelvin (Graden über dem absoluten Nullpunkt) strahlt er auch im Infraroten, ist aber mit dem Auge noch nicht sichtbar. Erreicht T jedoch etwa 1 000 Kelvin, beginnt er im optischen (sichtbaren) Bereich des Spektrums zu glühen, wobei der Anteil des blauen Lichts relativ zum gelben und des gelben relativ zum roten ständig größer wird. Diesen Effekt kann man gut bei einem Toaster oder einer Heizschlange in einem Backofen beobachten, die beim Aufheizen ihre Farbe von Rot zu Orange ändert. Nach der Theorie ist die Wellenlänge, bei der die meiste Energie abgestrahlt wird, durch das Wiensche Gesetz gegeben:

$$\lambda_{max}(\text{Å}) = 2{,}9 \times 10^7/T.$$

Durch Vermessen des Spektrums kann man also die Temperatur bestimmen.

Die Strahlungsmenge, die von einem Schwarzen Körper pro Quadratmeter seiner Oberfläche pro Sekunde abgegeben wird – eine Größe, die Gesamtfluß F genannt wird –, ist proportional zur vierten Potenz der Temperatur. In Watt pro Quadratmeter pro Sekunde lautet diese Beziehung, die auch Stefan-Boltzmannsches Gesetz genannt wird

$$F = \sigma T^4,$$

wobei σ eine Proportionalitätskonstante ist, die im Labor bestimmt werden kann. Ist ein Körper zweimal so heiß wie ein anderer, so ist er pro Oberflächeneinheit 16mal so hell. Die gesamte Energieabgabe des Schwarzen Körpers, die sogenannte Leuchtkraft L, muß dann gleich der Oberfläche des Körpers multipliziert mit dem Fluß sein. Ist der Schwarze Körper eine Kugel, ob ein Stern oder eine Bowlingkugel, so ist seine Oberfläche $4\pi R^2$ und damit ist $L = 4\pi R^2 \sigma T^4$. Dies ist eine der wichtigsten Gleichungen in der Astrophysik. Diese ungemein nützliche Beziehung ermöglicht die Bestimmung von L, R oder T, wenn jeweils die beiden anderen Größen bekannt sind.

Damit ist der Ursprung der Sternfarben klar. Sie hängen über das Wiensche Schwarze Körper-Gesetz mit verschiedenen Oberflächentemperaturen zusammen: Rote Sterne sind relativ kühl, ungefähr 3 000 K; gelbe liegen eher bei 6 000 K, weiße bei etwa 10 000 K, und die blauen Sterne sind noch heißer, etwa 20 000 K oder mehr. Die Farbe eines Sterns ist also eine quantifizierbare Eigenschaft, die eine Bestimmung, oder zumindest eine Abschätzung der Sterntemperatur erlaubt.

Weiter oben haben wir die Definition der Helligkeit in den dreidimensionalen Raum hinaus erweitert, um die Entfernungen mitzuberücksichtigen; jetzt dehnen wir die Definition auf verschiedene Bereiche des Spektrums aus. Die scheinbare Helligkeit m eines Sterns, wie sie in Kapitel 1 beschrieben (oder mit photoelektrischen Photometern oder CCDs nachgeahmt) wird, heißt in Wirklichkeit *visuelle* scheinbare Helligkeit m_v oder nur V. Sie entspricht im wesentlichen dem gelben Spektralbereich (genau genommen 5480 Å), wo unser Sehvermögen am empfindlichsten ist. Die in Anhang 3 angegebenen Helligkeiten sind alle visuelle Helligkeiten. Astronomen messen auch Helligkeiten im blauen Spektralbereich (wo die ersten Photoplatten am empfindlichsten waren, etwa bei 4500 Å). Diese werden mit B bezeichnet.

Der Unterschied zwischen den beiden Helligkeiten, $B-V$, ist der Farbenindex. Der Farbenindex ist bei weißen Sternen fast Null, bei blauen leicht negativ (da der Stern bei B heller ist und eine niedrige-

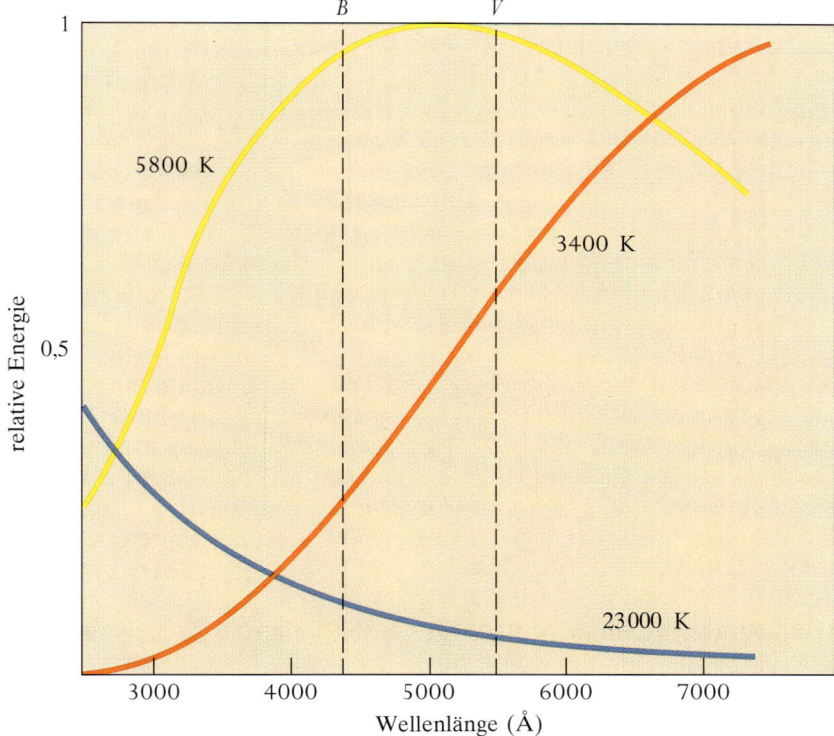

3.11 Hier sind Schwarze Körper verschiedener Temperaturen auf gleiche relative Höhen normiert. Der heißeste (23 000 Kelvin) ist in B heller als in V, der kühlste (3 400 Kelvin) ist heller in V. Da die Größenklasse kleiner wird, wenn die Helligkeit steigt, muß der Farbenindex $B-V$ für den heißen Körper negativ und für den kühlen positiv sein. Für die Sonne mit 5 800 Kelvin ist er nur leicht positiv.

re Größenklassenzahl besitzt), während er bei roten Sternen deutlich positiv sein kann. Im Blauen hat der helle Stern Beteigeuze dritte Größe, also $B = 3$! Helligkeitssysteme können recht kompliziert sein; außer V und B gibt es noch eine Ultravioletthelligkeit U (gemessen bei 3 500 Å), die einen weiteren Farbenindex ergibt, und noch einige andere im roten und infraroten Bereich.

Die Messung des Farbenindex ergibt das Verhältnis der Leuchtkräfte bei zwei Wellenlängen auf der Strahlungskurve des Schwarzen Körpers (der stellaren Energieverteilungskurve), woraus die Temperatur bestimmt werden kann. B und V allein liefern jedoch nur wenig Information, da sie sich auf spezielle Wellenlängenbänder beziehen. Physikalisch sinnvoller ist eine als bolometrische Helligkeit m_{bol} bezeichnete Größe, die der *gesamten* Strahlung des Sterns entspricht, also der über alle Wellenlängen integrierten Strahlung. Die bolometrische Helligkeit kann aus der Temperatur des Sterns berechnet werden, die uns die Form der Strahlungskurve (der wahren Verteilung des Sternenergie) und die Strahlungsmenge außerhalb von V angibt. Aus praktischen Gründen hat man die bolometrische Helligkeit für gelb-weiße Sterne gleich der visuellen Helligkeit V gesetzt. Daher unterscheidet sich die bolometrische Helligkeit von Sternen mittlerer Temperatur wie der Sonne, Wega oder sogar Arktur, die den Großteil ihrer Energie im sichtbaren Spektralbereich abstrahlen, nicht sehr von ihrer visuellen Helligkeit V. Bei extrem heißen oder kühlen Sternen, die sehr stark im Ultravioletten oder Infraroten strahlen, kann der Unterschied zwischen m_{bol} und V einige Größenklassen betragen und von entscheidender Bedeutung für die Bestimmung physikalischer Eigenschaften des Sterns sein.

Jetzt wollen wir die Entfernungs- und Temperatureffekte miteinander verknüpfen. Absolute Helligkeiten können für jede Farbe angegeben werden. Wenden wir die Helligkeitsgleichung auf V an, so bekommen wir die absolute visuelle Helligkeit M_v, bei B erhalten wir M_B und bei m_{bol} die absolute bolometrische Helligkeit M_{bol}. Der Farbenindex bleibt derselbe, ganz gleich ob wir scheinbare oder absolute Helligkeiten verwenden.

Doch so nützlich sie auch sein mögen, die absoluten Helligkeiten sagen uns nichts über die Energieabgabe eines Sterns gemessen in physikalischen Einheiten. Kehren wir also zur Sonne zurück. Die Solarkonstante – die Rate, mit der die Sonne die Erdoberfläche aufheizt, also die Sonnenenergiemenge, die pro Sekunde auf einen Quadratmeter fällt – ist recht einfach zu bestimmen. Beobachtungen mit einem Erdsatelliten, von dem aus die Energie bei allen Wellenlängen gemessen werden kann, ergeben eine Rate von 1368 Watt pro Quadratmeter. Jeder Quadratmeter auf einer Kugelschale um die Sonne mit dem Radius R gleich 1 AE oder $1,5 \times 10^{11}$ Meter empfängt also diese Energierate. Wenn wir nun die Solarkonstante mit $4\pi R^2$ (die Fläche der Kugelschale um die Sonne mit dem Radius 1 AE) multiplizieren, so erhalten wir für die Gesamtenergieleistung der Sonne $3,8 \times 10^{26}$ Watt! Da ein Watt gleich ein Joule pro Sekunde ist, erzeugt die Sonne also phantastische 4×10^{26} Joule pro Sekunde. Und da ein typisches Photon nur eine Energie von 4×10^{-19} Joule transportiert, strömen in diesem kurzen Zeitintervall (1 Sekunde) rund 10^{45} Photonen von der Sonnenoberfläche ab!

Es ist schwer, die Bedeutung dieser Zahlen wirklich zu erfassen. Lassen wir in Gedanken unser städtisches Elektrizitätswerk eine Sekunde lang die Sonne betreiben und uns die Rechnung dafür schicken. Ein typischer Strompreis ist 16 Pfennig pro Kilowattstunde, also $4,44 \times 10^{-8}$ DM pro Wattsekunde. Für eine Sekunde Sonnenbetrieb bezahlen wir also $4 \times 10^{26} \times 4,44 \times 10^{-8}$ DM $= 17,76 \times 10^{18}$ DM. Wir brauchen also nur in den nächsten *sieben Millionen Jahren* jährlich einen Scheck über das gesamte Bruttosozialprodukt der Bundesrepublik (etwa 2,5 Billionen DM) auszustellen!

Nun sind wir in der Lage, die Temperatur der Sonne genau auszurechnen. Wenn $L = 4\pi R^2 \sigma T^4$, dann ist T die vierte Wurzel aus $L/4\pi R^2 \sigma$. L kennen wir bereits. Aus der Entfernung der Sonne und ihrem Winkeldurchmesser von 32 Bogenminuten ergibt sich ihr Radius zu $7,0 \times 10^8$ Metern oder 108 Erdradien. Aus der obigen Gleichung erhalten wir dann eine Temperatur von 5 780 Kelvin. Diese Temperatur heißt Effektivtemperatur, da sie die Temperatur darstellt, die ein Schwarzer Körper von der Größe der Sonne haben müßte, um die beobachtete Leuchtkraft der Sonne zu erzeugen. Da die Oberflächen von Sternen aber nicht fest, sondern gasförmig und halbdurchlässig sind und – wie wir in Kapitel 4 noch sehen werden – die Temperatur nach innen ansteigt, weichen die Spektren der Sterne im allgemeinen (teilweise sogar erheblich) vom Spektrum eines idealen Schwarzen Körpers ab. Deshalb bieten Effektivtemperaturen eine hervorragende Möglichkeit, Sterne miteinander zu vergleichen.

Stellare Signaturen

Helligkeiten und Farben sind wichtig, doch ohne Spektren bleibt die Natur der Sterne unerkannt. Isaac Newton entdeckte, daß das Sonnenlicht in seine Spektralfarben zerlegt werden kann. 1802 stellte dann der englische Wissenschaftler William Wollaston fest, daß das Sonnenspektrum von einigen dunklen Lücken unterbrochen ist, die

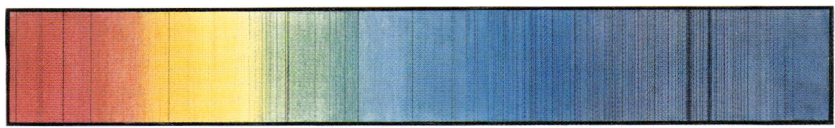

3.12 Das Fraunhofersche Sonnenspektrum ist von zahlreichen dunklen Linien unterbrochen, von denen jede einer bestimmten Atomart zugeordnet werden kann.

man heute Absorptionslinien nennt. Bis 1815 hatte Joseph von Fraunhofer die Wellenlängen von über 300 solchen Linien katalogisiert, wobei er die auffälligsten mit Buchstaben bezeichnete. Wenige Jahrzehnte Laborforschung erbrachten dann den Beweis, daß die einzelnen Linien von verschiedenen Atomarten erzeugt werden: So gehören zum Beispiel die Linien mit 6563 Å und 4861 Å Wellenlänge zum Wasserstoff und eine Doppellinie im Gelben bei 5801 Å zum Natrium.

Als die Astronomen des 19. Jahrhunderts zum ersten Mal ihre primitiven visuellen Spektroskope auf die Sterne richteten, waren sie durch die spektrale Vielfalt, die sich ihnen bot, mächtig verwirrt. Nur wenige Sterne zeigten Absorptionsspektren wie die Sonne. Einige

3.13 Dieses Objektivprismen-Spektrogramm zeigt die Spektren von Sternen in den Hyaden. Deutliche Unterschiede sind erkennbar. Mit entsprechender Übung kann man auf einer solchen Aufnahme ohne Schwierigkeiten Dutzende von Sternen schnell mit dem Auge klassifizieren.

Spektren waren sehr viel einfacher, andere dagegen schienen sehr kompliziert, wobei die Komplexität auffällig mit der Sternfarbe in Zusammenhang stand. Gegen Ende des 19. Jahrhunderts wußte man, daß die Spektren heißer, weißer Sterne wie Wega und Sirius von einigen wenigen starken Wasserstofflinien beherrscht werden. Einige blaue Sterne zeigten Linien des Wasserstoffs und eines weiteren Elements, das sich später als Helium herausstellen sollte. Die orange-roten Sterne besaßen nur wenig oder gar keine Wasserstofflinien, sondern starke Spektralbanden, die – wie wir heute wissen – von Titanoxidmolekülen stammen, während die tiefroten Sterne verschiedene

Tabelle 3.1: Einige bekannte Spektrallinien

Wellenlänge Å	Fraunhofersche Bezeichnung[1]	Ursprung[2]
6563	C	Wasserstoff (H)
5893	D	neutrales Natrium (Na I)
5876	...	neutrales Helium (He I); heiße Sterne
5270	E	neutrales Eisen (Fe I)
5167, 5173, 5184	b	neutrales Magnesium (Mg I)
4955	...	Titanoxid (TiO); kühle Sterne
4861	F	Wasserstoff (H)
4686	...	ionisiertes Helium (He II); sehr heiße Sterne
4384	d	Fe I
4300	G	CH-Molekül
4340	...	Wasserstoff (H)
4227	g	neutrales Calcium (Ca I)
4101	h	Wasserstoff (H)
3968	H	ionisiertes Calcium (Ca II)
3934	K	ionisiertes Calcium (Ca II)

[1] Diese Buchstaben benutzte Anfang des 19. Jahrhunderts Joseph von Fraunhofer zur Kennzeichnung von Spektrallinien, bevor sie chemisch identifiziert waren. Die hier nicht aufgeführten Linien A und B werden von der Erdatmosphäre erzeugt.

[2] Mit „I" bezeichnet man das Spektrum eines neutralen Atoms, mit „II" das eines einfach ionisierten und so weiter.

Spektralbanden von Kohlenstoffverbindungen aufwiesen. Es sah also ganz so aus, als ob Sterne unterschiedlicher Temperatur auch eine unterschiedliche chemische Zusammensetzung hatten.

In jeder neuen Wissenschaft besteht der erste Schritt zum Verständnis in der Klassifikation der Daten. Diese Arbeit wurde im Laufe des 19. Jahrhunderts von mehreren Astronomen in Angriff genommen. Sie gipfelte schließlich in einem System, das um 1890 entwickelt wurde und heute immer noch in Gebrauch ist. E. C. Pickering, Direktor des Harvard College Observatory, bezeichnete einfach die Sterne entsprechend der Stärke ihrer Wasserstofflinien mit Buchstaben – die stärksten mit A, die nächsten mit B und so weiter bis O, wobei die Buchstaben mehr oder weniger mit der Farbe korreliert waren, von Weiß über Gelb bis Rot. Die einzige eklatante Ausnahme war die Klasse O, die auf die roten Klassen M und N folgte, obwohl ihre Sterne blau-weiß waren. Etwa zur gleichen Zeit begannen Pickering und seine Mitarbeiter, von denen Williamina P. Fleming und Annie Jump Cannon besonders zu erwähnen sind, mit Hilfe eines Objektivprismenspektrographs Hunderttausende von Sternen sowohl am Nord- als auch am Südhimmel zu klassifizieren. In diesem einfachen Gerät ist vor der Linse des Teleskops ein Prisma angebracht, so daß nicht die Sterne, sondern ihre Spektren abgebildet werden. Dadurch ist es möglich, viele Sterne gleichzeitig und schnell zu klassifizieren. Es stellte sich recht bald heraus, daß einige der ursprünglichen Klassen entweder unnötig waren oder auf fehlerhaften Belichtungen beruhten. So verschwanden die Klassen C, D, E und einige weitere. Nach Sichtung einer großen Zahl von Spektren erkannte Mrs. Cannon auch, daß die Abstufung der Linienstärken nur dann gleichmäßig war, wenn Klasse B *vor* Klasse A und Klasse O vor Klasse B gesetzt wurden. Damit war auch das Problem der Farben geklärt.

3.14 Annie Jump Cannon (1863—1941).

Das Endergebnis war die Spektralsequenz der sieben Grundtypen von Sternen, O B A F G K M. Mit der Verbesserung der Beobachtungen stellte Mrs. Cannon jedoch fest, daß die Unterteilung in sieben Klassen zu grob war. Deshalb numerierte sie die einzelnen Klassen noch durch, so daß die A-Sterne von A0 am heißeren Ende bis A9 am kühleren laufen, gefolgt von F0 und so weiter. In diesem System wird unsere Sonne als G2-Stern klassifiziert. Im Anhang 3 sind die Spektralklassen der 40 hellsten Sterne angegeben. Bis 1920 hatte Mrs. Cannon fast im Alleingang 225 000 Sterne klassifiziert, die im *Henry Draper Catalogue*, der Bibel der frühen Spektroskopie, zusammengefaßt wurden (Sterne werden gewöhnlich mit ihrer HD-Nummer bezeichnet). 1940 waren es dann 359 000. Kein Wunder, daß Mrs. Cannons Name zu den am meisten verehrten in der gesamten Astronomie gehört.

Tabelle 3.2: Die Spektralklassen

Klasse	charakteristische Spektren	Farbe	Farbenindex	Effektivtemperatur (K)	Beispiele
O	He II; He I	blau	−0,3	28000–50000	χPer, εOri
B	He I; H	blau-weiß	−0,2	9900–28000	Rigel, Spica
A	H	weiß	0,0	7400– 9900	Wega, Sirius
F	Metalle; H	gelb-weiß	0,3	6000– 7400	Procyon
G	Ca II; Metalle	gelb	0,7	4900– 6000	Sonne, αCen A
K	Ca II; Ca I; andere Moleküle	orange	1,2	3500– 4900	Arktur
M	TiO; andere Moleküle; Ca I	orange-rot	1,4	2000– 3500	Beteigeuze
R[1]	CN; C_2	orange-rot	1,7	3500– 5400	...
S[2]	ZrO; andere Moleküle	orange-rot	1,7	2000– 3500	R Cyg
N[1]	C_2	rot	>2	1900– 3500	R Lep

[1] Kohlenstoffsterne
[2] Sterne mit etwas geringerer Kohlenstoffhäufigkeit als bei R- und N-Sternen; dafür treten Zirkoniumoxid-Molekülbanden auf.

Die Entzifferung der Botschaft

Die verschiedenen Sternspektren werden von Atomen in unterschiedlichen Ionisations- und Anregungszuständen erzeugt. Eine vollständige Erklärung war erst möglich, als durch die Erkenntnisse der zwanziger Jahre unseres Jahrhunderts klar wurde, wie ein Atom funktioniert. In der Vorstellung vom Grundmodell besteht ein Atom aus einer Wolke aus einem oder mehreren negativ geladenen Elektronen, die einen Kern umkreisen, der aus positiv geladenen Protonen und neutralen Neutronen zusammengesetzt ist. Die elektrischen Ladungen des Protons und des Elektrons sind gleich groß, die Masse des Protons ist etwa gleich der Masse des Neutrons, während die Masse des Elektrons rund 1800mal kleiner ist.

Da sich gegensätzliche Ladungen anziehen, wird das Elektron an den Kern gebunden. Doch gleiche Ladungen stoßen sich ab – wie können dann die Protonen im Kern zusammenbleiben? Es gibt vier Grundkräfte der Natur – unsichtbare Felder, die über bestimmte Entfernungen wirksam sind und das Universum beherrschen. Die bei weitem schwächste Kraft ist überraschenderweise die Gravitation.

STERNE

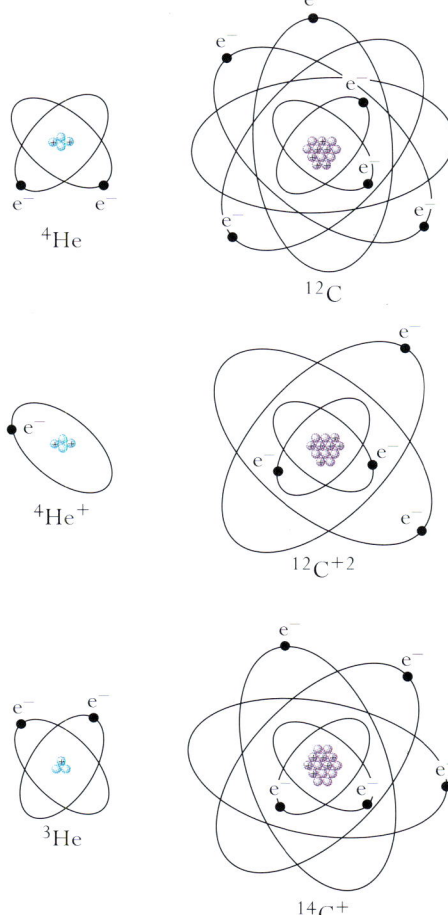

Sie fühlt sich nur so stark an, weil es so viele Atome in der Erde gibt, die uns anziehen. Die nächststärkste Kraft ist die elektromagnetische Kraft, die für die Elektrizität, den Magnetismus, die Anziehung und Abstoßung der verschiedenen Ladungen und die Erzeugung von Photonen verantwortlich ist. Diese beiden Kräfte nehmen proportional zum Quadrat der Entfernung ab und wirken über den ganzen Raum. Die beiden folgenden Kräfte sind zwar stärker, wirken aber nur in dem kleinen Bereich des Atomkerns selbst. Die „schwache Kernkraft" tritt bei nuklearen Reaktionen auf. Die bei weitem stärkste der vier Naturkräfte ist jedoch die anziehend wirkende „starke Kernkraft". Sind Protonen weit genug auseinander, so

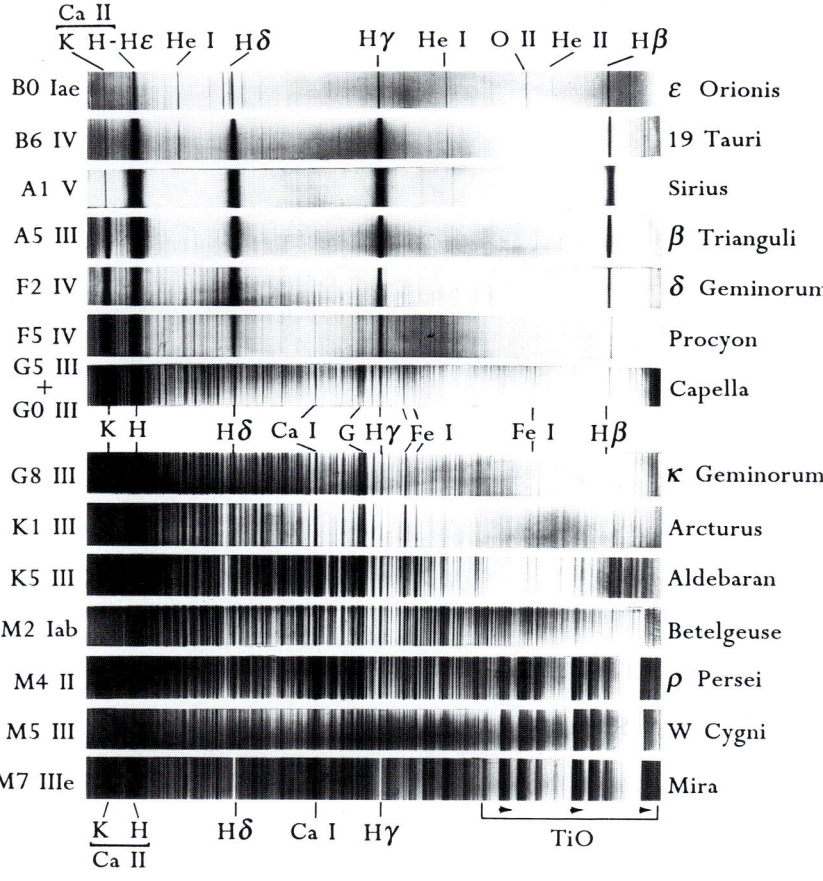

3.15 Ein Heliumatom (oben links) besitzt zwei Elektronen, die einen Kern aus zwei Protonen und zwei Neutronen umkreisen, und wird daher ^{4}He genannt (die Hochzahl — die Atommasse — gibt die Gesamtzahl der Teilchen im Atomkern an). Mitte links: Das Atom hat ein Elektron verloren und ist jetzt ein positiv geladenes Ion ^{4}He$^+$. Unten links ist das einzige andere mögliche Heliumisotop dargestellt, eine seltene Form mit nur einem Neutron, ^{3}He. Rechts sind drei Kohlenstoffatome abgebildet, und zwar von oben nach unten ^{12}C, ^{12}C^{+2} (doppelt ionisierter Kohlenstoff, bei dem zwei Elektronen fehlen) und das seltene einfach ionisierte ^{14}C$^+$. ^{13}C kommt dagegen relativ häufig vor. Die Größe der Kerne ist stark übertrieben — in Wirklichkeit sind sie etwa 10^{-5}mal kleiner als die Durchmesser der Elektronenbahnen.

3.16 Die klassische Spektralklassensequenz dargestellt durch echte Sternspektren. Die Stärke der Wasserstofflinien nimmt von Typ A nach oben und unten rapide ab. Einige andere Linien sind ebenfalls gekennzeichnet. Die heutigen Klassifikationen dieser Sterne sind links angegeben; römische Ziffern bezeichnen die Leuchtkraftklasse.

stoßen sie sich tatsächlich ab. Sind sie sich jedoch nahe genug, so siegt die starke Kernkraft über die elektromagnetische Abstoßung, und sie bleiben aneinander haften.

Allein die Anzahl der im Kern eines Atoms vorhandenen Protonen – die sogenannte Ordnungszahl – bestimmt, um welches spezifische chemische Element es sich handelt. So hat zum Beispiel Wasserstoff (H) die Ordnungszahl 1, Helium (He) 2, Kohlenstoff (C) 6 und Gold (Au) 79. Ein neutrales Atom besitzt gleich viele Protonen und Elektronen, doch die Elektronen sind nur recht locker gebunden. Wenn einem Atom hinreichend viel Energie zugeführt wird, kann es ein oder mehrere Elektronen verlieren und zu einem positiv geladenen Ion werden. Kohlenstoff, dem ein Elektron fehlt, wird als C^+ bezeichnet und Sauerstoff mit drei fehlenden Elektronen als O^{+3}. Die Summe der Anzahl der Neutronen und Protonen im Atomkern ist die Atommasse, die als hochgestellter Index vor das chemische Symbol geschrieben wird. Gewöhnliches Helium, ^{4}He, besitzt je zwei Protonen und Neutronen, und Kohlenstoff, ^{12}C, hat je sechs. Mit steigender Ordnungszahl wächst die Neutronenzahl jedoch schneller an als die Zahl der Protonen, so daß zum Beispiel Uran, ^{238}U, 92 Protonen aber 146 Neutronen besitzt. Bei jedem Element kann die Anzahl der Neutronen variieren, so daß es ein oder mehrere Isotope gibt. Helium kommt auch mit einem Neutron vor und wird dann als ^{3}He bezeichnet. Vom Kohlenstoff gibt es ^{12}C-, ^{13}C- und ^{14}C-Isotope. Gewöhnlich herrscht bei einer Atomart ein Isotop vor – zum Beispiel gibt es pro ^{3}He-Atom 100 000 ^{4}He-Atome. Im Periodischen System der Elemente ist jeweils die häufigste Isotopenform angegeben.

Absorptionslinien entstehen, wenn die Elektronen eines Atoms oder Ions Energie aus dem Kontinuum absorbieren. Die in einem Atom gebundenen Elektronen können sich nur auf „Bahnen" mit bestimmten Radien bewegen. (Es besteht nur eine entfernte Analogie zu den Planetenbahnen; in Wirklichkeit verhalten sich die Elektronen eher wie Ladungswolken um den Atomkern.) Je größer der Radius der Elektronenbahn, desto höher ist die Energie des Elektrons. Ein Elektron kann von einer niedrigeren Bahn auf eine höhere springen, wenn es ein Photon absorbiert, dessen Energie exakt der Energiedifferenz zwischen den beiden Bahnen entspricht. Die Energie eines Photons ist gleich $h\nu$ (Plancksche Konstante mal Frequenz) oder hc/λ. Folglich definiert die Energiedifferenz zwischen den Elektronenbahnen die Wellenlänge des absorbierten Photons. Umgekehrt *emittiert* ein Elektron ein Photon derselben Wellenlänge, wenn es von einem höheren Energiezustand auf einen niedrigeren *hinunter* springt. Dadurch entsteht ein Spektrum mit hellen Linien, ein Emissionsspektrum.

STERNE

1 H Wasserstoff 1																	2 He Helium 4
3 Li Lithium 7	4 Be Beryllium 9											5 B Bor 11	6 C Kohlenstoff 12	7 N Stickstoff 14	8 O Sauerstoff 16	9 F Fluor 19	10 Ne Neon 20
11 Na Natrium 23	12 Mg Magnesium 24											13 Al Aluminium 27	14 Si Silicium 28	15 P Phosphor 31	16 S Schwefel 32	17 Cl Chlor 35	18 Ar Argon 40
19 K Kalium 39	20 Ca Calcium 40	21 Sc Scandium 45	22 Ti Titan 48	23 V Vanadium 51	24 Cr Chrom 52	25 Mn Mangan 55	26 Fe Eisen 56	27 Co Kobalt 59	28 Ni Nickel 58	29 Cu Kupfer 63	30 Zn Zink 64	31 Ga Gallium 69	32 Ge Germanium 74	33 As Arsen 75	34 Se Selen 80	35 Br Brom 79	36 Kr Krypton 84
37 Rb Rubidium 85	38 Sr Strontium 88	39 Y Yttrium 89	40 Zr Zirkonium 90	41 Nb Niob 93	42 Mo Molybdän 98	43 Tc Technetium 99	44 Ru Ruthenium 102	45 Rh Rhodium 103	46 Pd Palladium 106	47 Ag Silber 107	48 Cd Cadmium 114	49 In Indium 115	50 Sn Zinn 120	51 Sb Antimon 121	52 Te Tellur 130	53 I Jod 127	54 Xe Xenon 132
55 Cs Cäsium 133	56 Ba Barium 138	57 La Lanthan 139	72 Hf Hafnium 180	73 Ta Tantal 181	74 W Wolfram 184	75 Re Rhenium 187	76 Os Osmium 192	77 Ir Iridium 193	78 Pt Platin 195	79 Au Gold 197	80 Hg Quecksilber 202	81 Tl Thallium 205	82 Pb Blei 208	83 Bi Wismut 209	84 Po Polonium 210	85 At Astat 210	86 Rn Radon 222
87 Fr Francium 223	88 Ra Radium 226	89 Ac Actinium 227	104 261	105 262	106 263	107 262	108	109									

Lanthaniden

58 Ce Cer 140	59 Pr Praseodym 141	60 Nd Neodym 142	61 Pm Promethium 145	62 Sm Samarium 152	63 Eu Europium 153	64 Gd Gadolinium 158	65 Tb Terbium 159	66 Dy Dysprosium 164	67 Ho Holmium 165	68 Er Erbium 166	69 Tm Thulium 169	70 Yb Ytterbium 174	71 Lu Lutetium 175
90 Th Thorium 232	91 Pa Protactinium 231	92 U Uran 238	93 Np Neptunium 237	94 Pu Plutonium 242	95 Am Americium 243	96 Cm Curium 247	97 Bk Berkelium 249	98 Cf Californium 251	99 Es Einsteinium 254	100 Fm Fermium 253	101 Md Mendelevium 256	102 No Nobelium 254	103 Lr Lawrencium 257

Actiniden

3.17 Im Periodensystem sind alle chemischen Elemente nach steigender Ordnungszahl aufgezählt. Senkrechte Spalten besitzen ähnliche chemische Eigenschaften. Die Elemente in den gelben Kästchen wurden in Sternen nachgewiesen.

Wenn ein kühleres Gas geringerer Dichte vor einem heißeren Schwarzen Körper (oder einer ähnlichen Quelle kontinuierlicher Strahlung) liegt, beobachtet man ein Absorptionsspektrum. Ein Emissionsspektrum sieht man dagegen, wenn man ein Gas geringer Dichte allein beobachtet. Stellare Absorptionslinien entstehen in einer kühleren Atmosphäre geringerer Dichte an der Oberfläche des Sterns, welche die Kontinuumstrahlung, die von dem heißeren, dichteren Gas darunter ausgeht, teilweise blockiert.

Um zu verstehen, wie die Sequenz der Spektralklassen zustande kommt, wollen wir ein Gas aus einfachen Wasserstoffatomen betrachten. Die optischen Absorptionslinien (Balmerlinien) entstehen von der zweiten Elektronenbahn des Wasserstoffatoms aus: Der Übergang zwischen Bahn 2 und Bahn 3 heißt H_α, zwischen Bahn 2 und Bahn 4 H_β und so weiter. Damit Balmerlinien zu sehen sind, muß sich bei genügend Atomen des Gases das Elektron auf der zweiten Bahn befinden. Doch da die Natur immer versucht, den niedrigsten Energiezustand einzunehmen, kreist bei den meisten Wasserstoffatomen das Elektron auf der niedrigsten Bahn. Auf die nächsthöhere Bahn geraten die Elektronen hauptsächlich, wenn benachbarte Atome zusammenstoßen. Doch dazu muß die Gastemperatur und damit die Geschwindigkeit der Teilchen hinreichend hoch sein (und selbst dann schaffen es nur sehr wenige). In der kühlen Atmosphäre eines M-Sterns sind die Zusammenstöße nicht wirkungsvoll genug; es werden keine Elektronen auf eine höhere Bahn gehoben, und folglich gibt es keine Wasserstofflinien, obwohl das Gas zu 90 Prozent aus Wasserstoff besteht. Erst ab Klasse K bei

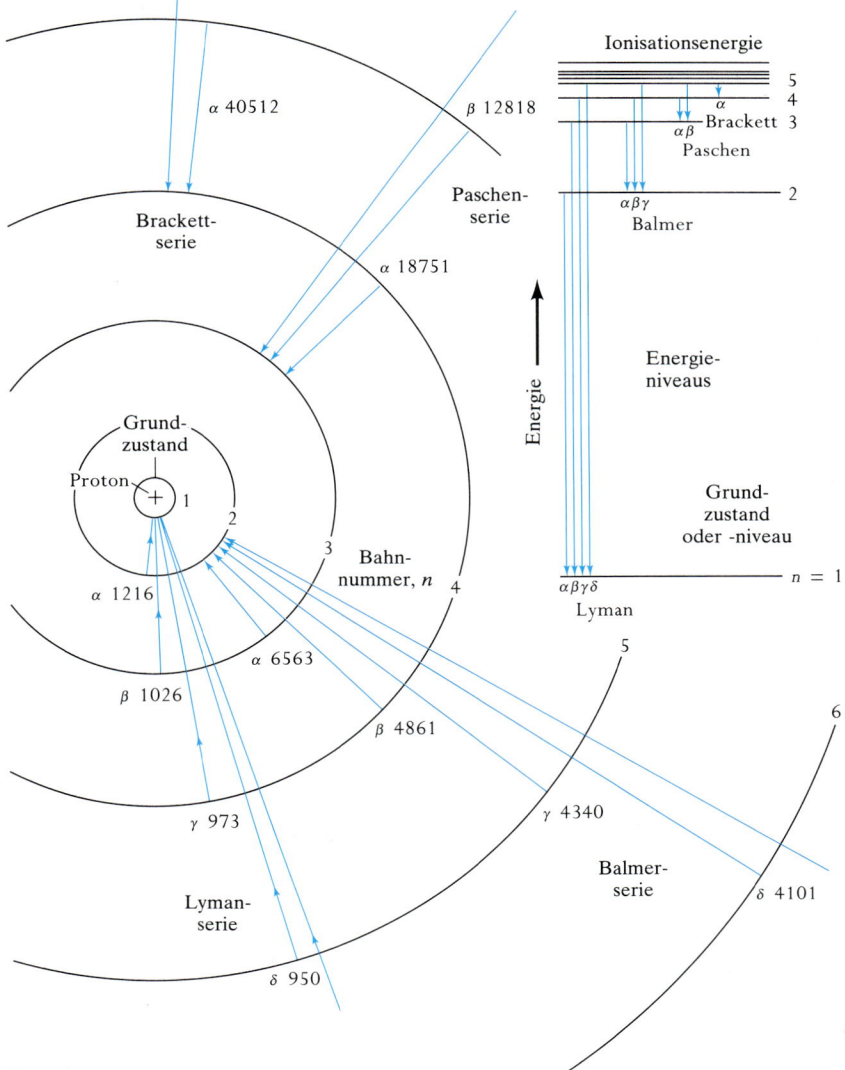

3.18 Das einzige Elektron des Wasserstoffatoms umkreist seinen aus einem einzigen Proton (+) bestehenden Kern, wobei ihm unendlich viele Bahnen zur Verfügung stehen. Sechs davon sind hier abgebildet. Jede Bahn entspricht exakt einer bestimmten Energie, wie in der vereinfachten Darstellung oben rechts erkennbar. Ein Elektron kann zwischen den Bahnen hin und her wechseln; es kann durch Kollisionen auf höhere oder niedrigere Bahnen gestoßen werden, und es kann durch die Absorption eines Photons mit exakt der richtigen Energie (die gleich der Energiedifferenz zwischen den beiden Bahnen sein muß) nach oben oder unter Emission eines Photons eben dieser Energie (oder Wellenlänge) nach unten springen. Sprünge in höhere Bahnen erzeugen ein Absorptionsspektrum, Sprünge nach unten ein Emissionsspektrum. Elektronenübergänge, die von der zweiten Bahn ausgehen oder auf ihr landen, bilden die Balmerserie, die mit H_α (6 563 Å), H_β (4 861 Å) und so weiter bezeichnet wird und im optischen Bereich des Spektrums zu sehen ist. Die Lymanserie liegt im Ultravioletten, die Paschenserie und Serien noch höherer Ordnung im niederenergetischen Infrarot- oder sogar im Radiobereich.

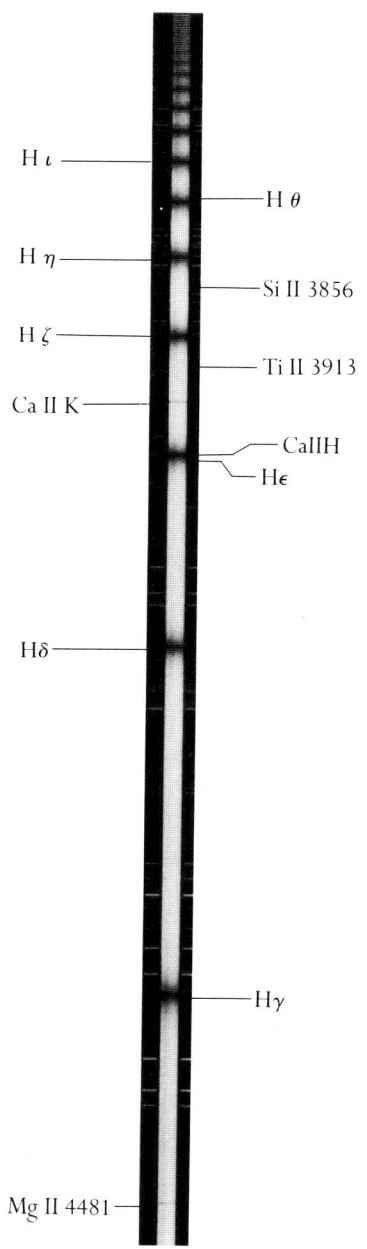

3.19 Das Spektrum der Wega, die zur Spektralklasse A0 gehört. Bei Sternen dieses Spektraltyps befinden sich bei weit mehr Wasserstoffatomen die Elektronen auf der zweiten Bahn als bei den anderen Spektraltypen, so daß hier die Wasserstofflinien am stärksten sind.

etwa 4000 K sehen wir Wasserstofflinien, und sie werden bis etwa Typ A bei 10000 K rasch stärker, weil mehr und mehr Elektronen eine höhere Bahn einnehmen.

Dann tritt etwas Überraschendes ein. Bei noch heißeren Temperaturen werden die Zusammenstöße so heftig, daß ein Teil der Wasserstoffatome ionisiert wird. Infolgedessen gibt es weniger neutrale Atome, und die Wasserstofflinien werden wieder schwächer. Der Effekt wird noch dadurch verstärkt, daß die Opazität des Sterngases größer wird, wodurch die absorbierenden Schichten dünner werden. Beim Helium ist es noch viel schwieriger, die Energieniveaus anzuregen, die zur Erzeugung von Heliumlinien nötig sind. Daher muß die Temperatur sehr viel höher sein, damit diese zu sehen sind. Heliumlinien findet man erst ab Klasse B, und ionisiertes Helium erscheint erst etwa in Klasse O.

Komplexere Atome, die „Metalle" – in der Astronomie werden alle Elemente schwerer als Helium so genannt –, besitzen mehr Elektronen und zeigen auch sehr viel kompliziertere Spektren. Trotz alledem verhalten sie sich ganz ähnlich. Neutrales Calcium ist bei den niedrigen Temperaturen der M-Sterne sehr stark. Doch Calcium ist viel leichter zu ionisieren als Wasserstoff, so daß bei einem Temperaturanstieg auf nur etwa 5000 K der neutrale Zustand verschwindet und die einfach ionisierte Form auftritt (bei der ein Elektron fehlt). Darüber hinaus gehen die im Optischen sichtbaren Linien des Ca-Ions, Fraunhofer H und K, von der niedrigsten Elektronenbahn aus, so daß keine vorherige Anregung nötig ist. Deshalb sind zum Beispiel bei der Sonne die CaII-Linien (mit II wird das Spektrum des einfach ionisierten Calcium Ca^+ bezeichnet, mit III das von Ca^{+2} und so weiter) stärker als die Wasserstofflinien, obwohl nur ein Calciumatom pro 10^5 Wasserstoffatome vorhanden ist. Wenn die Temperatur dann hoch genug ist, um ein zweites Elektron loszuschlagen und zweifach ionisiertes Calcium zu erzeugen, werden auch die CaII-Linien schwächer. Schließlich folgt auch noch die Dreifachionisation. Die Linien höher ionisierter schwererer Elemente liegen meistens im Ultraviolettbereich, so daß die optischen Spektren der heißeren Sterne hauptsächlich von H und He beherrscht werden und einfacher aussehen. Im Gegensatz dazu können sich bei den niedrigsten Sterntemperaturen die Atome zu Molekülen verbinden, die äußerst komplizierte Bandenspektren erzeugen. Es gibt eine beträchtliche Vielfalt an solchen Molekülen. Die Spektren der M-Sterne werden von TiO beherrscht, und im Sonnenspektrum finden wir unter anderem auch CH und CN.

Nachdem die Astronomen und Physiker einmal die Prozesse verstanden hatten, die zur Entstehung der Sternspektren führen, und die

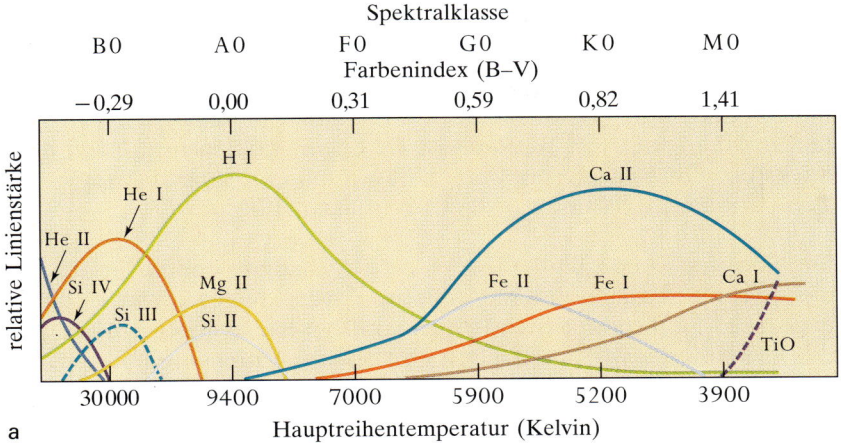

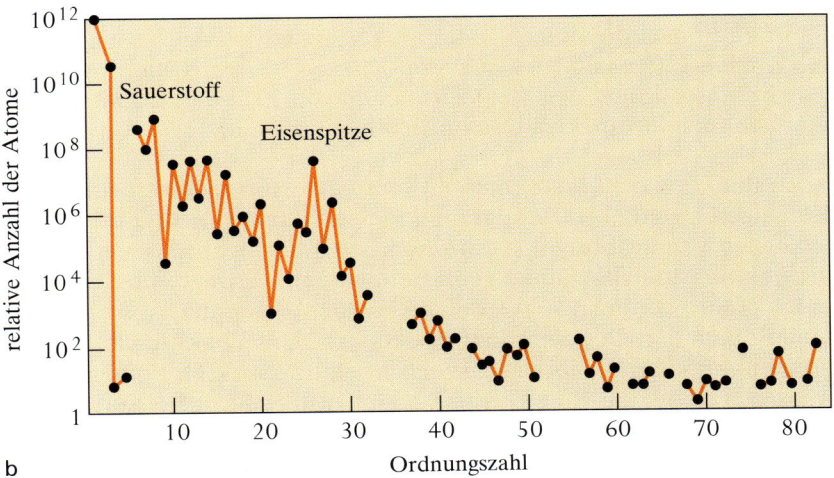

3.20 a) Unterschiedliche Atome, Ionen und Moleküle erzeugen ihre Spektren bei unterschiedlichen Temperaturen. Starke Molekülbanden sind nur in Klasse M zu sehen. Bei niedrigen Temperaturen finden wir neutrale Metalle, in heißeren Sternen dagegen höher ionisierte Elemente. b) Die stellaren Häufigkeiten der chemischen Elemente nehmen mehr oder weniger stetig mit wachsender Ordnungszahl ab, mit Ausnahme eines starken Abfalls zwischen Helium und Kohlenstoff und einem starken Anstieg bei Eisen.

Anregungs- und Ionisationsgesetze formulieren konnten, war es ihnen möglich, anhand der Stärke der Absorptionslinien die physikalischen Bedingungen in den Sterngasen und die überaus wichtige chemische Zusammensetzung zu bestimmen. Dabei stellten sie fest, daß die Natur erfreulich gleichförmig ist. Von den 92 natürlich vorkommenden chemischen Elementen werden 68 in Sternen beobachtet. Die anderen sind sicherlich auch vorhanden, doch ihre Häufigkeit ist zu gering, um ihre Linien sichtbar werden zu lassen. Grob gesagt besitzt die Mehrheit der Sterne die gleiche chemische Zusammensetzung, wobei Wasserstoff mit 90 Prozent (bezogen auf die Anzahl der Atome) vorherrscht, gefolgt von Helium, dem zweiteinfachsten Atom, mit fast zehn Prozent. All die anderen chemischen Elemente bilden die restlichen rund 0,1 Prozent. (Damit wird die außergewöhnliche Natur der Erde deutlich, die nur wenig H und He enthält.) Allgemein gilt: je komplexer ein Atom ist, desto seltener ist es. Nach Helium ist Sauerstoff das dritthäufigste Element mit etwa der 5×10^{-4}-fachen Häufigkeit von Wasserstoff. Es folgen Kohlenstoff, Neon und Stickstoff. Die schwereren Metalle liegen um eine oder mehrere Zehnerpotenzen darunter, wobei Eisen das häufigste ist.

Die tiefroten Sterne bilden jedoch eine Ausnahme und lassen für die Zukunft faszinierende theoretische Entdeckungen erwarten. Die N-Sterne, die nicht zur Standardspektralsequenz gehören, unterscheiden sich von der M-Klasse durch ihre *Zusammensetzung* und nicht durch ihre Temperatur. Bei ihnen ist das Verhältnis der Kohlenstoffhäufigkeit zur Sauerstoffhäufigkeit umgekehrt – das Ergebnis stellarer Prozesse im Inneren. Die R-Sterne sind wärmere, kohlenstoffreiche Versionen und entsprechen ihrer Temperatur nach den Klassen K und G. In den dreißiger Jahren wurde noch eine weitere seltsame Sternart entdeckt und als Klasse S bezeichnet. Sie liegt bezüglich ihres Kohlenstoffgehalts zwischen den Klassen M und N und weist gleichzeitig an Stelle von TiO Zirkoniumoxid ZrO auf. Damit sind nun alle Standardspektralklassen richtig eingeordnet.

Wie schon erwähnt, kann man mit Hilfe der Sternspektren auch die Radialgeschwindigkeit von Sternen messen. Im Labor sind die Wellenlängen von zigtausend Absorptionslinien der beobachteten Elemente und Moleküle genau gemessen worden. Bewegt sich der Stern entlang der Sichtlinie, so werden die Wellenlängen der Absorptionslinien durch den Dopplereffekt verschoben. Die Verschiebungen können mit einer Kalibrierungsvorrichtung im Spektrographen gemessen werden, die Emissionslinien von gasförmigem Eisen oder einem anderen Element erzeugt. (Diese Vergleichsspektren sind häufig bei Abbildungen von Sternspektren am Rand mitabgebildet.) Über die Dopplerformel kann dann die Radialgeschwindigkeit berechnet werden. Typischerweise findet man Verschiebungen von einem Bruchteil eines Ångströms, die Geschwindigkeiten von einigen Dutzend Kilometern pro Sekunde entsprechen. Damit liegen sie in der gleichen Größenordnung wie die Transversalgeschwindigkeiten.

Das HR-Diagramm

Da die Leuchtkraft eines strahlenden Körpers so stark von der Temperatur abhängt, müßte es eigentlich eine deutliche Korrelation zwischen der absoluten Helligkeit und der Spektralklasse geben – und die gibt es auch. Doch dabei erwartet uns auch noch eine Überraschung. Die ersten derartigen Untersuchungen führte Anfang dieses Jahrhunderts der dänische Astronom Ejnar Hertzsprung durch

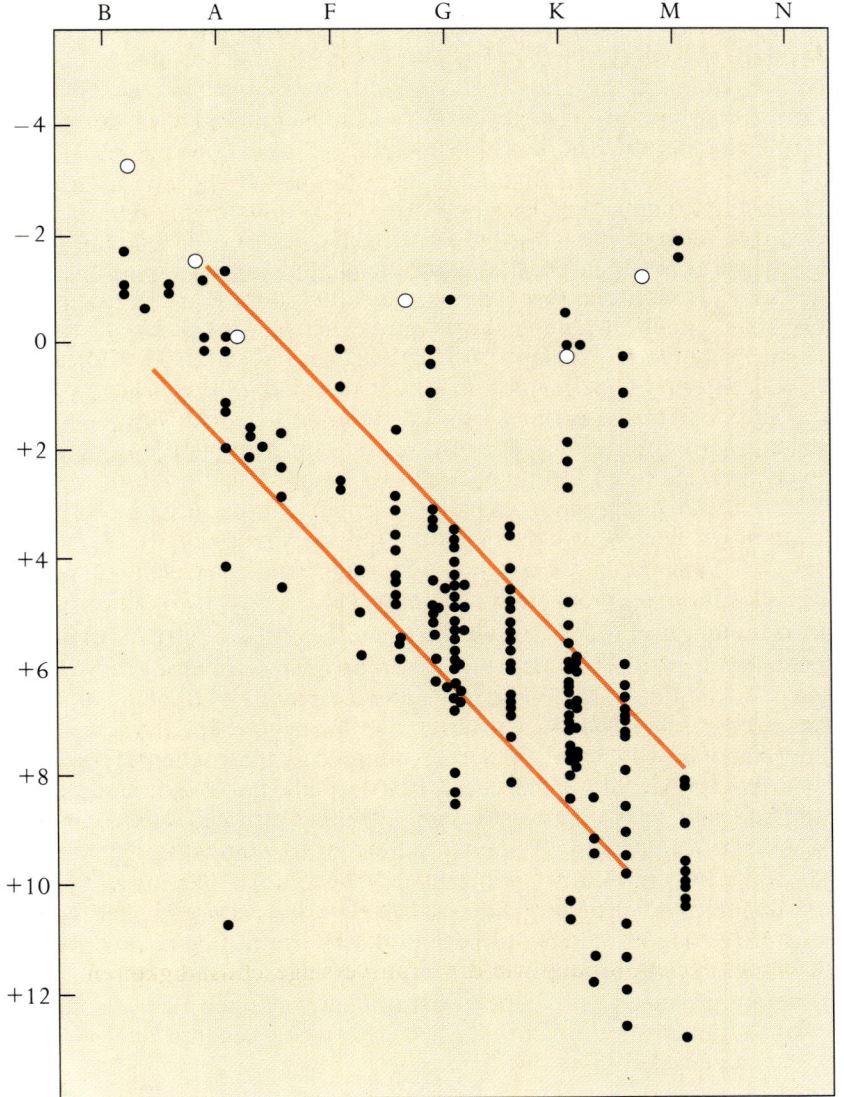

3.22 Henry Norris Russell (1877–1970).

3.21 Das von Henry Norris Russell gezeichnete Originaldiagramm, in dem er absolute visuelle Helligkeiten von Sternen gegen ihre Spektralklassen auftrug. Der Streifen der Zwergsterne (heute Hauptreihe genannt), zu dem auch die Sonne gehört, erstreckt sich von rechts unten nach links oben. Der Riesen-Ast zweigt nach rechts oben ab. Unten links liegt ein einzelner Weißer Zwerg.

und unabhängig davon auch Henry Russell, der Doyen der amerikanischen Astronomie des zwanzigsten Jahrhunderts. 1913 zeichnete Russell ein Diagramm, in dem er für Sterne mit bekannter Entfernung die absolute visuelle Helligkeit gegen die Spektralklasse auftrug. Die Kurve zeigt den erwarteten Effekt – die meisten Sterne liegen auf einem breiten Streifen, der von rechts unten nach links oben verläuft, von niedrigen Temperaturen der M- und K-Klasse zu den heißen Temperaturen der B-Klasse und von den großen visuellen Größenklassen, also den geringen Leuchtkräften, zu den niedrigen Größenklassen und hohen Leuchtkräften.

Doch nun kommt die Überraschung! Es gibt einen weiteren Streifen, der nach *rechts* oben läuft, bei dem die Helligkeit also mit *sinkender* Temperatur ansteigt. Dies ist aber nur möglich, wenn die Sterne größer werden, während ihre Temperatur fällt, damit der Effekt des rasch sinkenden Strahlungsflusses ausgeglichen wird. Russell folgte einem früheren Vorschlag von Hertzsprung und unterschied diese beiden Streifen voneinander, indem er die einen Sterne Zwerge und die anderen Riesen nannte – und damit eine herrliche Nomenklatur für Sterne einführte. Die Sonne liegt auf dem Hauptstreifen und ist trotz ihrer enormen Größe nur ein G2-Zwerg. Die Riesen dagegen besitzen *wahrhaftig* eindrucksvolle Ausmaße. Ihre Durchmesser können wir leicht aus der Gleichung für Schwarze Körper $L_\star = 4\pi R_\star^2 \sigma T_\star^4$ ableiten, wobei $\star$ die Sternparameter bezeichnet. Wenn wir alles in Sonneneinheiten ($\odot$) ausdrücken, verschwinden die Konstanten, und $R_\star/R_\odot$ ist gleich $\sqrt{(L_\star/L_\odot)/(T_\star/5780)^2}$. Die Effektivtemperatur folgt aus dem Spektraltyp (oder der Farbe) und $L_\star$ aus M_{bol}, so daß wir sofort den Radius ausrechnen können. Betrachten wir zwei typische Riesensterne, den orangefarbenen Arktur (K1) und Aldebaran (K5). Mit einer absoluten bolometrischen Helligkeit von −0,3 ist Arktur 105mal leuchtkräftiger als die Sonne. Seine große Helligkeit und seine relativ kühle Temperatur von 4 400 K ergeben einen Radius von 18 Sonnenradien. Aldebaran ist nochmal mehr als doppelt so groß. Mira, ein kühler M7-Stern, ist 300mal größer als die Sonne und würde ungefähr bis zur Marsbahn reichen. Die kohlenstoffreichen N- und S-Sterne findet man nur auf dem „Riesen-Ast", wie die Astronomen den Streifen der Riesensterne in Russels Diagramm nennen, und geben damit einen wichtigen Hinweis auf das geheimnisvolle Leben und Sterben von Sternen, auf den wir später noch zurückkommen werden.

Etwa 15 Jahre zuvor hatte Antonia Maury aus Pickerings Gruppe in Harvard festgestellt, daß einige der heißeren Sterne breite Wasserstofflinien zeigten, während andere recht schmale besaßen. 1907 entdeckte Hertzsprung, daß Sterne mit schmalen Linien erheblich geringere Eigenbewegungen aufwiesen als die Sterne mit breiten Linien,

3.23 Der orangefarbene Aldebaran, das funkelnde Auge des Taurus, liegt vor den Sternen des Hyaden-Sternhaufens, die den V-förmigen Kopf des Stiers bilden. Aldebaran ist ein gewöhnlicher K5-Riese, der fast 50mal größer ist als die Sonne und damit das Sonnensystem fast bis zur Bahn des Merkur ausfüllen würde. Oben rechts sind die Plejaden zu sehen.

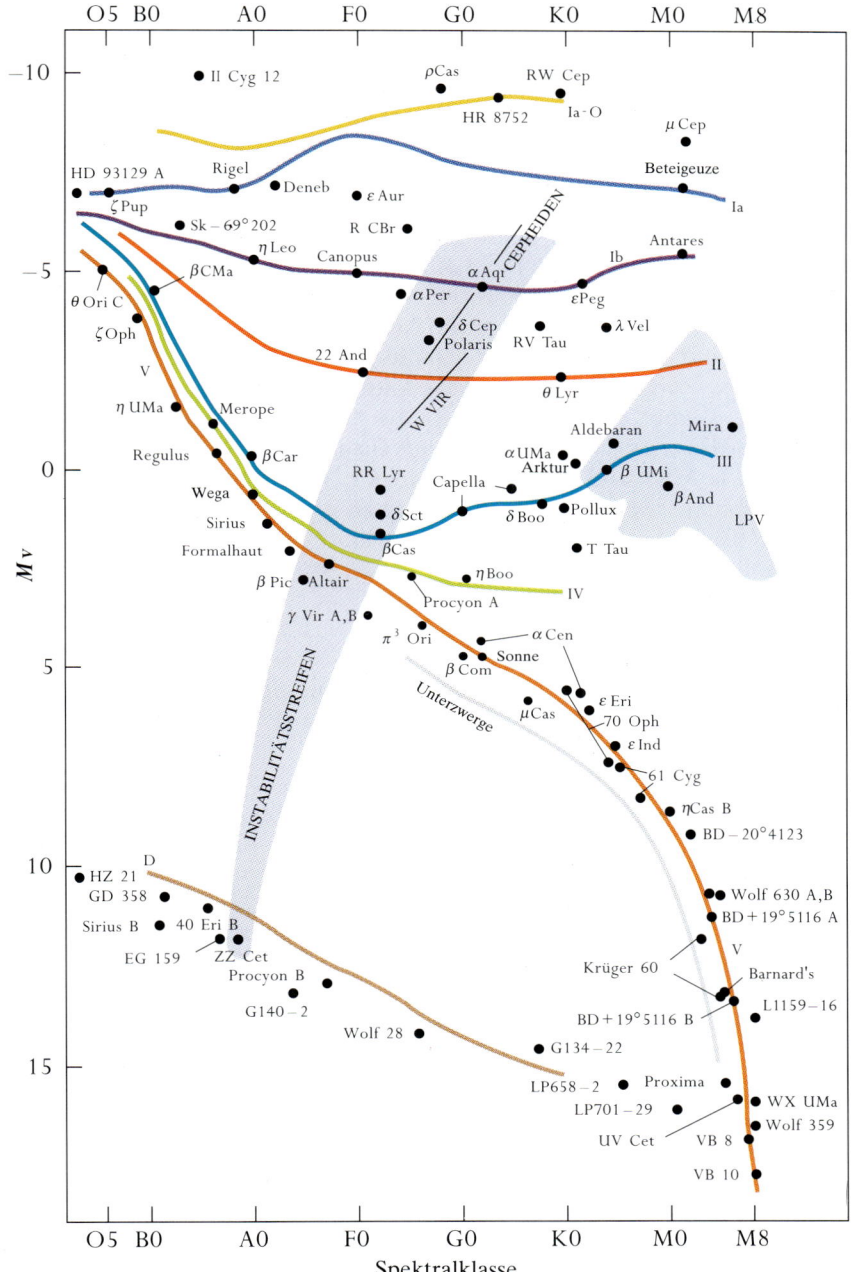

3.24 Dieses moderne HR-Diagramm zeigt die Verteilung bekannter Sterne und die Lage aller Äste, die den verschiedenen Leuchtkraftklassen entsprechen. Außer der Hauptreihe (V) und dem Riesen-Ast (III) sehen wir oben die Überriesen (Ia und Ib) quer über das ganze Diagramm und die extremen Überriesen oder Hyperriesen (Ia-0) noch darüber; zwischen den Riesen und den Zwergen liegen die Unterriesen (IV); außerdem sind die Unterzwerge eingezeichnet und eine ganze Reihe Weißer Zwerge (D). (Auf der Hauptreihe gehören über zwei Drittel der Sterne zur Klasse M.)

was darauf hindeutete, daß sie sehr viel weiter entfernt und heller waren. Diese seltenen, erstaunlichen Objekte stellten sich als Sterne heraus, die noch zehn- bis hundertmal leuchtkräftiger und bis zu zehnmal größer als die Riesensterne waren. Trägt man diese Überriesen in Russells Diagramm ein – das schon recht bald Hertzsprung-Russell-Diagramm (HRD) genannt worden war – so verteilen sie sich an dessen oberem Rand.

Die roten Überriesen sind die größten Sterne, die man kennt. Wir wollen die Gleichung für Schwarze Körper auf Beteigeuze anwenden, den Stern, der die rechte Schulter des Orion darstellt. Im Visuellen ist er um 11,8 Größenklassen, also 54 000mal heller als die Sonne. Doch bei einer Temperatur von 3 300 Kelvin erzeugt jeder Quadratmeter nur 1/10 des solaren Strahlungsflusses. Bolometrisch ist er um weitere 1,4 Größenklassen heller, und aus der Gleichung für Schwarze Körper ergibt sich ein Radius von fast sieben AE – Beteigeuze ist also mehr als 1300mal so groß wie die Sonne, über viermal so groß wie Mira und so groß, daß er um 30 Prozent über die Jupiterbahn hinausreichen würde. Und das ist noch nicht die obere Grenze! Ein roter Juwel vierter Größe im Sternbild Cepheus – μCephei, der „Granatstern" – ist um 1,2 absolute Größenklassen heller als Beteigeuze und 1,7mal größer. Mit seinem Radius von 11,8 AE würde er die Umlaufbahn des Saturn ausfüllen. Das Volumen eines solchen Kolosses könnte über *eine Milliarde Sonnen* fassen. Die Winkeldurchmesser solcher Überriesen können einige hundertstel Bogensekunden betragen und leicht mit Hilfe der Interferometrie gemessen werden.

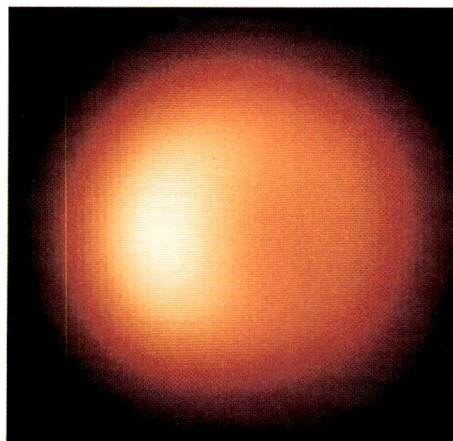

3.25 Diese Abbildung des M-Überriesen Beteigeuze ist möglicherweise die erste echte Darstellung einer Sternscheibe. Sie wurde mathematisch aus Beobachtungen mit einem hochentwickelten Interferometer rekonstruiert. Der Winkeldurchmesser der Sternscheibe kann leicht bestimmt werden.

Kehren wir nun zu dem Streifen der Zwergsterne zurück, der heute als Hauptreihe bezeichnet wird. Auf ihm nimmt die Helligkeit der Sterne stärker zu, als man von der Temperatur allein her erwarten würde. Das weist darauf hin, daß die Radien ebenfalls größer werden. Wega zum Beispiel ist 2,5mal größer als die Sonne. Am oberen Ende der Hauptreihe finden wir den Stern HD93129A mit $V = -7$ und $M_{bol} = -11,3$. Damit hat er eine 2,6millionenmal größere Leuchtkraft als die Sonne. Diese außergewöhnliche Helligkeit beruht nur zum Teil auf der extrem hohen Temperatur des Sterns von 48 000 Kelvin. Der Rest geht auf eine 25mal größere Ausdehnung als bei der Sonne zurück. Damit wird HD93129A zwar vergleichbar mit den kleineren Riesensternen, doch aufgrund seiner Lage im HR-Diagramm zählt er noch zu den Zwergen.

Am anderen Ende der Hauptreihe befinden sich Zwergsterne, die ihrem Namen alle Ehre machen. Die rötliche Farbe und das komplexe Molekülspektrum von Proxima Centauri weisen auf eine Effektivtemperatur von etwa 3 300 Kelvin hin. Seine bolometrische Leuchtkraft beträgt 1/1 800 der Sonnenleuchtkraft. Daraus folgt ein Radius von nur 0,07 Sonnenradien. Gehen wir noch weiter hinunter bis fast ans Ende der Hauptreihe, so stoßen wir auf den Stern LHS2924, der nur eine Temperatur von 2 600 Kelvin und 1/36 000 der bolometrischen Leuchtkraft der Sonne besitzt. Sein Radius ist nochmal um

3. DIE ENTDECKUNG DER WIRKLICHKEIT

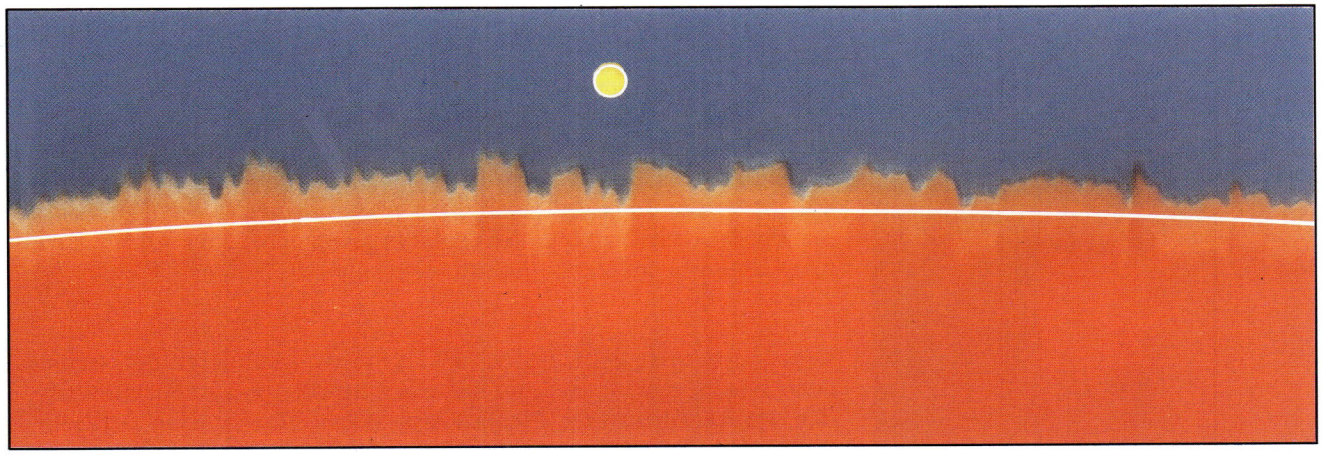

den Faktor 2,5 kleiner als der von Proxima Centauri – das heißt, er ist nur dreimal größer als die Erde. Wäre Proxima Centauri nur so weit von uns entfernt wie die Sonne, könnte man ihn gerade noch als Scheibchen erkennen; LHS2924 würde dagegen in diesem Abstand nur als heller Stern erscheinen.

Nun zu etwas noch Seltsamerem. Am unteren Rand von Russells Originaldiagramm befindet sich ein einsamer weißer Stern mit Namen 40 Eridani B. Er ist sowohl heiß als auch schwach und muß daher das genaue Gegenteil der Riesen, also sehr klein sein. Es ist der erste Weiße Zwerg, den man fand – ein Stern von etwa der Größe

3.26 Die Sonne im Vergleich zu μCephei, der in diesem Maßstab etwa acht Meter Durchmesser haben würde.

3.27 Die leuchtkräftigsten Sterne des Spektraltyps A, die Überriesen (HR1040, oben), haben sehr viel schmalere Wasserstofflinien als die Zwergsterne (ϑVir, unten) – eine Folge ihrer Ausdehnung und Dichte.

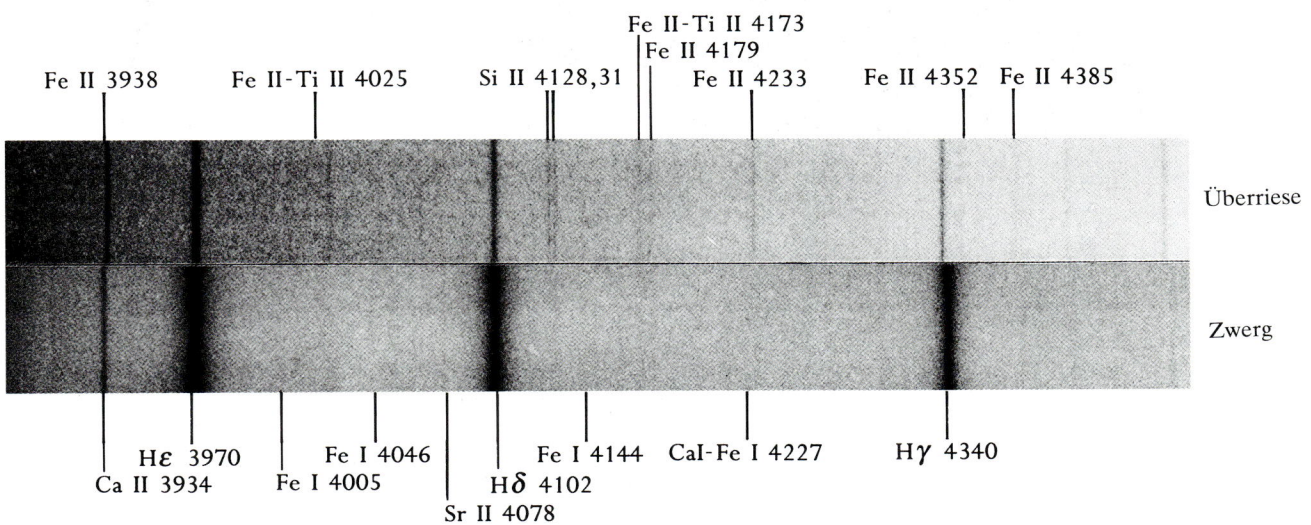

STERNE

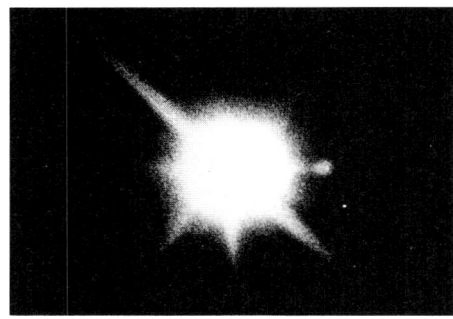

3.28 Sirius, der Stern mit der größten scheinbaren Helligkeit, hat einen um zehn Größenklassen schwächeren Weißen Zwerg als Begleiter.

der Erde. Schaut man sich den strahlend hellen Sirius (−1,5. Größe) am nördlichen Winterhimmel etwas genauer an, so findet man einen weiteren Weißen Zwerg. Sirius besitzt nämlich einen schwachen Begleiter namens Sirius B, der zehn Größenklassen schwächer und etwa 2,5mal so heiß ist wie Sirius und nur dreiviertel so groß wie die Erde. Mit der Entdeckung weiterer Weißer Zwerge stellte man fest, daß sie sich am unteren Rand des Diagramms bis in den Bereich der blauen, ja sogar der roten Sterne erstrecken. Trotz der verschiedenen Farben behielten sie jedoch weiterhin den Namen „Weiße Zwerge".

Diese verschiedenen Kategorien von Sternen definieren unterschiedliche Leuchtkraftklassen, die mit römischen Ziffern bezeichnet werden. Hauptreihensterne bilden Klasse V, die Riesen Klasse III und die Überriesen Klasse I (die nach der Helligkeit noch in Ia und Ib unterteilt ist). Zwischen den Überriesen und den Riesen liegen die hellen Riesen, Klasse II, und zwischen den Riesen und den Zwergen die Unterriesen, Klasse IV. Links neben der unteren Hauptreihe befindet sich noch eine Gruppe merkwürdiger Sterne, die Unterzwerge. Sie stellen die metallarmen Versionen normaler Zwerge dar, die durch ihren Mangel an Metallen ein wenig blauer erscheinen als normal. Die Weißen Zwerge werden einfach mit D bezeichnet. Man beachte, daß ein Zwerg der oberen Hauptreihe genauso hell sein kann

Tabelle 3.3: Die Leuchtkraftklassen

Klasse	Sterntyp	Beispiele
0	extrem leuchtkräftige Überriesen; Hyperriesen	ρCas[1]; S Dor
Ia	leuchtkräftige Überriesen	Beteigeuze, Deneb
Ib	weniger leuchtkräftige Überriesen	Antares, Canopus
II	helle Riesen	Polaris, θLyrae
III	Riesen	Aldebaran, Arktur, Capella
IV	Unterriesen	Procyon
V	Hauptreihensterne (Zwerge)	Sonne, αCen, Sirius, Wega, 61 Cyg
sd	Unterzwerge	...[2]
D	Weiße Zwerge	Sirius B, Procyon B, 40 Eri B

[1] 0–Ia
[2] alle sehr schwach

wie ein Überriese. Die Bezeichnungen und römischen Ziffern beziehen sich auf die allgemeinen Merkmale der *Klassen* und nicht auf die einzelnen Sterne. Dieses zweidimensionale Schema (Temperatur und Leuchtkraft) wurde von W. W. Morgan, P. C. Keenan und E. Kellman in den vierziger Jahren entwickelt und heißt MKK- oder MK-System. Die Sonne ist danach ein G2 V-Stern – und damit ist ihre Klassifikation endlich vollständig.

Hinaus in die Galaxis

Das HR-Diagramm ist ein sehr leistungsfähiges Hilfsmittel bei der Entfernungsbestimmung von Sternen. Wir können die Leuchtkraftklasse und folglich auch die absolute Helligkeit eines A-Sterns einfach aus der Breite seiner Spektrallinien ablesen. Nun brauchen wir nur noch seine scheinbare Helligkeit zu messen und können dann über den Entfernungsmodul seine Entfernung bestimmen. Wegen ihrer extremen Ausdehnung ist die Atmosphäre der Überriesen sehr viel weniger dicht als bei den Zwergsternen. Liegen die Atome eines Gases dicht beieinander, so stören sie sich gegenseitig. Dadurch werden die erlaubten Bahnradien der Elektronen etwas breiter und die Absorptionslinien unscharf. Als Folge davon besitzen die Zwergsterne breitere Spektrallinien als die Überriesen. Solche Identifikationskriterien gibt es für jede Spektralklasse. In der K-Klasse zum Beispiel zeigen die Riesen und Überriesen stärkere Cyan-Absorptionen (durch das CN-Molekül). Morgan, Keenan und Kellman haben all diese Standardkennzeichen hübsch für uns aufgelistet, so daß wir uns nur das Spektrum eines Sterns anzusehen brauchen, um seine ungefähre Leuchtkraftklasse und seine spektroskopische Entfernung bestimmen zu können. Nun sind wir in der Lage, die ganze Galaxis zu durchstreifen, ja sogar andere Galaxien zu erreichen – vorausgesetzt wir können Sternspektren beobachten. Alle in Anhang 3 angegebenen Entfernungen, die größer sind als etwa 60 Parsec, wurden auf diese Weise bestimmt.

Mit Hilfe der Parallaxen ist die Entfernungsbestimmung leider nur bis zu einer bestimmten Grenze möglich. Innerhalb der Reichweite dieser Methode gibt es aber weder leuchtstarke Überriesen noch O-Sterne und nur wenige B-Sterne und Riesen. Wie können wir also ein erstes Mal deren absolute Helligkeiten messen, damit wir das HR-Diagramm eichen können?

Hierzu nutzen wir die Tatsache, daß sich Sterne häufig in Sternhaufen gruppieren, die in großer Zahl überall im Weltraum zu finden

STERNE

3.29 Rechts oberhalb von Orion liegen die hellen B-Hauptreihensterne der Plejaden.

sind. Einige von ihnen gehören zu den beliebtesten Himmelsobjekten überhaupt, wie zum Beispiel die Plejaden (das Siebengestirn), die rechts oberhalb des Orion im Sternbild Taurus liegen, oder die Hyaden, die den Kopf des Taurus bilden und Aldebaran umschließen, oder das Schmuckkästchen (κCrucis) in der Nähe des Kreuz des Südens.

Der Hyaden-Haufen liegt so nah bei uns, daß wir nicht nur exakte Eigenbewegungen messen, sondern echt den Konvergenzpunkt der Eigenbewegungsvektoren bestimmen können. Dieser zeigt uns an, auf welchen Punkt im Raum sich der Sternhaufen zubewegt. Sobald wir den Winkel zwischen der heutigen Position des Haufens und einer beliebigen zukünftigen Position kennen, können wir aus der beobachteten Radialgeschwindigkeit seine Tangentialgeschwindigkeit berechnen. Aus der berechneten Tangentialgeschwindigkeit und der gemessenen mittleren Eigenbewegung der Haufenmitglieder ergibt sich eine Entfernung von 47 Parsec mit einer Genauigkeit von besser als acht Prozent. (Diese Entfernung stimmt mit den Parallaxen der Haufensterne überein.) Damit können wir ein HR-Diagramm für den Hyaden-Haufen aufzeichnen, bei dem die *absoluten* Helligkeiten

3.30 Wir sehen die Hyaden bei der Rektaszension α und der Deklination δ. Die Eigenbewegungsvektoren der einzelnen Sterne konvergieren in einem Raumpunkt mit den Koordinaten (A,D), die den Winkel zwischen der Sichtlinie und der Richtung definieren, in die sich die Sterne wirklich bewegen; dies ist auch der Winkel zwischen dem Vektor der Raumbewegung und dem Vektor der Radialgeschwindigkeit (siehe Diagramm rechts). Damit können wir die Raumgeschwindigkeit v_s und die Tangentialgeschwindigkeit v_t aus der Radialgeschwindigkeit v_r berechnen. Es ergibt sich eine Entfernung von 45 Parsec. Diese Methode der Entfernungsbestimmung heißt Sternstromparallaxe.

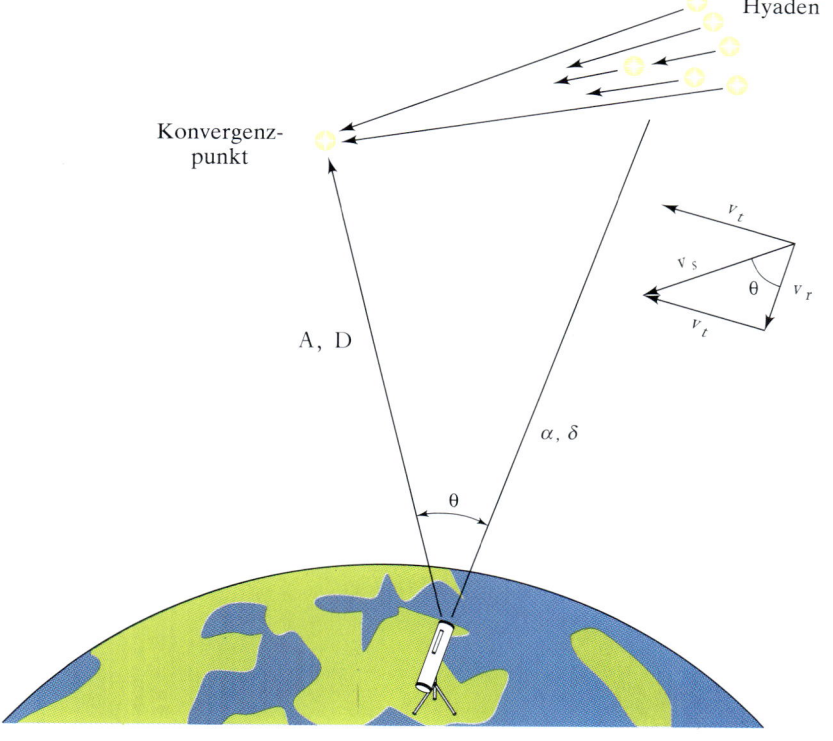

angegeben sind. Nun können wir noch Sterne hinzufügen, die nicht zum Haufen gehören, deren Parallaxen und damit Entfernungen aber bekannt sind. Auf diese Weise erhalten wir ein leistungsstarkes fundamentales Standard-HR-Diagramm.

Leider gibt es in den Hyaden keine wirklich hellen Sterne, keine Überriesen, auch keine hellen Riesensterne. Anders die Plejaden – sie enthalten eine ganze Schar heller B-Zwerge. Um ihre Entfernung zu bestimmen, zeichnen wir ihr HR-Diagramm mit den *scheinbaren* Helligkeiten auf statt der absoluten. Dann legen wir das HR-Diagramm der Plejaden über das der Hyaden, so daß die unteren Achsen übereinstimmen. Da die Helligkeiten logarithmisch sind, können wir das Plejadendiagramm senkrecht verschieben, bis die beiden Hauptreihen übereinander liegen. Nun können wir die Differenz $m-M$ ablesen und über den Entfernungsmodul die Entfernung der Plejaden berechnen. Mit 150 Parsec befinden sich die Plejaden heute innerhalb der Reichweite der Parallaxenmethode, so daß die Kombination dieser beiden Methoden zusammen mit der Entfernung der Hyaden eine ausgezeichnete Grundlage für ein Referenzsystem ergibt. In einem nächsten Schritt wählen wir nun Haufen aus, die O-Sterne und Überriesen enthalten, wenden die gleiche Methode an, und schon haben wir ein vollständiges, geeichtes HR-Diagramm.

Sobald wir Entfernungen messen können – und es gibt neben der auf Spektren beruhenden Methode noch weitere Möglichkeiten –, können wir auch untersuchen, wieviele Sterne es jeweils von den verschiedenen Sterntypen gibt. Gehen wir auf der Hauptreihe nach oben, so fällt die sogenannte Leuchtkraftfunktion (die Anzahl der Sterne pro Einheitsraumvolumen und pro Intervall der absoluten Helligkeit) dramatisch ab. Sinnvoller ist es, diesen Umstand hier in Spektralklassen auszudrücken. Über 70 Prozent der Hauptreihensterne gehören zu Klasse M und haben Massen unter einer halben Sonnenmasse. Nur neun Prozent sind G-Sterne wie die Sonne. Die leuchtkräftigsten Sterne sind auffallend selten: Nur 0,1 Prozent gehören der Klasse B an und – eine verblüffende Statistik – nur 0,00004 Prozent der Klasse O! Bei den Sternen außerhalb der Hauptreihe finden wir ähnliche Verhältnisse. Schwache Weiße Zwerge gibt es recht viele, während die Riesen im Vergleich zur Anzahl der Sterne

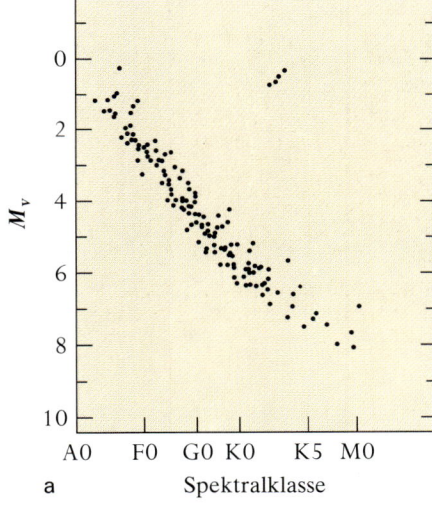

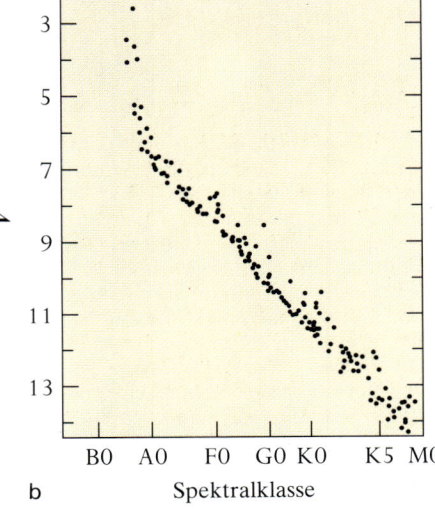

3.31 Die Entfernungen zu Sternhaufen kann durch die Anpassung ihrer Hauptreihen bestimmt werden. Das HR-Diagramm der Hyaden (a) mit absoluten Helligkeiten erhält man mit Hilfe der Sternstromparallaxe und meßbaren Parallaxen von Haufensternen. Dann zeichnet man das HR-Diagramm des Haufens, dessen Entfernung man bestimmen will – hier die Plejaden (b) –, mit scheinbaren Helligkeiten. Legt man beide Diagramme übereinander und verschiebt sie so, daß die Hauptreihen aufeinander liegen, kann man die Differenz $m-M$ ablesen und aus dem Entfernungsmodul die Entfernung bestimmen.

STERNE

auf der Hauptreihe selten und Überriesen ausgesprochen dünn gesät sind.

Doch diese Zählungen stimmen alle nicht mit dem überein, was wir mit bloßem Auge tatsächlich sehen. Uns erscheint der Himmel beherrscht von Riesensternen und Hauptreihensternen der Klassen B und A. Diese scheinbare Anomalie ist ein schönes Beispiel für beobachtungsbedingte Auswahleffekte, die ein schmerzliches Problem in der Astronomie darstellen. Die schwachen roten Zwergsterne sind überall; sie schwärmen um uns herum wie unsichtbare Glühwürmchen, doch mit bloßem Auge sind sie einfach nicht zu sehen. Die leuchtkräftigen hellen Sterne sind dagegen ziemlich selten, doch wir sehen sie auch noch in großen Entfernungen, so daß es uns so vorkommt, als ob hauptsächlich *sie* den Himmel bevölkerten.

Massen

Ob bei Menschen, Felsen oder Sternen – kein Unterscheidungsmerkmal ist so bedeutsam wie die Masse. Die Masse bestimmt fast alles beim Stern – seine Leuchtkraft, seine Oberflächentemperatur, seine Lebensdauer und die Art und Weise, wie er einmal sterben wird. Wie können wir aber die Massen von Körpern bestimmen, die wir nicht anfassen und wiegen können? Beginnen wir wieder mit der Erde. Man kann sie sicher nicht auf eine Waage legen. Doch wir brauchen auch nichts weiter zu tun, als einen Ball fallen zu lassen und seine Beschleunigung im Erdgravitationsfeld zu messen. Da $g = GM_{Erde}/R^2$ gilt und R und G bekannt sind, kann man sofort die Masse der Erde berechnen. Sie beträgt 6×10^{24} Kilogramm.

Das war einfach genug – doch wie wendet man dieses Verfahren bei der Sonne an? Nun, wir lassen eben wieder etwas fallen, und zwar diesmal die Erde selbst. Wir erinnern uns, daß ein Körper in einer Umlaufbahn nichts anderes ist als ein fallender Körper. Um die Sonnenmasse abzuleiten, verwenden wir das von Newton verallgemeinerte dritte Keplersche Gesetz, in das wir die Umlaufperiode der Erde und die große Halbachse ihrer Bahn einsetzen müssen. Das Ergebnis von 2×10^{30} Kilogramm ist die Summe aus Erd- und Sonnenmasse, wobei die Erdmasse aber vernachlässigbar ist.

Diese Formel ist so allgemein, daß wir sie überall anwenden können – auf die Jupitermonde (wobei wir feststellen, daß der Riesenplanet die 318fache Erdmasse besitzt) und auf Doppelsterne. Erinnern Sie sich an 61 Cygni, αCentauri oder Sirius mit seinem Begleiter? Dop-

3.32 αCentauri B, ein K1-Zwerg, umkreist αCen A (G2 V). Obwohl die Umlaufbahn eine Ellipse ist, liegt αCen A nicht in einem ihrer Brennpunkte. Diese scheinbare Verletzung des ersten Keplerschen Gesetzes beruht auf der Neigung der Bahn zur Sichtlinie. Aus der Lage von αCen A relativ zum Brennpunkt kann die wahre Bahn bestimmt werden, so daß wir aus dem dritten Keplerschen Gesetz in der Newtonschen Verallgemeinerung die Massensumme der beiden Sterne berechnen können. Tatsächlich laufen beide Sterne auf elliptischen Bahnen um einen gemeinsamen Schwerpunkt.

pelsterne sind keineswegs selten. Mindestens die Hälfte aller Sterne sind Mitglieder von Doppel-, Dreifach- oder Mehrfachsystemen noch höherer Ordnung. Ist ein Paar nicht allzu weit von uns entfernt, können wir die Bewegungen seiner Sterne beobachten und die Bahnen aufzeichnen. Das αCentauri-Paar vollendet in 81 Jahren einen Umlauf, das Sirius-Paar in 50 Jahren und andere in weit weniger Jahren. P ist leicht zu messen, und a kennen wir, wenn wir die Entfernung wissen. Damit können wir wieder die Summe der Massen berechnen.

Es ist einfacher, sich den massereicheren der beiden Körper im Brennpunkt der Umlaufbahn vorzustellen. In Wirklichkeit jedoch müssen sich die beiden Körper gegenseitig umkreisen, wobei ihr Schwerpunkt den gemeinsamen Brennpunkt ihrer Bahnen bildet. Die Lage des Schwerpunkts hängt vom Verhältnis der Massen ab. So kann man zum Beispiel vom Mond behaupten, daß er auf einer Bahn mit einer großen Halbachse von 384 000 Kilometern die Erde umkreist. Doch die anziehende Masse des Monds beträgt 1/81 der Erdmasse, so daß der Schwerpunkt bei 1/81 der Strecke vom Erdmittelpunkt zum Mondmittelpunkt liegt. Die große Halbachse der Erdbahn *im Erde-Mond-System* beträgt also 4600 Kilometer und die der Mondbahn 379 000 Kilometer. Gelingt es uns, durch sorgfältige Messungen den Schwerpunkt eines Doppelsternsystems zu bestimmen, so können wir das Massenverhältnis berechnen. Zusammen mit der Massensumme aus dem dritten Keplerschen Gesetz erhalten wir so die Einzelmassen.

Ein große Zahl von Doppelsternen ist nicht auflösbar, das heißt, sie stehen so eng beieinander, daß wir die einzelnen Komponenten nicht getrennt erkennen können. Wenn sie sehr nahe beieinander stehen, müssen sie sich sehr schnell bewegen, um ihre Bahnen aufrechtzuer-

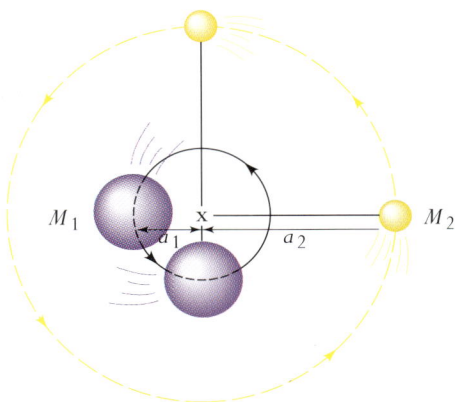

3.33 Ein A- und ein G-Zwerg umkreisen einander: $M_1/M_2 = a_2/a_1$.

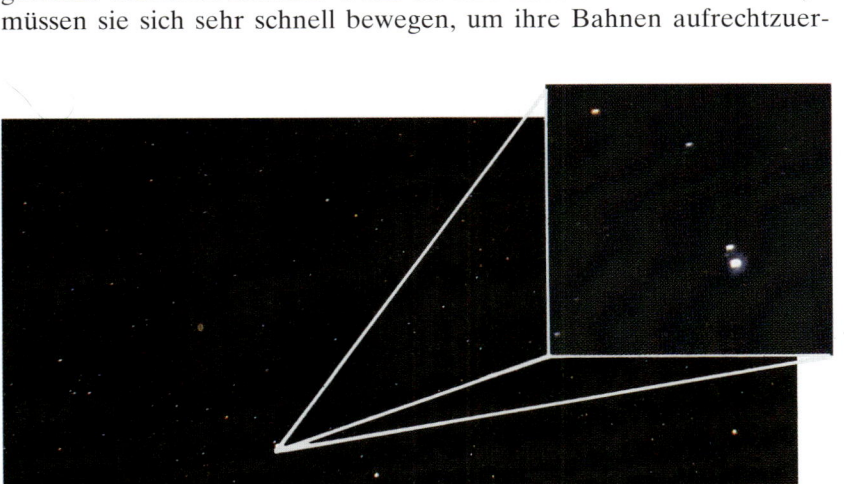

3.34 Der Große Wagen, aufgenommen durch den geöffneten Kuppelspalt des 2,3-m-Teleskops der University of Arizona auf Kitt Peak. Mizar, der zweite Deichselstern, hat einen mit bloßem Auge sichtbaren Begleiter namens Alcor. Die Ausschnittsvergrößerung zeigt, daß Mizar selbst auch wieder ein Doppelstern ist, bei dem beide Komponenten mit 14 Bogensekunden ziemlich weit auseinander stehen.

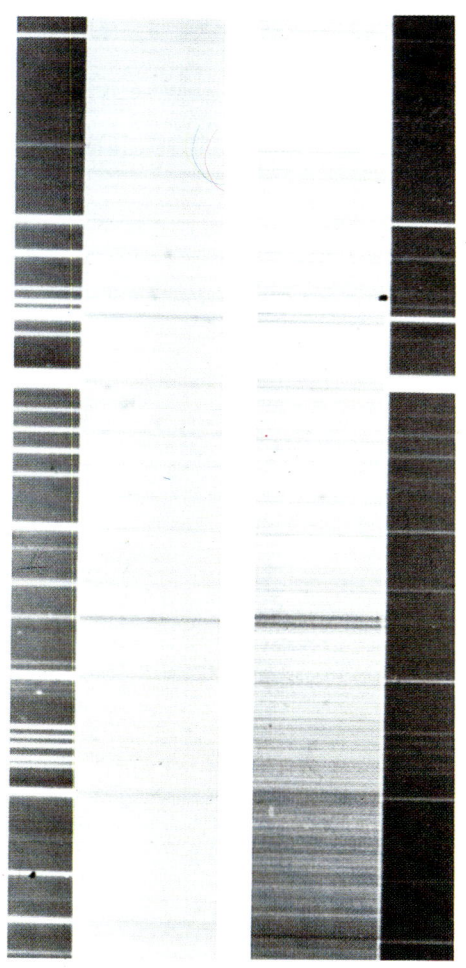

halten. Daher sind Veränderungen ihrer Radialgeschwindigkeiten beobachtbar. Weil wir aber beide Sterne nur als einen sehen, beobachten wir möglicherweise in seinem Spektrum zwei Liniengruppen, die sich aufgrund des Dopplereffekts hin und her verschieben, während sich die beiden Sterne umkreisen und dabei ihre Bewegungsrichtungen ändern. Wenn wir die Bahnebene genau von der Kante her sehen, stimmen die Radialgeschwindigkeiten mit den wahren Bahngeschwindigkeiten überein, die wiederum zusammen mit der Umlaufperiode die großen Halbachsen und die Massen ergeben. Leider ist uns die Orientierung der Bahnebenen meistens unbekannt; doch zumindest die *Massenverhältnisse* können wir bestimmen und so einige statistisch gültige Informationen erhalten.

Den wahren Genuß haben wir jedoch dann, wenn die Bahnebene in unserer Sichtlinie liegt. In diesem Falle können sich die beiden Sterne gegenseitig verdecken und recht eindrucksvolle Verfinsterungen hervorrufen: Plötzlich wird ein scheinbar einzelner Stern um eine oder sogar mehrere Größenklassen schwächer. Das Sternbild Perseus zeigt den himmlischen Helden, wie er ein Ungeheuer besiegt, indem er ihm das Gorgonenhaupt vorhält. Dieses wird durch den Stern βPersei dargestellt, der auch Algol (*al ghoul* – „Teufelsstern") heißt. Alle 2,9 Tage sinkt seine Helligkeit von der zweiten Größenklasse auf die dritte ab: Algol ist ein Doppelstern, bei dem ein kleiner, aber heller Stern regelmäßig durch einen riesigen Begleiter teilweise ver-

3.35 Zwei Spektren des helleren Sterns des Mizar-Systems zeigen, daß dieser seinerseits ein spektroskopischer Doppelstern ist. Links sind die Linien einfach, da sich zu diesem Zeitpunkt die beiden einander umkreisenden Sterne *quer* zur Sichtlinie bewegen. Rechts bewegen sie sich *in* Richtung der Sichtlinie, einer auf uns zu, einer von uns weg. Deshalb sind die Linien beider Sterne in entgegengesetzte Richtungen dopplerverschoben. Die andere Komponente des Mizarsystems ist *ebenfalls* ein spektroskopischer Doppelstern — insgesamt besteht Mizar also aus vier Sternen plus Alcor!

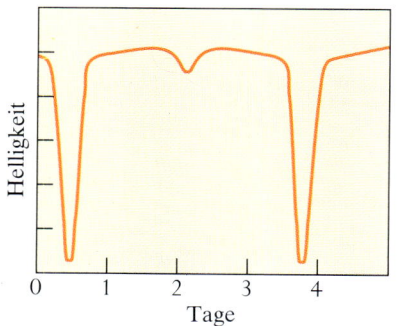

3.36 Die eine der beiden Komponenten des Doppelsterns U Sagittae ist groß, die andere klein und hell. Wenn die letztere hinter ihrem großen Begleiter verschwindet, erzeugt sie das primäre Helligkeitsminimum, das alle 3,3 Tage eintritt. Läuft der kleine Stern vor dem großen entlang, verdeckt er einen Teil von dessen Oberfläche, was zu einem sehr viel geringeren Sekundärminimum führt, das jeweils genau zwischen den Primärminima liegt. Die Form dieser Lichtkurve liefert Bahnparameter, die eine Bestimmung der Massen aus den Radialgeschwindigkeiten ermöglichen. Die Dauer des Primärminimums ergibt die Ausdehnung der großen Komponente und die Zeit, die der kleine Stern zum Eintritt in eine Finsternis braucht, *seinen* Durchmesser.

deckt wird. Es gibt eine Unmenge solcher Bedeckungsveränderlicher am Himmel, und sie stellen eine wahre Schatzkammer an Informationen dar. Da wir aus den Bedeckungen die Orientierung der Bahnebenen kennen, können wir aus den Dopplerverschiebungen die wahren Geschwindigkeiten und so die Größe der Bahnen und die Sternmassen bestimmen. Aus der Dauer der verschiedenen Bedeckungsphasen und den bekannten Bahngeschwindigkeiten ergibt sich auch eine weitere Möglichkeit, die Durchmesser der Sterne zu bestimmen. Einige Bedeckungen dauern nur wenige Stunden, so daß die Sterne klein sein müssen. Bei VV Cephei, der mit bloßem Auge gerade noch sichtbar ist, dauert die Verdunkelung länger als ein Jahr, was auf einen Begleiter hindeutet, der in seiner Ausdehnung mit dem Monster μCephei vergleichbar ist.

Nach all den Mühen, den Tausenden und Abertausenden von Messungen halten wir nun einen Hauptschlüssel zur stellaren Astrophysik in Händen, eine enge Beziehung zwischen Leuchtkraft und Masse für Hauptreihensterne. Die bolometrische Leuchtkraft steigt in etwa mit der 3,5ten Potenz der Masse an (wobei der Exponent in Wirklichkeit eine Funktion der Masse ist). Ein Stern wie Sirius mit der 2,3fachen Sonnenmasse ist etwa 20mal heller als die Sonne! Die Hauptreihe ist also in Wirklichkeit eine *Massen*reihe.

Die Sonne liegt in der Mitte des Massenbereichs. Die beobachteten Massen reichen von einem Minimum von etwa acht Prozent der Sonnenmasse (die kleinste Masse, die wirklich einen echten Stern bilden kann) bis zu einigen Dutzend Sonnenmassen. Das obere Ende des

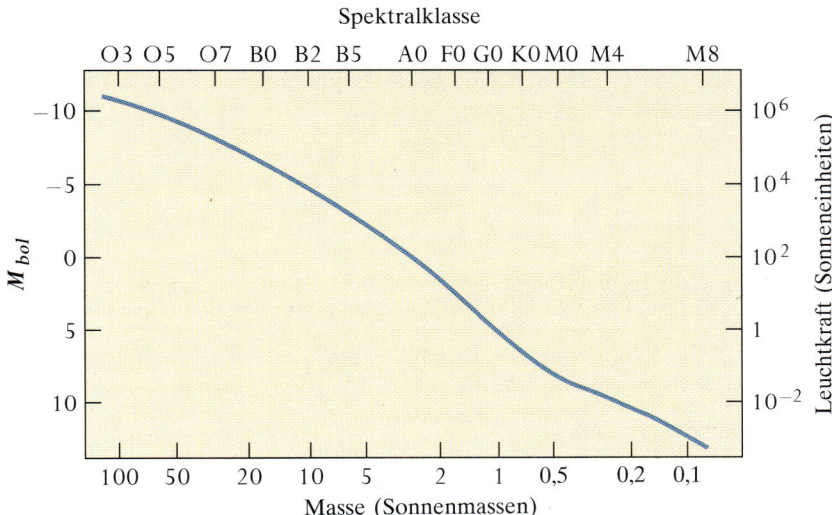

3.37 Wie die Beobachtungen von Doppelsternen zeigen, hängt bei Hauptreihensternen die Leuchtkraft (links auch als M_{bol} ausgedrückt) stark von der Masse ab. Im Mittel ist die Leuchtkraft proportional zur Masse hoch 3,5. Doch die Kurve ist nicht gerade, so daß der Exponent beträchtlich variiert. Die oben angegebenen Spektralklassen zeigen, wie die Masse längs der Hauptreihe variiert.

Massenbereichs ist sehr schwer zu bestimmen. Da diese Sterne so selten sind, sind sie der Statistik gemäß auch alle sehr weit entfernt, so daß man Doppelsternbahnen nicht ohne weiteres untersuchen kann. Doch wenn man mit ein wenig Hilfe von Seiten der Theorie die Masse-Leuchtkraft-Beziehung nach oben erweitert, so können am oberen Ende, in der Nähe der Hauptreihenspektralklasse O3, die Sterne schätzungsweise 120 Sonnenmassen erreichen. Ihre bolometrischen Helligkeiten liegen dann etwa bei −12, so daß sie auch über intergalaktische Entfernungen noch leicht erkennbar sind. Die bevorzugte Sorte sind jedoch Sterne mit geringen Massen. Sie sind praktisch überall. Von den extrem massereichen Sternen mit fast 120 Sonnenmassen gibt es dagegen in unserer gesamten Galaxis, die rund 200 Milliarden Sterne besitzt, vielleicht nur ein oder zwei. Die Natur *mag* einfach keine massereichen Sterne hervorbringen.

Die Riesen und die Überriesen zeigen ebenfalls so etwas wie eine Masse-Leuchtkraft-Beziehung, wenn auch nicht so klar definiert. Riesensterne besitzen Massen, die typisch sind für die mittlere Hauptreihe – etwa ein bis sechs Sonnenmassen. Überriesen haben einige Dutzend Sonnenmassen. Am erstaunlichsten sind aber wohl die Weißen Zwerge. Die Masse von Sirius B läßt sich leicht aus seinem 50jährigen Umlauf um Sirius A berechnen; und da die beiden Sterne nicht weit von uns entfernt sind, läßt sich ihr Schwerpunkt exakt festlegen. Obwohl der schwach leuchtende Weiße Zwerg kleiner ist als die Erde, ist seine *Masse etwa so groß wie die der Sonne.* (Dieser Stern ist besonders schwer; die meisten Weißen Zwerge haben etwa 0,6 Sonnenmassen). Um einen solchen Stern zu erzeugen, müßte die Sonne auf eine Kugel zusammenschrumpfen, die weniger als ein Millionstel ihres heutigen Volumens hat, so daß ihre Dichte um mehr als das Millionenfache ansteigen würde. Die mittlere Dichte der Sonne beträgt rund ein Gramm pro Kubikzentimeter, vergleichbar mit der Dichte von Wasser. Ein Kubikzentimeter aus dem Inneren von Sirius B würde dagegen eine Tonne wiegen, 100 000mal mehr als ein Kubikzentimeter Blei!

Veränderliche Sterne

Wie Menschen sind Sterne einzigartige Individuen – keine zwei sind völlig gleich. Doch für eine überwiegende Mehrheit gibt es so etwas wie mittlere Eigenschaften: Die G-Zwergsterne zum Beispiel haben zumindest zahlreiche übereinstimmende Hauptmerkmale. Doch es gibt – wie bei den Menschen – auch Sterne, die sich deutlicher von der Norm abheben, und hier und dort sogar ein paar wirklich ausgefallene Charaktere. Tief im Herzen des Sternbilds Cetus, des Seeungeheuers, das Andromeda bedroht, liegt ein Stern, der scheinbar ständig an- und ausgeht. Für einige Wochen pro Jahr ist Mira, oCeti, einer der hellsten Sterne seines Sternbilds. Doch anschließend ist er mit bloßem Auge nicht mehr zu sehen und hinterläßt ein leeres Stück Himmel. Dieser rote M-Riesenstern pulsiert mit einer Periode von 330 Tagen, wobei er seinen Durchmesser um etwa 50 Prozent und seine Helligkeit um etwa sieben Größenklassen – einen Faktor 600 in der visuellen Leuchtkraft – ändert.

3.38 Mira — lateinisch „die Wunderbare" — im Minimum (nahe zehnter Größe) und im Maximum (ungefähr dritte Größe). Ihre Helligkeitsschwankungen sind sogar mit bloßem Auge zu erkennen.

Das ist nicht der einzige Stern dieser Art. Man kennt Tausende dieser langperiodischen Mira-Veränderlichen, die alle Riesensterne der Klassen M, R, N oder S sind. Spektroskopische Untersuchungen an Mira zeigen ein ziemlich normales M-Klassen-Spektrum mit den üblichen TiO-Banden. Diesem sind jedoch helle Wasserstoffemissionslinien überlagert. Die Elektronen der Wasserstoffatome springen von höheren Bahnen auf niedrigere und strahlen Energie ab statt welche zu absorbieren. Die Wasserstoffatome werden durch Stoßwellen (gewaltige Überschallknalle) angeregt, die weiter innen im Stern durch die Pulsationen erzeugt werden. Sie sind ein Beweis für heftige Materiebewegungen, die zur Abstoßung von Gas führen. In der Tat verliert der Stern beträchtliche Mengen seiner Materie an den interstellaren Raum.

Gehen wir nun ein kleines Stück weiter bis in das Sternbild Cepheus, den Vater der Andromeda. In der südöstlichen Ecke befindet sich δCephei, ein Stern dritter Größe, der in Wirklichkeit ein sehr heller, aber weit entfernter gelb-weißer Überriese der Klasse F ist. Auch er pulsiert und ändert seine Helligkeit, doch nur um eine Größenklasse und mit einer Periode von 5,4 Tagen. Bemerkenswert da-

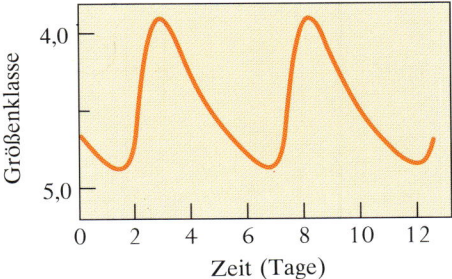

3.39 Die Lichtkurve von δCephei ist wie die aller Cepheiden bemerkenswert gleichmäßig. Die Helligkeitsschwankungen können leicht mit Amateurinstrumenten verfolgt werden. Aus der Periode der Pulsationen ergibt sich die absolute Helligkeit, aus der die Entfernung bestimmt werden kann.

bei ist die Regelmäßigkeit seiner Helligkeitsänderungen. Seine Lichtkurve, bei der die Helligkeit gegen die Zeit aufgetragen ist, wiederholt sich immer wieder Jahr für Jahr.

3.40 Die Kleine Magellansche Wolke, eine der kleinen Begleitgalaxien des Milchstraßensystems, liegt in 57 000 Parsec Entfernung im südlichen Sternbild Tucana. Sie ist nahe genug, um einzelne Sterne in ihr zu erkennen, einschließlich Cepheidenveränderlicher.

Man kennt Tausende dieser Cepheiden-Veränderlichen, die zu den wichtigsten Objekten der Astronomie gehören. 1912 führte Henrietta Leavitt vom Harvard College Observatory eine Untersuchung an Cepheiden in zwei Begleitgalaxien des Milchstraßensystems durch, der Großen und der Kleinen Magellanschen Wolke. Diese dienen schon seit langem als natürliche astrophysikalische Laboratorien. Denn da alle ihre Sterne etwa die gleiche Entfernung zu uns haben, können wir relative Sterneigenschaften vergleichen, ohne die absoluten Werte zu kennen. Mrs. Leavitt stellte fest, daß Cepheiden mit längeren Veränderlichkeitsperioden zunehmend niedrigere Größenklassen besitzen, also heller sind. Diese Perioden-Leuchtkraft-Beziehung kann mit Sternen unserer eigenen Galaxis geeicht werden, deren Entfernungen bekannt sind, oder aber einfach über die Entfernungen der beiden Magellanschen Wolken (etwa 52 000 Parsec bei der Großen Wolke und 57 000 Parsec bei der Kleinen), die durch die Beobachtung anderer Sternarten bekannter Leuchtkraft bestimmt werden können. Das Ergebnis ist eine leistungsfähige Methode zur Entfernungsbestimmung. Wir brauchen nur die scheinbaren Helligkeiten m und die Perioden von Cepheiden zu messen (um daraus M abzuleiten) und können dann aus dem Entfernungsmodul die Entfernung berechnen.

Die Cepheiden befinden sich am oberen Ende (bei hohen Leuchtkräften) eines breiten Instabilitätsstreifens, der sich von oben nach unten mitten durch das HR-Diagramm zieht. Die Sterne innerhalb dieses Streifens sind instabil bezüglich Pulsationen; sie expandieren und kontrahieren, was eine gleichzeitige Änderung ihrer Helligkeit bewirkt. Auf der Hauptreihe unterdrückt die große interne Stabilität von Hauptreihensternen mögliche Pulsationen im Instabilitätsstreifen, obwohl wir bei entsprechend großer Sorgfalt beobachten können, daß auch hier die Sterne noch zu pulsieren versuchen. Wo der Streifen den Bereich der Weißen Zwerge schneidet, sehen wir die seltsamen ZZ Ceti-Sterne. Diese winzigen Objekte vibrieren mit mehrfachen Perioden von wenigen Minuten vor sich hin. Ein Cepheide pulsiert radial wie ein Ballon, den man abwechselnd aufbläst und wieder erschlaffen läßt. Die ZZ Ceti-Sterne dagegen pulsieren *nicht*radial, wobei einige Teile des Sterns expandieren, während andere kontrahieren. Wir können diese bizarren Vorgänge nicht direkt beobachten, doch anders lassen sich die Lichtkurven nicht erklären.

Dynamik und Verteilung

Ein Blick draußen auf die Milchstraße zeigt einem sehr schnell, wo sich die meisten Sterne befinden. Doch unser Milchstraßensystem ist sehr viel komplexer als die einfache Scheibe, die wir bereits erwähnt haben. Jetzt, da wir die überaus wichtigen Entfernungen kennen, können wir die Galaxis analysieren und feststellen, wo die verschiedenen Sternarten angesiedelt sind und wie sie sich bewegen.

Im Jahre 1944 untersuchte Walter Baade, Astronom am Mount Wilson Observatory, die herrliche Andromeda-Galaxie M31 mit dem 2,54-m-Spiegelteleskop, dem damals größten Spiegelteleskop der Welt. Schon zu jener Zeit hatten die Lichter von Los Angeles die einst hervorragenden Sichtbedingungen zum größten Teil zunichte gemacht. Doch während des Zweiten Weltkriegs war die Stadt aus Sicherheitsgründen zeitweise verdunkelt, wodurch wieder beste Beobachtungsbedingungen herrschten. Baade photographierte das anmutige Spiralsystem durch rote und blaue Filter und stellte zu seiner Überraschung fest, daß Sterne unterschiedlicher Farbe unterschiedlich verteilt waren. Die hellen blauen Sterne waren über die gesamte Scheibe und ihre Spiralarme verstreut, während die roten in der dikken Zentralregion funkelten. Diese Zentralregion ist auf Photographien anderer Galaxien als starke Verdickung der Scheibe zu erkennen, die wie eine riesige, in etwa kugelförmige Blase aussieht. Unterschiedliche Sternarten sind also unterschiedlich verteilt. Um sie zu unterscheiden, nannte Baade die blauen Scheibensterne Population I und die roten in der verdickten Zentralregion Population II.

3.41 Die Galaxie M83 zeigt in ihrer Scheibe und den Spiralarmen eine bläuliche Population I, während die aus Population-II-Sternen bestehende zentrale Verdickung einen rötlichen Schimmer hat. In die Scheibe eingestreut liegen zahlreiche rötliche Gaswolken, die von heißen, blauen Sternen ionisiert werden.

Schon lange war uns ein ähnlicher Effekt in unserer eigenen Galaxis bekannt. Die heißen, blauen O- und B-Sterne sind ganz strikt auf die Scheibe unseres Milchstraßensystems begrenzt – auf den Gouldschen Gürtel, der nach dem amerikanischen Astronom B. A. Gould (1824–1896) benannt ist. Innerhalb der Scheibe wiederum bilden sie bevorzugt sogenannte OB-Assoziationen, die hauptsächlich in den Spiralarmen zu finden sind. Im Sternbild Orion und auch in Scorpius kann man solche Gruppierungen erkennen, in denen praktisch alle Sterne blau sind. Obwohl die roten Überriesen sehr viel seltener sind als die B-Zwergsterne, liegen sie ebenfalls in der galaktischen Ebene, manchmal sogar innerhalb von OB-Assoziationen, was deutlich auf einen Zusammenhang zwischen diesen beiden scheinbar grundverschiedenen Sternarten hinweist. Da wir die Entfernungen kennen, können wir uns ein genaues Bild von der dreidimensionalen Verteilung der Sterne machen. Dabei stellen wir etwas sehr erstaunliches fest: Die O- und B-Sterne der Hauptreihe und die Überriesen liegen hauptsächlich in einer Schicht innerhalb der Scheibe, die nur etwa 120 Parsec dick ist aber einen Durchmesser von mehr als *30 000 Parsec* besitzt.

Nun wollen wir die Verteilung der sonst noch im HR-Diagramm vorhandenen Sterne betrachten. Andere Sternklassen umfassen dickere Schichten der Scheibe. Die G-Sterne – wie die Sonne – und die K- und M-Zwergsterne verteilen sich über eine Dicke von rund 700 Parsec. Die M-Riesen bilden eine 2 000 Parsec dicke Scheibenschicht und erstrecken sich noch darüber hinaus weit in einen großen sphärischen Halo, der die galaktische Ebene vollständig umgibt. Im Zentrum verdichtet er sich und bildet eine Verdickung, die folglich eine rötliche Farbe besitzt. Unser eigenes Sternsystem und unsere eigenen Populationen I und II sind sozusagen ein Spiegelbild von M31. Aufgrund ihrer galaktischen Verteilung wird auch klar, daß die Überriesen nicht einfach nur die leuchtkräftige Fortsetzung der Riesen sind, sondern eine grundsätzlich andere Art von Sternen darstellen.

Die gleichen Effekte zeigen sich auch, wenn wir nur die Geschwindigkeiten betrachten, die wir so mühsam aus Messungen der Radialgeschwindigkeiten und Eigenbewegungen abgeleitet haben. Die O- und B-Zwergsterne und die Überriesen haben geringe Geschwindigkeiten relativ zur Erde. Zusammen mit zahllosen Zwergen, einschließlich der Sonne, umkreisen sie alle auf ungefähr kreisförmigen Bahnen das galaktische Zentrum. Die Geschwindigkeiten betragen dabei einige hundert Kilometer pro Sekunde, wobei die Streuung mit nur etwa 15 Kilometern pro Sekunde recht gering ist. Darüber hinaus ist ihre Geschwindigkeitskomponente senkrecht zur galaktischen Ebene sehr klein – sie beträgt nur etwa sechs Kilometer pro Sekunde.

Dies steht in Einklang mit ihrer Begrenzung auf eine dünne Schicht innerhalb der Milchstraßenscheibe. Doch im unteren Bereich der Hauptreihe und im Bereich der Riesen sind die Geschwindigkeitsdispersionen und die senkrechten Geschwindigkeitskomponenten etwa dreimal so groß, so daß sich diese zahlreichen, kühlen, rötlichen Sterne weit von der Milchstraßenebene entfernen und bis in den Halo hinein gelangen können.

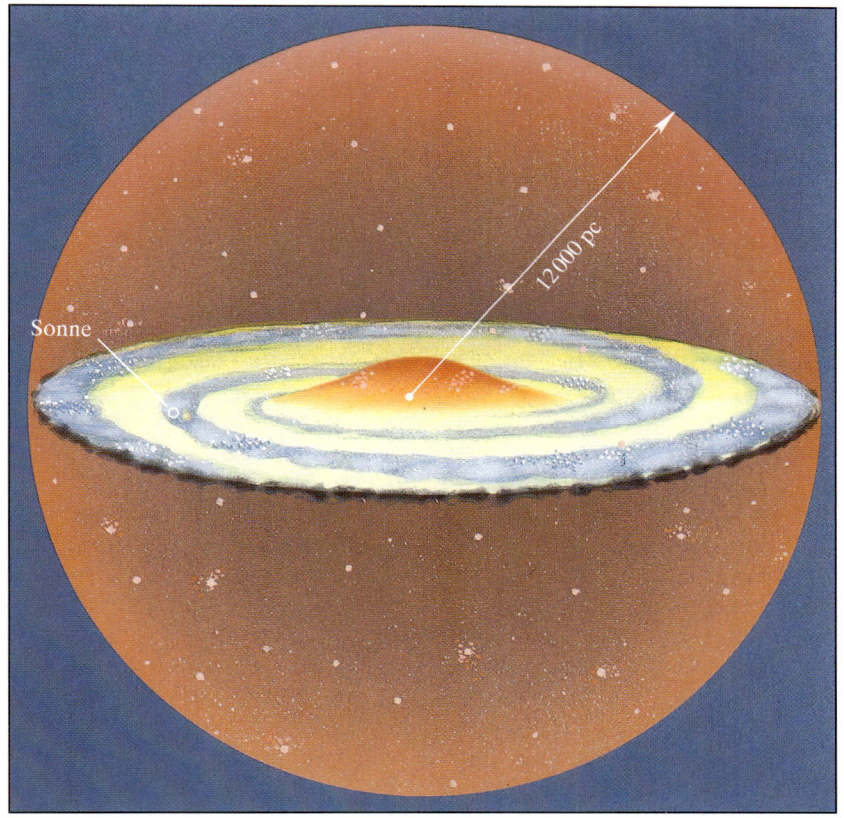

3.42 Diese schematische Darstellung unserer Galaxis zeigt eine dünne Scheibe aus hellen, blauen Sternen (plus einige rote Überriesen), die sich deutlich in Assoziationen gruppieren. Die weißen und gelben Sterne bilden eine breitere Scheibe, während sich die roten Riesensterne bis in einen gewaltigen Halo erstrecken, der im Zentrum der Scheibe eine Verdickung bildet. Innerhalb der Scheibe befinden sich Tausende kleiner offener Sternhaufen. Der Halo dagegen wird von riesigen, reichen Kugelhaufen beherrscht.

Die Population I-Scheibe bietet eine wundervolle Vielfalt an Erscheinungen. Wir beobachten nicht nur die lockeren OB-Assoziationen, sondern Tausende von sehr viel enger gebundenen „offenen" Sternhaufen (die manchmal auch galaktische Sternhaufen genannt werden), wie zum Beispiel die Plejaden und die Hyaden. Mit einem kleinen Teleskop oder auch nur mit dem Fernglas erkennen wir, daß die Milchstraße voll ist davon. Sie liegen verstreut zwischen Emissionsnebeln – großen Gaswolken, die durch die heißen O- und B-Sterne zum Leuchten angeregt werden.

STERNE

3.43 a) Der Lagunen-Nebel M8 liegt im Zentrum des Sternbilds Sagittarius. Tausende dieser Gaswolken mit einigen Dutzend Parsec Durchmesser bevölkern die galaktische Scheibe. b) ΩCentauri, der größte aller Kugelhaufen, besteht aus einer Million Sternen, die sich in einem Volumen von einem halben Grad Winkelausdehnung drängen.

Wenn wir unseren Blick auf die verdickte Zentralregion der Galaxis lenken, die in Richtung der Sternbilder Sagittarius, Ophiuchus und Scorpius liegt, und in den galaktischen Halo – also in die von Population II beherrschten Gebiete –, betritt eine andere Art von Objekten die Bühne: die Kugelhaufen. Diese prächtigen Sternansammlungen können bis zu einer halben Million Sterne enthalten, die in ein Volumen von nur etwa zwei Dutzend Parsec Durchmesser gepfercht sind. Sie sind relativ selten – man kennt nur etwa 150 in unserer gesamten Galaxis – und allgemein recht weit entfernt. Doch drei von ihnen, einer im nördlichen Teil von Hercules (M13) und zwei am Südhimmel (ωCentauri und 47 Tucanae), sind so hell, daß sie selbst mit bloßem Auge zu erkennen sind. Im Teleskop bietet ωCen einen außergewöhnlich schönen Anblick. Im Zentrum des Haufens sind Unmengen von Sternen so dicht gepackt, daß sie unmöglich zu trennen sind. Mehr als die Hälfte der Kugelhaufen liegt innerhalb von 60 Grad um das galaktische Zentrum im Sternbild Sagittarius. Die anderen erstrecken sich bis zu erstaunlichen 50 000 Parsec nach außen.

Die größte Überraschung bieten jedoch die HR-Diagramme der Kugelhaufen, die sich sehr von denen offener Haufen oder allgemeiner Feldsterne in der Scheibe unterscheiden. Der Großteil der Hauptreihe fehlt. Statt dessen ist ein deutlicher horizontaler Ast vorhanden, den wir vorher noch nie gesehen haben. Er liegt etwa bei einer absoluten Helligkeit von Null und verläuft vom Riesen-Ast nach links zu den heißeren Sternen, in vielen Fällen bis hin zur Spektralklasse B. Sämtliche Kugelhaufen zeigen einen horizontalen Ast unterschiedlicher Ausprägung, aber kein einziger der offenen Haufen. Die beiden Haufentypen sind vollkommen verschieden; es gibt keine Überschneidung. Einige der offenen Haufen sind zwar so sternreich, daß sie auf den ersten Blick für einen spärlichen Kugelhaufen gehalten werden könnten, doch ihre HR-Diagramme würden sie sehr schnell als Hochstapler entlarven. Auch spektroskopisch unterscheiden sie sich. Ein Großteil der Kugelhaufen (wenn auch nicht alle) ist ziemlich metallarm, was sie mit den Unterzwergen in Verbindung bringt. Die Hauptreihensterne der metallarmen Kugelhaufen *sind* Unterzwerge.

Dort wo der Instabilitätsstreifen auf den horizontalen Ast trifft, liegt eine Art metallarmer Cepheiden, die RR Lyrae-Sterne. Diese ändern ihre Helligkeit in weniger als einem Tag um bis zu einer Größenklasse. Die Lücke im horizontalen Ast des Kugelhaufens M5 zeigt den Bereich an, in dem diese pulsierenden Sterne liegen. M5 besitzt etwa 100 davon, während andere Kugelhaufen keine enthalten. Alle RR Lyrae-Sterne haben etwa dieselbe absolute Helligkeit und sind daher ebenfalls ausgezeichnete Entfernungsindikatoren.

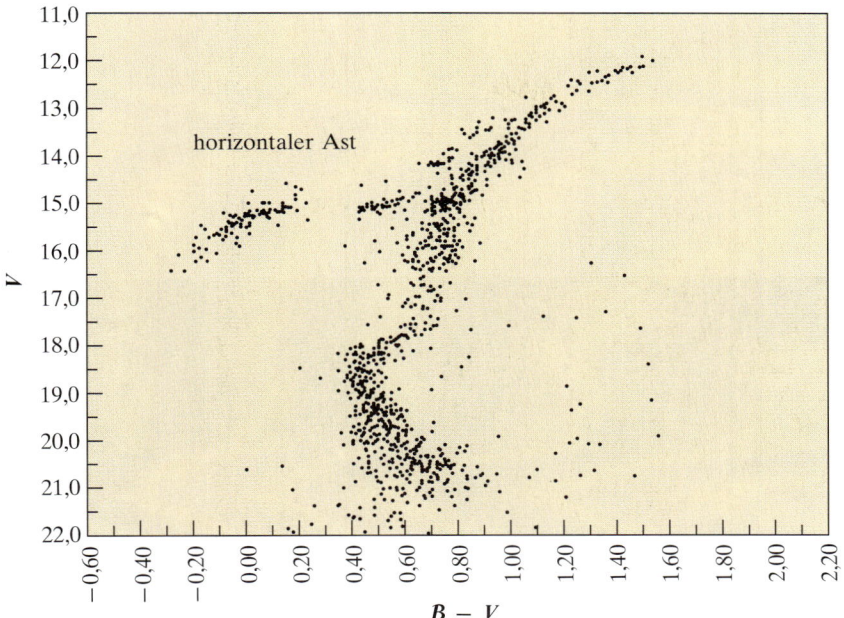

3.44 In diesem HR-Diagramm des Kugelhaufens M5 ist der Farbenindex anstelle der Spektralklassen angegeben. Es unterscheidet sich erheblich von HR-Diagrammen offener Haufen. Die Hauptreihe reicht nicht sehr weit nach oben, sondern hört bei einem Farbenindex von etwa 0,5 auf, der bei diesen Population-II-Sternen etwa der Spektralklasse G entspricht. Doch am wichtigsten ist das Vorhandensein eines gut ausgeprägten horizontalen Asts, der vom Riesen-Ast abzweigt und in diesem Falle bis zu negativen Farbenindizes nahe Klasse B reicht.

Diese Unterschiede gelten für die gesamten Sternkollektionen der Populationen I und II. Population II besitzt ganz allgemein einen niedrigeren Metallgehalt, und ihr HR-Diagramm zeigt einen horizontalen Ast. Zu ihr gehören auch die RR Lyrae-Sterne und eine Art von Cepheiden (mit einer eigenen Perioden-Leuchtkraft-Beziehung), die W Virginis-Sterne genannt werden. Die untere Hauptreihe der Population II besteht aus Unterzwergen, während die obere Hauptreihe fehlt. Population I hat keinen horizontalen Ast; sie enthält statt dessen die hellen, massereichen Sterne. Der Grund für diese Unterschiede sind Alter und Entwicklung – nicht nur der Sterne, sondern der Galaxis selbst. Und das sind auch die Themen, die wir als nächstes erforschen wollen.

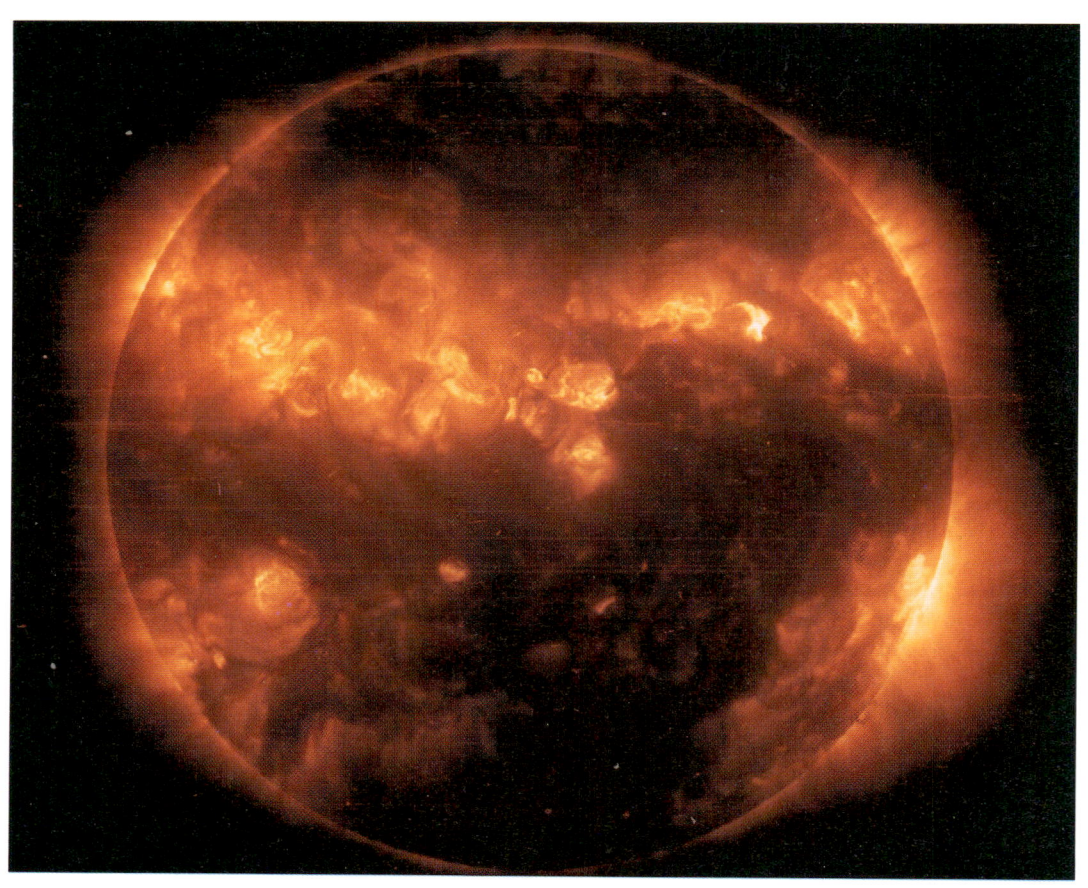

4.1 Die Sonnenkorona im Röntgenlicht mit ihren zahllosen Löchern und Schleifen.

Der Bau eines Sterns

Wie Sterne innen und außen funktionieren sowie Sterne als nukleare Öfen

4

Brodelnd, schäumend, dröhnend und voller Energien wandert die strahlend gelbe Sonne jeden Tag über unseren Himmel und wird dabei kaum wahrgenommen: Wir gehen einfach davon aus, daß sie da ist, unseren Tag erhellt, unsere Gärten erwärmt. Wir ahnen nichts von dem Toben, das da innen und außen stattfindet, merken nichts von dem mächtigen nuklearen Ofen, demgegenüber sämtliche Energievorräte der Erde verschwindend klein erscheinen, spüren nichts von den flammenden Gasen, die aus ihrer Oberfläche hervorbrechen oder von den gewaltigen Explosionen, die enorme Mengen an Teilchen in Richtung unseres winzigen Planeten schleudern. Bisher haben wir die Sterne nur von außen gesehen – als farbige, wandernde Punkte am weiten Firmament. Nun dringen wir in ihr Inneres vor, analysieren sie und untersuchen ihre Beschaffenheit. Dabei fangen wir mit dem typischsten aller Sterne an – mit dem, der zu uns gehört.

Hier zunächst ein Überblick über die charakteristischen Größen der Sonne, die recht beeindruckend sind: Ihr Durchmesser beträgt $1{,}39 \times 10^6$ Kilometer – das 108fache des Erddurchmessers; sie besitzt eine Masse von $2{,}00 \times 10^{30}$ Kilogramm – soviel wie 332 800 Erden und 745mal mehr als die Massen aller Planeten zusammen; ihre Oberflächentemperatur beträgt 5 780 Kelvin und ihre Leuchtkraft $3{,}83 \times 10^{26}$ Watt, was einer absoluten visuellen Helligkeit von 4,83 entspricht – damit ist sie hell genug, um aus 20 Parsec Entfernung noch mit bloßem Auge gesehen zu werden.

Doch ihre erstaunlichste Eigenschaft ist wohl ihre Dauerhaftigkeit. Betrachten wir zunächst einmal das Alter der Planeten, das mit Hilfe von Gesteinsproben relativ einfach zu bestimmen ist. Die meisten Atome besitzen nämlich instabile Isotope, die unter Aussendung von Strahlung in leichtere Atome zerfallen und daher radioaktiv genannt werden. Jenseits von Wismut (Ordnungszahl 83) im periodischen System der chemischen Elemente sind alle Isotope radioaktiv – einige, wie zum Beispiel Radium, sogar gefährlich radioaktiv. Alle Gesteine enthalten einen gewissen Anteil an diesen radioaktiven Elementen, wie gering er auch immer sein mag. Betrachten wir den Kern des gewöhnlichen Uranisotops ^{238}U. Er wird schließlich einmal über zahlreiche Zwischenprodukte in ein Bleiatom (^{206}Pb) und mehrere Heliumatome zerfallen. Statistisch ist die Zerfallsrate konstant; sie ist durch die Halbwertszeit des Elements charakterisiert, die Zeit, in der in einer bestimmten Menge des Elements die Hälfte der Atome zerfallen ist: So reduziert sich ein Kilogramm ^{238}U in $4{,}5 \times 10^9$ Jahren auf ein halbes Kilogramm. Wenn sich geschmolzenes Gestein verfestigt, werden die zu diesem Zeitpunkt vorhandenen Häufigkeitsverhältnisse der Elemente und Isotope sozusagen eingefroren. Im Laufe der Zeit wird das Verhältnis von ^{206}Pb zu ^{238}U dann ständig größer, woraus man das Alter des Gesteins sicher ablesen kann, wenn man

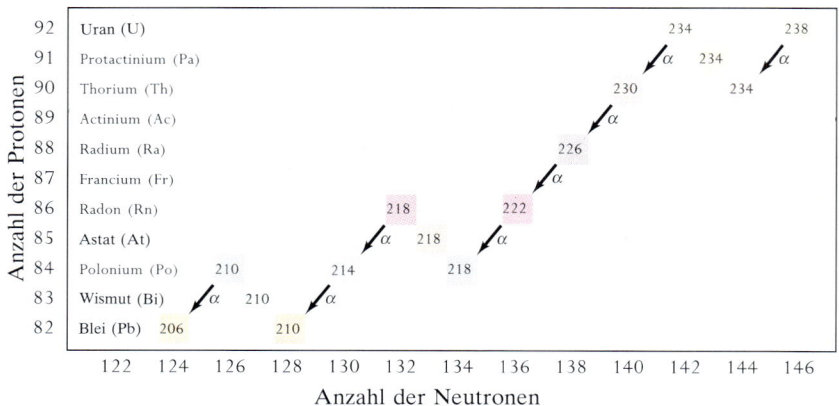

4.2 In diesem Diagramm sind die Ordnungszahlen schwerer Isotope gegen die Anzahl ihrer Neutronen aufgetragen. Es zeigt die Umwandlung des gewöhnlichen Uran-Isotops ^{238}U in Blei. Das ^{238}U stößt zunächst einen Heliumkern aus, der auch als α-Teilchen bezeichnet wird, und verwandelt sich in ^{234}Th (Thorium). Eines der Neutronen im Thorium-Isotop gibt ein negativ geladenes Elektron ab. Dadurch verwandelt sich das Neutron in ein Proton, die Ordnungszahl steigt um eins ohne Änderung der Atommasse, und das Atom wird zu ^{234}Pa (Protactinium). Da Elektronen ursprünglich β-Teilchen genannt wurden, heißt diese Reaktion β-Zerfall. Ein weiterer β-Zerfall verwandelt die Substanz in ^{234}U. Nach Ausstoß einer Reihe von α-Teilchen und mehreren β-Zerfällen endet die Reaktionskette bei Blei.

nur die Halbwertszeit kennt. Die ältesten Gesteine der Erde sind laut Messungen verschiedener Isotopen-Häufigkeitsverhältnisse etwa 3,8 Milliarden Jahre alt. Der Mond, der kleiner ist und sich schneller verfestigt hat, besitzt ein Alter von 4,3 Milliarden Jahren, und die Meteoriten – Gesteins- und Eisenbruchstücke kleiner Körper, die zwischen Mars und Jupiter die Sonne umkreisen – halten mit 4,5 Milliarden Jahren den Rekord. Der regelmäßige Aufbau des Sonnensystems, in dem die Planeten in der Äquatorebene der Sonne liegen und in der gleichen Richtung kreisen, in der die Sonne rotiert, deutet eindeutig darauf hin, daß das ganze System etwa zur gleichen Zeit entstanden ist. Somit ist die Sonne also auch etwa 4,5 Milliarden Jahre alt. Fossile Funde zeigen, daß das Leben auf der Erde vor rund 3,5 Milliarden Jahren entstand. Das bedeutet, daß sich die Sonne seitdem nicht erheblich verändert haben kann und *die ganze Zeit* mit einer Rate von etwa 10^{26} Watt gestrahlt hat. Ihre bisher abgestrahlte Energie würde ausreichen, unsere gesamte heutige Welt 10^{20} Jahre lang zu betreiben.

Was ist es, das der Sonne und den Sternen eine solche ehrfurchtgebietende Kraft verleiht? Wir wollen nun beginnen, ihr Inneres zu erforschen und fangen mit den Oberflächenschichten der Sonne an. Ihre Eigenschaften werden uns zusammen mit geeigneten Labordaten und Theorien verraten, wie das Innere funktioniert und welcher Art die Kraftquelle sein muß.

4.3 Die Sonne zeigt eine Fülle von Einzelheiten, wie zum Beispiel einen verdunkelten Rand, unzählige Sonnenflecken (von denen einige so groß sind wie die Erde), helle, als Fackeln bezeichnete Regionen und eine deutlich strukturierte, körnige Oberfläche, die auf aktive Konvektion hinweist.

Analyse der Sonne: Die Oberflächenschichten

Man sollte niemals versuchen, ohne geeignete Filter in die Sonne zu schauen; selbst ein kurzer Blick kann schon zum Erblinden führen. Manchmal kann man sie jedoch an einem nebligen Morgen rot über dem Horizont aufsteigen sehen. Dann absorbiert und streut unsere dicke, dunstige Atmosphäre die blendenden, schädlichen Strahlen. In einem solchen Moment sieht die Sonne wie ein fester Ball aus, mit einem rasiermesserscharfen Rand. Und dieser Eindruck wird beim Betrachten durch ein Teleskop noch verstärkt. Doch erstaunlicherweise ist die Sonne durch und durch gasförmig – die scheinbar harte Oberfläche ist ein Trugbild, hervorgerufen durch Gase mit extrem hoher Opazität. Die Strahlung, die wir als Sonnenlicht sehen, hat sich langsam Millimeter für Millimeter aus dem dichten Inneren der Sonne nach außen durchgearbeitet, indem sie immer wieder von den Atomen entlang des Wegs absorbiert und reemittiert wurde. Schließlich wird sie aus einer extrem undurchlässigen Grenzschicht entlassen, die Photosphäre – wörtlich „Lichtkugel" – heißt und nur einige hundert Kilometer dick ist. In der Entfernung der Sonne entspricht diese Dicke nur dem Bruchteil einer Bogensekunde und ist damit nicht aufzulösen. Alle Sterne haben Photosphären, auch wenn sie nicht alle so dünn sind wie bei der Sonne. Die Effektivtemperatur eines Sterns ist immer die Temperatur der Photosphäre, des Gebiets, aus dem das farbige, sichtbare Sternlicht stammt.

Das Spektrum liefert eindeutige Hinweise auf die Eigenschaften der Photosphäre, da die Absorptionslinien, die uns Auskunft über ihre chemische Zusammensetzung geben, nur in einem Gas mit relativ niedrigem Druck entstehen können. Doch selbst eine einfache Aufnahme im weißen Licht (ohne Filter) liefert schon einen Anhaltspunkt. Wir erinnern uns, daß die Sonne keine feste Scheibe, sondern eine Gaskugel ist. Wenn wir in Richtung ihres Rands schauen, läuft unser Sehstrahl unter einem Winkel schräg durch die dünneren, kühleren äußeren Schichten, die weniger Strahlung abgeben. Daher ist die scheinbare Sonnenscheibe nicht gleichmäßig hell erleuchtet, sondern wird zum Rand hin dunkler. Alle Sterne würden eine solche Verdunkelung zeigen, wenn man sie aus der Nähe betrachten könnte. Nun können wir die Gesetze des Schwarzen Körpers anwenden und berechnen, wie die Temperatur mit der Tiefe ansteigt. Diese Rate, die auch Temperaturgradient genannt wird und an der Oberfläche etwa drei Kelvin pro Kilometer beträgt, liefert Daten, die als Ausgangspunkt für ein mathematisches Sonnenmodell dienen. Ein solches Modell kann wiederum Grundlage für andere Sternmodelle sein, für die es derartig detaillierte Informationen im allgemeinen nicht gibt. Da das Sternlicht aus unterschiedlichen Gasschichten stammt, die alle verschiedene Temperaturen haben und jeweils durch darüberliegende Schichten verdeckt werden, in denen sich die Opazität mit der Wellenlänge ändert, können die Sterne als Ganzes in Wirklichkeit nicht wie Schwarze Körper strahlen – daher die künstlich erdachte „Effektivtemperatur".

In Wirklichkeit ist die Sonne ganz und gar nicht so, wie sie uns erscheint. Am Horizont sieht sie glatt und makellos aus, doch durch ein Teleskop erkennen wir eine deutliche Struktur – Millionen winzige helle Punkte von höchstens ein bis zwei Bogensekunden Durchmesser, die in eine dunklere Grundsubstanz eingebettet sind. Diese „Granulen" sind die Oberflächen riesiger Konvektionszellen, die einige hundert Kilometer breit und tief sind. Sie transportieren Wärme nach außen, indem in ihrem Inneren heiße, expandierende Gassäulen aufsteigen, ihre Energie durch Strahlung abgeben, sich abkühlen und wieder nach unten sinken. Zeitrafferaufnahmen zeigen einen brodelnden Hexenkessel; jede dieser hellen Zellen existiert nur für ein paar Minuten und wird dann durch eine andere ersetzt. Hochauf-

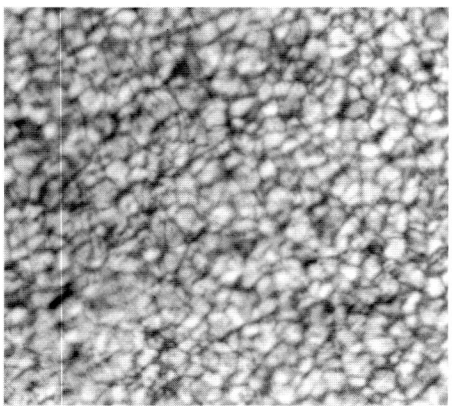

a

b

4.4 a) Die Sonnengranulation entsteht durch Konvektionsströme hoher Geschwindigkeit, die Sonnenenergie aus tieferen Schichten nach oben befördern. b) Eine im Zentrum der H_α-Linie aufgenommene Photographie der Sonne (ein Spektroheliogramm) zeigt nur die von der Chromosphäre ausgehende Strahlung sowie die enormen Turbulenzen und Millionen kleiner Spikulen, die in die Korona hineinreichen.

gelöste Spektren zeigen Absorptionslinien, die sich aufgrund der sich ständig ändernden Geschwindigkeiten dauernd um geringe Beträge verschieben. Diese Granulen gruppieren sich zu sehr viel größeren und tieferen Konvektionszellen, die man Supergranulen nennt. Darüber hinaus wallen ganze Granulengebiete in großräumigen Schwingungen auf und ab, so daß die gesamte Sonnenoberfläche wie eine Glocke mit vielen Obertönen klingt.

4.5 Während einer totalen Sonnenfinsternis wird über dem Mondrand die Sonnenchromosphäre sichtbar. Sie ist durch das Licht der H_α-Linie stark gerötet.

Mindestens zweimal im Jahr tritt der Mond auf seiner Bahn zwischen uns und die Sonne und wirft dabei seinen Schatten in Richtung Erde. Durch einen wundersamen Zufall sind die Winkeldurchmesser von Mond und Sonne fast gleich, so daß unter günstigen Umständen der Schatten gerade bis auf die Erdoberfläche reichen und in einer totalen Sonnenfinsternis das Licht der Photosphäre ausschalten kann. Sowie die blendende Sonnenscheibe hinter dem Mond verschwindet, sieht man um dessen Rand plötzlich einen schmalen, tiefroten Lichtring – die Chromosphäre oder „Farbkugel". Sie wiederum ist von einer wunderschönen weißen solaren „Krone" oder Korona umgeben, die sich viele Sonnenradien weit nach außen er-

4.6 Ein Sonnen-Spektrogramm hoher Dispersion, aufgenommen mit einem engen Spalt. Die senkrechten Streifen stammen von der Granulation. Da wir auf konvektives Gas blicken, wackeln aufgrund des Dopplereffekts die Spektrallinien hin und her. ▶

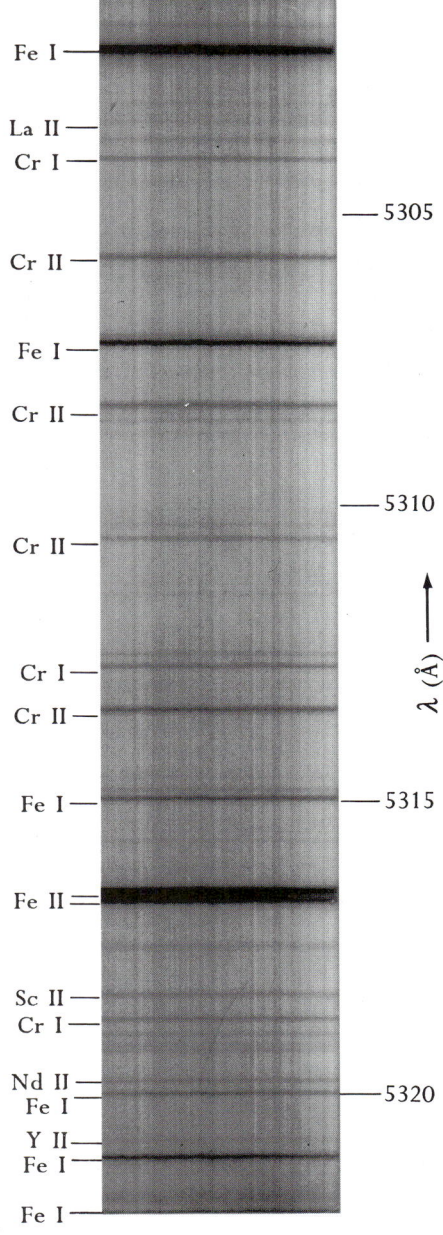

streckt. Keine dieser äußeren Sonnenschichten kann bei normalem Tageslicht ohne Spezialinstrumente beobachtet werden, da ihr schwaches Leuchten vom hellen, blauen Himmel völlig überstrahlt wird. Die Korona ist einmillionenmal schwächer als die Sonne selbst.

4.7 Das Schönste bei einer totalen Sonnenfinsternis ist der Anblick der Korona. Dieser ausgedehnte, dünne Gashalo, der die Sonne umgibt, erreicht die erstaunliche Temperatur von ein bis fünf Millionen Kelvin.

Korona und Chromosphäre verhalten sich nicht unseren Erwartungen gemäß. Die Randverdunkelung der Photosphäre zeigt, daß die Temperatur nach außen abnimmt. Dementsprechend sollte man meinen, daß die sehr rasch dünner werdenden Gase oberhalb der Photosphäre kühler werden, wenn wir die Sonnenoberfläche verlassen und uns der scheinbaren Kälte des Weltraums nähern. Eine Zeitlang stimmt das auch, da die Temperatur der oberen Photosphäre auf 4 200 Kelvin sinkt. Doch dann beginnt bemerkenswerterweise die Temperatur zu *steigen*; in der Chromosphäre bleibt sie fast über die ganze Dicke von 6 000 Kilometern konstant bei etwa 7 000 Kelvin. Noch weiter außen, wo die Chromosphäre in die Korona übergeht, schnellt die Temperatur auf einen außergewöhnlichen Wert von einer Million Grad und erreicht dann in der Korona einen Mittelwert von zwei Millionen, an einzelnen besonders heißen Stellen sogar fast fünf Millionen Grad.

Wir erinnern uns, daß der Strahlungsfluß proportional zur vierten Potenz der Temperatur ist. Warum werden wir dann hier auf der Erde nicht durch diese Strahlung verbrannt? Um wie ein Schwarzer

Körper zu strahlen, muß ein Gas dicht und undurchlässig für seine eigene Strahlung sein. Die Photosphäre ist so dick, daß Strahlung nur aus ihren obersten Schichten entweicht und sie wie eine feste Oberfläche aussieht. Korona und Chromosphäre haben dagegen eine geringe Dichte und sind transparent, so daß die Gesetze für Schwarze Körper hier nicht gelten. Es ist einfach nicht genug Gas vorhanden, um eine merkliche Leuchtkraft zu erzeugen. Die Temperatur der Korona bezieht sich nur auf die Energien und Geschwindigkeiten der Atome im Gas und heißt deshalb auch kinetische Temperatur.

Wegen ihrer geringen Dichten und niedrigen Opazitäten können weder die Chromosphäre noch die Korona Absorptionslinien erzeugen. Anstatt zu absorbieren, *emittieren* diese Schichten Strahlung, und wenn wir sie ohne die Photosphäre im Hintergrund beobachten, sehen wir die photosphärischen Absorptionen ersetzt durch helle Emissionslinien. Das Spektrum der Chromosphäre wird vom Wasserstoff beherrscht, insbesondere von H_α bei einer Wellenlänge von 6563 Å, der dieser Übergangszone ihre rote Farbe verleiht. Das Element Helium wurde in der Tat auf der Sonne aufgrund seiner chromosphärischen Emissionslinien entdeckt (die Photosphäre ist zu kühl, um Heliumabsorptionen zuzulassen) und hat auch daher seinen Namen – nach dem griechischen Wort *helios* für „Sonne". Die Korona ist so heiß, daß wir hier Emissionslinien finden, die von 13fach oder noch höher ionisiertem Eisen und anderen Metallen stammen. Noch bemerkenswerter ist, daß diese hohen Temperaturen auch reichlich Röntgenstrahlen erzeugen. Tatsächlich ist auf Aufnahmen, die von oberhalb der schützenden Erdatmosphäre aus im Röntgenbereich gemacht wurden, nichts von der Photosphäre zu sehen, wohl aber die gesamte Korona. Sie besitzt eine weit komplexere Struktur, als mit dem Auge während einer Finsternis erkennbar ist, mit weiten Schleifen, Spiralen und Löchern. Diese äußeren Schichten sind ganz offensichtlich von elektromagnetischen Erscheinungen geprägt. Die dünnen koronalen Gase sind in riesigen schleifenförmigen Magnetfeldern gefangen, die aus der Photosphäre aufsteigen, und werden durch die ständige Freisetzung magnetischer Energie aufgeheizt.

Trotz ihrer turbulenten Natur bezeichnet man alle diese Erscheinungen gemeinsam als „ruhige Sonne". Sie sind ruhig im Vergleich zu bestimmten, unregelmäßig auftretenden magnetischen Phänomenen, die der ruhigen Sonne überlagert sind und „aktive Sonne" genannt werden. Diese aktive Sonne müssen wir untersuchen, wenn wir Chromosphäre und Korona verstehen wollen.

Die Sonnenaktivität

Als Galilei 1610 zum erstenmal sein einfaches Teleskop auf die Sonne richtete, stellte er fest, daß ihre Oberfläche entgegen dem Dogma der damaligen Zeit nicht makellos rein war, sondern schwarze Flecken zeigte. Auf dem im weißen Licht aufgenommenen Photo (Abbildung 4.8) sind einige solche Flecken zu sehen. Sie sind von hellen Gebieten umgeben, die „Fackeln" genannt werden. Die Flecken treten fast immer paarweise auf und bilden ganze Gruppen. Die Größe der einzelnen Flecken reicht von gerade noch erkennbar bis zu gelegentlich auftretenden Monstern, die den mehrfachen Durchmesser der Erde haben und mit bloßem Auge sichtbar sind. Ein Fleck besteht aus einem tiefer liegenden, dunklen Zentrum, der Umbra, die von einem gräulichen Halo, der Penumbra, umgeben ist. Diese zieht sich bis in die helle Photosphäre hinauf und zeigt helle und dunkle radiale Linien. Die Umbra ist nicht wirklich schwarz, doch durch ihre Temperatur von etwa 4 500 Kelvin erscheint sie so im Vergleich zu ihrer hell strahlenden Umgebung. Ein einzelner Fleck oder eine Fleckengruppe hat je nach Größe eine Lebensdauer zwischen einigen Tagen und einigen Monaten. Die Flecken sind hervorragende Indikatoren der Sonnenrotation. Mit ihrer Hilfe können wir erkennen, daß die Sonne differentiell rotiert, wobei die Periode am Äquator etwa 25 Tage beträgt und zu den Polen hin auf fast 30 Tage ansteigt.

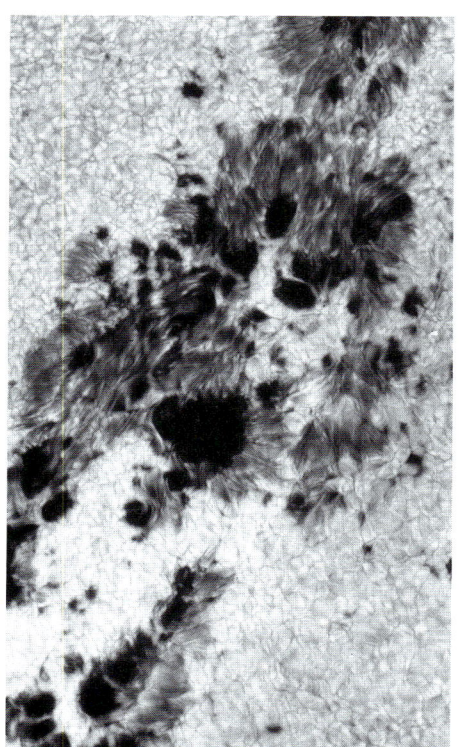

4.8 Diese vergrößerte Aufnahme einer Sonnenfleckengruppe zeigt dunkle Umbras, die mit Temperaturen von 4 500 Kelvin deutlich kühler sind als ihre Umgebung. Sie werden auf unbekannte Weise durch starke Magnetfeldlinienschleifen gekühlt, die tief aus dem Sonneninneren heraufreichen (die Feldstärken können bis zu 5 000mal stärker sein als bei der Erde). Die Penumbras zeigen Streifen, die radial vom Zentrum entlang magnetischer Kraftlinien nach außen weisen. Man kann direkt beobachten, wie Gas entlang dieser Linien von den Umbras weg in die Photosphäre strömt. Und überall ist konvektive Granulation.

Nach ihrer Entdeckung durch Galilei fanden die Flecken bis Anfang des 18. Jahrhunderts kaum weitere Beachtung. Erst 1851 bemerkte Heinrich Schwabe, daß sie zyklisch auftreten – mit einer Periode von elf Jahren, wie man heute weiß. Die Flecken eines neuen Sonnenzyklus tauchen weit entfernt vom Äquator bei etwa 50 Grad nördlicher und südlicher solarer Breite auf. Während ihre Zahl zunimmt, wandert ihre mittlere Position langsam zum Äquator. Im Maximum können über hundert Flecken gleichzeitig auftreten. Im Minimum schließlich sind nur noch wenige Flecken zu sehen, die dann etwa

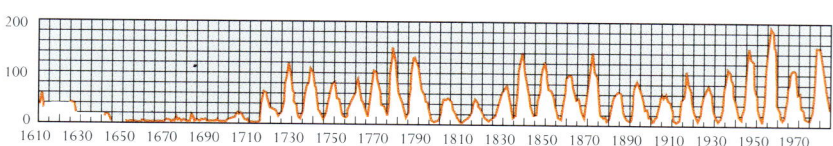

4.9 Der Sonnenfleckenzyklus ist ziemlich unregelmäßig. Die Periode kann zwischen zehn und zwölf Jahren schwanken; einige Zyklen zeigen eine sehr viel höhere Anzahl von Flecken als andere. Im Moment befinden wir uns in der Abklingphase des sehr aktiven Zyklus von 1990. Zwischen 1645 und 1715 scheint der Zyklus völlig ausgesetzt zu haben. (Maunder-Minimum, nach E. Walter Maunder).

bei zehn Grad beidseits des Äquators liegen. Gleichzeitig beginnt bei hohen Breiten der nächste Zyklus.

Wie George E. Hale (der Mann, nach dem das 5-m-Spiegelteleskop benannt ist) 1908 entdeckte, sind die Spektrallinien der Sonnenflecken durch den Zeeman-Effekt aufgespalten, und damit begann sich eine Lösung des Rätsels um die Sonnenflecken abzuzeichnen. Dieser Effekt tritt nämlich immer dann auf, wenn Strahlung in Gegenwart eines Magnetfelds erzeugt wird. Die Elektronen eines Atoms gleichen winzigen elektrischen Strömen, so daß ihre Bahnen sowie die von ihnen erzeugten Absorptionslinien durch den Magnetismus aufgespalten werden. Der Grad der Aufspaltung ist proportional zur Feldstärke, und das Licht der einzelnen Spektrallinienkomponenten ist entsprechend der Feldrichtung polarisiert. Durch die Untersuchung der Linienaufspaltung und der Polarisation über die gesamte Sonnenscheibe können die Sonnenphysiker detaillierte Magnetfeldkarten erstellen. Diese zeigen starke Felder, die bis zu 3 000mal stärker sein können als das Erdmagnetfeld und sich vom einen Fleck eines Fleckenpaars in hohen Bögen zum anderen spannen. Auf eine noch unbekannte Weise unterdrückt der starke Magnetismus die aufwärts gerichtete Konvektion der heißen Gase und wirkt so wie ein riesiger Kühlschrank. Ein solches Feld, das manchmal eine Fläche umfaßt, die größer ist als unsere Erde, erfordert einen elektrischen Strom von mehr als 10^{12} Ampère.

Der Magnetismus ist hochgradig geordnet. Die Sonne besitzt ein allgemeines, schwaches Dipolmagnetfeld (mit einem positiven und einem negativen Pol), das pro Flächeneinheit nur etwa fünfmal so stark ist wie das Erdfeld. Wenn der heliographische Nordpol der Sonne eine positive magnetische Polarität besitzt, dann ist der (in

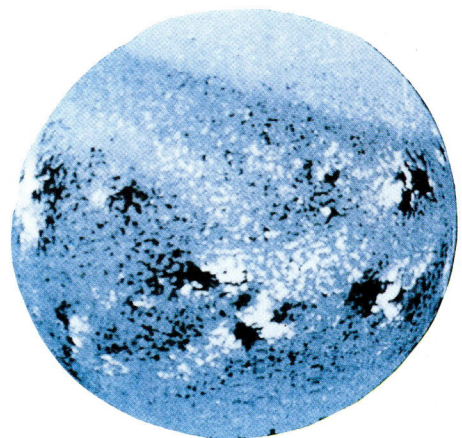

4.10 Ein solares Magnetogramm, das aus Beobachtungen der Zeeman-Aufspaltung erstellt wurde, zeigt Stärke und Polaritäten (entgegengesetzte Polaritäten sind schwarz und weiß wiedergegeben) sämtlicher magnetisch aktiven Gebiete auf der Sonne. Auf einer Hemisphäre sehen alle Polarisationsmuster ähnlich aus, während sie auf der gegenüberliegenden Hemisphäre vertauscht sind.

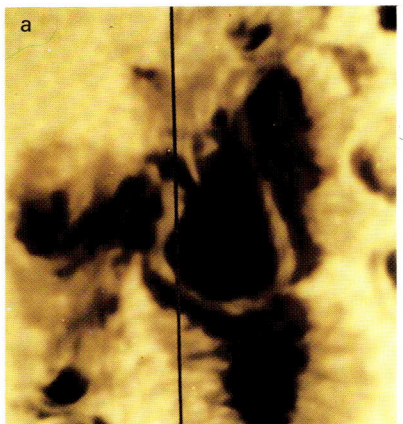 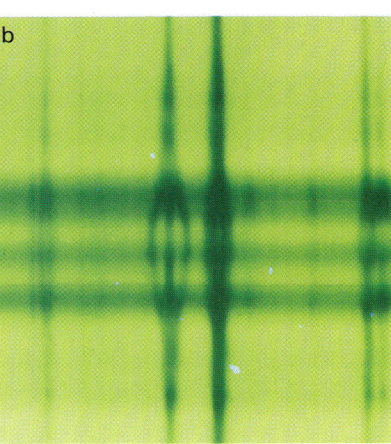

4.11 a) Ein großer Sonnenfleckenkomplex. Die schwarze senkrechte Linie gibt die Lage des Spektrographenspalts an. b) Die Absorptionslinien des auf diese Weise aufgenommenen Spektrums. Im magnetisierten Fleck sind die Linien aufgrund des Zeeman-Effekts in Mehrfachkomponenten aufgespalten. Aus dem Grad der Aufspaltung kann man die Feldstärke bestimmen.

Richtung der Sonnenrotation) vorauslaufende Fleck eines Fleckenpaars auf dieser Hemisphäre immer positiv und der nachfolgende negativ. Auf der Südhalbkugel sind die Polaritäten vertauscht. Dieses Muster gilt über den gesamten elfjährigen Zyklus, während sich die Flecken beider Hemisphären einander am Äquator nähern. In den folgenden elf Jahren des nächsten Zyklus sind dann *alle Polaritäten vertauscht*, auch die des allgemeinen Dipolfelds. Der Fleckenzyklus ist also ein magnetischer Zyklus, der eigentlich 22 Jahre dauert.

Die Flecken sind jedoch nur *ein* Beispiel für die Sonnenaktivität, und in Anbetracht der beteiligten Energien stellen sie noch eine relativ milde Form dar. Um wirklich „Action" zu sehen, müssen wir die Korona beobachten, so wie es zum Beispiel die Instrumente an Bord des *Skylab*-Satelliten 1973 und 1974 sechs Monate lang getan haben. Während des Fleckenmaximums beobachtet man mit bodengebundenen Instrumenten in der Chromosphäre oberhalb und zwischen Fleckenpaaren kleine, helle Lichtblitze, die „Flares" (Strahlungsausbrüche) genannt werden. In seltenen Fällen kann ein Flare die Größe der Erde erreichen und einige Stunden andauern. Im Röntgenlicht aufgenommene Bilder der Sonne zeigen, daß die Flares hoch in der Korona oberhalb der aktiven Fleckenzonen in dichten, verwickelten Magnetfeldern entstehen, die plötzlich ihre Energie in riesigen elektrischen Funken freisetzen. Innerhalb von zehn Minuten

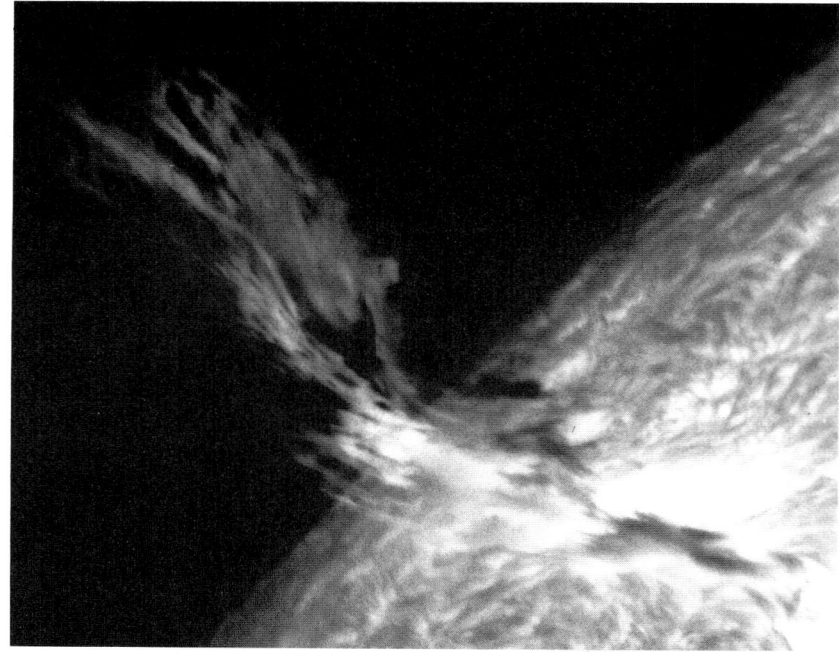

4.12 In der Chromosphäre ist ein gewaltiger solarer Flare entstanden — er ist das Ergebnis einer enorm heißen elektromagnetischen Explosion in der Korona, bei der starke Röntgenstrahlung freigesetzt wurde, die wiederum die Gase der Chromosphäre aufgeheizt hat.

4. DER BAU EINES STERNS

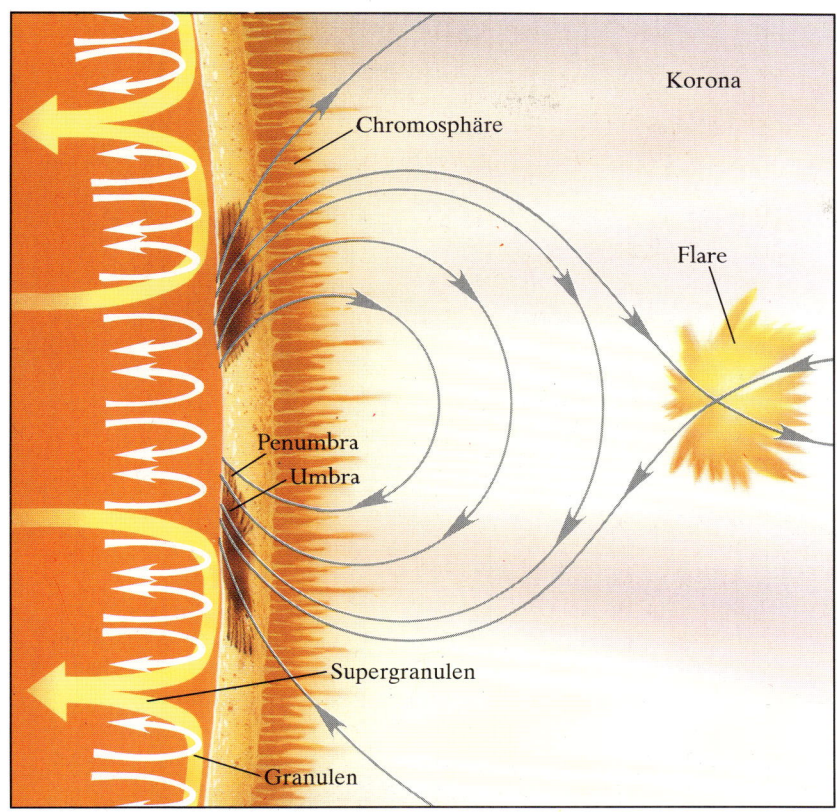

4.13 Diese stark schematisierte Ansicht der Sonnenoberfläche zeigt ein Sonnenfleckenpaar, das etwas in die Oberfläche eingesunken ist und durch ein Magnetfeld erzeugt wird, dessen Bögen von der Photosphäre bis in die Korona reichen. Der starke Magnetismus behindert auf irgendeine unbekannte Weise die photosphärische Konvektion. Die Streifen der Flecken-Penumbras liegen entlang der Feldlinien. Im oberen Bereich der Feldlinienbögen können sich die Feldlinien kurzschließen und einen Flare erzeugen.

kann die lokale Temperatur auf enorme *20 Millionen Grad* ansteigen – das ist heißer als das Zentrum der Sonne. Durch dieses Ereignis werden Elektronen auf mehr als ein Drittel der Lichtgeschwindigkeit beschleunigt und Röntgenstrahlen erzeugt, die in die Chromosphäre einschlagen und dort die optisch sichtbaren Flares hervorrufen. Hier verkocht dann Gas der Chromosphäre, wodurch der Korona wieder neues Material zugeführt wird – und das mit einer Gewalt, die jenseits unseres Vorstellungsvermögens liegt. Diese eingespeiste magnetische Energie und die von Myriaden winziger Flares erzeugte Wärme – Vorgänge, die auch bei „ruhiger" Sonne ablaufen –, sind wahrscheinlich für die allgemein hohe Temperatur der Korona verantwortlich.

Aber damit noch nicht genug der Wunder. Verknüpft mit der Aktivität sind auch große Protuberanzen – kühle, bogenförmig oder ähnlich strukturierte Gaswolken, die oberhalb der Aktivitätsgebiete aus der Korona auskondensieren. Manche sind bewegungslos und hängen dort tage- oder wochenlang, andere lassen Materie auf die Pho-

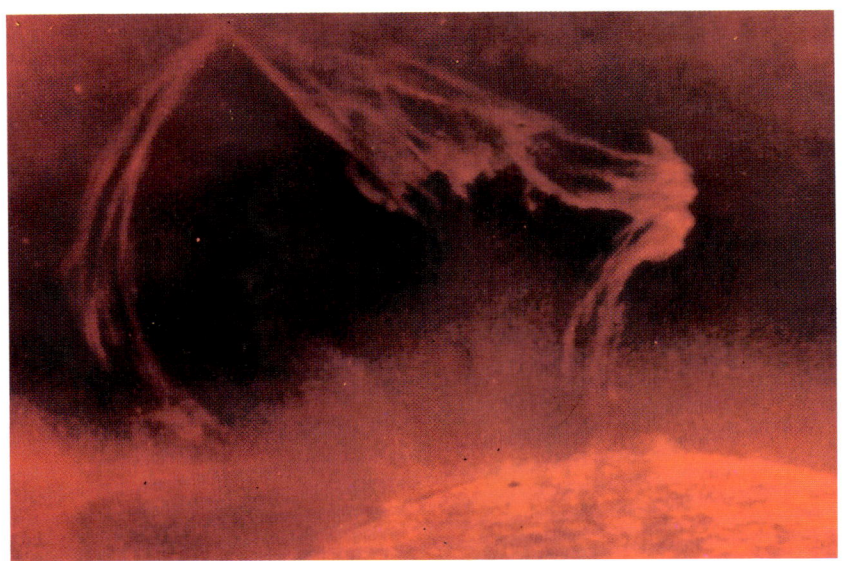

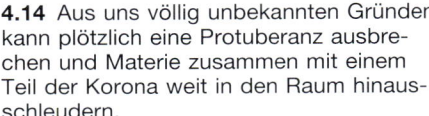
4.14 Aus uns völlig unbekannten Gründen kann plötzlich eine Protuberanz ausbrechen und Materie zusammen mit einem Teil der Korona weit in den Raum hinausschleudern.

tosphäre hinabregnen, und wieder andere explodieren buchstäblich in den Weltraum hinaus und schieben die Korona in einem riesigen Ausbruch vor sich her, wobei das Gas weit in den Raum geschleudert wird. Die Sonne bietet wirklich allen Grund zum Staunen. Von Tag zu Tag, von Minute zu Minute ist sie ständig im Wandel begriffen.

Obwohl wir so vieles noch nicht verstehen, ist uns doch klar, daß die gesamte Sonnenaktivität letztlich durch die Rotation der Sonne verursacht wird. Die Sonne ist ein rotierender Körper aus ionisiertem, also elektrisch geladenem Gas. Die Rotation und die brodelnde Konvektionszone, die ein Drittel des Wegs bis zum Zentrum hinabreicht, wirken gemeinsam auf eine uns immer noch unbekannte Weise wie ein Dynamo, der das Magnetfeld erzeugt. Bei Beginn eines neuen Zyklus ist der Sonnenmagnetismus geordnet und relativ einfach und das Feld in den heißen Gasen unter der Oberfläche eingeschlossen. Da eine Scherung zwischen den Gasen am Äquator und jenen in höheren Breiten stattfindet, beginnen die Feldlinien, sich in Richtung der Rotation um die Sonne zu wickeln. Sie stoßen ständig in kleinen Bögen, die eng mit der Granulation verknüpft sind, durch die Sonnenoberfläche nach oben, und dort wo sie sich häufen, sehen wir ein Fleckenpaar, das längs des Äquators ausgerichtet ist. Je stärker die Feldlinien aufgewickelt werden, desto stärker dringt der Magnetismus durch die Oberfläche und desto größer ist die Aktivität. Es dauert etwa elf Jahre, bis das Magnetfeld so chaotisch wird, daß es zusammenbricht und sich mit entgegengesetzter Polarität wieder

4. DER BAU EINES STERNS

neu ordnet, wobei der magnetische Nordpol der Sonne zum Südpol wird und umgekehrt. Dann geht der ganze Prozeß von vorn los und ergibt schließlich den beobachteten 22jährigen Zyklus.

Es sieht fast so aus, als ob wir einigermaßen verstünden, was hier abläuft, doch wie groß unsere Unwissenheit in Wirklichkeit ist, merken wir, wenn wir die Feinheiten der Rotation näher betrachten. Zu jeder Zeit gibt es Breitenkreise auf der Sonne, die ein wenig schneller oder langsamer – nur um wenige Meter pro Sekunde – als der Durchschnitt rotieren. Diese Zonen wandern von den polaren Breiten abwärts und brauchen 22 Jahre, bis sie den Äquator erreicht haben. Die Flecken entwickeln sich etwa auf halbem Wege nach unten in den Zonen, wo die Geschwindigkeiten etwas niedriger sind. Dieses Phänomen scheint mit großen, in Längsrichtung rollenden Gaswalzen zusammenzuhängen, die tief in die Sonne hinab reichen. Warum, wissen wir nicht. Doch diese Frage ist – wie andere ähnliche Fragen – von mehr als nur akademischem Interesse. Alle diese Ereignisse üben vielerlei Einflüsse auf unsere Erde und unser Leben aus, von denen wir einige mit Sicherheit noch gar nicht bemerkt haben.

Der Sonnenwind

Alle zehn, zwanzig Jahre ziert einer der großartigsten Anblicke der Natur unseren Himmel – ein heller Komet mit einem feinen, zarten Schweif, der vom Horizont bis zum Zenit reichen kann. Schwache Kometen werden jedes Jahr zu Dutzenden entdeckt. Diese zerbrechlichen Körper, die gewöhnlich nicht größer als einige zig Kilometer sind, bestehen aus Staub, der in verschiedenen Eisarten, meistens Wassereis, eingebettet ist. Kometen sind wahrscheinlich die ältesten, ursprünglichsten Körper des Sonnensystems und haben ihre Heimstatt in zwei riesigen Wolken weit jenseits der Planetenbahnen. Eine große Zahl von ihnen bewegt sich jedoch auf stark elliptischen Bahnen, die sie in die inneren Regionen des Planetensystems und in die Nähe der heißen Sonne führen. Wenn sie die Jupiterbahn passiert haben, beginnen sie sich zu erwärmen, und das Eis sublimiert in gewaltigen Jets in den Raum. Dabei reißt es auch den Staub mit, der zunächst eine ständig anwachsende Wolke bildet, aus der sich schließlich der Schweif entwickelt. Dieser kann bis auf einige zig Millionen Kilometer Länge anwachsen.

Wie man leicht feststellen kann, zeigt der Schweif immer von der Sonne weg, ganz gleich, in welche Richtung sich der Komet bewegt.

4.15 Der Halleysche Komet, ein periodisch wiederkehrender Besucher im inneren Sonnensystem, stößt zwei herrliche Schweife aus — einen aus Gas, der direkt von der Sonne weggerichtet ist, und einen gekrümmten aus Staubteilchen, die vom langsam zerfallenden Kometenkern stammen. Der Gasschweif des Kometen wird durch den Sonnenwind erzeugt, der das mitgeführte Magnetfeld der Sonne wie einen engen Ärmel um den Schweif wickelt und ihn Millionen von Kilometern weit vom Kern wegtreibt.

STERNE

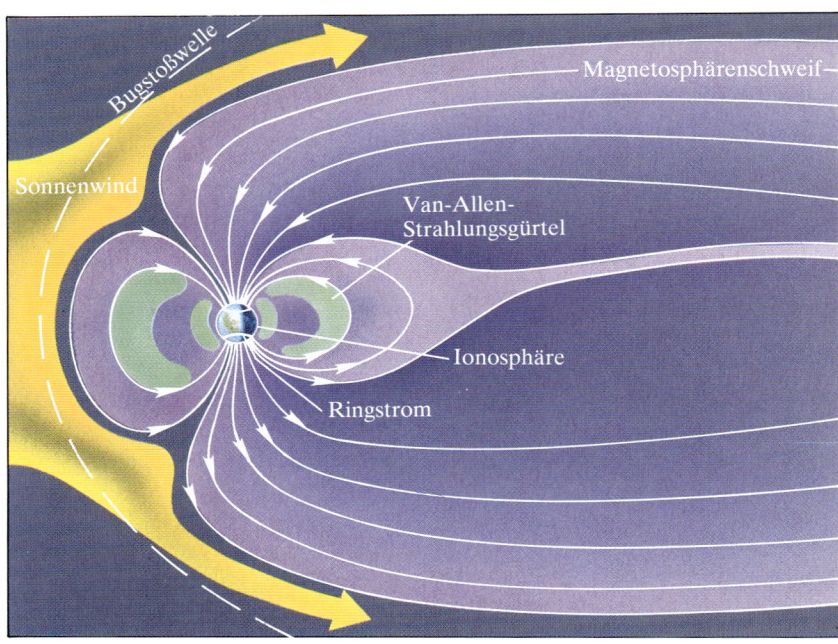

4.16 Wenn der Sonnenwind auf das Erdmagnetfeld trifft, erzeugt er eine starke Stoßwelle und einen langen magnetischen Schweif — genauso wie bei Jupiter, Saturn, Uranus und Neptun. Die Wechselwirkung zwischen Sonnenwind und irdischem Magnetfeld führt zur Entstehung der Van Allen-Strahlungsgürtel und starker Ringströme um die magnetischen Pole.

Schon 1950 erkannte man, daß Kometenschweife wahrscheinlich mit einem Gas in Wechselwirkung stehen, das von der Sonne abströmt und den Schweif ständig radial nach außen drückt. Einige Jahre später zeigten theoretische Untersuchungen, daß die heiße Korona Materie an den Raum verlieren *muß*. Die Bestätigung kam dann Ende des Jahrzehnts, als Satelliten einen kräftig blasenden Sonnenwind entdeckten – einen Strom aus Protonen und Elektronen, der an der Erde vorbei, wo ein Teil von ihm durch das Erdmagnetfeld abgefangen wird, bis weit in das Sonnensystem hinaus reicht. Tatsächlich *verdampft* die Sonne allmählich, allerdings mit einer äußerst geringen Rate von 10^{-14} Sonnenmassen pro Jahr. (Lange bevor die 10^{14} Jahre um sind, werden ihr noch sehr viel schlimmere Dinge zustoßen.) In der Umgebung der Erde zählen wir typischerweise etwa zehn Protonen und Elektronen pro Kubikzentimeter, die nach einer etwa zweitägigen Reise mit einer Temperatur von 20 000 Kelvin (kein Schwarzer Körper!) und einer Geschwindigkeit von rund 500 bis 700 Kilometern pro Sekunde an uns vorbeipfeifen. In gewisser Weise befinden wir uns noch *innerhalb* der äußeren Korona. Der Teilchenstrom ist sehr komplex. Die Korona wird durch die riesigen Magnetfeldschleifen fest zusammengehalten und wirkt wie eine Barriere auf den strömenden Wind. Die Gase entweichen hauptsächlich durch die koronalen Löcher, die auf Röntgenbildern der Sonne zu sehen sind. Die Stärke des Sonnenwinds ändert sich sehr stark und hängt von der magnetischen Aktivität der Sonne ab.

4. DER BAU EINES STERNS

Der Wind verzerrt auch das Erdmagnetfeld stark. Auf der vorderen Seite drückt er es in einer Stoßwelle zusammen, so wie der Bug eines Schiffs das Wasser vor sich zusammendrückt. Innerhalb dieser Grenze sind die Teilchen in zwei Bereichen, den sogenannten Van-Allen-Strahlungsgürteln, magnetisch gefangen. Näher bei der Erde erzeugt die Wechselwirkung zwischen Sonnenwind und Erdmagnetfeld auch starke elektrische Ströme, die die Magnetpole ringförmig umgeben. Auf der Leeseite zieht der Sonnenwind das Erdmagnetfeld zu einem Schweif von mehr als 100 Erdradien Länge auseinander. Alle Planeten des Sonnensystems, die ein Magnetfeld besitzen, werden durch den Sonnenwind beeinflußt, sogar noch Neptun, der 30 AE von der Sonne entfernt ist. Der Wirkungsbereich des Sonnenwinds ist schließlich dort zu Ende, wo er auf das umliegende interstellare Gas trifft. Wir wissen noch nicht, wo diese auch als Heliopause bezeichnete Grenze liegt. Die beiden Raumsonden *Voyager 1* und *Voyager 2* sind auf dem Wege, das herauszufinden. Vermutlich erreichen sie den wahren interstellaren Raum um das Jahr 2020.

Sonnenaktivität und die Erde

Die Nacht ist dunkel und klar, und wir stehen draußen und bewundern die Sterne. Wir blicken nach Norden und sehen einen merkwürdigen roten Fleck am Himmel – vielleicht das Leuchten eines Feuers jenseits des Hügels. Doch der Fleck wächst und bildet Bän-

4.17 Die Aurora australis (Südlicht), vom Deck der Raumfähre *Discovery* aus aufgenommen, entsteht durch enorme elektrische Ströme, welche die obere Atmosphäre ionisieren.

der, die sich in weiten Bögen über den Himmel ziehen. Dabei wechseln die Farben von Rot über Grün nach Weiß. Plötzlich ist die Nacht eine Theaterbühne, verhängt mit riesigen Vorhängen, erleuchtet von pulsierenden Scheinwerfern – eine himmlische Gala jenseits aller Vorstellungskraft, ein Schauspiel, das den Himmel zum Leben erweckt, die Sterne umrahmt und von der ehrfurchtgebietenden Kraft der Natur – und der Sonne – zeugt. Wir haben gerade die Aurora (borealis auf der nördlichen, australis auf der südlichen Hemisphäre) beobachtet, das Nord- oder Südlicht. Wenn ein großer Flare in der Korona ausbricht, schickt er eine Stoßwelle den Sonnenwind entlang, die etwa zwei Tage später auf die Erde trifft. Hier löst sie eine Störung aus, so daß sich eng beieinanderliegende Magnetfeldlinien kurzschließen und dabei riesige zusätzliche Energiemengen in die polaren Ringströme speisen. Die Folge ist eine elektrische Entladung, welche die oberen Luftschichten ionisiert. Die Rekombination der Elektronen mit ihren Muttermolekülen und -atomen läßt dann den Himmel leuchten. Die elektrischen Potentiale während solcher „magnetischen Stürme" sind groß genug, um so starke Ströme in Überlandleitungen zu induzieren, daß Sicherungen durchbrennen und es zu Stromausfällen kommt – wodurch dann die Aurora besser zu beobachten ist!

Solar-terrestrische Beziehungen gehen jedoch noch weit tiefer. Zwischen 1645 und 1715 scheint der Sonnenfleckenzyklus ausgesetzt zu haben. In dieser Zeit, die Maunder-Minimum heißt (nach dem Manne, der als erster darauf hinwies), erlebte die Welt eine „kleine Eiszeit": Europa lag unter einer tiefen Schneedecke und die Flüsse im Süden der USA froren zu. Aus einem Meßpunkt kann man natürlich keine Korrelation ableiten, doch geologische Daten über radioaktives ^{14}C geben einen zusätzlichen Hinweis. ^{14}C wird in unserer Atmosphäre durch hochenergetische, aus der Tiefe des Weltraums stammende Teilchen (kosmische Strahlen) erzeugt, doch starke Sonnenaktivität unterdrückt seine Entstehung. Die ^{14}C-Daten zeigen, daß eine geringe Sonnenaktivität mit kühlerem Wetter zusammenfällt. Was wird geschehen, wenn die Aktivität wieder zurückgeht, was sie sicher tun wird? Wollen wir das wirklich herausfinden? Und warum geschieht es?

Langfristige Beobachtungen deuten auch auf einen Zusammenhang zwischen Sonnenaktivität und Dürren hin. In jüngerer Zeit hat eine hohe Sonnenaktivität dazu geführt, daß sich unsere Atmosphäre weiter ausgedehnt und damit die Raumstation *Skylab* zum Absturz gebracht hat. Aus dem gleichen Grund mußte auch das *Hubble*-Weltraumteleskop in eine höhere Umlaufbahn geschossen werden. Wir haben wirklich gerade erst mit der Erforschung dieses weiten Felds begonnen, denn die Zeiträume, die wir überblicken müssen, sind sehr lang und die Theorie ist sehr kompliziert. Doch die Auswirkungen sind äußerst weitreichend. Um die Erde und – wie wir sehen werden – die Sterne zu verstehen, müssen wir über die Sonne Bescheid wissen.

Sonnenenergie

Trotz all der Wunder und Rätsel haben wir bisher nicht mehr von der Sonne gesehen als nur die äußere Hülle. Alle ihre äußeren Eigenschaften – von ihrer normalen Strahlung bis zu den Phänomenen der aktiven Sonne – werden jedoch von Vorgängen im Inneren angetrieben. Das wichtigste Problem dabei ist der Ursprung der Sonnenleuchtkraft. Was läßt die Sonne – und all die anderen Sterne – mit solcher Intensität leuchten? Die ersten wirklich ernsthaften Überlegungen dazu stellten in den sechziger Jahren des 19. Jahrhunderts die Physiker Lord Kelvin und Hermann von Helmholtz an. Sie nahmen an, daß in der Sonne Gravitationsenergie in Wärme umgewandelt wird. Daß ein solcher Prozeß stattfinden muß, steht außer Frage. Ein Körper von der Größe der Sonne wird durch seine eigene Gravitation zusammengehalten. Durch das Zusammenpressen der Materie im Inneren erhöht sich der nach außen gerichtete Druck und läßt die Temperatur auf außergewöhnlich hohe Werte ansteigen, die bis zu 40 Millionen Grad erreichen können. Jeder Körper, der wärmer ist als seine Umgebung, muß einen Teil seiner inneren Energie abstrahlen. Dabei kontrahiert er und erzeugt dadurch noch mehr Energie, und so geht der Prozeß immer weiter. Um die beobachtete Sonnenleuchtkraft von 4×10^{26} Watt zu erzeugen, ist nur eine geringe Kontraktionsrate von etwa 20 Metern pro Jahr nötig. So weit so gut, doch dabei gibt es ein Problem – nicht bezüglich der Leuchtkraft, sondern bezüglich der *Zeit*. Selbst bei dieser geringen Rate hätte die Sonne ihre gesamte Gravitationsenergie in nur 100 Millionen Jahren aufgebraucht. Dies ist zwar ein sehr langer Zeitraum, und die Astronomen und Physiker des späten 19. Jahrhunderts waren damit auch zufrieden. Doch es stellte sich sehr bald heraus, daß er in keinster Weise mit dem Alter der Erde in Einklang zu bringen war. Gravitation allein genügt also nicht.

Die Lösung dieses Problems war erst Anfang des 20. Jahrhunderts möglich, als man die Eigenschaften des Atoms entdeckte, die Relativitätstheorie und die Quantenmechanik entwickelte und erkannte, daß die Sonne und fast alle Sterne hauptsächlich aus Wasserstoff bestehen. Den ersten großen Schritt tat 1926 der englische Physiker und Astronom Sir Arthur Eddington, der zu Beginn unseres Jahr-

4.18 Sir Arthur Eddington (1882–1944).

hunderts auf weiten Gebieten dieser Wissenschaften führend war. Als einer der ersten machte er sich die Relativitätstheorie des jungen Albert Einstein zu eigen, welche die berühmte Formel der Äquivalenz von Materie und Energie enthält: $E = mc^2$. Die Bedeutung dieser Beziehung liegt darin, daß aufgrund des hohen Werts der Lichtgeschwindigkeit von 3×10^8 Metern pro Sekunde nur eine winzige Menge an Masse nötig ist, um eine gewaltige Energiemenge zu erzeugen – genug, um die Sonne leuchten zu lassen. Eddington wußte, daß ein Heliumatom etwas leichter ist als vier Wasserstoffatome – der Unterschied beträgt 0,7 Prozent –, und er vermutete, daß bei einer Umwandlung von Wasserstoff in Helium aufgrund dieses Massendefekts eine enorme Energiemenge frei wird. Um die Sonnenleuchtkraft zu erzeugen, müßten 6×10^{11} Kilogramm Wasserstoff pro Sekunde in Helium umgewandelt werden. Dieser Betrag mag zwar riesig erscheinen, er entspricht aber nur 3×10^{-19} Sonnenmassen. Mit dieser Rate könnte die Sonne erstaunliche 10^{11} Jahre scheinen, wenn sie aus reinem Wasserstoff bestünde – sehr viel länger, als die Erde alt ist.

Solche Zahlen allein – so befriedigend sie auch sein mögen – reichen jedoch nicht aus, um zu beweisen, daß tatsächlich Wasserstoff-Fusion für die Energieerzeugung in der Sonne verantwortlich ist. Zu jener Zeit war ganz und gar nicht klar, ob die Sonne überhaupt genügend Wasserstoff besitzt, und wenn ja, wie die Umwandlung tatsächlich abläuft. Die erste Frage konnte Cecilia Payne-Gaposchkin Ende der zwanziger Jahre mit Hilfe der neuen Quantentheorie des Atoms beantworten. Sie zeigte, daß Wasserstoff den Hauptanteil der Sterne ausmacht, auch wenn seine Spektrallinien nur schwach oder gar nicht vorhanden sind.

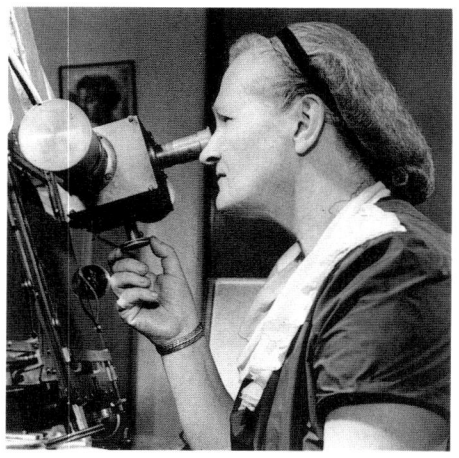

4.19 Cecilia Payne-Gaposchkin (1900–1979).

Das zweite Problem geht tiefer. In jedem Gas fliegen die Atome mit einer mittleren Geschwindigkeit umher, die durch die Temperatur gegeben ist. Bei 40 Millionen Grad, der Temperatur, die Eddington aus seiner gravitativen Theorie berechnet hatte, treffen die Wasserstoffatomkerne – Protonen – mit Geschwindigkeiten von rund 2000 Kilometern pro Sekunde aufeinander. Um diesen Mittelwert gibt es außerdem noch eine breite Geschwindigkeitsverteilung, so daß sich einige wenige Protonen mehr als zehnmal schneller bewegen. Doch selbst diese extremen Geschwindigkeiten reichen nicht aus, um die Abstoßung aufgrund der gleichen Ladung zu überwinden und Protonen so nahe aneinander kommen zu lassen, daß eine Verbindung möglich wird. Doch wie können Protonen dann zu einem Heliumkern verschmelzen?

George Gamow, Fritz Houterman und Robert Atkinson, die an der Universität Göttingen arbeiteten, lösten dieses Problem 1928 mit

4. DER BAU EINES STERNS

Hilfe der Quantenmechanik, und zwar speziell mit dem berühmten Heisenbergschen Unschärfe-Prinzip. Wie wir bereits gesehen haben, verhält sich Licht gleichzeitig wie eine Welle und wie ein Teilchen – letzteres in Form eines masselosen Energiepakets, das Photon heißt. Erstaunlicherweise zeigen subatomare Teilchen die gleiche Art von Dualismus, wobei ihre Wellenlänge von ihrer Energie abhängt. Als Folge davon kann man niemals gleichzeitig den genauen Ort *und* die genaue Geschwindigkeit eines Teilchens wie zum Beispiel eines Protons oder eines Elektrons bestimmen. Das ist keine Frage einer Ungenauigkeit bei der Meßvorrichtung, sondern eine fundamentale Grenze der Natur. Die Unschärfe des Orts multipliziert mit der Unschärfe des Impulses (Masse mal Geschwindigkeit) ist größenordnungsmäßig gleich der Planckschen Konstante h (Unschärfe-Relation). Die Zahl ist so winzig klein, daß die Unschärfe in größeren Maßstäben nicht wahrnehmbar ist. Bei Atomen ist sie jedoch von enormer Bedeutung.

Die Wahrscheinlichkeit, daß sich ein Teilchen an einem bestimmten Punkt aufhält, hängt von der Amplitude seiner Welle ab. Diese ist am wahrscheinlichsten Aufenthaltsort am größten. Im Prinzip erstreckt sich die Welle jedoch bis ins Unendliche. Obwohl die Amplitude mit der Entfernung vom wahrscheinlichsten Ort sehr rasch abnimmt, kann sich ein Teilchen tatsächlich überall entlang seiner Welle aufhalten. Wegen der Unschärfe-Relation ist der exakte Ort eines Teilchen unbekannt: Es kann hier sein oder dort. Wenn sich zwei Protonen in einem Hochtemperatur-Gas hinreichend nahe kommen, kann sich eines davon plötzlich ganz woanders auf seiner Welle wiederfinden und geradewegs durch die elektrische Barriere zwischen beiden Protonen hindurchtunneln. Sowie sich die Teilchen aber einmal einander auf mindestens 10^{-13} Zentimeter genähert haben, überwindet die starke Kernkraft die elektrische Abstoßung und läßt sie zu einem neuen Atom oder Isotop zusammenbacken. Dieser Tunneleffekt ist so wirksam, daß die Temperatur sogar erheblich unter der von Eddington berechneten liegen kann – „nur" 15 Millionen Grad genügen vollauf.

Doch auch die Entdeckung des Tunneleffekts verrät noch nicht, wie die Reaktionen, die aus Wasserstoff Helium machen, tatsächlich ablaufen und welche Mechanismen die Strahlung erzeugen. Dazu waren noch einige weitere Entdeckungen nötig, wie die des Neutrons, des Deuteriums (^{2}H, Wasserstoff mit einem Proton und einem Neutron im Kern), des Positrons und des Neutrinos. Die ersten drei fand man 1932. Das Positron ist ein positives Elektron – das erste entdeckte Antimaterieteilchen (Materie mit umgekehrter elektrischer Ladung). Die Existenz des Neutrinos, des seltsamsten der vier Teilchen, war merkwürdigerweise bereits ein Jahr zuvor vermutet wor-

STERNE

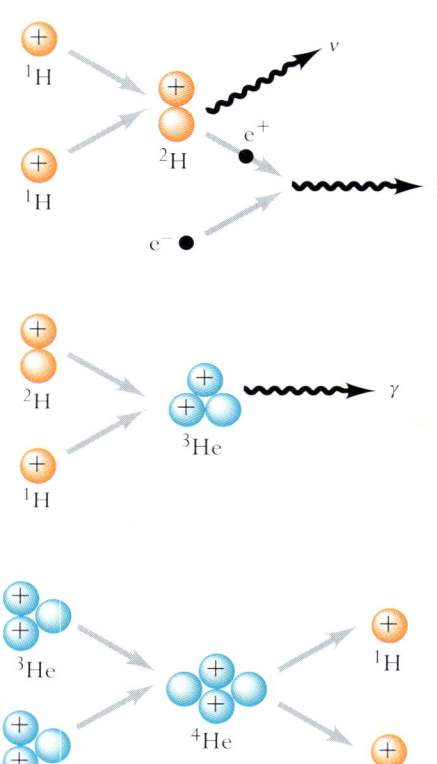

4.20 Bei der Proton-Proton-Reaktion müssen zunächst zwei Protonen zusammenstoßen und ein Deuteron ^{2}H (Kern des Deuteriumatoms) erzeugen. Das Deuteron verbindet sich sofort mit einem weiteren Proton zu ^{3}He, und zwei ^{3}He-Kerne bilden schließlich ^{4}He, wobei zwei der Protonen wieder ausgestoßen werden. Netto ist ein Heliumatom (vier Protonen) entstanden und Energie freigesetzt worden.

den. Wolfgang Pauli hatte ein solches Teilchen, das wahrscheinlich masselos ist und sich mit Lichtgeschwindigkeit bewegt, vorgeschlagen, um das eigenartige Verschwinden von Energie bei Kernreaktionen zu erklären. Tatsächlich nachgewiesen wurde es jedoch erst 1956. In unseren späteren Berechnungen von Sternmodellen wird es eine wichtige Rolle spielen.

Acht Jahre nach der Entdeckung dieser Elementarteilchen fanden Hans Bethe und Charles Critchfield in der Proton-Proton-Reaktion (p-p-Reaktion) die Lösung für die Wasserstoff-Fusion oder das „Wasserstoffbrennen", wie es auch häufig genannt wird. Diese Reaktion verläuft in mehreren Schritten. Der erste ist die Erzeugung von Deuterium durch eine Tunnel-Kollision zweier Protonen. Eines der Protonen verwandelt sich sofort in ein Neutron, wobei es seine positive Ladung in Form eines Positrons abgibt. Dieser Prozeß, bei dem auch etwas Energie in Form eines Neutrinos freigesetzt wird, heißt inverser β-Zerfall. Er ist die Umkehrung des β-Zerfalls, bei dem ein in einem Atom gebundenes Neutron ein Elektron (früher auch „β-Teilchen" genannt) ausstößt und sich dadurch in ein Proton verwandelt. (Der β-Zerfall ist zum Teil auch verantwortlich für den Zerfall von Uran in Blei; siehe Abbildung 4.2) Antimaterie und normale Materie können nicht gemeinsam existieren. Sobald das Positron auf ein freies Elektron trifft – was fast augenblicklich geschieht, da der innere Kernbereich der Sonne durch die große Hitze stark ionisiert ist und daher sehr viele Elektronen vorhanden sind –, vernichten sich die beiden gegenseitig in einem Energieblitz in Form eines Gammastrahls.

Das Wunder der Sonnenkraft ist ihre Stabilität. Wenn wir eine Kernreaktion in einer Atombombe starten, wird die Energie fast auf einen Schlag freigesetzt. Die Sonne dagegen gibt ihre Energie über Milliarden von Jahren ab. Warum explodiert sie nicht auch? Die Antwort auf dieses Rätsel ist der erste Schritt der p-p-Reaktion, die Reaktion ^{1}H + ^{1}H → ^{2}H. Trotz Tunneleffekt läuft sie außerordentlich langsam ab. Ein typisches Proton wartet mehr als *zehn Milliarden Jahre*, ehe es durch zufällige Zusammenstöße eine genügend große Geschwindigkeit erreicht hat, um die elektrische Schwelle zu überwinden. Der Prozeß funktioniert nur, weil es so *viele* Protonen in der Sonne gibt, so daß zu jedem Zeitpunkt immer einige wenige den Übergang schaffen. Sobald jedoch ein Deuterium erzeugt worden ist, reagiert es mit enormer Geschwindigkeit. In weniger als einer Sekunde absorbiert es ein weiteres Proton (unter erneuter Aussendung eines Gammastrahls), das sich aber *nicht* in ein Neutron verwandelt. Diese drei Teilchen, zwei Protonen und ein Neutron, bilden nun einen Heliumkern, allerdings einen leichten, ^{3}He. Im letzten Schritt, der typischerweise nach einer Million Jahren stattfindet, stoßen zwei

^{3}He-Kerne mit hinreichend hoher Geschwindigkeit zusammen, um zu normalem Helium ^{4}He zu verschmelzen, wobei sie wieder ein freies Protonenpaar an den brennenden Malstrom zurückgeben. Der größte Teil der Sonnenenergie, etwa 77 Prozent, wird auf diese Weise erzeugt, unterstützt von anderen Reaktionen, die wir später noch behandeln werden.

Diese Serie von Entdeckungen, die auf der Arbeit vieler, vieler Leute beruht, sollte uns auch heute noch in Staunen versetzen. Indem sie Schlüsse zogen über Prozesse zwischen Atomen, die wir nicht sehen können, im Inneren eines Körpers, in den wir nicht hineinschauen können, haben die Astronomen und Physiker schließlich die Energiequelle ausfindig gemacht, die uns am Leben erhält.

Das Innere der Sonne

Nun wollen wir eine Sonne bauen. Wir können ein mathematisches Modell aufstellen und Temperatur, Druck sowie Dichte an allen inneren Punkten berechnen, so daß wir auch die Rate bestimmen können, mit der Wasserstoff in Helium umgewandelt wird. Der Bau eines solchen Modells ist eine anspruchsvolle Prozedur, bei der gleichzeitig mehrere ineinander verschachtelte Gleichungen gelöst werden müssen – eine Aufgabe, die sich hervorragend für moderne Computer eignet. Die grundlegende Gleichung ist die des hydrostatischen Gleichgewichts, die zuvor schon Eddington benutzt hatte, um unter der Annahme einer rein gravitativen Kontraktion die Temperatur im Sonneninneren zu bestimmen. In jeder Schicht innerhalb der Sonne muß das Gewicht des darüberliegenden Gases gleich dem nach außen gerichteten Druck sein, sonst würde die Sonne entweder expandieren oder kontrahieren – und wie man leicht feststellen kann, tut sie keins von beiden. Außerdem muß man eine Zustandsgleichung annehmen, eine Beziehung zwischen Druck, Temperatur und Dichte. Unter den meisten Umständen, denen wir in der Astronomie begegnen (wenn auch nicht allen, wie wir noch sehen werden), ist der Druck proportional zur Dichte multipliziert mit der Temperatur – eine Beziehung, die auch ideale Gasgleichung genannt wird ($P = nkT$, wobei n die Anzahl der Teilchen pro Volumeneinheit und k die Boltzmann-Konstante ist). Je mehr Atome pro Volumeneinheit vorhanden sind und je schneller sie sich bewegen, desto größer ist der Druck nach außen. Da das durch die Gravitation verursachte Gewicht, das auf einer Schicht lastet, immer größer wird, je weiter wir nach innen vorstoßen, müssen auch Dichte und Temperatur dementsprechend ansteigen.

Als nächstes müssen wir die Energieerzeugungsrate durch Wasserstoffbrennen als Funktion des Abstands vom Zentrum der Sonne betrachten. Sie hängt von der Änderung der Temperatur, der Dichte und dem Häufigkeitsanteil des Wasserstoffs ab. Die Rate pro Volumeneinheit ist im Zentrum am größten und nimmt mit sinkender Temperatur nach außen ab. Mit wachsendem Abstand vom Zentrum umschließen wir immer mehr Masse in immer größeren Kugelschalen, so daß die erzeugte Gesamtleuchtkraft rapide ansteigt. Schließlich verlangsamt sich das Anwachsen der Leuchtkraft und kommt ganz zum Stillstand, wenn wir bei unserer Reise nach außen eine vage definierte Grenze von etwa sieben Millionen Grad erreicht haben. Hier sind die Geschwindigkeiten der Atome nicht mehr hoch genug, um die Reaktionen aufrechtzuerhalten.

Das schwierigste Problem ist wohl die Art des Energietransports – wobei drei Möglichkeiten in Betracht kommen: Wärmeleitung, Strahlung oder Konvektion. Wärmeleitung (direkte Wärmeübertragung durch Kontakt) kann sofort ausgeschlossen werden, da sie in einem Gas nur sehr langsam vonstatten geht. Strahlung ist dagegen äußerst wichtig. Die Rate, mit der die Energie durch Strahlung transportiert wird, hängt im wesentlichen vom Temperaturgradienten ab. Versetzen wir uns irgendwo ins Innere eines Sterns. In dem heißen, nebelhaften Gas kommt aus allen Richtungen Strahlung auf uns zu. Die Temperatur nimmt nach außen immer ab, so daß wir, wenn wir in Richtung Oberfläche blicken – wir können aber nur ein paar Zentimeter weit sehen –, Gas beobachten, das ein wenig kühler ist als jenes, das wir in Richtung Zentrum sehen. Da der Strahlungsfluß von der Temperatur abhängt, muß es also ein wenig mehr nach außen gerichtete Strahlung geben als nach innen gerichtete. Das Ergebnis ist ein Nettoenergiefluß nach außen. Je steiler der Gradient, desto größer ist der Fluß.

Der Temperaturgradient hängt von der Opazität des Gases ab, die ein Maß dafür ist, wie stark das Gas die Strahlung absorbiert oder behindert. Je höher die Opazität, desto größer muß der Gradient sein, damit Energie nach außen transportiert wird. Die Opazität hängt von der genauen chemischen Zusammensetzung ab und ist oft sehr schwierig zu berechnen, weil man Tausende atomare Absorptionsprozesse sehr genau kennen muß. Daher stellt sie eine der Schranken bei der Berechnung von Sternmodellen dar. In den Zeitungen und wissenschaftlichen Magazinen steht viel über glanzvolle Entdeckungen von Galaxien, Schwarzen Löchern und ähnlichem, aber nie etwas über die unbesungenen Helden, die sich gerade in einer intensiven, fünfjährigen Arbeit bemüht haben, unser Wissen über Opazitäten zu verbessern, ohne das wir die inneren Vorgänge in Sternen niemals verstehen würden.

4. DER BAU EINES STERNS

Eddington wies darauf hin, daß der Strahlungsfluß einen Druck erzeugen muß, der sich zum Gasdruck hinzuaddiert und eine Rolle beim hydrostatischen Gleichgewicht spielt. Wenn ein Atom ein Photon absorbiert, absorbiert es auch dessen Impuls (obwohl ein Photon keine Masse besitzt, hat es doch einen Impuls, da es Energie trägt). Als Folge davon erfährt das Atom einen Rückstoß. Der Strahlungsfluß, der vom Temperaturgradienten und der Opazität abhängt, bewirkt also einen nach außen gerichteten Druck. In der Nähe des Sonnenzentrums ist der Strahlungsfluß so hoch, daß der Strahlungsdruck etwa zehn Prozent des Gasdrucks ausmacht und wesentlich dazu beiträgt, die Sonne im Druckgleichgewicht zu halten.

All die Gleichungen, welche die physikalischen Prozesse der Sonne beschreiben, müssen gleichzeitig gelöst werden. Die Aufgabe besteht darin, die interne Temperatur, die Dichte, den Druck, die umschlossene Masse und die Energieerzeugungsrate für jeden Radiuswert zu bestimmen, so daß bei vorgegebener Gesamtmasse und chemischer

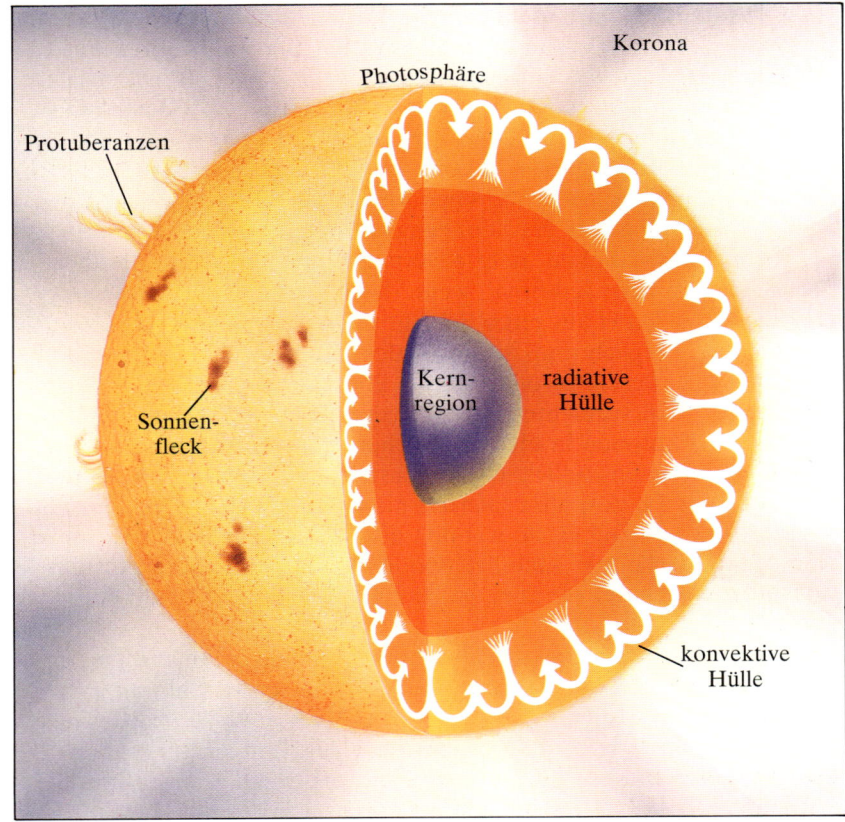

4.21 Dieses Sonnenmodell zeigt uns die Größe der Kernregion, in der nukleares Brennen stattfindet, sowie der umgebenden Isolierschicht, in der keine Kernreaktionen ablaufen. Der äußere Teil dieser Schicht befindet sich in einem komplexen konvektiven Zustand.

Zusammensetzung die berechneten Werte für den Sonnenradius, die Gesamtleuchtkraft und die Effektivtemperatur mit den beobachteten Werten übereinstimmen. Es stellt sich heraus, daß die Temperatur im Zentrum etwa 15 Millionen Grad betragen muß und daß die Kernregion der Sonne, das Gebiet, in dem die Energie erzeugt wird, etwa 30 Prozent des Sonnenradius und zehn Prozent des Volumens einnimmt. Wegen ihrer enormen Dichte, die 160 Gramm pro Kubikzentimeter erreicht (mehr als zehnmal so groß wie die von Blei!), enthält diese Kernregion 40 Prozent der Sonnenmasse. Weil die Temperatur so hoch ist, ist trotz dieser hohen Dichte *der Kern immer noch gasförmig*. Direkt im Zentrum ist etwa die Hälfte des Wasserstoffs bereits in Helium umgewandelt.

Jenseits dieser Zentralregion beginnt dort, wo die Temperatur unter etwa sieben Millionen Grad absinkt, die Hülle der Sonne, in der die restlichen 60 Prozent der Sonnenmasse über etwa 70 Prozent des Radius verteilt sind. Die Hülle wirkt hauptsächlich wie eine isolierende Decke, die den Strahlungsfluß abbremst und den Druck und die Temperatur der Kernregion aufrechterhält. Sie erniedrigt auch die Energien der nach außen fliegenden Photonen. Die in der Kernregion erzeugte Energie wandert in einem stochastischen Prozeß auf zufälligen Wegen nach außen, unterstützt durch den sanften Druck des Temperaturgradienten. Sie ist vergleichbar mit einem Betrunkenen, der von Los Angeles nach New York torkelt, immer wieder mit Laternenpfählen und Bäumen zusammenstößt und dabei ständig durch einen ganz sachten Westwind vorwärts geschoben wird. Wegen der enorm hohen Opazität des Sonnengases braucht die Energie selbst bei Lichtgeschwindigkeit mehr als eine Million Jahre, um die Oberfläche zu erreichen! Jedesmal, wenn die Energie re-emittiert wird, kommt sie *im Mittel* aus einer Schicht mit einer etwas niedrigeren Temperatur. Folglich muß aufgrund des Gesetzes über Schwarze Körper die mittlere Photonenenergie ebenfalls geringer sein. Doch da Energie nicht vernichtet werden kann, muß zum Ausgleich die Anzahl der Photonen in die Höhe gehen. Aus einem einzelnen, im Zentrum erzeugten tödlichen Gammastrahl sind schließlich beim Verlassen der Photosphäre tausend niederenergetische optische Photonen geworden. Die Hülle wandelt also die Strahlung der Kernregion – die gleiche, die auch bei Atombombenexplosionen entsteht – in einen Schauer aus sanftem, gelbem Licht um.

Die Komplikationen, die bei der Berechnung eines Sonnenmodells durch die Opazitäten verursacht werden, sind schon schlimm genug, doch es gibt ein noch größeres Problem. Nach etwa 70 Prozent des Wegs vom Zentrum zur Photosphäre hat der Temperaturgradient einen Wert erreicht, der den Energietransport durch Konvektion, die dritte Methode, effektiver macht als durch Strahlung. Die Gase be-

4. DER BAU EINES STERNS

ginnen sich also in einer komplizierten Schichtungsfolge umzuwälzen, bis sie schließlich an die Oberfläche gelangen und dort als Granulation und Supergranulation sichtbar werden. Trotz der Leistungsfähigkeit der Physik und moderner Computer wissen wir leider immer noch nicht so recht, wie die Konvektion funktioniert. Wir können zum Beispiel nicht *a priori* die Größe der Konvektionszellen, den sogenannten Mischungsweg, vorhersagen, sondern müssen *ad hoc* Annahmen machen, die so beschaffen sind, daß sie die „richtigen", das heißt die beobachteten Werte ergeben. Und da diese Konvektionsschicht zusammen mit der differentiellen Rotation das solare Magnetfeld und die Sonnenaktivität erzeugt, wissen wir über deren Ursprung ebenfalls kaum etwas. Doch erstaunlicherweise können wir – obwohl die Konvektion so kompliziert ist – durch die Analyse großräumiger Sonnenoszillationen diese Schicht untersuchen und ihre Tiefe direkt messen.

Trotz all dieser Probleme konnten die Astronomen ein Sonnenmodell aufstellen, das sowohl mit der beobachteten Leuchtkraft übereinstimmt als auch ein Alter zeigt, das mit dem des Sonnensystems konsistent ist. Damit ist bewiesen, daß die Sonnenenergie tatsächlich hauptsächlich durch den Proton-Proton-Zyklus erzeugt wird. Die Berechnung des Sonnenalters erfordert eine Reihe von Überlegungen. Zu Beginn unserer Betrachtung hatten wir angenommen, daß die gesamte Sonnenmasse in Helium umgewandelt werden kann und daß dieser Prozeß 10^{11} Jahre dauern würde. Nun haben wir jedoch gesehen, daß von Anfang an nur etwa 40 Prozent der Sonnenmasse, also $0{,}4\,M_{\odot}$, zur Verfügung stehen und die Lebensdauer der Sonne dementsprechend kürzer sein muß. Die Kernfusion läuft im Zentrum am schnellsten ab, so daß dort der Wasserstoff aufgebraucht sein wird, lange bevor die gesamte Kernregion erschöpft ist. Und schließlich müssen wir noch beachten, wie sich die p-p-Fusionsrate ändert, wenn der Wasserstoffgehalt abnimmt. Der Druck eines Gases, das dem idealen Gasgesetz folgt, hängt nur von der *Anzahl* der Atome pro Volumeneinheit und nicht von ihrer Art ab. Da sich vier Wasserstoffatome in ein Heliumatom umwandeln, nimmt diese Anzahl ab, und um den inneren Druck aufrecht zu erhalten, muß die Kernregion unter dem Gewicht der darüberliegenden Schichten kontrahieren. Als Folge davon steigt die Temperatur im Inneren an, so daß die Fusionsrate und die Leuchtkraft erhalten bleiben, auch wenn der Brennstoffvorrat schwindet. Dieser Prozeß verleiht der Sonne ihre Stabilität und hat damit dem Leben auf der Erde Zeit zum Entwickeln gegeben – ihm haben wir unser Dasein zu verdanken.

Die Rechnungen zeigen, daß die Gesamtlebensdauer des Brennstoffs in der Zentralregion etwa zehn Milliarden Jahre beträgt. Wenn er verbraucht und das Stadium des Wasserstoffbrennens auf der Sonne beendet ist, wird sie ein strahlend heller Roter Riese werden – ein Vorgang, den wir im nächsten Kapitel erforschen werden. Da die Erde und die Sonne bekanntermaßen etwa fünf Milliarden Jahre alt sind, ist die Sonne also eindeutig in einem mittleren Alter und hat noch ein langes und vermutlich gutes Leben vor sich. Die Natur hat eine wunderbar ausbalancierte Fusionsmaschine konstruiert, bei der die unvorstellbaren Gewalten in ihrer Kernregion so fest unter Kontrolle sind, daß wir noch lange, lange Zeit schöne, sonnige Tage im Freien genießen werden können.

Neutrinos

Alle unsere üblichen Beobachtungen der Sonne beziehen sich auf ihre Oberfläche oder die darüber liegenden Schichten, die Chromosphäre und Korona. Selbst die Untersuchung der Konvektionsschicht an Hand der Analyse solarer Schwingungen führt uns nur ein kleines Stück ins Innere der Sonne und liefert uns keinerlei Information über die Kernregion und keinen direkten Beweis, daß die Energieerzeugung tatsächlich durch Wasserstoffbrennen stattfindet. Der einzige indirekte Beweis, den wir dafür haben, ist die über einen langen Zeitraum stetig anhaltende Leuchtkraft der Sonne.

Neutrinos könnten jedoch einen solchen Beweis liefern. Sie sind diejenigen subatomaren Teilchen, die am wenigsten mit anderen Teilchen wechselwirken. Typischerweise wäre eine *ein Lichtjahr dicke Mauer aus Blei* nötig, um ein Neutrino zu stoppen. Folglich werden sie auch von den Gasschichten der Sonne nicht aufgehalten und fliegen sofort nach ihrer Entstehung aus dem Sonneninneren heraus. Mit einem Neutrinoteleskop könnten wir also direkt bis ins Innerste der Sonne schauen. Doch wie können wir diese winzigen Energiepakete nachweisen, wenn Materie für sie transparent ist?

Nun, die Materie ist nicht *vollkommen* transparent. Neutrinos können eine Vielzahl von Kernreaktionen auslösen, und obwohl diese an sich alle sehr unwahrscheinlich sind, so gehen doch so viele Neutrinos von der Sonne aus – der Neutrinofluß beträgt bei der Erde erstaunliche 10^{10} Teilchen pro Quadratzentimeter –, daß wir gelegentlich eine solche Reaktion beobachten sollten. Das älteste Experiment zum Nachweis von Neutrinos läuft seit 20 Jahren tief unten in der Homestake-Goldmine in Süddakota, wo Ray Davis einen Tank mit 380 000 Litern der Reinigungsflüssigkeit Perchloräthylen (C_2Cl_4) aufgestellt hat. Etwa ein Viertel des Chlors besteht aus dem Isotop ^{37}Cl, das besonders dazu neigt, ein Neutrino einzufangen und sich in ra-

4. DER BAU EINES STERNS

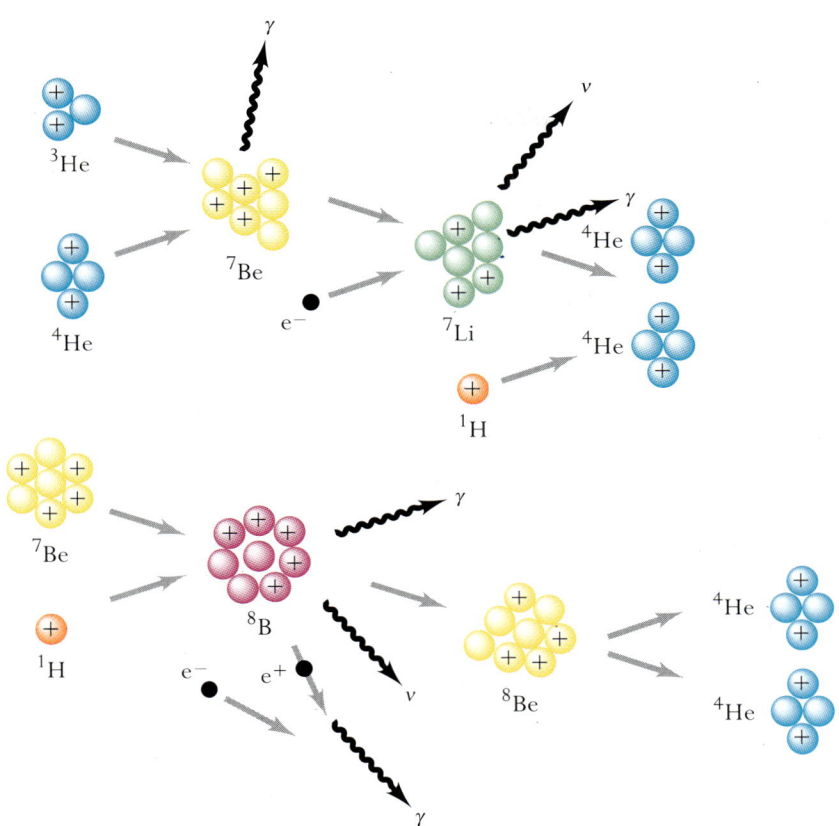

4.22 Mit dem Homestake-Experiment können Neutrinos nachgewiesen werden, die aus vier verschiedenen Reaktionen stammen. Zwei davon sind hier gezeigt. Oben: Durch die p-p-Reaktion entstandenes ^{4}He kann sich mit ^{4}He verbinden und ^{7}Be und ein Gammaquant erzeugen. Dann trifft ein Elektron auf das Beryllium und wandelt eins der Protonen in ein Neutron um. Dadurch entstehen ^{7}Li, ein Gammaquant und ein Neutrino. Unten: Das Beryllium kann aber auch statt dessen ein Proton einfangen und zu instabilem ^{8}B werden, das in ^{8}Be, ein Positron und ein *sehr* energiereiches Neutrino zerfällt. Beide Reaktionen enden mit der Erzeugung von zwei Heliumkernen.

dioaktives ^{37}Ar umzuwandeln. Radioaktive Atome können bei ihrem Zerfall nachgewiesen werden. Die Zählung der umgewandelten Atome ergibt so zusammen mit der bekannten Einfangwahrscheinlichkeit und der Zerfallsrate die Anzahl der von der Sonne ausgehenden Neutrinos.

Leider zählt man bei diesem Experiment nicht die Neutrinos, die direkt beim p-p-Prozeß entstehen, da deren Energien zu gering sind, um die Reaktion ^{37}Cl → ^{37}Ar auszulösen. Statt dessen weist man die sehr viel energiereicheren Neutrinos nach, die durch vier Sekundärkettenreaktionen erzeugt werden. Doch das Sonnenmodell sagt mit ziemlicher Genauigkeit vorher, wie viele davon vorhanden sein müssen und in welchem Verhältnis sie zur produktiveren Hauptkette stehen. Die Ergebnisse dieser zwanzigjährigen Arbeit sind recht beunruhigend: In dem Experiment ist nur etwas mehr als ein Viertel der erwarteten Neutrinozahl gezählt worden. Hierfür gibt es eine Reihe möglicher Erklärungen: Das Experiment war möglicherweise fehlerhaft, die geschätzten Neutrinoeinfangraten sind vielleicht falsch, die Temperatur oder die chemische Zusammensetzung in der Kernregion der Sonne sind vielleicht anders als erwartet (so daß das Sonnenmodell nicht stimmt) – oder wir haben die Neutrinos nicht verstanden.

Diese Frage ist so wichtig – sowohl in Bezug auf die Sonne als auch auf die Grundlagen der Kernphysik –, daß verschiedene weitere Experimente installiert wurden oder in Planung sind. Das zweite nach Homestake, das 1987 in der Kamioka-Zinkmine in Japan errichtet wurde, verwendet einen großen Tank mit normalem Wasser. Neutrinos, die auf Elektronen der Atome treffen, erzeugen kurze Strahlungsblitze, die von Photozellen an den Wänden des Tanks registriert werden. Leider hat dieser Detektor einen noch größeren Energieschwellenwert als beim Homestake-Experiment, so daß er nur Neutrinos aus zwei der Seitenketten nachweisen kann. Doch die Ergebnisse sind insoweit konsistent, als er nur etwa die Hälfte der erwarteten Neutrinos findet. Hinzu kommt, daß dieser Detektor die Richtung bestimmen kann, aus der die Neutrinos kommen, und er zeigt ganz klar, daß sie tatsächlich von der Sonne stammen. Das Problem scheint also nicht bei den Experimenten selbst zu liegen. Ein

4.23 Die rote Kurve gibt die während der letzten 20 Jahre gemessene Anzahl von Neutrinos an (in Form der Anzahl der pro Tag erzeugten ^{37}Ar-Atome). Sie liegt deutlich unter dem theoretisch erwarteten Wert. Die Schwankungen der Kurve stimmen mit der Anzahl der Sonnenflecken (gelbe Kurve) im Laufe eines Sonnenzyklus überein, wobei im Maximum der Sonnenmagnetismus die Anzahl der gezählten Neutrinos noch weiter abzusenken scheint.

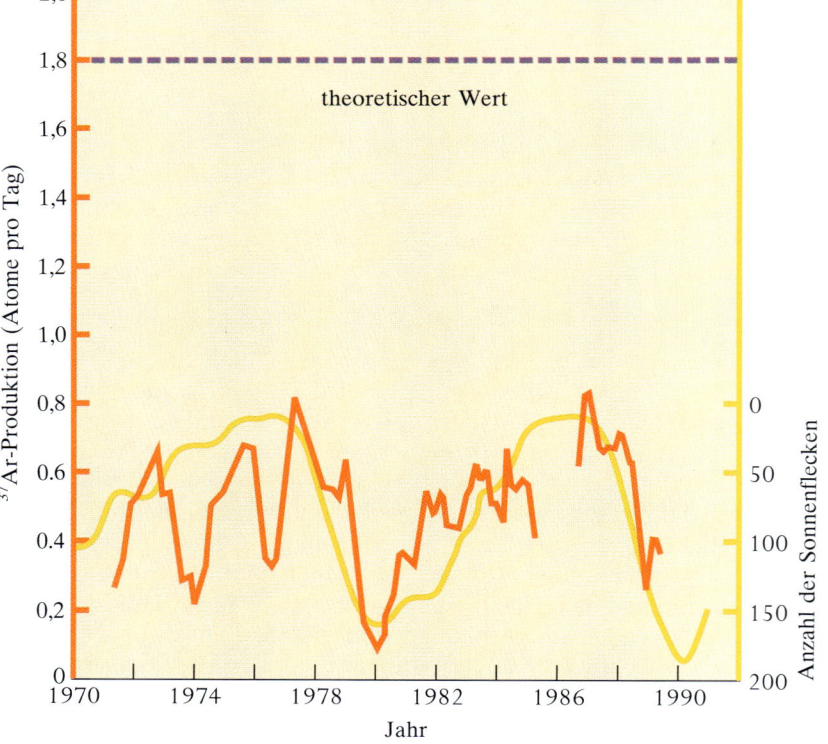

weiterer Hinweis auf die Vorgänge ergibt sich aus den langfristigen Aufzeichnungen der Homestake-Daten. Es besteht offenbar eine Antikorrelation zwischen dem Neutrinofluß und dem Sonnenzyklus! Möglicherweise ist doch die Sonne für das Problem verantwortlich. Aber wie?

Zwei Experimente – ein gemeinsam von Rußland und den USA in Rußland durchgeführtes Projekt mit dem Namen „Sage" und das in Italien durchgeführte europäische Projekt „Gallex" – verwenden das seltene Element Gallium. Ein Neutrino kann ein ^{71}Ga-Atom in ein radioaktives Germaniumatom ^{71}Ge umwandeln und damit gezählt werden. Mit dieser Reaktion können die energiereicheren Neutrinos aus der p-p-Hauptkette selbst nachgewiesen werden. Bei diesen Experimenten hat man etwa die Hälfte der erwarteten Neutrinozahl gefunden. Unser Sonnenmodell kann aber nicht *dermaßen* falsch sein. Schauen wir uns also die Neutrinos selbst einmal näher an.

Das Ganze wird nun noch komplexer. Wir haben bereits erfahren, daß es fünf Kernreaktionsketten gibt, die in der Sonne Energie erzeugen (tatsächlich existiert auch noch eine sechste). Darüber hinaus gibt es nicht nur eine Neutrinoart sondern *drei*, und zu jeder existiert noch ein Antineutrino mit umgekehrtem Spin. Die bei den solaren Reaktionen erzeugte Neutrinoart ist mit dem Elektron verknüpft. Es gibt aber auch noch schwerere Versionen des Elektrons – das Myon und das Tau-Teilchen –, die ebenfalls ihre entsprechenden Neutrinos besitzen. Doch diese sind durch keins der Experimente nachweisbar (ebensowenig wie ihre Antineutrinos). Falls die vom p-p-Zyklus erzeugten Elektron-Neutrinos eine geringe Masse besitzen, können sie von den umgebenden solaren Elektronen in nicht nachweisbare Myon- und Tau-Neutrinos verwandelt werden. Die energiereicheren Neutrinos der Seitenketten sind davon weniger betroffen, so daß wir einige von ihnen nachweisen können. Das würde erklären, warum Homestake ein Viertel und Kamioka die Hälfte der erwarteten Neutrinos findet. Wenn außerdem die Neutrinos noch etwas magnetisch wären, könnten sie vom Sonnenmagnetfeld in nicht nachweisbare Antineutrinos umgewandelt werden, wodurch sich der Zusammenhang mit dem Sonnenzyklus erklären ließe.

In einigen Jahren, wenn diese und weitere in Planung befindliche Experimente entsprechend lang gelaufen sind, sollten wir dann in der Lage sein, alle diese Effekte zu erkennen und die Theorien über das Sonneninnere zu überprüfen. Doch noch wichtiger ist vielleicht die Tatsache, daß die Astronomie und die Sonne zu neuen Einsichten in die Natur der Atome und der mit ihnen verknüpften subatomaren Teilchen geführt haben – eine großartige Symbiose zwischen den Naturwissenschaften.

Auf der Hauptreihe

Nun schauen wir hinaus in den Weltraum und sehen Myriaden andere Sterne. Da die Sonne ein typischer Zwergstern ist, sollte die Hauptreihe eine Sequenz wasserstoffbrennender Sterne sein. Und wenn die Theorien über die Sonne richtig sind, sollten sie auch für die anderen Sterne gelten. Vor über 50 Jahren zeigten Henry Norris Russell und H. Vogt, daß einzig die Masse und die chemische Zusammensetzung eines Sterns seine Struktur und damit auch seine Leuchtkraft bestimmen. Die chemische Zusammensetzung der Sterne ist sehr ähnlich. Daher ist das Russell-Vogt-Theorem das theoretische Gegenstück zur empirischen Masse-Leuchtkraft-Relation, die wir in Kapitel 3 besprochen haben. Wenn wir von der Sonne aus die Hauptreihe nach unten gehen, nehmen die Masse und der gravitative Druck ab, ebenso wie die innere Temperatur und die Leuchtkraft. Die p-p-Reaktion läuft immer langsamer ab. Bei 0,08 $M_\odot$ ist schließlich die Temperatur in der Kernregion auf fünf Millionen Grad gesunken; wird sie noch kühler, kann die Kernfusion nicht aufrechterhalten werden. Wir haben das untere Ende der Hauptreihe, die untere Massengrenze für Sterne erreicht. Unser Planet Jupiter besteht zwar hauptsächlich aus Wasserstoff, doch er hat eine 50mal zu kleine Masse, um ein Stern werden zu können. Wenn wir jedoch von der Sonne aus zu höheren Massen gehen und die innere Temperatur und Leuchtkraft ansteigen, setzt langsam ein ganz anderer Prozeß ein. Unmittelbar nachdem die p-p-Reaktion bekannt wurde, hatte Bethe (und unabhängig davon auch C. F. von Weizsäcker, Anm. d. Übers.) festgestellt, daß bei entsprechend hoher Temperatur eine weitere Kernreaktion möglich wird – eine, in der Kohlenstoff als nuklearer Katalysator wirkt. In normalen galaktischen Sternen ist etwa eins von 2000 Atomen ein Kohlenstoffatom. Bei Temperaturen unter etwa 15 Millionen Grad sind die Geschwindigkeiten der Atome zu gering, um ein Proton ohne weiteres in ein Kohlenstoffatom eindringen zu lassen. Mit steigender Temperatur wird jedoch auch die Wahrscheinlichkeit hierfür sehr schnell größer, so daß sich oberhalb von 15 Millionen Grad ein Proton *eher* mit einem Kohlenstoffatom verbindet als mit einem anderen Proton und damit den Kohlenstoff-Zyklus, auch Bethe-Weizsäcker-Zyklus genannt, startet.

Wenn ein ^{12}C-Kern (nach einer typischen Wartezeit von 13 Millionen Jahren) mit einem Proton verschmilzt, erhöhen sich seine Atommasse und seine Ordnungszahl um eins, so daß er ein ^{13}N-Kern wird. Dieses Stickstoffisotop ist radioaktiv instabil. Nach etwa sieben Minuten erleidet eins seiner Protonen einen inversen β-Zerfall und wandelt sich in ein Neutron um, wobei ein Positron und ein Neutrino ausgestoßen werden. Dabei bleibt die Masse gleich, doch die Ordnungszahl nimmt um eins ab, und aus ^{13}N wird ^{13}C, der ebenso

4. DER BAU EINES STERNS

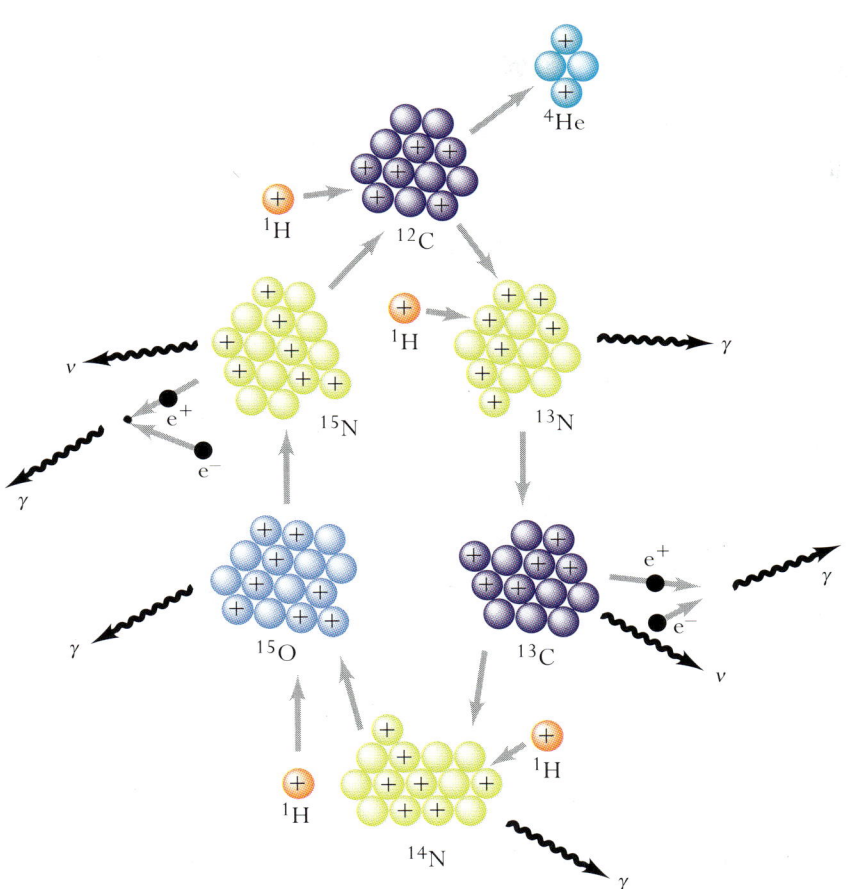

4.24 Im Kohlenstoff-Zyklus, der auch manchmal Kohlenstoff-Stickstoff- oder CN-Zyklus genannt wird, wirkt der Kohlenstoff als eine Art Katalysator, der die Verbindung von vier Wasserstoffatomen zu einem Heliumatom ermöglicht. Bei jedem Schritt außer dem letzten wird dabei ein Gammaquant erzeugt — entweder direkt oder durch die Entstehung eines kurzlebigen Positrons.

stabil ist wie ^{12}C. Das Positron trifft auf ein Elektron, wobei wieder ein Gammaquant erzeugt wird. Nach einer Wartezeit von einigen Millionen Jahren fängt der ^{13}C-Kern unter Aussendung eines weiteren Gammaquants ein weiteres Proton ein und wird zu ^{14}N, dem Gas, das auch in unserer Atemluft enthalten ist. Dann trifft noch ein Proton auf den ^{14}N-Kern und erzeugt radioaktiven Sauerstoff ^{15}O, der nach etwa einer Minute in stabilen ^{15}N zerfällt. Bisher sind also drei Protonen verbraucht worden. Ein viertes kommt jetzt ins Spiel, das in den ^{15}N-Kern tunnelt. Anstatt nun einen stabilen ^{16}O-Kern zu erzeugen, hält die Natur eine Überraschung für uns bereit. Die Reaktion führt zum Ausstoß eines Heliumkerns (im früheren Sprachgebrauch ein α-Teilchen), und dadurch entsteht wieder der ursprüngliche ^{12}C-Kern. Vier Wasserstoffatome haben also ein Heliumatom gebildet, wobei der Kohlenstoff unverändert erhalten geblieben ist. Die Sonne ist heiß genug, um etwa zehn Prozent ihrer Energie nach dem Kohlenstoff-Zyklus zu erzeugen. Der Prozeß muß demnach im Sonnenmodell mitberücksichtigt werden. Bei Hauptreihensternen etwa um die Spektralklasse F0 tragen der Kohlenstoff- und der p-p-Zyklus ungefähr gleich viel zur Energieerzeugung bei. Oberhalb davon herrschen die Kohlenstoffreaktionen vor, und bei den O- und B-Sternen ist die p-p-Kette praktisch ohne Bedeutung.

Das Grundmodell der Sonne und der Sterne gibt uns nun auch die *obere* Grenzmasse für Hauptreihensterne an. Mit steigender Masse und Leuchtkraft wächst auch der Strahlungsdruck an. Bei etwa 120 Sonnenmassen ist der nach außen gerichtete Schub so stark, daß die Gravitation den Stern nicht länger zusammenhalten kann. Jeder Körper, der sich mit einer größeren Masse als diese Grenzmasse bilden wollte, würde sofort auseinandergerissen und buchstäblich aufs rechte Maß zurecht gestutzt. Selbst bei leuchtstarken Zwergsternen mit geringeren Massen führt die enorme Strahlung noch dazu, daß sie große Mengen an Materie in Form starker Sternwinde verlieren, die bis zu neun Größenordnungen stärker sind als bei der Sonne.

Theoretische Modelle zeigen, daß sich der innere Aufbau der Sterne stark ändert, wenn wir verschiedene Massen auf der Hauptreihe betrachten. Bei Sternen mit größerer Leuchtkraft als die Sonne werden die äußeren Konvektionszonen in den Hüllen immer dünner, und von der Spektralklasse A an aufwärts verschwinden sie ganz. Dafür tritt ab hier in der Kernregion Konvektion auf. Abwärts über die Klasse G bis hin zu K und M wird die äußere Konvektionsschicht dicker. Am unteren Ende der Hauptreihe ist möglicherweise der ganze Stern konvektiv, wodurch Materie aus allen Schichten in die wasserstoffbrennende Kernregion gelänge – doch Beweise hierfür gibt es nicht. Da Konvektion die Entstehung von Magnetfeldern in Sternen begünstigt, müßten wir eigentlich die Auswirkungen dieser masseabhängigen Veränderungen im Aufbau von Sternen beobachten können – und wir werden auch nicht enttäuscht.

Braune Zwerge

Der Massenbereich von Sternen reicht von 120 $M_\odot$ bis 0,08 $M_\odot$. Die obere Grenze scheint absolut zu sein, die untere dagegen nicht. Unterhalb dieses Werts kann sich ein Stern nicht durch thermonukleare Reaktionen am Leben erhalten. Gleichwohl können sich solche Objekte mit Untermasse – die Braune Zwerge genannt werden – bilden. Ihre Existenz ist unter Umständen wichtig für die Theorie der Sternentstehung und die Bestimmung der Masse unserer Galaxis.

Obwohl sie kein stabiles Wasserstoffbrennen haben, sollten Braune Zwerge sichtbar sein und schwach leuchten, indem sie zunächst ihren kleinen ursprünglichen Vorrat an Deuterium zu Helium verbrennen und dann ihre Gravitationsenergie in Wärme umsetzen. Alle Versuche, ihre Existenz nachzuweisen, sind jedoch bisher fehlgeschlagen. Zwar sind zahlreiche sehr schwache, rote Objekte gesichtet worden, die zunächst stets für große Aufregung sorgten. Doch bei näherer Untersuchung stellten sie sich als sehr schwache, echte Sterne am unteren Ende der Hauptreihe heraus. Man hat auch in Doppelsternsystemen nach Braunen Zwergen gesucht, wo sie bei ihren Begleitern Dopplerverschiebungen hervorrufen könnten, doch auch diese Suche blieb erfolglos. Wir wissen, daß für eine gegebene Spektralklasse der Hauptreihe die Anzahl der Sterne pro Raumvolumen enorm zunimmt, wenn wir hinunter zu den roten Zwergen kommen. Doch scheinbar geht sie kurz vor der unteren Massengrenze wieder zurück und fällt möglicherweise unterhalb von 0,08 $M_\odot$ fast auf Null. Wenn wir nur wüßten, warum!

Sternaktivität

Es gibt keinen Grund zu der Annahme, daß die Sonne einzigartig sei. Andere Sterne sollten die gleichen bizarren Eigenschaften besitzen: Granulation, Flecken, Magnetfelder, Aktivität, Flares und so weiter. Unter den heutigen Astronomen gibt es wahrscheinlich nur ganz wenige, die nicht davon träumen, die Scheiben und Oberflächenmerkmale anderer Sterne tatsächlich sehen zu können – zum einen einfach um des Staunens willen und zum anderen, weil die äußeren Eigenschaften starke Randbedingungen für die innere Struktur liefern. Doch die unergründlichen Sterne befriedigen unsere Neugier nur wenig. Selbst der Stern mit dem größten Winkeldurchmesser ist nur einige hundertstel Bogensekunden groß, und da unsere turbulente Atmosphäre bestenfalls eine Auflösung von etwa einer halben Bogensekunde ermöglicht, sind die Sternscheiben weiterhin unseren Blicken entzogen – mit der einen Ausnahme, die in Kapitel 3 abgebildet ist.

Nichtsdestoweniger haben die Astronomen eine Menge auf indirekteren Wegen gelernt. So konnten wir stellare Chromosphären und Koronae nachweisen und untersuchen sowie Sternflecken und aktive Sternphänomene entdecken, die denen auf der Sonne gleichen und diese manchmal sogar um vieles an Heftigkeit übertreffen. Da bei der Sonne Chromosphäre und Korona von der hellen Photosphäre völlig überstrahlt werden, wären sie im integrierten Licht (der über die gesamte Oberfläche summierten Strahlung) nur äußerst schwer zu erkennen. Das gleiche gilt auch für andere Sterne. Doch durch sorgfältige spektroskopische Beobachtungen, mit deren Hilfe wir den Kontrast verstärken können, ist es uns möglich, stellare Chromosphären nachzuweisen. Sie treten von der Spektralklasse F abwärts bis einschließlich Klasse M auf. In diesen Sternen sind die photosphärischen H- und K-Absorptionslinien des ionisierten Calcium ausgesprochen stark. Im Zentrum dieser Linien ist fast die gesamte Strahlung der Photosphäre abgeblockt, so daß die Sterne hier nur äußerst schwach leuchten. Die Chromosphären dagegen, die aus Gas bestehen, das unter geringem Druck steht, erzeugen bei diesen Wellenlängen H- und K-*Emissionslinien*, die gegen den verdunkelten Hintergrund leicht zu erkennen sind. Wenn wir auf der Hauptreihe von der Sonne aus nach unten gehen, werden die Emissionslinien des ionisierten Calcium relativ zur integrierten Leuchtkraft des Sterns stärker. Das weist darauf hin, daß die Chromosphären dicker werden – anscheinend aufgrund der stärkeren Magnetfelder, die von den immer tiefer reichenden Konvektionszonen erzeugt werden.

Wir wissen, daß der magnetische Dynamo durch das Zusammenspiel von Konvektion und *Rotation* entsteht. Erstaunlicherweise können wir die Rotationsgeschwindigkeiten von Sternen, diesen kleinen Lichtpünktchen, mit beachtlicher Genauigkeit bestimmen. Zur Entstehung einer Absorptionslinie tragen alle Oberflächenpunkte eines Sterns bei. Wenn nun ein Stern rotiert (und wir nicht genau von oben auf den Pol schauen), kommt ein Teil der Sternoberfläche auf uns zu (relativ zur Gesamtradialgeschwindigkeit), und ein Teil bewegt sich von uns weg. Deshalb ist ein Teil der Absorptionslinie relativ zum Mittelwert zu kürzeren Wellenlängen hin dopplerverschoben und ein Teil zu längeren. Daraus ergibt sich eine Verbreiterung der Linie. Das Profil der Absorptionslinie – ihre funktionelle Form relativ zur Wellenlänge – nimmt dabei eine sehr charakteristische Gestalt an, aus der wir die Rotationsgeschwindigkeit ableiten können. Da die Rotationsachse eines Sterns aber nur selten genau senkrecht zu unserer Sichtlinie steht, erhalten wir in Wirklichkeit die Projektion der Geschwindigkeit an die Himmelskugel. Unter der Annahme, daß die Richtungen der Sternrotationsachsen zufällig verteilt sind, können wir für einzelne Spektralklassen jeweils statistische Mittelwerte ableiten. Die Aktivität innerhalb stellarer Chromosphären liefert uns ebenfalls Informationen. Wir können tatsächlich beobachten, wie sich die Emissionen in den H- und K-Linien periodisch verändern, wenn Aktivitätsgebiete am einen Sternrand auftauchen und am anderen wieder verschwinden. Daraus läßt sich die Rotationsperiode direkt bestimmen.

4.25 Die Wasserstofflinien von Wega (oben) und ζAquilae (unten). Die verbreiterte Linie von ζAql weist auf eine Rotationsgeschwindigkeit von 345 km/s hin, die von Wega dagegen nur auf 15 km/s. Da wir aber nur eine Rotation senkrecht zur Sichtlinie nachweisen können, ist es durchaus möglich, daß Wega in Wirklichkeit sehr schnell rotiert und wir auf ihren Pol blicken.

Wir stellen fest, daß es längs der Hauptreihe eine deutliche Korrelation zwischen Spektralklasse und Rotationsgeschwindigkeit gibt. Die G-, K- und M-Sterne rotieren alle sehr langsam, wobei die Geschwindigkeit von etwa fünf Kilometern pro Sekunde auf einen Kilometer pro Sekunde am unteren Ende der Hauptreihe absinkt. Doch wenn wir die Hauptreihe nach oben gehen und die Spektralklasse F erreichen, treffen wir auf den sogenannten Rotationssprung – die Rotationsgeschwindigkeiten springen plötzlich auf 100 Kilometer pro Sekunde und weiter bis auf 200 Kilometer pro Sekunde in Klasse B. Der Sprung tritt auf der Hauptreihe etwa da auf, wo die äußere Konvektionszone verschwindet. Darüber hinaus ist Rotation eng mit dem Alter der Sterne verknüpft. Wie wir im nächsten Kapitel sehen werden, können wir mit Hilfe der Sternentwicklungstheorie das Alter von Sternhaufen bestimmen. Dabei stellen wir fest, daß Sterne in älteren offenen Haufen stets langsamer rotieren. Die Rotation erzeugt zunächst zusammen mit der Konvektionszone das Magnetfeld und stellare Aktivität, *und dann wirkt das Magnetfeld als Bremse, die den Stern immer langsamer rotieren läßt.* Wenn ein Stern nämlich Materie als Sternwind abbläst, so nimmt diese Materie die magnetischen Feldlinien mit sich. Dies wissen wir aus Beobachtungen der Sonne und des Sonnenwinds. Doch die Feldlinien bleiben weiterhin im Stern verankert, so daß sie ganz langsam, über Milliarden von Jahre, wie Halteseile wirken, die den rotierenden Gasball allmählich abbremsen und schließlich fast ganz anhalten. Die Aktivität in kühleren Sternen läßt aber trotzdem nicht nach. Das zeigt, daß für die Erzeugung eines starken Magnetfelds nicht viel Rotation nötig ist, solange nur eine tiefe Konvektionszone vorhanden ist.

Schade, daß wir nicht alle ein paar Stunden am Teleskop verbringen können, um einige schwache rote Zwergsterne zu beobachten. Im allgemeinen sind diese schwach leuchtenden Sterne so bescheiden, daß wir ihnen keine große Aufmerksamkeit schenken. Eine beachtliche Anzahl von ihnen produziert jedoch Flares, die jene der Sonne weit in den Schatten stellen. Nur ganz selten kann man einen solaren Flare durchs Teleskop im weißen Licht sehen. Normalerweise beobachten wir sie nur in chromosphärischen Emissionslinien wie den H- und K-Linien oder H_α. Bei den M-Sternen sind die Flares jedoch nicht nur direkt sichtbar, sie können sogar die Helligkeit des Sterns um eine oder mehrere Größenklassen ansteigen lassen. Man stelle

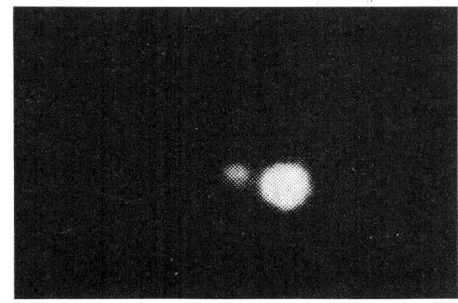

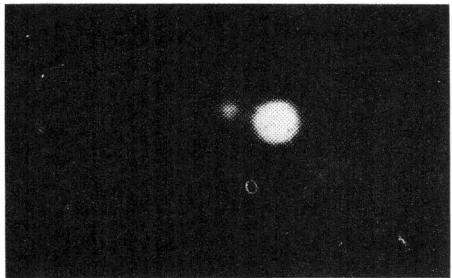

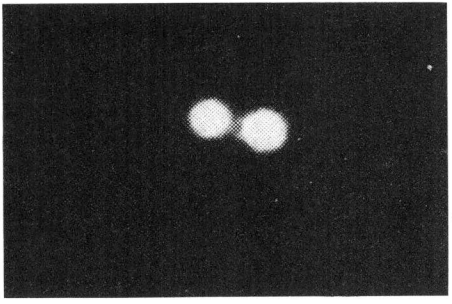

4.26 Diese Photos von DO Cephei, einem Doppelsternsystem, das aus einem M3- und einem M4-Zwerg besteht, zeigen eindrucksvoll, wie die Leuchtkraft entlang der Hauptreihe abnimmt. Plötzlich und ohne jede Warnung bricht jedoch beim schwächeren M4-Zwerg ein mächtiger Flare aus und läßt den Stern um eine volle Größenklasse (also um den Faktor 2,5) heller werden. Im Ultravioletten ist der Helligkeitsanstieg noch viel größer.

sich vor, die Sonne würde plötzlich einige Minuten lang zwei-, drei- oder viermal heller! Die Flares von M-Sternen sind wie die solaren Flares auch im Radio-, UV- und Röntgenbereich beobachtbar. Sie sind so stark, daß hier vermutlich über den gesamten Stern magnetische Energie freigesetzt wird. Flare-Aktivität hängt eindeutig mit der Rotation und dem Alter zusammen, da junge Sternhaufen sehr viel mehr aktive Flare-Sterne enthalten als ältere. Es ist eine faszinierende Überlegung, wie wohl unsere eigene Sonne vor einigen Milliarden Jahren ausgesehen haben mag, als sich auf der Erde das Leben gerade zu entwickeln begann und die Sonne noch jung war und schneller rotierte. Welche Auswirkung wohl eine verstärkte Aktivität auf die Evolution des Lebens gehabt haben mag?

Wo es Flares gibt, sollten auch Koronae sein. Eine stellare Korona muß nicht notwendigerweise so aussehen wie die der Sonne – hier gibt es sicherlich interessante Variationsmöglichkeiten. Wir wissen, daß andere Sterne Koronae besitzen, weil wir mit Satelliten ihre Röntgenstrahlung beobachten können.

Bei bestimmten Doppelsternen nimmt die Aktivität besondere Ausmaße an. Die RS Canum Venaticorum-Sterne sind enge Paare aus G-Zwergsternen oder Unterriesen, die gravitativ auf ähnliche Weise aneinander gebunden sind wie der Mond an die Erde, wobei der Mond bekanntlich der Erde immer die gleiche Seite zuwendet („gebundene Rotation"). Durch hohe Umlaufgeschwindigkeiten kommt es bei diesen Doppelsternen folglich zu einer sehr schnellen Rotation, die zusammen mit den tiefen Konvektionszonen eine enorme Aktivität erzeugt. Diese Sterne sind derart mit Flecken übersät (eine andere Erklärung gibt es nicht), daß wir tatsächlich beobachten, wie sich die Helligkeit des ganzen Sterns merklich verändert, wenn aktive Gebiete am einen Sternrand sichtbar werden und am anderen wieder verschwinden. Sie zeigen auch auffällige Koronae im Röntgenbereich und stoßen gelegentlich riesige Flares aus – alles in allem eine sonnenähnliche Aktivität, aber mit furchterregenden Ausmaßen. Sie macht deutlich, welche Rolle die Rotation bei der Entstehung des magnetischen Dynamos spielt.

Auf einer niedrigeren Aktivitätsstufe entdecken wir bei hinreichend genauer Beobachtung von sonnenähnlichen Sternen Hinweise auf ganze stellare magnetische Zyklen, die dem 22jährigen Sonnenzyklus sehr ähneln. Etwa zwei Drittel der untersuchten Sterne zeigen regelmäßige Veränderungen mit mehrjährigen Perioden. Man könnte versucht sein, das restliche Drittel, das keinerlei Veränderungen zeigt, mit den Zeiten in Verbindung zu bringen, in denen der Sonnenzyklus abgeschaltet ist, wie es zum Beispiel während des Maunder-Minimums der Fall war.

Derartige Langzeitstudien gehören zu den schwierigsten in der Astronomie. Teleskopzeit ist kostbar, und der Druck, Ergebnisse publizieren zu müssen, ist sehr groß. Jeder, der das Sternzyklenproblem untersucht, muß eine enorme Geduld aufbringen, um einen Stern über Jahrzehnte hinweg zu verfolgen – doch es zahlt sich aus. Am Ende werden wir Sternaktivität mit anderen Beobachtungsparametern in Beziehung setzen können und das Phänomen sehr viel besser verstehen. Und der Zusammenhang zwischen anderen Sternen und der Sonne ermöglicht es uns dann vielleicht, unseren eigenen Stern besser kennenzulernen – den Stern, von dem unser Leben abhängt.

Die Hauptreihe hinauf

Oberhalb der Spektralklasse F verschwindet die Konvektion, und wir könnten glauben, daß die Sternoberflächen hier sehr viel ruhiger, wenn nicht gar langweilig sind. Doch wieder erwartet uns eine Überraschung. Aus der Zeeman-Aufspaltung der Spektrallinien erkennen wir, daß A-Zwerge Magnetfelder besitzen können, die sehr viel stärker sind als alle, die man auf der Sonne findet, selbst in den größten Sonnenflecken. Den Rekord hält der schwache Stern neunter Größe HD215441 mit einem globalen Magnetfeld, das etwa 110 000mal stärker ist als das Erdmagnetfeld! Regelmäßige Änderungen der Feldstärke bei diesen Ap-Sternen (A pekuliar) zeigen deutlich, daß die magnetische Achse relativ zur Rotationsachse geneigt ist – eine Tatsache, die man auch häufig bei den Magnetfeldern der Planeten findet. Hier ist irgendeine Art Dynamo am Werk, doch bis jetzt wissen wir nicht, was für einer.

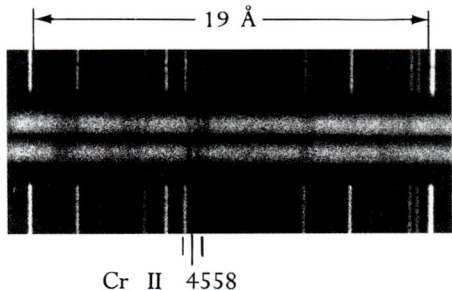

4.28 Das Spektrum von HD215441, einem Stern neunter Größe im Sternbild Lacerta, zeigt im Violetten Linien von ionisiertem Chrom, die durch den Zeeman-Effekt aufgespalten sind. Diese Aufspaltung deutet auf ein Magnetfeld hin, das 110 000mal stärker ist als das Erdmagnetfeld.

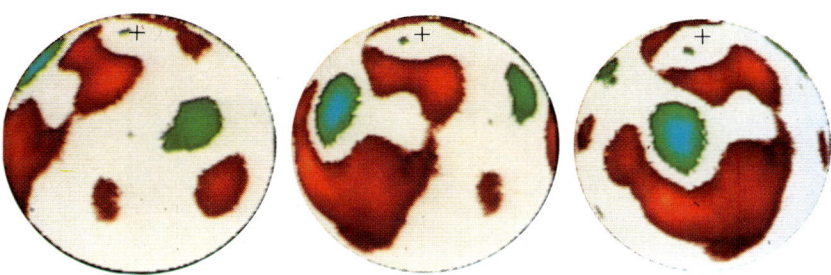

4.27 Durch sorgfältige Messungen der Änderung der Form der Silicium-Linien bei dem Ap-Stern γ²Arietis können die Astronomen rekonstruieren, wie fleckige Gebiete, die eine starke Überhäufigkeit von Silicium aufweisen, über die Sternscheibe wandern. Mit Hilfe des Computers kann man auf diese Weise Bilder der Sternoberfläche erzeugen. Die grünen Gebiete zeigen Überhäufigkeiten von Silicium, die roten Unterhäufigkeiten. Das „+" markiert den Rotationspol.

Diese Sterne lassen auch eigenartige Häufigkeitsanomalien erkennen, indem sie übermäßig starke Spektrallinien von Silicium, Chrom, Strontium und sogar von seltenen Erden wie Europium zeigen. Die Linienstärken ändern sich zusammen mit der magnetischen Feldstärke. Offenbar gibt es Gebiete, die entfernt an die Aktivitätsgebiete auf der Sonne erinnern und mit bestimmten Elementen angereichert sind. Wegen der Rotation des Sterns werden sie in regelmäßigen Abständen sichtbar und verschwinden wieder. Die beste Erklärung für ihre Entstehung ist eine Art Diffusion, die einige chemische Elemente aus der Atmosphäre absinken und andere aufsteigen läßt. Die ganze Angelegenheit ist jedoch ziemlich rätselhaft.

Eine Art Diffusion ist möglicherweise auch bei den Metallinien- oder Am-Sternen am Werk. Diese besitzen keine merklichen Magnetfelder, zeigen aber eine Unterhäufigkeit von Elementen wie Calcium sowie eine starke Überhäufigkeit von Schwermetallen wie Strontium, Yttrium und Barium. Es gibt auch deutliche Hinweise, daß sie Mitglieder von Doppelsternsystemen sind.

Offenbar können wir nur dann behaupten, daß wir die Sterne "verstehen", wenn wir nicht *zu* genau hinschauen. Sie zeigen eine überwältigende Fülle von Details, und je genauer wir hinsehen, desto mehr Erstaunliches entdecken wir.

5.1 Der Hantel-Nebel.

Der Reifungsproreß

5

Entwicklung und Altern der Sonne
und masseärmerer Sterne

In früheren Zeiten sprachen die Astronomen von „Fixsternen", da diese im Gegensatz zu den wandernden Planeten niemals ihre Position am Himmel zu verändern scheinen. Wir können sie unser ganzes Leben lang beobachten, ohne eine Verschiebung zu bemerken. Unsere Sternbilder, die sich scheinbar seit Tausenden von Jahren nicht verändert haben, sind Ausdruck der Beständigkeit des Himmels. In Kapitel 3 haben wir aber erfahren, daß sich die Sterne *doch* bewegen und daß deshalb nach entsprechend langer Zeit die sagenhaften Tiere und Gestalten, die heute den Himmel bevölkern, alle verschwinden werden. Nun wollen wir uns jedoch einer anderen Art von Veränderung zuwenden. Sterne leben lang – die Sonne zehn Milliarden Jahre –, doch keiner lebt ewig. Ihr Energievorrat ist begrenzt, und wenn er zu Ende geht, werden sie – wie die vertrauten Sternbilder – ebenfalls sterben.

Etwas so großes und mächtiges wie ein Stern tritt nicht in aller Stille ab. Sterne verlöschen nicht einfach plötzlich, sondern sie durchlaufen Todeszuckungen, die sie riesig anschwellen lassen und heftige Helligkeitsschwankungen oder verheerende Explosionen hervorrufen, bei denen regelrechte Löcher im Raum entstehen können – und auch einige der schönsten Anblicke der Natur überhaupt. Diese Vorgänge laufen keineswegs unmerklich oder im Verborgenen ab. Nein, jeder kann sie am Himmel beobachten, denn es sind die hell strahlenden Riesen und Überriesen, die am Dahinscheiden sind.

Im bezug auf die Sterne tritt der Tod schnell ein, doch für menschliche Begriffe geht er mit einigen singulären Ausnahmen schleichend langsam. Die Astronomen müssen die ganze Palette der Himmelsobjekte betrachten und sie mit Hilfe der Theorie zeitlich aneinanderreihen, um zu erkennen, wie sich die stillen Hauptreihenzwerge in die Wunder des Himmels verwandeln.

Die Lebensdauer der Sterne und die verschiedenen Bereiche der Hauptreihe

Die Hauptreihe ist das breite Band, auf dem sich die Sterne in ihrer Jugend und im mittleren Alter aufhalten, während sie ihren ursprünglichen Wasserstoffvorrat zu Helium verbrennen. Wir haben bereits gelernt, daß Temperatur und Leuchtkraft der Sterne von ihren Massen abhängen. Jetzt werden wir erfahren, daß die Masse sogar bestimmt, wie lange ein Stern lebt, wie er sich entwickelt und wie er schließlich stirbt.

Gegeben seien zwei Holzhaufen und ein Streichholz. Natürlich erwartet jeder, daß der größere Haufen auch länger brennt. Wenn man diese Schlußfolgerung jedoch einfach auf die Sterne überträgt, irrt man sich gewaltig. Massereichere Sterne besitzen zwar eindeutig einen größeren Energievorrat – ob in Form von Gravitations- oder Kernenergie ist im Moment nicht wichtig. Doch wie Eddington 1926 zeigte, muß die Leuchtkraft eines Sterns etwa proportional zu M^3 sein, damit er sein Gleichgewicht aufrechterhalten kann, was auch ungefähr mit der aus Doppelsternen abgeleiteten Masse-Leuchtkraft-Beziehung übereinstimmt. Mit dieser Beziehung ist eine Untersuchung der Lebensdauer von Sternen möglich. Betrachten wir das folgende einfache Argument, das sämtliche Feinheiten außer acht läßt. Ganz grob muß die Lebenszeit eines Sterns τ proportional sein ($\propto$) zu seinem Energievorrat dividiert durch die Rate, mit der dieser verbraucht wird. Da der Energievorrat proportional zur Masse und die

Verbrauchsrate proportional zur Leuchtkraft ist, gilt $\tau \propto M/L$. Da $L \propto M^{3,5}$ (nach der gemittelten Beziehung für Doppelsterne), gilt $\tau \propto M/M^{3,5}$ oder $\tau \propto 1/M^{2,5}$. Nach dieser einfachen Beziehung wird Wega, ein typischer A-Zwerg mit der 2,5fachen Sonnenmasse, nur $(1/2,5)^{2,5} = 1/10$ so lang leben wie die Sonne, während ein B-Zwerg mit zehn Sonnenmassen nur 1/300 der Lebenszeit der Sonne erreicht. Sterne mit einem Zehntel der Sonnenmasse – die schwachen, roten M-Zwerge nahe am unteren Ende der Hauptreihe – gehen so sparsam mit ihrem mageren Energievorrat um, daß sie 300mal länger leben werden als die Sonne. Genauere Werte erhält man, wenn man den tatsächlichen Wert des Exponenten, der sich ein wenig mit der Masse ändert, in die Masse-Leuchtkraftbeziehung einsetzt.

Das absolute Alter der Sterne hängt – wie wir bei der Sonne gesehen haben – von der Art des Brennstoffs ab. Die Kernfusion ermöglicht es der Sonne, etwa zehn Milliarden Jahre auf der Hauptreihe zu leben. Wenn wir diese Zahl mit den obigen Proportionalitäten kombinieren (wobei wir den variablen Exponenten in der Masse-Leuchtkraftbeziehung benutzen), stellen wir fest, daß die seltenen O-Zwerge am oberen Ende der Hauptreihe nur drei oder vier Millionen Jahre leben – heute noch da, morgen schon verschwunden. *In der Zeit, in der es Menschen auf der Erde gibt, sind Sterne entstanden und wieder vergangen.* Am untersten Ende der Hauptreihe dagegen werden die kühlen M-Zwerge erstaunliche *drei Billionen Jahre* alt.

Die Hauptreihe endet bei 0,08 $M_\odot$ (Spektralklasse M8). Darunter liegen die schwer zu fassenden Braunen Zwerge, die wir in Kapitel 4 kennengelernt haben – „Nicht-Sterne", die sogar erst noch entdeckt werden müssen. Unterhalb von 0,8 $M_\odot$ (Spektralklasse G8) ist die Lebensdauer länger als das Alter der Galaxis, das wir auf etwa 13 Milliarden Jahre schätzen (wie wir auf diese Zahl kommen, ist eines der Hauptthemen dieses Kapitels). Keiner der Sterne in diesem Massenbereich (zwischen 0,08 und 0,8 $M_\odot$) am unteren Ende der Hauptreihe, hat sein Leben bereits beendet – alle, die je entstanden sind, *sind immer noch da*. Deshalb spielen sie bei einer sinnvollen Untersuchung von Entwicklungseffekten auch keine Rolle. Da die Anzahl der Sterne sehr rasch ansteigt, wenn man auf der Hauptreihe nach unten geht, liegen allerdings etwa 90 Prozent aller Zwergsterne in diesem Bereich.

Die mittlere Hauptreihe ist sehr viel interessanter, obwohl sie weit weniger dicht bevölkert ist. Sie umfaßt den Bereich zwischen 0,8 und etwa 8 $M_\odot$ (Spektralklasse B3) und enthält damit auch unsere Sonne. Die obere Grenze ist nicht genau bekannt – sie kann bei sechs (B5) oder bei zehn Sonnenmassen (B2) liegen. In diesem mittleren Bereich der Hauptreihe liegen etwa zehn Prozent der Zwergsterne;

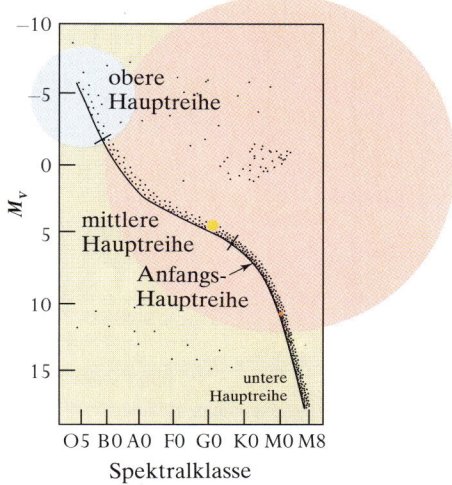

5.2 Sterne auf der unteren Hauptreihe, wie 61 Cyg, Barnards Stern oder Proxima Centauri, altern so langsam, daß sie in ihrer Entwicklung noch kaum fortgeschritten sind. Sterne mittlerer Masse, wie die Sonne oder die A-Zwerge Sirius und Wega, werden sich in einigen Milliarden Jahren zunächst zu Roten Riesen und dann zu Weißen Zwergen entwickeln. Die jungen massereichen Sterne der oberen Hauptreihe, die man hauptsächlich in den Spiralarmen unserer Galaxis findet, sind Supernovakandidaten. Der linke Rand der Hauptreihe ist die Anfangshauptreihe (*Zero-Age Main Sequence, ZAMS*), auf der die Sterne ihr Wasserstoffbrennen beginnen. Die Dichte der Punkte soll schematisch die jeweilige Anzahl von Sternen der verschiedenen Typen pro Einheitsvolumen andeuten. Der Riesen-Ast beginnt bei Spektralklasse G auf der Hauptreihe und erstreckt sich nach rechts oben. Die farbigen Kreise geben die relativen Durchmesser von Hauptreihensternen und Riesen an.

er ist Ausgangspunkt aller Riesensterne wie Arktur, Aldebaran und Mira sowie der Weißen Zwerge wie 40 Eridani B und Sirius B. Obwohl sie einige spektakuläre Veränderungen durchmachen, sterben diese Hauptreihensterne ruhig und würdevoll.

Sterne der oberen Hauptreihe, also zwischen 8 $M_\odot$ und dem maximal zulässigen Wert von etwa 120 $M_\odot$, sind sehr selten – sie stellen weniger als ein Prozent der Gesamtpopulation. Sie sind sehr vergängliche Gebilde, die höchstens einige Dutzend Millionen Jahre alt werden. Doch da aus ihnen die Überriesen hervorgehen, sind sie aufgrund ihrer enormen Leuchtkraft und auffälligen Entwicklungseffekte trotz ihrer geringen Zahl so auffällig. Abgesehen von der Lebensdauer unterscheiden sich diese Sterne von denen der mittleren Hauptreihe hauptsächlich dadurch, daß sie zu massereich sind, um Weiße Zwerge zu bilden. Einige mögen vielleicht ruhig verlöschen, doch die meisten (vielleicht sogar alle) tun das nicht. Sie sterben in einer gewaltigen Explosion – einem sogenannten Supernovaausbruch – und erzeugen dabei einige der bizarrsten Objekte, die man in der Natur überhaupt kennt. In Kapitel 6 werden wir die wundersamen Objekte dieses oberen Massenbereichs näher kennenlernen. Obwohl sie so selten sind, haben die dort angesiedelten großen Monster doch einen merklichen Einfluß auf die Galaxis und die Sterne mittlerer Masse. Doch zunächst wollen wir den mittleren Bereich betrachten – Sterne wie unsere Sonne –, um zu erfahren, wie unser eigenes Schicksal aussehen wird.

Die Entwicklung auf der Hauptreihe

Die gesamte Sternentwicklung kann auf eine einzige Regel zurückgeführt werden: Ein Stern unterliegt ständig dem Einfluß seiner eigenen Gravitation und versucht, sich so klein wie möglich zu machen. Aus vielen Gründen wird er jedoch für unterschiedlich lange Zeitabschnitte daran gehindert. Sämtliche Entwicklungsabschnitte kann man daher entweder mit Pausen bei der Schrumpfung oder mit Schrumpfungsvorgängen selbst gleichsetzen.

Die Entwicklung eines Sterns nimmt ihren Anfang, indem sich Materie aus dem turbulenten Gemisch von interstellarem Gas und Staub zusammenballt und kontrahiert. An der ersten Haltestation im Verlauf seines Lebens verweilt ein Stern auch bei weitem am längsten – auf der Hauptreihe. Gerade neu entstandene Sterne liegen am linken Rand des Hauptreihenbands, auf einer Linie, die „Anfangshauptreihe" (*Zero-Age Main Sequence, ZAMS*) genannt wird. Hier ist die

Temperatur in den Kernregionen der kontrahierenden Körper hoch genug geworden, um den thermonuklearen Fusionsprozeß in Gang zu setzen und aufrechtzuerhalten. Das Verbrennen von Wasserstoff zu Helium erzeugt einen so starken inneren Druck, daß der Kollaps zunächst aufgehalten wird und der Stern sich stabilisiert.

Ganz ähnlich wie Menschen altern und entwickeln sich die Sterne jedoch ständig weiter, auch auf der Hauptreihe. Es ist nur eine Frage des Grads und der Geschwindigkeit, mit der Veränderungen auftreten. Als junge Erwachsene verändern wir uns relativ langsam, doch mit zunehmendem Alter schreitet die Wandlung immer schneller vorwärts. Ein Stern zehrt vom Zeitpunkt seiner Geburt an von seinem begrenzten Brennstoffvorrat und muß sich daher ändern. Die Verringerung des Brennstoffvorrats in der Kernregion wird durch eine ansteigende Fusionsrate nahezu ausgeglichen, so daß die Leuchtkraft des Sterns in etwa gleich bleibt. Ohne diese Stabilität würden sich die Sterne sehr schnell verändern, und es gäbe keine Hauptreihe. Doch so gut die Balance auch ist, sie ist nicht perfekt. Tatsächlich gewinnt die stetig ansteigende Temperatur ein wenig die Oberhand über den schwindenden Brennstoffvorrat, so daß der äußere Teil der Kernregion ein wenig in die Hülle hineinwächst, wo neuer Wasserstoff zur Verfügung steht. Als Folge davon *steigt* die Leuchtkraft des Sterns mit der Zeit langsam an. Heute leuchtet die Oberfläche unserer Sonne entsprechend einer Effektivtemperatur von 5780 Kelvin. Doch als sie vor fünf Milliarden Jahren geboren wurde und noch ihren vollen Wasserstoffgehalt besaß – sie bestand zu 90 Prozent aus Wasserstoff und zu zehn Prozent aus Helium –, war sie etwas röter und kühler, etwa 5500 Kelvin. Außerdem war sie kleiner und gab nur etwa 70 Prozent ihrer jetzigen Strahlungsmenge ab. Heute hat die Sonne etwa die Hälfte des Wasserstoffs in der Kernregion verbraucht. In den kommenden fünf Milliarden Jahren werden sich die Veränderungen beschleunigen. Wenn am Ende der Wasserstoffvorrat aufgebraucht ist, wird die Sonne doppelt so hell und um 75 Prozent größer sein als heute. Langsame Veränderungen wie diese sind der Grund, warum die Hauptreihe im HR-Diagramm eine gewisse Breite besitzt und ein Band ist statt einer Linie. Unterschiede in der chemischen Zusammensetzung, welche die Unterzwerge der Population II weiter nach links schieben, führen zu einer zusätzlichen Verbreiterung.

Was bedeuten diese Veränderungen für die Erde? Heute hätte eine um 30 Prozent verringerte Sonnenleuchtkraft verheerende Auswirkungen für uns – Wasser würde gefrieren, und unser Planet würde eher dem Mars ähnlich werden. Doch fossile Funde zeigen, daß hier auf der Erde über Jahrmillionen lebensfreundliche Bedingungen geherrscht haben. Vielleicht hatten wir früher eine andere atmosphäri-

STERNE

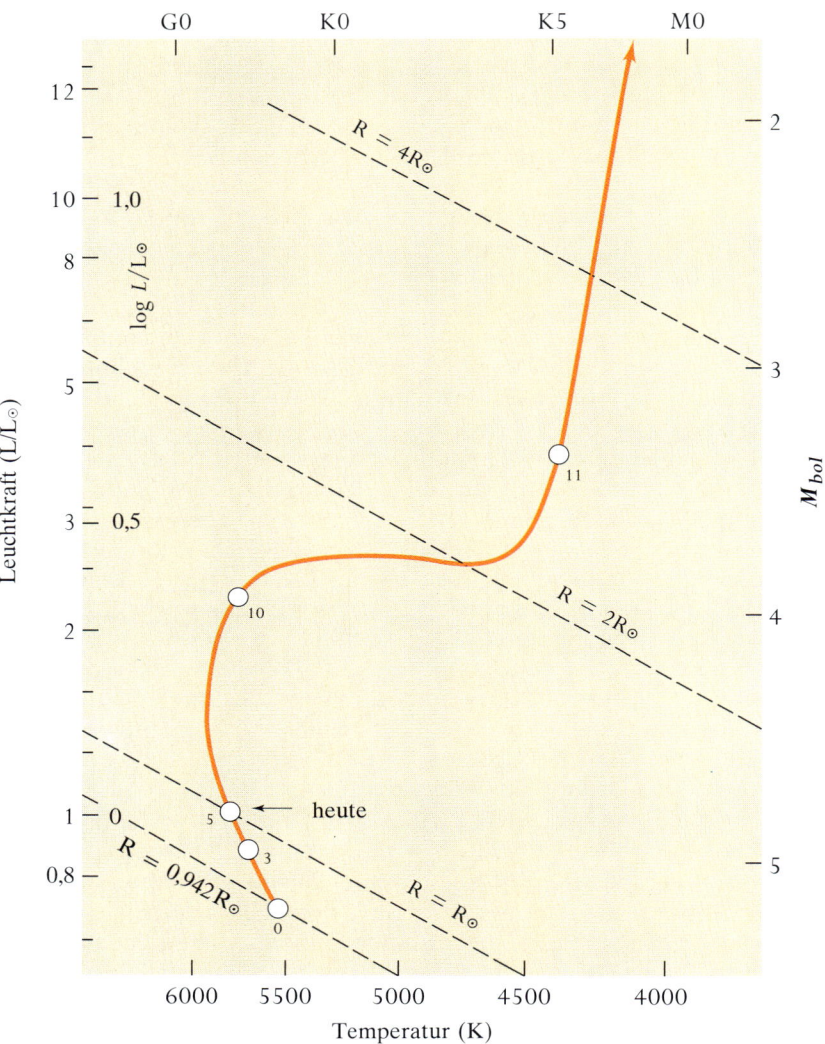

5.3 Theoretische Entwicklungsrechnungen zeigen, daß die Sonne bei ihrer Geburt, als sie noch ihren gesamten Wasserstoffvorrat besaß, 94 Prozent ihrer heutigen Größe, etwa 70 Prozent ihrer heutigen Helligkeit sowie eine etwas geringere Oberflächentemperatur hatte. Über die nächsten fünf Milliarden Jahre wird sie weiterhin langsam heißer und heller werden. Wenn der Wasserstoff in ihrer Zentralregion verbraucht ist, wird sie auf ihrem Weg ins Riesenstadium zunächst in den Bereich der Unterriesen im HR-Diagramm wandern. Das hier abgebildete Diagramm unterscheidet sich von früheren, indem nicht nur Größenklasse gegen Spektralklasse, sondern auch Leuchtkraft direkt gegen Temperatur aufgetragen ist (beziehungsweise ihre Logarithmen).

sche Schutzdecke, die mehr Kohlendioxid enthielt und so die Sonnenwärme am Boden festhielt. Die Sonne muß in ihrer Jugend auch beträchtlich schneller rotiert haben, ehe ihre magnetische Bremse anfing zu greifen. Deshalb war wohl auch der magnetische Dynamo stärker, so daß es größere Flares und damit eine deutlich höhere Röntgen- und Ultraviolettstrahlung gegeben haben muß. Doch auch das scheint dem Leben nicht geschadet zu haben. Warum, werden wir vermutlich niemals genau erfahren.

Die Zukunft unserer Sonne ist jedoch vorhersagbar und unausweichlich. Sie wird sehr viel heller werden. In zwei Milliarden Jahren oder vielleicht auch schon sehr viel früher wird es keine Winter mehr geben. Höhere Temperaturen werden zunächst dazu führen, daß die Ozeane stärker verdampfen und die Opazität der Atmosphäre ansteigt. Daraufhin wird die Temperatur noch weiter in die Höhe gehen, so daß es zu einem ungebremsten Treibhauseffekt kommt und die Bedingungen eher so sein werden wie heute auf der Venus. Die Ultraviolettstrahlung der Sonne wird schließlich die Wassermoleküle aufbrechen, so daß der freigewordene Wasserstoff unwiederbringlich in den Weltraum entweicht. Selbst wenn unsere Atmosphäre stabil bliebe – was sie mit großer Wahrscheinlichkeit nicht kann –, wird die Erde am Ende der Hauptreihenphase der Sonne so heiß sein, daß schon lange kein Leben mehr auf ihr existiert. Doch diese Ereignisse liegen noch weit in der Zukunft. Wenn wir bedenken, daß der Zeitraum, seit dem es überhaupt Menschen auf diesem Planeten gibt, nur in Millionen Jahren gezählt wird und daß es schriftliche Überlieferungen erst seit einigen tausend Jahren gibt, dann sollte dieser Gedanke nicht allzu bedrückend für uns sein. Wir haben noch einen langen Weg vor uns.

Riesen am Himmel

Die Entwicklung auf der Hauptreihe ist jedoch nichts weiter als ein Vorspiel, bei dem die Sterne relativ stabil bleiben, bis ihr gesamter Brennstoffvorrat nahezu aufgebraucht ist. Erst dann wird es so *richtig* spannend. Wir wollen zunächst die häufigeren Sterne betrachten, Sterne wie die Sonne. Wenn tief in ihrem Inneren die nuklearen Reaktionen schließlich aufhören, gibt es nichts mehr, das den Stern gegen die unerbittliche Kraft der Gravitation stützt. Der Stern hat zehn Milliarden Jahre lang gewartet, seinen riesigen Vorrat an Gravitationsenergie nutzen zu können – jetzt ist es soweit: Die Kernregion muß sehr rasch (zumindest für astronomische Begriffe) kontrahieren. In ihrem äußeren Bereich, wo es etwas kühler war, ist noch ein wenig Wasserstoff vorhanden, so daß die Kernreaktionen in einer konzentrischen Kugelschale weitergehen, die sich nun langsam nach außen in die Hülle frißt. Die Änderungen der chemischen Zusammensetzung im Inneren sowie der Energieerzeugungsrate und der Opazität führen jetzt zu deutlichen Veränderungen der inneren und äußeren Struktur des Sterns. Für einen Zeitraum, der etwa 20 Prozent der Hauptreihenphase ausmacht, bleibt die Leuchtkraft einigermaßen konstant, während sich der Radius fast verdoppelt und die Oberfläche auf eine Temperatur unter 4500 Kelvin abkühlt. Dann beschleunigt sich die Entwicklung. Der Punkt, der den Stern im HR-Diagramm repräsentiert, beginnt sehr schnell zu wandern und steigt den Riesen-Ast hinauf, das heißt, er folgt dem Entwicklungsweg, der ihn in den Bereich der Riesensterne bringt. In nur etwas mehr als einer halben Milliarde Jahren schießt die Helligkeit um mehr als das Tausendfache des heutigen Sonnenwerts in die Höhe. Die äußere Hülle dehnt sich enorm aus, wodurch die Effektivtemperatur auf 3 500 Kelvin absinkt: Ein neuer M0-Riese ist am Himmel erschienen, der mit einer absoluten bolometrischen Helligkeit von −3 strahlt. Etwas massereichere Sterne als die Sonne folgen dem gleichen generellen Kurs, werden aber in noch kürzerer Zeit noch heller – um rund eine Größenklasse. Ein Stern mit zwei Sonnenmassen durchläuft die Übergangsphase zum Riesenstern nach Beendigung des Wasserstoffbrennens in seiner Kernregion in nur 300 Millionen, ein Stern mit drei Sonnenmassen in nur 100 Millionen Jahren.

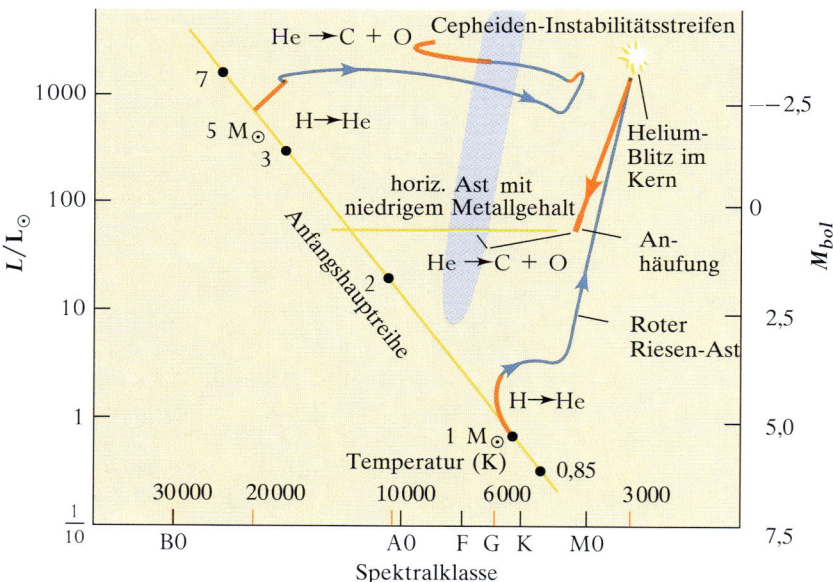

5.4 Ein HR-Diagramm mit Anfangshauptreihe, auf der die Lage verschiedener Massen angegeben ist. Unterhalb von 2 $M_\odot$ führt der Entwicklungsweg eines Sterns etwas nach rechts und dann hinauf ins Riesengebiet. Der Helligkeitsanstieg wird durch den Helium-Blitz (*Helium Flash*) beendet. Mit Beginn des Heliumbrennens steigt der Stern dann wieder den Riesen-Ast bis zur Anhäufung hinab. Ist der Metallgehalt gering, verteilen sich diese heliumbrennenden Sterne ihren Massen entsprechend nach links auf dem horizontalen Ast. Landen sie dabei im Instabilitätsstreifen, werden sie zu RR Lyrae-Veränderlichen. Ein 5 $M_\odot$-Stern kühlt sich während seiner Entwicklung zum Roten Riesen ab und wandert nach rechts, wobei seine Leuchtkraft etwa gleich bleibt. Wenn bei ihm auf dem Rote-Riesen-Ast das Heliumbrennen einsetzt, schwingt er zurück nach links. Während seiner Entwicklung kreuzt ein solcher Stern zweimal den Instabilitätsstreifen und wird zum Cepheiden. Bei theoretischen HR-Diagrammen wie diesem ist der Logarithmus der Leuchtkraft gegen den der Temperatur aufgetragen, wodurch die Linearität der Spektralsequenz verzerrt wird. Rechts ist die bolometrische Helligkeit angegeben.

Von einem umlaufenden Planeten aus wären diese Veränderungen furchterregend anzusehen – wenn es Überlebende gäbe, die sie beobachten könnten. Unsere Sonne wird um das Hundertfache auf einen Durchmesser von einer Astronomischen Einheit anschwellen (ihr jetziger Durchmesser beträgt 0,01 AE) und über die Merkurbahn hinausreichen. Rötlich glühend und aufgebläht wird sie am Erdhimmel einen Winkel von 50 Grad einnehmen – die vierfache Winkelausdehnung des Sternbilds Orion – und mehr als drei Stunden zum Auf- und Untergehen brauchen (wenn wir die unvermeidliche Verlangsamung der Erdrotation ganz außer acht lassen). Als

5. DER REIFUNGSPROZESS

5.5 Langsam steigt die zum Roten Riesen aufgeblähte Sonne — halb so groß wie die Merkurbahn — über den Horizont der ausgedorrten Erde.

neuer Riesenstern ist sie aus einer Entfernung von mehr als 500 Parsec (1900 Lichtjahre) noch mit bloßem Auge zu sehen.

Im Laufe dieser Entwicklung nimmt die Oberflächengravitation ab, so daß sich der einst ruhig von der Oberfläche abströmende Wind um mindestens das Einmillionenfache verstärkt. Nun beginnt einer der großartigsten Akte: Der Stern fängt an, sich zu verströmen und seine Materie an den interstellaren Raum, seine Geburtsstätte, zurückzugeben.

Während sich die Sonne ausdehnt, geschieht etwas Seltsames, das bereits auf das Endprodukt der Entwicklung hindeutet. Wir erinnern uns an die Unschärferelation – die Unschärfe für den Impuls multipliziert mit der Beobachtungsunschärfe für den Ort ist etwa gleich der Planckschen Konstante h. Diese Konstante h stellt also gewissermaßen eine minimale Dimension dar. Wenn man sie zur dritten Potenz erhebt, erhält man das Einheitsvolumen eines sechsseitigen Raums, des sogenannten Phasenraums, der drei Impulsdimensionen und drei echte Raumdimensionen besitzt. 1925 formulierte nun Wolfgang Pauli das Ausschließungsprinzip der Quantenphysik, das besagt, daß innerhalb einer Phasenraumeinheit nicht zwei völlig identische Elektronen existieren können. Wie alle subatomaren Teilchen besitzen die Elektronen eine als Spin bezeichnete Eigenschaft, deren Wert entweder + oder −1/2 beträgt. Dabei weisen die unterschiedlichen Vorzeichen auf entgegengesetzte Richtungen des Spins hin. Im Volumen h^3 können sich also höchstens zwei Elektronen mit entgegengesetztem Spin aufhalten. Die Elektronen können nicht dichter zusammengedrückt werden. (Eine Folge des Ausschließungsprinzips ist auch, daß nicht zwei gebundene Elektronen in einem Atom exakt die gleiche Bahn einnehmen können. Wenn also mehrere Elektronen vorhanden sind, müssen sie gezwungenermaßen eine Schalenstruktur bilden.)

Diese Regel der Quantenmechanik ist nun auch für den Stern von großer Bedeutung. Der Größenunterschied zwischen der Hülle und der aus Helium bestehenden Kernregion eines voll entwickelten Riesensterns erreicht verblüffende Ausmaße. Während sich die äußeren Bereiche auf interplanetare Dimensionen ausdehnen, zieht sich die Kernregion auf die Größe der Erde zusammen. Dabei wird die Dichte so hoch – etwa eine Million Gramm pro Kubikzentimeter –, daß die langsameren Elektronen ihre Phasenräume ausfüllen. Diesen Zustand des Gases nennt man „entartet". Zusätzliche Elektronen können nur noch bei hohen Geschwindigkeiten existieren, wo im Pha-

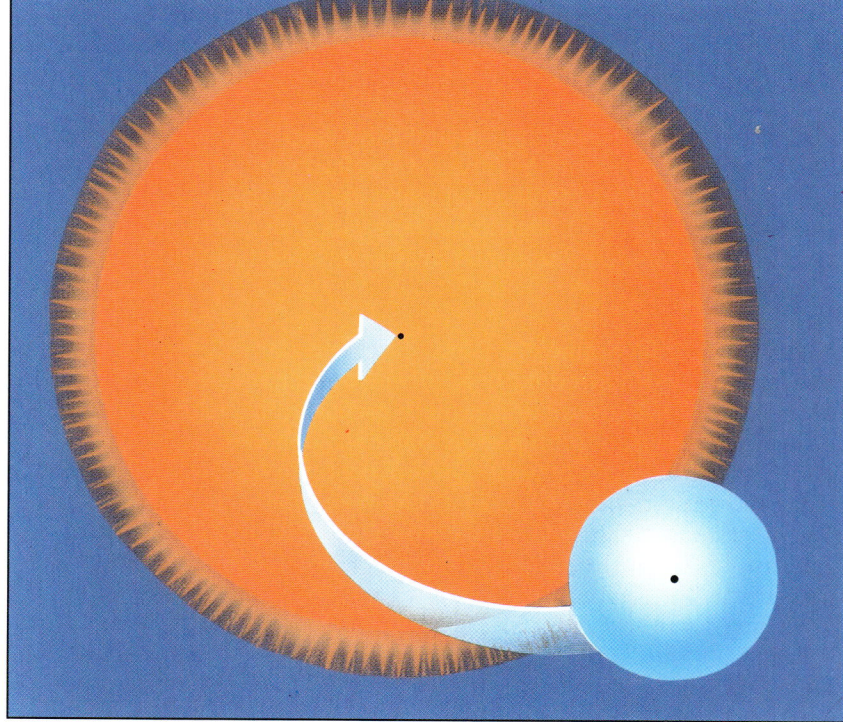

5.6 Ein voll entwickelter Roter Riese mit seiner entarteten Kernregion. Sie ist so klein, daß sie in diesem Maßstab nicht zu erkennen ist — erst der rechts unten herausvergrößerte zentrale Punkt zeigt die Kernregion als kleinen schwarzen Punkt in seinem Zentrum.

senraum noch Platz vorhanden ist. Das ideale Gasgesetz ist nicht länger gültig – der Druck hängt nur noch von der Dichte und nicht mehr von der Temperatur ab. Die Temperatur kann also weiter ansteigen, und der Druck bleibt trotzdem konstant. Die Kernregion besitzt damit die typischen Eigenschaften eines Weißen Zwergs.

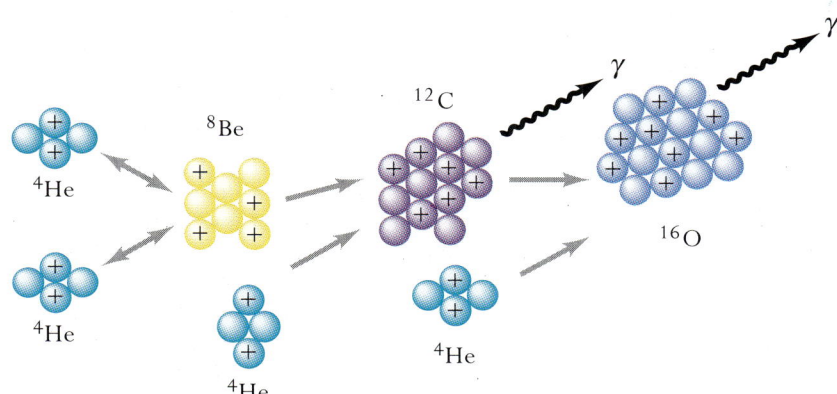

5.7 Bei der von Edwin Salpeter Anfang der fünfziger Jahre beschriebenen 3α-Reaktion müssen drei Heliumkerne (α-Teilchen) fast gleichzeitig zusammenstoßen, um Kohlenstoff ^{12}C und ein Gammaquant zu erzeugen. Beim Zusammenstoß zweier α-Teilchen entsteht zunächst ein ^{8}Be-Kern, der fast augenblicklich wieder zerfällt, so daß der dritte Heliumkern genau im richtigen Moment dazustoßen muß. Ein gelegentlicher Zusammenstoß mit einem weiteren α-Teilchen erzeugt Sauerstoff ^{16}O plus Gammastrahlung.

Wenn die Temperatur in der Kernregion 100 Millionen Grad erreicht, zündet plötzlich und explosionsartig das Heliumbrennen. Dieses Ereignis heißt „Helium-Blitz" (*helium flash*). Das, was sozusagen die Asche der alten Kernreaktionen darstellt – das Helium –, wird zu neuem Brennstoff. Doch Helium brennt nicht so leicht. Wenn zwei Heliumkerne zusammenstoßen, erzeugen sie ^{8}Be, das äußerst instabil ist und im Mittel in nur 10^{-16} Sekunden wieder in ein Heliumpaar zerfällt (das normale Beryllium-Isotop ist ^{7}Be). Diese Reaktion muß jedoch im Gleichgewicht stehen, so daß es zu jeder Zeit eine winzig kleine Menge an ^{8}Be gibt. Wenn es einem dieser extrem kurzlebigen Atome gelingt, mit einem weiteren Heliumkern zusammenzustoßen, können die beiden unter Aussendung eines Gammaquants zu stabilem Kohlenstoff ^{12}C verschmelzen. Damit eine solche Reaktion ablaufen kann, müssen drei Heliumkerne (α-Teilchen) praktisch gleichzeitig zusammentreffen. Deshalb heißt diese Reaktion auch 3α-Prozeß. Sie kann nur auftreten, wenn derart heftige Kollisionen sehr häufig stattfinden, und erfordert daher extrem hohe Temperaturen und Drucke, die in Hauptreihensternen nicht zur Verfügung stehen. Tatsächlich ist die benötigte Temperatur so hoch, daß gelegentlich ein weiteres α-Teilchen in einen ^{12}C-Kern eindringen kann und ^{16}O (plus ein weiteres Gammaquant) erzeugt, so daß letztlich eine Mischung aus Kohlenstoff und Sauerstoff entsteht.

Mit dem Auftreten einer neuen Energiequelle dehnt sich die Kernregion sehr schnell aus, bis der Zustand der Entartung wieder aufgehoben ist. Eine Stabilisierung tritt ein, bei der die Leuchtkraft sinkt, die Hülle kontrahiert und die Oberfläche heißer wird, so daß der Stern im HR-Diagramm wieder auf einen Punkt etwa auf halber Höhe des Riesen-Asts hinabrutscht. An dieser Stelle im HR-Diagramm kommt es zu einer Anhäufung von Sternen. Hier verbrennen sie in der Kernregion ruhig ihr Helium, während außen um diese Kernregion in einer Kugelschale Wasserstoffbrennen stattfindet. Die Sterne liegen somit auf einer Art kurzfristigen heliumbrennenden Hauptreihe. Viele wohlbekannte K-Riesen wie Arktur und Aldebaran befinden sich gerade in dieser Entwicklungsphase, ebenso die vier K-Riesen im HR-Diagramm der Hyaden und viele Sterne der prächtigen Kugelhaufen.

Der Ort eines Zwergs im HR-Diagramm hängt von seiner chemischen Zusammensetzung ab, und das gleiche gilt auch für einen heliumbrennenden Riesenstern. Diejenigen mit niedrigem Metallgehalt, also die Sterne im Halo und in den Kugelhaufen, liegen weiter links der Anhäufung. Kleine Unterschiede in der Masse führen dann dazu, daß sie sich auf einem deutlich ausgeprägten horizontalen Ast verteilen. Sterne, die im Instabilitätsstreifen zu liegen kommen, werden RR Lyrae-Veränderliche – das sind die kurzperiodischen Veränderlichen (Perioden unter einem Tag) mit geringen Helligkeitsschwankungen, denen wir bereits in Kapitel 3 begegnet sind.

Sterne im oberen Bereich der mittleren Hauptreihe – etwa oberhalb von 4 $M_\odot$ – durchlaufen im wesentlichen die gleichen inneren Veränderungen, doch sie verhalten sich ein wenig anders. Statt einer kurzen Abkühlungsstrecke im HR-Diagramm, der ein großer Anstieg in der Leuchtkraft folgt, durchlaufen sie eine lange Abkühlungsphase etwa von Klasse B nach Klasse K, gefolgt von einem geringeren Leuchtkraftanstieg. Sie bevölkern einen Großteil des Gebiets im HR-Diagramm, den die hellen Riesen einnehmen (Leuchtkraftklasse II), und schwellen erheblich an, wobei sie ihren ohnehin schon großen Umfang noch etwa um das 50fache vergrößern. Nach dem Zünden des Heliumbrennens, das bei ihnen nicht mehr explosionsartig stattfindet, sind sie nicht sonderlich stabil und laufen im HR-Diagramm hin und her, während sie sich abwechselnd aufheizen und abkühlen. Der Übergang vom unteren Teil der mittleren Hauptreihe zum oberen ist nicht abrupt sondern allmählich – die verschiedenen Verhaltensweisen von Sternen unterschiedlicher Masse gehen kontinuierlich ineinander über.

Bei ihrer Wanderung quer durch das HR-Diagramm geraten auch die massereicheren Sterne in den Instabilitätsstreifen und sind dann als Cepheiden zu sehen. Diese schmale Instabilitätszone im HR-Diagramm geht darauf zurück, daß Sterne in diesem Bereich tief unten in ihren Hüllen Schichten mit ionisiertem Wasserstoff und Helium enthalten, die den hinausgehenden Strahlungsfluß abfangen und ventilartig regulieren. Wenn diese Schichten die Strahlung aufhalten, schrumpft der Stern. Dadurch ändert sich die innere Temperaturstruktur, die zu einer Änderung des Ionisationsgleichgewichts führt und die Strahlung wieder freisetzt. Daraufhin dehnt sich der Stern erneut aus. Die Folge ist eine Pulsation, durch die der Stern abwechselnd heller und dunkler wird. Die massereicheren Sterne sind leuchtkräftiger und größer und brauchen daher länger für ihre Pulsationen. Das erklärt die Perioden-Leuchtkraft-Beziehung aus Kapitel 3 und die kürzeren Perioden der masseärmeren RR Lyrae-Sterne.

Die Entwicklung bis zu diesem Punkt ist zweifellos sehr eindrucksvoll – doch sie ist nur eine Ouvertüre. Noch großartigere Dinge werden geschehen, wenn schließlich auch das Helium zur Neige geht und die Sterne das letzte Wegstück bis zu ihrem Tod beschreiten.

Entwicklungsalter und die Galaxis

Nun ergeben die HR-Diagramme von Sternhaufen wie den Hyaden, Plejaden und dem Kugelhaufen M5 langsam einen Sinn. Wenn ein Sternhaufen geboren wird, enthält er Sterne aller Massen, und die gesamte Hauptreihe ist voll besetzt. Der Doppelsternhaufen im Sternbild Perseus (h und χPersei) ist ein Beispiel hierfür – ein einzigartig miteinander verbundenes Haufenpaar, das sozusagen erst gestern entstanden ist und dessen Hauptreihe bis hinauf zu den O-Sternen reicht. Wenn der Haufen altert, sterben zuerst die massereichen Sterne, und die Hauptreihe verschwindet langsam von oben her: Die Sterne der oberen Hauptreihe werden Überriesen, die des mittleren Bereichs Riesen.

5.8 Bei NGC3293, einem offenen Sternhaufen, ist der Großteil der Hauptreihe noch vorhanden.

Mit Hilfe der Sternentwicklungstheorie können wir das Alter eines Haufens tatsächlich bestimmen, indem wir feststellen, wo die Hauptreihe endet: h und χPersei sind etwa zwei Millionen Jahre alt. Die Plejaden sind älter; sie enthalten keine O-Sterne, wohl aber B-Sterne, was auf ein Alter von etwa 10^8 Jahren hinweist. Ihre Halbschwestern, die Hyaden, die keine Hauptreihensterne heller als Klasse A besitzen, sind noch älter – sie entstanden vor ungefähr 10^9 Jahren. Mit rund fünf Milliarden Jahren ist M67 im Sternbild Krebs einer der älteren offenen Sternhaufen. Seine Hauptreihe endet bei Sternen, die ein wenig heller sind als die Sonne. Mit zunehmendem Alter eines Haufens halten auch seine Riesen mit der Hauptreihe Schritt, und ihre Leuchtkraft nimmt ebenfalls ab. Die Sternentwicklung geht schnell genug, so daß die beobachteten Positionen der Riesen im HR-Diagramm in etwa den Entwicklungsweg darstellen.

Die Anwendung der Sternentwicklungstheorie auf Haufen bietet eine leistungsfähige Methode zur Untersuchung der Galaxis. So wie wir das Alter der Erde und des Sonnensystems aus den ältesten Gesteinen bestimmen, können wir aus den ältesten Sternhaufen auf das Alter der Galaxis schließen. Die offenen Haufen befinden sich ausschließlich in der galaktischen Scheibe. Somit wissen wir, daß die Ebene des Milchstraßensystems mindestens so alt wie die ältesten offenen Haufen sein muß – etwa acht Milliarden Jahre. Leider sind offene Haufen relativ locker. Selbst die reichsten enthalten nur einige hundert, höchstens aber rund tausend Sterne. Die gravitativen Kräfte, die sie aneinander binden, sind nicht sehr stark. Mit der Zeit können durch Wechselwirkungen Sterne aus dem Haufen hinausgeschleudert werden, und durch die Galaxis hervorgerufene Gezeiten verursachen weitere Störungen. Die meisten offenen Haufen sind recht jung. Selten überlebt einer so lang wie M67. Folglich geben sie nur eine untere Grenze für das Alter der Milchstraßenscheibe an.

Jetzt verstehen wir auch das allgemeine HR-Diagramm der Milchstraßensterne. Der Riesen-Ast ist dicht mit Sternen besetzt, helle

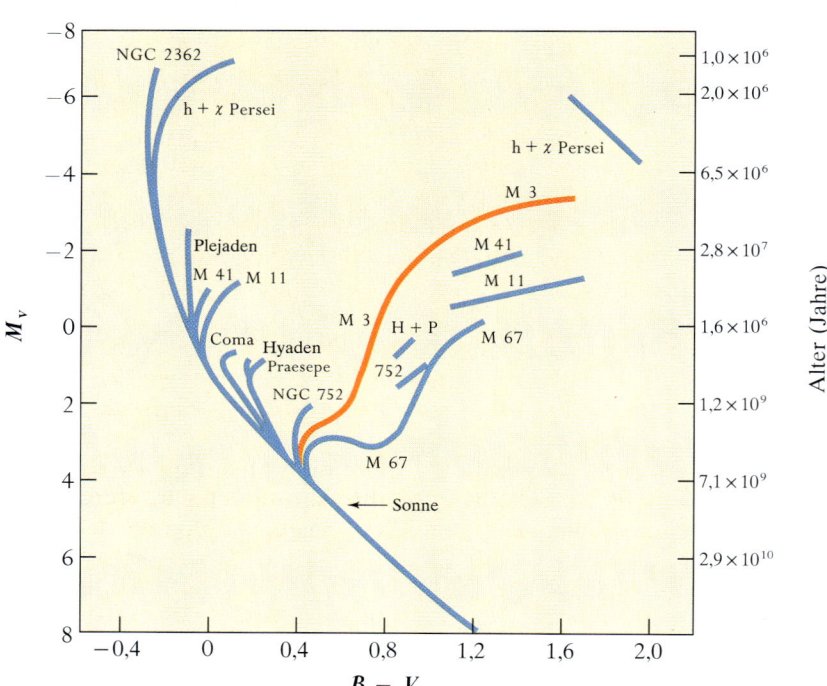

5.9 In diesem Diagramm, das von Allan Sandage stammt und in dem die Helligkeit gegen die Farbe aufgetragen ist, werden verschiedene offene oder galaktische Sternhaufen miteinander verglichen. Man erkennt deutlich, daß die Hauptreihen der einzelnen Sternhaufen an ganz verschiedenen Punkten enden. Haufen mit intakter oberer Hauptreihe sind noch sehr jung. Die Hauptreihen „schmelzen" langsam von oben (wo die massereichsten Sterne sitzen) her ab, während sich ihre Sterne zu Überriesen und Riesen entwickeln. Es sieht so aus, als sei der Kugelhaufen M3 jünger als die ältesten offenen Haufen. Dies ist jedoch ein Effekt des niedrigen Metallgehalts, der die Sterne im HR-Diagramm nach links verschiebt.

5. DER REIFUNGSPROZESS

Riesen und Überriesen sind jedoch rar. Die große Mehrzahl der Sterne, die wir lokal beobachten können und die daher im HR-Diagramm erscheinen, liegt in der galaktischen Scheibe. Die ganze Zeit über entstehen hier neue Sterne, so daß wir eine bunte Vielfalt an Alter und Massen beobachten. Alle Sterne oberhalb etwa G8 auf der Hauptreihe können Riesen oder Überriesen bilden. Doch da die Leuchtkraftfunktion auf der Hauptreihe abwärts enorm zunimmt, muß auch die Raumdichte von Überriesen und Riesen zu den niedrigeren Leuchtkräften hin stark ansteigen. Die Entwicklung der masseärmeren Sterne liefert den großen Anteil an Riesen, und wir erkennen einen gut ausgeprägten, dicht bevölkerten Riesen-Ast, der von der Mitte der Hauptreihe nach rechts oben abzweigt. Im Prinzip könnten wir das Alter der Scheibe auf die gleiche Weise bestimmen wie das der Haufen. Doch die Beobachtungen werden durch die breite Verteilung der Massen, des Alters und der chemischen Zusammensetzung sowie durch Sterne aus der dicken äußeren Scheibe und sogar aus dem inneren Halo zu undeutlich. Trotz alledem können wir den Schnittpunkt des generellen Riesen-Asts mit der Hauptreihe bestimmen und kommen so zu dem Ergebnis, daß die Scheibe mindestens so alt ist wie die ältesten offenen Haufen.

Mit den Kugelhaufen sind wir besser dran. Die meisten liegen in der zentralen Population II-Verdickung und im Halo. Ihre Sterne sind sehr dicht gepackt und gravitativ so fest aneinander gebunden, daß sie nicht so leicht auseinandergerissen werden können. Die am besten übereinstimmenden Daten aus Theorie und Beobachtung ergeben für die ältesten dieser prächtigen Systeme ein Alter von 14 bis 16 Milliarden Jahren. Sie sind älter als die offenen Haufen und deutlich älter als die Sterne innerhalb der galaktischen Scheibe. Da wir nichts finden, das älter wäre, nehmen wir dieses Alter auch für die Galaxis selbst an. Da die Kugelhaufen zum galaktischen Halo gehören, ist klar, daß bei der Entstehung der Galaxis als erstes der Halo gebildet wurde und die Scheibe mit ihrem heutigen Anteil an O- und B-Sternen erst später entstand. Das gleiche Bild ergibt sich auch aus der Gruppe der Halo-Unterzwerge, die nicht zu einem Haufen gehören und deren Hauptreihe schon seit langem oberhalb der Klasse G ausgebrannt ist.

Da die Kugelhaufen und die Unterzwerge einen niedrigeren Metallgehalt besitzen als die Scheibe, muß die Anzahl der schwereren Atome mit zunehmendem Alter der Galaxis irgendwie ansteigen. Metalle werden von Sternen erzeugt – aber wie? Wir haben bereits erfahren, wie Helium und Kohlenstoff als Nebenprodukte der stellaren Energieerzeugung entstehen. Die allgemeine Lösung dieses Problems lieferten E. Margaret Burbidge, Geoffrey Burbidge, William Fowler und Fred Hoyle in einer der herausragendsten Arbeiten der Astro-

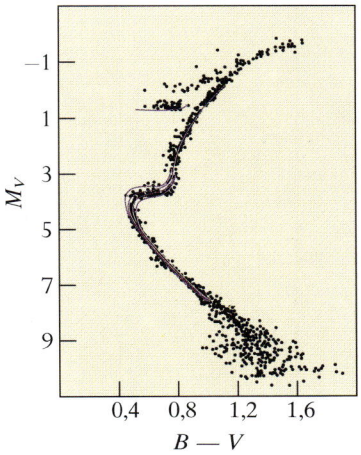

5.10 Das HR-Diagramm des am Südhimmel gelegenen großartigen Kugelhaufens 47 Tucanae. Eingezeichnet ist eine Reihe von Isochronen – theoretisch berechnete Linien, welche die entwicklungsbedingte Verteilung der Sterne bei verschiedenen Haufenaltern zeigen (von oben nach unten 10, 12, 14 und 16 Milliarden Jahre). Die beste Übereinstimmung scheint mit einer Linie zu bestehen, die einem Alter zwischen 12 und 14 Milliarden Jahren entspricht. Damit können wir den Zeitpunkt der Entstehung des Haufens und des Halos der Galaxis abschätzen.

physik des 20. Jahrhunderts, die 1957 veröffentlicht wurde und heute liebevoll als B²FH bezeichnet wird. Sie beschreibt die verschiedenen Prozesse der Nukleosynthese – die Erzeugung schwererer Atome aus leichteren. Wenn wir uns nun den fortgeschritteneren Phasen der Sternentwicklung und im nächsten Kapitel auch der Entwicklung von massereichen Sternen zuwenden, werden wir diese Prozesse kennenlernen und erfahren, wie die neuen Atome an die Sternoberflächen gelangen.

Zum zweiten Mal ins Riesenstadium

Das Heliumbrennen stellt nur eine kurze Unterbrechung der unausweichlichen Kontraktion dar. Sobald es einmal gezündet hat, läuft es mit einer so rasanten Reaktionsrate ab, daß der Brennstoffvorrat nicht lange vorhält. Schon bald ist das letzte Helium in der Kernregion verbraucht, und zurück bleibt eine riesige Kugel aus Kohlenstoff und Sauerstoff. Diese beginnt zu schrumpfen (wie zuvor die Heliumkernregion), wobei die gleichen Effekte wie zuvor auftreten. Die Temperatur im Inneren steigt an, und das Heliumbrennen geht nun in einer Kugelschale weiter, welche die erloschene, kollabierende Kernregion umgibt. Sie wird von oberhalb aus einer weiteren Kugelschale gespeist, in der noch immer Wasserstoff zu Helium verbrennt. Und wieder beginnen die äußeren Schichten sich auszudehnen und abzukühlen. Der Stern steigt zum zweiten Mal den Riesen-Ast hinauf, diesmal von zwei Kernfusionsschalenquellen gespeist statt von einer.

Dieser zweite Aufstieg ähnelt sehr dem ersten. Die Sterne klettern vom horizontalen Ast aus mehr oder weniger asymptotisch zu den Wegen nach oben, die sie beim ersten Aufstieg genommen haben. Deshalb wird diese neue Phase auch asymptotischer Riesen-Ast genannt. (Der erste Aufstiegsweg heißt im Unterschied dazu der Rote-Riesen-Ast.) Das nukleare Brennen nimmt einen eigenartigen Fortgang, indem die beiden Schalenquellen abwechselnd an- und ausgehen.

Beim Beginn des Aufstiegs schwillt der Stern an, die wasserstoffbrennende Zone wandert nach außen, kühlt sich ab und verlöscht. Die Leuchtkraft wird nun von einer dicken heliumbrennenden Schicht erzeugt. Mit weiter ansteigender Helligkeit geht das Helium zur Neige, die Schalenquelle erlischt. Nun kontrahiert die alte wasserstoffbrennende Schale, zündet erneut und speist frisches Helium in die Zone um die immer noch kontrahierende Kernregion. Jetzt

5. DER REIFUNGSPROZESS

5.11 Die Sonne als Roter Riese auf dem asymptotischen Riesen-Ast. Strahlend hell und rot, mit einem mächtig blasenden Sternwind — so wird sie über der Marslandschaft erscheinen (wenn bis dahin überhaupt noch etwas von dem kleinen Planeten übrig ist).

zündet die aufgefrischte Heliumschalenquelle wieder, und zwar explosionsartig und mit großer Heftigkeit — gleich einer nuklearen Bombe tief im Inneren des expandierenden Sterns. Die Wasserstoffschalenquelle zieht sich zurück, erlischt und wartet, bis sie wieder an der Reihe ist — das ist der Fall, wenn auch das neue Helium wieder verbraucht ist. Diese Helium-Blitze oder thermischen Pulse folgen immer schneller aufeinander, während sich der Stern dem Höhepunkt seines großen – und letzten – Aufstiegs nähert. Es wird so viel Energie erzeugt, daß die Leuchtkraft stark ansteigt und der Stern immense Ausmaße annimmt. Die Sonne wird in diesem Stadium eine absolute bolometrische Helligkeit von etwa −4 erreichen und sowohl Merkur als auch Venus verschlingen. Man geht davon aus, daß sie sich bis zur Erdbahn ausdehnt. Solche Sterne sind so aufgebläht, daß ihre Oberflächentemperaturen auf rund 3 000 oder sogar nur 2 500 Kelvin absinken. Damit gehören sie so extremen Spektralklassen wie M8 an.

Um diese Theorie zu überprüfen, muß man sie mit den Beobachtungen vergleichen. Im großen und ganzen ist die Übereinstimmung gut. Die Theorie sagt die allgemeine Verteilung der Sterne im HR-Diagramm und die Leuchtkräfte in etwa richtig vorher. Es gibt jedoch einige „erhellende" Unterschiede, die auf Prozesse hinweisen, die bisher noch nicht richtig berücksichtigt worden sind. Die theoretischen Entwicklungswege auf dem Roten- und dem asymptotischen Riesen-Ast zeigen ungefähr die gleichen Minimumstemperaturen. In Wirklichkeit aber kühlen sich Rote Riesen bei ihrem ersten Aufstieg niemals so weit ab. Ferner flacht sich der beobachtete asymptotische Riesen-Ast am oberen Ende ab. Damit der theoretische Rote-Riesen-Ast mit der Realität übereinstimmt, kann man ihn nach links verschieben, indem man im Inneren niedrigere Opazitäten oder größere Konvektionszellen annimmt. Den asymptotischen Riesen-Ast kann man anpassen, indem man auch noch die Massenverlustrate ändert. Leider ist keine dieser Größen genau bekannt, so daß wir nur unsichere Korrekturen anbringen können, die nicht direkt in die Theorien eingehen.

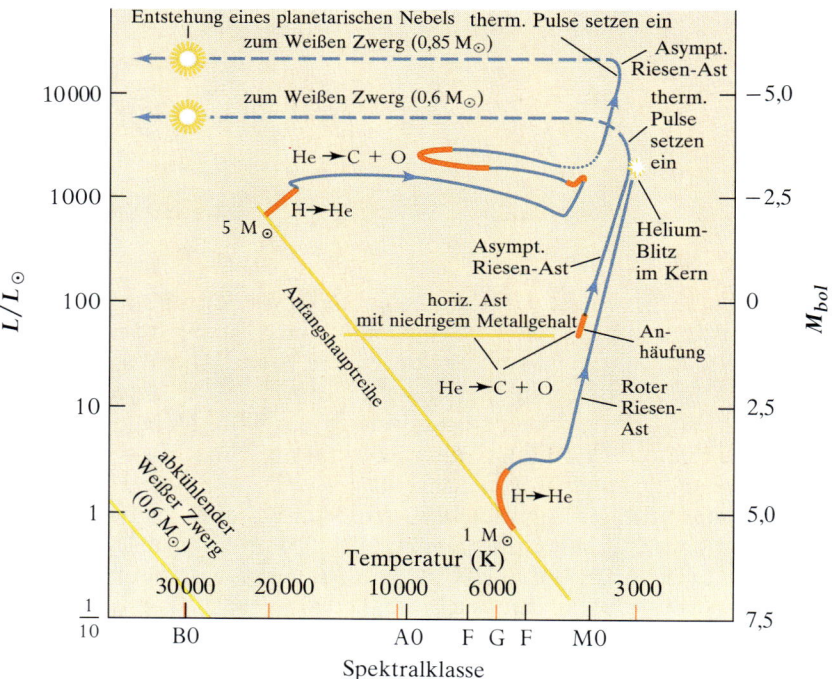

5.12 Ein theoretisches HR-Diagramm, das die vollständigen Entwicklungswege zweier Sterne von 1 $M_\odot$ und 5 $M_\odot$ zeigt. Nach Beendigung des Heliumbrennens steigen beide Sterne den asymptotischen Riesen-Ast hinauf, wobei die Leuchtkraft in wasserstoffbrennenden Schalenquellen erzeugt wird. Am oberen Ende des asymptotischen Riesen-Asts setzen thermische Pulse ein, bei denen abwechselnd helium- und wasserstoffbrennende Schalenquellen an- und ausgehen. Etwa an diesen Punkten beginnt auch die Variabilität vom Mira-Typ. Während des zweiten Aufstiegs verlieren die Sterne enorm viel Materie. Wenn sie die gestrichelten Linien erreicht haben, ist fast die gesamte Hülle fort; übrig sind die nahezu freigelegten Kernregionen, die sich weiter aufheizen und nach links wandern. Wenn sie hinreichend heiß sind, regen sie ihre abgestoßene Materiehülle zum Leuchten an, so daß ein planetarischer Nebel entsteht. Die Kernregionen werden so heiß, daß sie aus dem Diagramm hinauswandern. Später erscheinen sie wieder links unten als sich abkühlende Weiße Zwerge.

Wenn ein Stern auf dem asymptotischen Riesen-Ast an Helligkeit zunimmt, wird seine Hülle instabil. Ähnlich wie ein Cepheide beginnt er, den Strahlungsfluß ventilartig zu regulieren, so daß er anfängt zu pulsieren. Er ist jedoch so riesig, daß seine Oszillationsperiode nicht Tage oder Wochen dauert wie bei einem Cepheiden, sondern Monate oder Jahre. Wenn wir nach solchen langperiodischen Veränderlichen am Himmel suchen, stoßen wir auf die Mira-Veränderlichen. Mira, oCeti, ist der Urtyp eines Sterns auf dem asymptotischen Riesen-Ast. Dieser Monsterstern (der passenderweise im Sternbild Cetus liegt) ist so groß wie die Marsumlaufbahn und braucht 330 Tage zum Expandieren und Kontrahieren, wobei er seinen Radius um einen Faktor Zwei ändert. Mira-Veränderliche gibt es überall; sie sind der verbreitetste Typ genuiner Veränderlicher. Ihre Perioden liegen zwischen rund 100 Tagen und mehr als fünf Jahren. Ihre Amplituden, also die Helligkeitsunterschiede zwischen Minimum und Maximum, können im Visuellen bis zu zehn Größenklassen betragen. Solche großen Schwankungen sind jedoch irreführend. Die Radiusänderung bewirkt nämlich eine beträchtliche Änderung der Temperatur, das heißt der Stern kühlt so sehr ab, daß ein gut Teil seiner Strahlung im unsichtbaren Infrarotbereich ausgesandt wird, und das läßt ihn so schwach erscheinen. Die bolometrische Amplitude ist – obgleich noch recht beeindruckend – sehr viel geringer.

Wenn die Sonne dieses Stadium erreicht, wird sie bis zur Erdbahn anschwellen, so daß sich unsere bis dahin bereits geschmolzene Erde innerhalb der dünnen äußeren Hülle der Sonne bewegt. Durch die Reibung wird sie Bewegungsenergie verlieren und auf immer engeren Bahnen nach innen stürzen. Schließlich wird sie wie Venus und Merkur völlig zerstört. Mars bleibt dagegen vermutlich verschont. Die Hitze könnte so stark werden, daß auf den äußeren Planeten frühlingshafte Bedingungen herrschen.

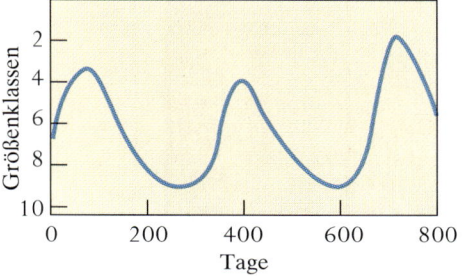

5.13 Die Lichtkurve von Mira. Aufgetragen ist die visuelle Helligkeit gegen die Zeit. Man erkennt einigermaßen regelmäßige Schwankungen mit einer Periode von etwa 330 Tagen, die durch das An- und Abschwellen von Mira entstehen. Die erreichte Helligkeit im Maximum und im Minimum kann sich von Zyklus zu Zyklus erheblich ändern.

Chemische Anreicherung

Die äußeren Schichten eines Riesensterns sind konvektiv, das heißt die Energie wird in großen zirkulierenden Gasströmen, die tief hinab in die Hülle des Sterns reichen, nach außen transportiert. Durch die thermischen Pulse entstehen auch im Inneren Konvektionszellen, die die Nebenprodukte der Kernfusion nach oben tragen. Wenn nun die beiden konvektiven Schichten miteinander in Kontakt kommen, können neu erzeugte Elemente nach außen an die Oberfläche gelangen, so daß *sich die chemische Zusammensetzung der äußeren Sternschichten ändert*. Erinnern Sie sich an die Sterne der Spektralklasse N aus Kapitel 3 – die tiefroten, kohlenstoffreichen Riesen? Hier ist die Erklärung für ihren Ursprung. Am Anfang des asymptotischen Riesen-Asts sehen wir einen M-Stern, dessen Kohlenstoff/Stickstoff-Verhältnis (C/O) etwa 0,4 beträgt. Es ist so viel Sauerstoff vorhanden, daß dieser sich problemlos mit den schwereren Elementen verbindet und die charakteristischen TiO-Banden erzeugt. Allmählich wird jedoch Kohlenstoff, der als Abfall beim Heliumbrennen anfällt, nach außen

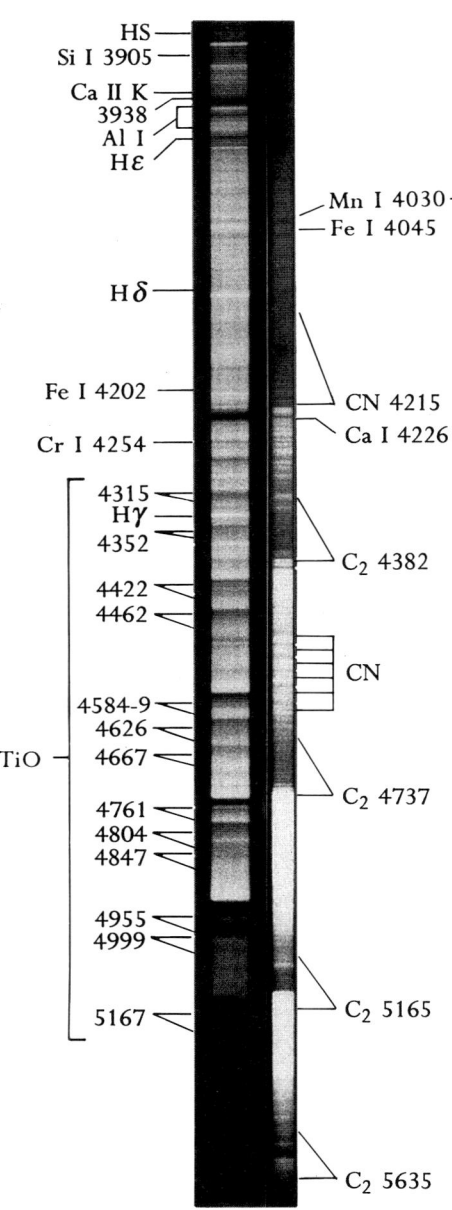

5.14 Das Spektrum eines normalen M-Sterns (links) unterscheidet sich erheblich von dem eines Kohlenstoffsterns (rechts), dessen Kohlenstoffbanden den Großteil des kurzwelligen Spektralbereichs absorbieren. ◄

gemischt, so daß das C/O-Verhältnis ansteigt. Kohlenstoff hat eine große Affinität zu Sauerstoff, und wenn das Verhältnis C/O größer wird als Eins, bindet er allen Sauerstoff in CO und CO_2. Die Metalloxide verschwinden, der restliche Kohlenstoff verbindet sich mit sich selbst und erzeugt die starken C_2-Banden der Spektralklasse N. Die Kohlenstoffbanden sind bei kurzen optischen Wellenlängen besonders stark, so daß sie die blaue Komponente des abgestrahlten Lichts größtenteils herausschneiden und so den Sternen ihre schöne tiefrote Farbe geben.

Damit läuft der Fusionsprozeß tief im Inneren des Sterns nicht länger im Verborgenen ab. Chemische Elemente werden vor unseren Augen erzeugt. Den absoluten Beweis für solche Umwandlungen liefert die Beobachtung des Elements Technetium, das die Ordnungszahl 43 hat. Es besitzt keine stabilen Isotope. Selbst das langlebigste, ^{98}Tc, hat eine Halbwertszeit von nur zwei Millionen Jahren und ist deshalb schon lange von der Erde verschwunden. Kaufen Sie also niemals Aktien einer Technetium-Mine! Bei einigen Sternen – insbesondere den kohlenstoffreichen – findet man jedoch Technetium in den Atmosphären! Wir nehmen an, daß es sich dabei um ^{99}Tc handelt. Es *muß* neu erzeugt worden und zusammen mit dem Kohlenstoff an die Oberfläche gelangt sein. Die alten Alchimisten wären begeistert!

Die Erzeugung von Technetium beweist, daß eine ganze Reihe nuklearer Nebenreaktionen ablaufen, die auf dem langsamen Einfang freier Neutronen durch schwere Elemente beruhen. Diese Reaktionen bezeichnet man gemeinsam als s-Prozeß. Jede Anlagerung eines Neutrons führt zur Entstehung des nächstschwereren Isotops desselben Elements. Ist dieses Isotop stabil, fängt es schließlich ein weiteres Neutron ein, so daß die Atommasse wieder um eine Einheit steigt. Ist der Kern jedoch instabil und die Einfangrate langsam ge-

5.15 Der Kohlenstoffstern 19 Piscum zeigt starke Technetiumlinien — ein klarer Beweis für die Elementumwandlung in Sternen. ▼

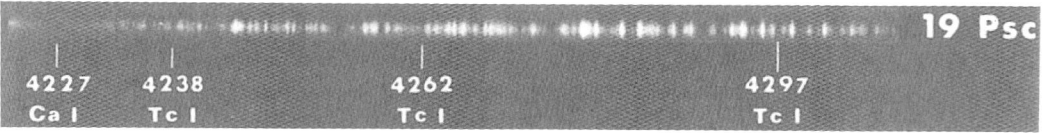

nug, kann er unter Aussendung von β-Strahlung zerfallen (das Neutron wandelt sich in ein Proton um, wobei es ein Elektron ausstößt). Dadurch steigt die Ordnungszahl um Eins, und es entsteht das nächsthöhere Element im Periodensystem. Vor seinem Zerfall kann der Kern jedoch durchaus noch ein weiteres Neutron einfangen und damit die Masse um eine weitere Einheit erhöhen, wodurch das nächsthöhere Isotop des nächsthöheren Elements entsteht. Auf diese Weise baut sich ein ganzes Netzwerk zur Erzeugung von Nukliden auf, wobei die höheren Elemente jeweils aus den nächstniedrigeren entstehen. Diese Netzwerke kann man in Sternmodellen mit berücksichtigen und aus Neutroneneinfangraten (die von Temperatur und Dichte abhängen) sowie den Zerfallsraten verschiedener Isotope Isotopenverhältnisse vorhersagen.

In S-Sternen sind Sauerstoff und Kohlenstoff etwa gleich häufig, so daß sie ein Zwischending zwischen sauerstoffreichen und kohlen-

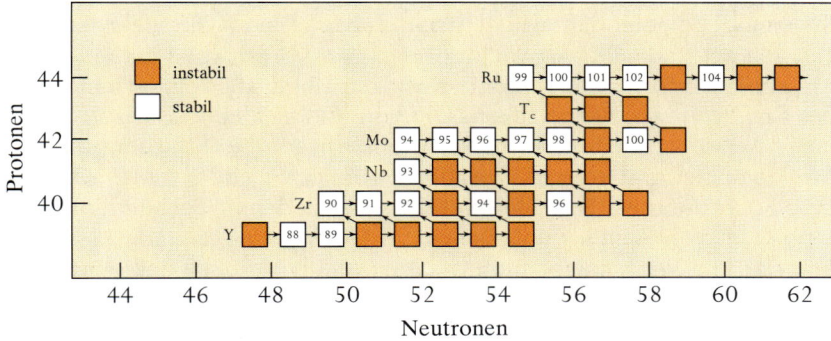

5.16 Dieses s-Prozeß-Netzwerk zeigt, wie aus leichteren Elementen schwerere erzeugt werden können. Die Elemente und Isotope sind in einem Nukliddiagramm dargestellt (ein Nuklid ist eine Isotop- oder Atomart mit bestimmter Ordnungszahl und Atommasse), bei dem die Ordnungszahl (Anzahl der Protonen) gegen die Neutronenzahl (Atommasse minus Ordnungszahl) aufgetragen ist. Wir beginnen mit Yttrium in seiner häufigsten Form, ^{89}Y. Es fängt ein Neutron ein und wird zu ^{90}Y, das durch β-Zerfall in das gewöhnliche Metall Zirkonium ^{90}Zr übergeht. Obwohl ^{90}Y sehr instabil ist, können einige seiner Kerne ein weiteres Neutron einfangen und zu ^{91}Y werden, das dann ^{91}Zr erzeugt. Dieser Prozeß läuft über alle Stufen weiter bis ^{94}Y. Jenseits davon sind alle Y-Isotope extrem instabil, so daß die Erzeugung immer höherer Isotope zum Stillstand kommt. Sobald Zirkoniumisotope erzeugt worden sind, beginnen sie ihrerseits sofort, Neutronen einzufangen, so daß ^{91}Zr sowohl aus ^{91}Y als auch aus ^{90}Zr entsteht. Doch die Zr-Isotope zerfallen dann in Niobatome, Nb. Folglich hängen die Isotopenverhältnisse von Zr von den Neutroneneinfangraten relativ zu den Zerfallsraten der verschiedenen Isotope ab. Aus Niob entsteht dann Molybdän. Schließlich wird auch jenes Element erzeugt, dem unser besonderes Interesse gilt: Durch β-Zerfall entsteht aus ^{99}Mo Technetium ^{99}Tc. ^{100}Tc kann nur durch Neutroneneinfang aus ^{99}Tc entstehen, da das Isotop ^{100}Mo stabil ist. Technetium wandelt sich dann in Ruthenium um, und so weiter.

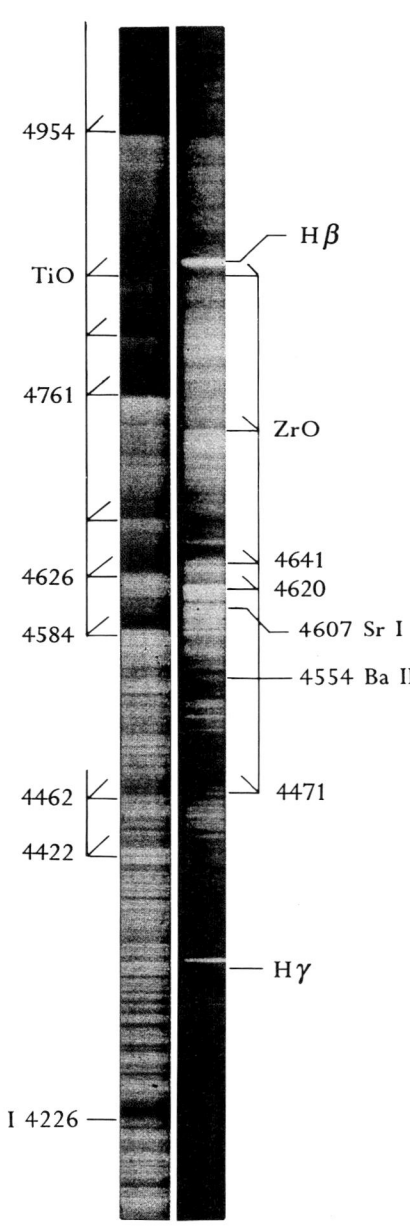

5.17 Die TiO-Banden des M6-Riesen V744 Centauri (links) unterscheiden sich deutlich von den ZrO-Banden im Spektrum des S6-Sterns T Camelopardalis (rechts).

stoffreichen Sternen darstellen. Da Titan sehr viel häufiger ist als Zirkonium, dominiert bei M-Sternen TiO über seinen Vetter ZrO. Doch Zirkonium besitzt eine sehr viel höhere Affinität zu Sauerstoff. Wenn nur wenig Sauerstoffatome und eine Mischung aus Zirkonium und Titan vorhanden sind, entsteht zuerst ZrO, auch wenn das schwerere Metall Zr ziemlich selten ist. Liegt nun wie in den S-Sternen das Verhältnis C/O nahe bei Eins, greift sich der Kohlenstoff fast den gesamten Sauerstoff, und der Rest erzeugt ZrO. Darüber hinaus ist Zirkonium ein s-Prozeßelement, so daß seine Häufigkeit mit der des Kohlenstoffs ansteigt. Folglich sind S-Sterne hauptsächlich durch die ZrO-Banden gekennzeichnet. Viele zeigen auch Technetiumlinien, was nicht weiter überrascht. Die M- und die Kohlenstoffsterne weisen beide auch eine Anreicherung mit Stickstoff auf – eine Folge der Energieerzeugung durch den Kohlenstoffzyklus. Diese Sterne sind zwar zu kühl, um Heliumlinien zu zeigen, doch es gibt andere Hinweise, daß auch dieses Element vermehrt bei ihnen vorkommen kann.

Sternmodelle geben an, wieviel frisches Material an die Sternoberfläche gelangt und – höchst wichtig – wo es im Stern entstanden ist. Mit diesen Informationen können wir die Linienstärken verschiedener Spektrallinien vorhersagen. Die von unterschiedlichen Isotopen eines Atoms erzeugten Absorptionslinien liegen bei fast identischen Wellenlängen und können deshalb gewöhnlich nicht getrennt werden. So können wir zum Beispiel die verschiedenen Technetium-Isotope nicht voneinander unterscheiden. Doch bei *molekularen* Isotopen sind die Wellenlängenunterschiede relativ groß, so daß zum Beispiel die von ^{12}CO und ^{13}CO oder von ^{90}ZrO und ^{91}ZrO erzeugten Absorptionslinien unterschieden werden können. Daher können die Sternmodelle anhand von Beobachtungen sehr detailliert überprüft werden. Man kann zwar kaum von einer exakten Übereinstimmung reden, doch die Beobachtungsergebnisse stehen so weit mit der Theorie in Einklang, daß wir mit gutem Gewissen behaupten können, wir wüßten was tief im Inneren der Sterne während ihrer Entwicklung vor sich geht.

Das Hauptproblem ist die Konvektion, die das neue Material an die Oberfläche befördert. Beobachtungstatsachen weisen darauf hin, daß Kohlenstoffsterne hauptsächlich aus Objekten hervorgehen, die eine anfängliche Masse von zwei oder drei Sonnenmassen hatten. Doch wegen unserer mangelhaften Kenntnis der Konvektion können wir weder den exakten Massenbereich angeben, in dem sich Sterne zu Kohlenstoffsternen entwickeln, noch die genauen Häufigkeiten der neuentstandenen Elemente und Isotope vorhersagen. Wenn Stellartheoretiker einen letzten Wunsch frei hätten, dann würden sie sich vermutlich eine exakte Theorie der Konvektion wünschen.

Massenverlust

Aufgrund ihrer Eigenschaften müssen alle Sterne Masse verlieren – auch die Sonne, wenn auch mit einer sehr geringen Rate von 10^{-14} $M_\odot$ pro Jahr. Bei den Riesensternen sind die Raten millionenmal größer, und die Sterne des asymptotischen Riesen-Asts verlieren noch mehr Masse. Die Spektren von Mira-Sternen zeigen Wasserstoffemissionslinien, die auf Stoßwellen zurückgeführt werden, deren Ursache in den heftigen Pulsationen der Sterne liegt. (Eine Stoßwelle ist ein akustischer Überdruck, verursacht durch irgend etwas, das sich schneller als die Schallgeschwindigkeit durch ein Gas bewegt – ein Überschallflugzeug ist ein bekanntes Beispiel.) Die Stoßwellen blasen zusammen mit der hohen Leuchtkraft Gas von der Sternoberfläche in die relativ kalte Weltraumumgebung ab. Dort kondensiert ein Teil des Gases zu kleinen festen Körnchen, die im weiteren Sinne als Staub bezeichnet werden. Der Strahlungsdruck treibt den Staub davon, wobei dieser das Gas mit einer Geschwindigkeit von einigen Dutzend Kilometern pro Sekunde mitreißt. Das Ergebnis ist ein abströmender schmutziger Wind, der zu Zeiten seines Maximums eine Rate von 10^{-5} $M_\odot$ pro Jahr erreichen kann. Da sich die Sterne länger als 10^5 Jahre in diesem Stadium befinden, geben sie in dieser Zeit einen wesentlichen Teil ihrer Materie an den interstellaren Raum zurück. Zwischen ihren zukünftigen Phasen als Roter Riese und Stern auf dem asymptotischen Riesen-Ast wird die Sonne nahezu die Hälfte ihrer Masse verlieren. Ein massereicherer Stern, einer an der oberen Grenze der mittleren Hauptreihe, kann sogar bis zu 80 Prozent seiner Masse auf diese Weise abblasen.

Ein Mira-Stern verliert so viel Masse, daß er von einer riesigen expandierenden Wolke umgeben ist, die man im Infrarot- und Radiobereich seines Spektrums beobachten kann. Im Infraroten spiegeln die spektralen Eigenschaften der Staubkörner um Mira-Sterne die chemische Zusammensetzung des jeweiligen Sterns wider. Wenn er kohlenstoffreich ist, beobachten wir Siliciumcarbid-Körner, und wenn er zu den sauerstoffreichen M-Sternen gehört, erscheinen Silicate (Silicium-Sauerstoff-Verbindungen). Radiobeobachtungen sind noch faszinierender. Die zirkumstellaren Hüllen der M-Sterne zeigen starke Emissionslinien des Hydroxyl-Moleküls (OH). Folglich bezeichnet man diese Objekte als OH/IR-Sterne. Das OH ist ein natürlicher Maser, die Mikrowellenversion des heute allgemein bekannten Lasers, dessen Funktionsweise darauf beruht, daß Elektronen in hohe Energieniveaus gepumpt werden. Wenn sie dann wieder in Kaskaden auf niedrigere Energiestufen hinabspringen, entsteht ein starker *L*icht- (beim *L*aser) oder *M*ikrowellenstrahl (beim *M*aser). Im Labor wird dem Laser die nötige Energie durch eine äußere Energiequelle, zum Beispiel durch Elektrizität, zugeführt. Im Welt-

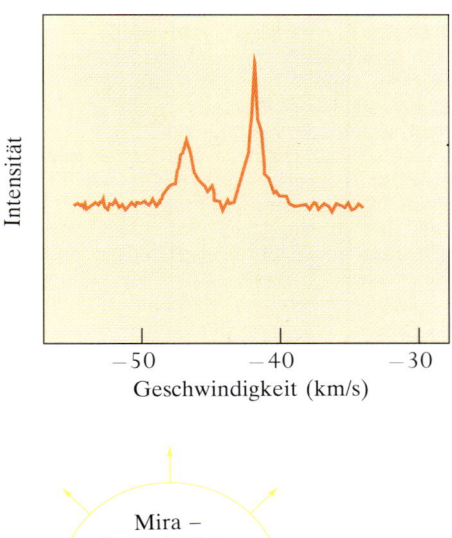

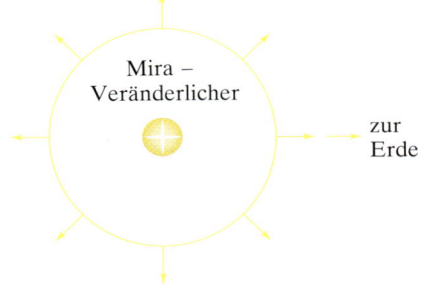

5.18 Die zirkumstellare Hülle des OH/IR-Sterns U Orionis strahlt im Mikrowellenbereich starke OH-Linien aus, die von einem Maser erzeugt werden (oberes Diagramm). Die Linien sind durch die Dopplerverschiebung aufgespalten, da sich die Wolke mit einer Geschwindigkeit von etwa drei Kilometern pro Sekunde ausdehnt. Das gesamte System nähert sich mit etwa 44 Kilometern pro Sekunde der Erde. Die Energie zur Erzeugung der Emissionslinien stammt von dem pulsierenden Mira-Veränderlichen (unteres Bild), so daß die Stärke der OH-Linien den Pulsen entsprechend variiert. Wegen der endlichen Ausbreitungsgeschwindigkeit des Lichts beobachten wir eine zeitliche Verzögerung zwischen den Linienvariationen im vorderen und im rückwärtigen Teil der Hülle. Daraus können wir die Größe der Wolke und aus ihrer Winkelausdehnung die Entfernung des Systems von der Erde bestimmen.

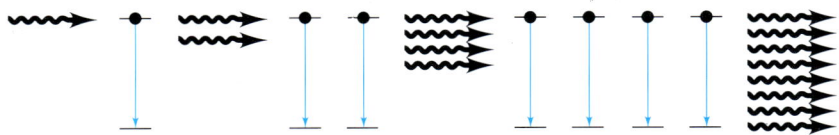

5.19 Ein Photon kann nicht nur ein Elektron veranlassen, auf eine höhere Bahn zu springen, sondern es kann auch einen Elektronensprung von einer höheren Bahn nach unten stimulieren (links). Die Folge davon ist, daß dann zwei Photonen in der gleichen Richtung davonfliegen, die in Phase miteinander sind. In einem normalen Gas sind sowohl Absorptionen als auch spontane sowie stimulierte Emissionen im Gleichgewicht. Wenn es uns nun gelingt, irgendwie die oberen Energieniveaus zu bevölkern, indem wir die Elektronen nach oben „pumpen", dann erzeugt jedes neuentstandene Photon seinerseits wieder ein Photon, so daß ein kaskadenhaft verstärkter Laserlichtstrahl entsteht.

raum ist die Strahlung des Mira-Sterns hierfür verantwortlich. Wir beobachten auch Maser-Linien von Wasser und von Siliciummonoxid.

Da sich ein Teil der expandierenden Wolke um einen Mira-Stern von uns wegbewegt und ein Teil auf uns zukommt, sind die Linien durch den Dopplereffekt aufgespalten, so daß wir die Expansionsgeschwindigkeit messen können. Da die Stärke der OH-Linien von der Leuchtkraft des Mira-Sterns abhängt, variiert sie auch. Und da es einige Zeit dauert, bis das Sternlicht die Hülle erreicht hat, spiegelt die uns zugewandte Seite der Wolke die Variationen zuerst wider. Der Zeitunterschied zwischen den Variationen der vorderen und der hinteren Seite hängt vom Durchmesser der Wolke und der Lichtgeschwindigkeit ab. Aus dem so bestimmten Durchmesser der Wolke und ihrem beobachteten Winkeldurchmesser erhalten wir die wertvolle Entfernung und können damit die Leuchtkraft des Sterns bestimmen. Diese Sterne sind mithin wahre Fundgruben für Informationen.

Kohlenstoffsterne haben andere, aber ebenso bizarre Eigenschaften. Kohlenstoff bildet komplexe organische Moleküle, für die der Weltraum eine sehr günstige Umgebung darstellt. Im extremsten Beispiel, einem Kohlenstoffsternkomplex namens IRC + 10 216 (Infraroter Kohlenstoffstern, 10 Grad Deklination, 21,6 Stunden Rektaszension), wurden rund 20 organische Moleküle gefunden, unter anderem solche exotischen Verbindungen wie HC_7N und CH_3CN.

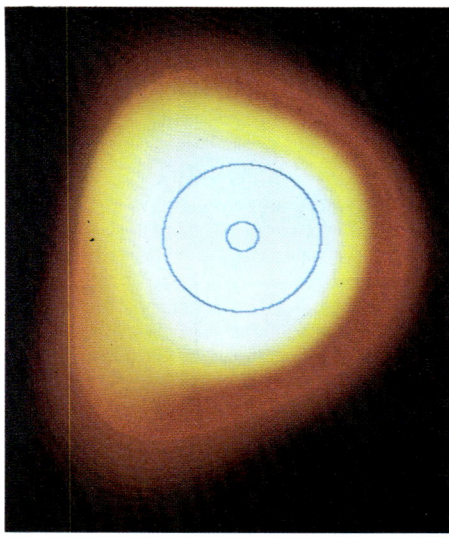

5.20 Diese Infrarotaufnahme zeigt die zirkumstellare Hülle des Kohlenstoffsterns IRC + 10 216, die in den Raum hinausgeblasen wird. Die beiden eingezeichneten Kreise markieren die ungefähre Größe des Sterns und den inneren Rand der Hülle.

Der Gasstrom kann so stark sein, daß sich der Stern hinter seiner Hülle verbirgt – wie IRC + 10 216 – und im optischen Spektralbereich nicht mehr zu sehen ist. Nur seine Infrarot- und Radiostrahlung verrät uns dann seine Position. Die abströmende zirkumstellare Hülle führt die in einer früheren Entwicklungsphase des Sterns neu erzeugten Elemente Stickstoff, Kohlenstoff, Helium und die s-Prozeßelemente mit sich hinaus in den Raum. Es gibt Tausende dieser OH/IR- und Kohlenstoffsterne. Sie geben nicht nur einen Großteil ihrer Materie zurück an den interstellaren Raum, sondern reichern damit auch das interstellare Gas, aus dem sich ständig neue Sterne bilden, großräumig mit neuen Elementen an. Jetzt erkennen wir auch den Grund für den Zusammenhang zwischen stellarem Metallgehalt und Alter!

Massenverlust bedeutet vielleicht die Rettung für die Erde. Durch die verringerte Gravitation der Sonne wird sich die Umlaufbahn unseres gebeutelten Planeten langsam vergrößern, so daß uns die expandierende Sonne vielleicht doch nicht erreicht. Merkur und Venus sind aber auf jeden Fall verloren. Ihre Materie kann sogar wesentlich zum Staub innerhalb des Sonnenwinds beitragen. Darüber hinaus werden durch die große Leuchtkraft der Sonne in ihren späteren Entwicklungsphasen wahrscheinlich die meisten Kometen des inneren Kometengürtels (unmittelbar jenseits des Neptun) schmelzen und damit den Wassergehalt des Sonnenwinds erhöhen. Es ist ein ernüchternder Gedanke, daß der Staub und die Wasser-Maser, die wir um Sterne des asymptotischen Riesen-Asts beobachten, zumindest zum Teil ein Zeichen für die Zerstörung eines Planetensystems sein könnten.

Die innere Temperatur der Sterne in diesem Entwicklungsstadium steigt immer noch weiter an. So könnten wir vermuten, daß an einem bestimmten Punkt schließlich auch die Kohlenstoff-Sauerstoff-Mischung in der entarteten Kernregion zündet und zu noch schwereren Elementen verbrennt. Doch die Sterne haben so viel Masse verloren, daß die Kompression kurz vor Erreichen der erforderlichen Bedingungen zum Stillstand kommt. Zum Schluß haben die Sterne ihre Hüllen vollständig abgeblasen, so daß die dichten nuklearen Aschekerne freiliegen – jene Überreste, die wir schon vor einiger Zeit als Sterne wie 40 Eri B oder Sirius B identifiziert haben.

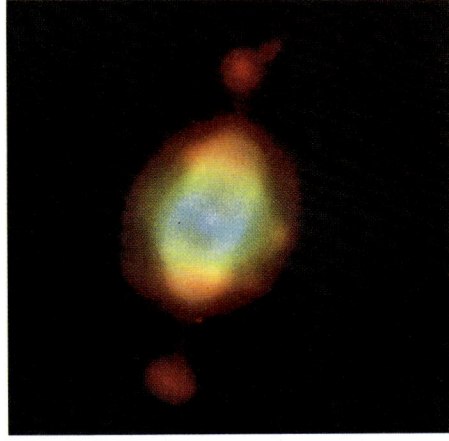

5.21 Der von William Herschel entdeckte erste planetarische Nebel, der Saturn-Nebel im Sternbild Aquarius (auch NGC7009 genannt), umhüllt einen sterbenden Stern.

Planetarische Nebel

Als William Herschel vor 200 Jahren den Himmel durchmusterte, stieß er im Sternbild Aquarius auf ein seltsames Objekt, das wie ein etwa kreisförmiger, verschwommener Lichtfleck aussieht. (Heute trägt es den Namen NGC7009; NGC ist die Abkürzung für *New General Catalogue*.) Herschel nannte dieses und einige weitere gleichartige Objekte, die er später noch fand, planetarische Nebel, weil sie ihn an das scheibenförmige Aussehen von Planeten erinnerten. Bald entdeckte er auch, daß im Zentrum gewöhnlich ein einzelner Stern steht, der eng mit dem Nebel verknüpft ist.

Den ausschlaggebenden Hinweis, der zur Erklärung der planetarischen Nebel führte, lieferte 1864 der englische Spektroskopiker William Huggins. Er entdeckte drei Emissionslinien, die bewiesen, daß die Nebel aus dünnem Gas bestehen. Die eine, bei einer Wellenlänge von 4861 Å, wurde später als Linie des gewöhnlichen Wasser-

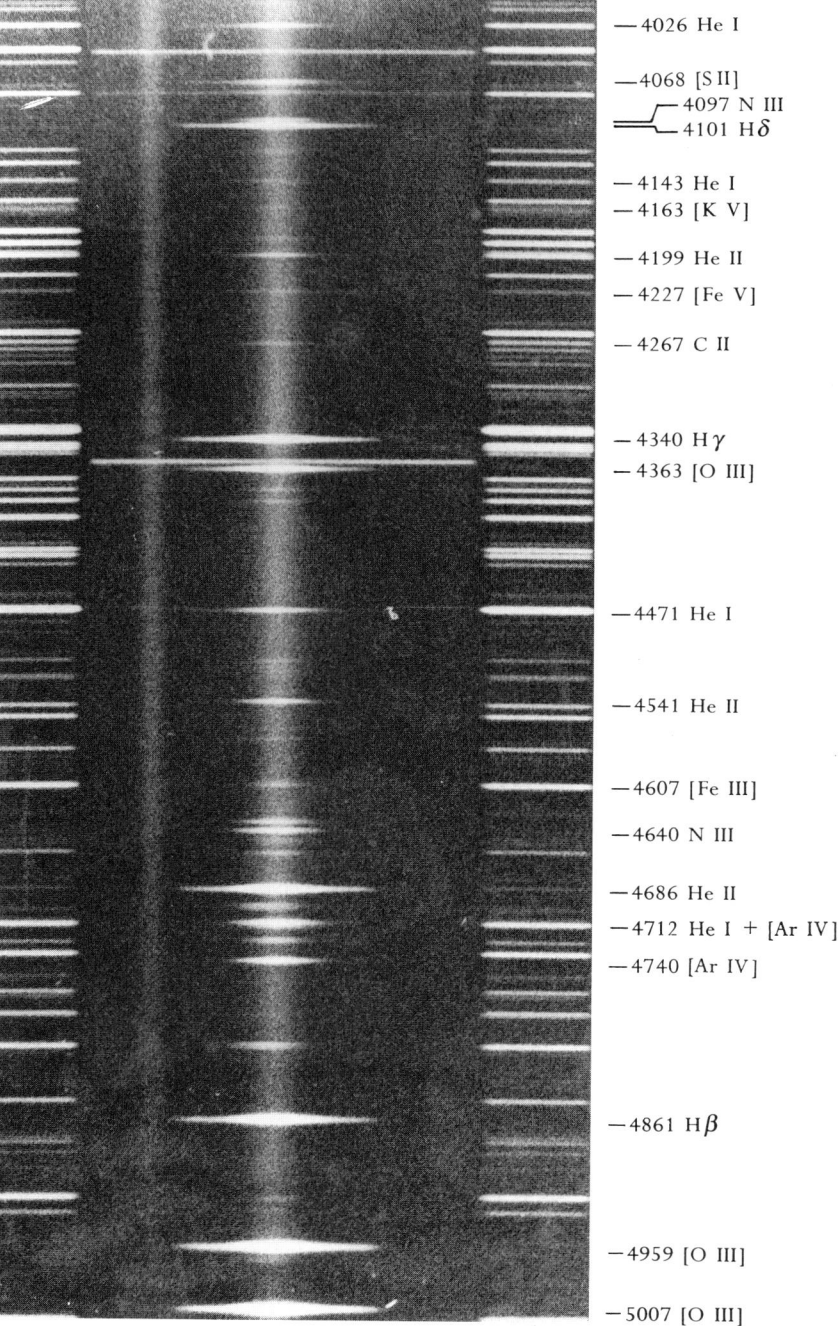

5.22 Das Spektrum des planetarischen Nebels NGC2440 im Sternbild Puppis zeigt eine Vielzahl von Rekombinations- und verbotenen Linien (letztere sind durch eckige Klammern gekennzeichnet). Die Original-„Nebulium"-Linien — Linien des doppelt ionisierten Sauerstoff [OIII] bei 5007 und 4959 Å — liegen am unteren Rand. Zu beiden Seiten des Nebelspektrums sind Vergleichsspektren mit abgebildet.

stoffs identifiziert. Die beiden anderen bei 4959 und 5007 Å ließen sich jedoch nicht einordnen. Eine Zeitlang glaubte man, daß sie von einem bis dahin unbekannten Element stammten, das man Nebulium nannte. Doch nachdem das Periodensystem der Elemente vollständig aufgestellt war, erkannte man, daß kein Platz für das „Nebulium" war und irgendein unbekannter Mechanismus die Entstehung dieser Linien verursachen mußte. Bei der weiteren Untersuchung des Spektrums fand man noch einige andere dieser nicht identifizierbaren Emissionslinien, wobei besonders helle bei 3868 Å, 3727 Å und in der Nähe von H_α bei 6584 und 6548 Å lagen.

Eine Erklärung für diese rätselhaften Linien lieferte um 1929 Ira S. Bowen, während etwa zur gleichen Zeit Hermann Zanstra entdeckte, welcher Mechanismus die planetarischen Nebel leuchten läßt. Zanstra zeigte, daß die Wasserstofflinien aufgrund von Photoionisation durch Ultraviolettstrahlung vom Zentralstern entstehen. Wenn in einem Wasserstoffatom ein Elektron im Grundzustand ein Photon von 912 Å (der Lyman-Grenzwellenlänge) oder einer noch kürzeren Wellenlänge absorbiert, gewinnt es so viel Energie, daß es seinen Atomkern, das Proton, verlassen kann. In einem Nebel fliegen zahllose solche freien Protonen und Elektronen umher. Wenn nun diese beiden Teilchenarten zusammenstoßen, besteht eine recht gute Chance, daß die Protonen Elektronen einfangen und wieder H-Atome bilden. Dabei landen die Elektronen meistens auf oberen Bahnen. Sprünge hinunter zum Grundzustand erzeugen dann die beobachteten Emissionslinien. Diese „re-kombinierten" Atome absorbieren anschließend erneut energiereiche stellare Photonen und wiederholen den beschriebenen Prozeß. Auch Helium und sogar Sauerstoff, Stickstoff und Neon erzeugen solche Rekombinationslinien.

Zanstra bewies nun, daß in einem dichten Gasnebel jedes stellare Ultraviolettphoton einen Ionisationsvorgang auslöst, dem ein Wiedereinfang und die Aussendung eines beobachtbaren Balmerphotons (erzeugt von einem Elektron, das auf dem zweiten Energieniveau des Wasserstoffs landet) folgt. Somit ist die Zahl der Balmerphotonen proportional zur Ultraviolettleuchtkraft des Sterns, während die visuelle Helligkeit proportional zur visuellen Leuchtkraft ist. Wenn man annimmt, daß der Stern ein einfacher Schwarzer Körper ist, was er im allgemeinen auch zu sein scheint, ergibt das Verhältnis der Helligkeit der beobachteten Wasserstoffemissionen des Nebels zur visuellen Helligkeit des Sterns die Effektiv- oder Zanstratemperatur. Zanstra, der diese Methode zum Nachweis der sonst unsichtbaren Ultraviolettstrahlung als „Weltraumforschung mit niedrigen Kosten" bezeichnete, stellte fest, daß die Zentralsterne planetarischer Nebel ungeheuer heiß sind. Heutige Untersuchungen zeigen, daß sie mit Zanstratemperaturen von 30000 Kelvin an aufwärts bis zu mehr als

5.23 Rekombinationslinien des Wasserstoff entstehen, wenn nach Absorption eines stellaren Ultraviolettphotons die Energie eines Elektrons größer ist als die Ionisationsenergie, so daß das Elektron seinen Atomkern verläßt (links). Das losgeschlagene Elektron bewegt sich nun frei im Gas, wobei es etwas Energie an andere Elektronen verliert und so zur kinetischen Temperatur beiträgt. Dann stößt es mit einem O^{+2}-Ion zusammen und hebt dessen Elektron auf eine höhere Bahn. Schließlich wird es wieder von einem Proton eingefangen, wobei es von Energiestufe zu Energiestufe nach unten springt und dabei Wasserstoffemissionslinien erzeugt. Das angeregte Sauerstoffelektron fällt schließlich ebenfalls wieder auf eine niedrigere Bahn und erzeugt dabei die sogenannten „Nebulium"-Linien bei 4959 oder 5007 Å. Weitere solche Linien, von denen man ursprünglich glaubte, sie seien verboten, sind sowohl für O^{+2} als auch für O^+ dargestellt. Mit Hilfe der Theorie und entsprechenden Daten für Stöße, Wiedereinfang und Übergangswahrscheinlichkeiten kann man die chemische Zusammensetzung bestimmen. (Zur deutlicheren Darstellung wurden die Abbildungsmaßstäbe bei O^{+2} und O^+ verdoppelt.)

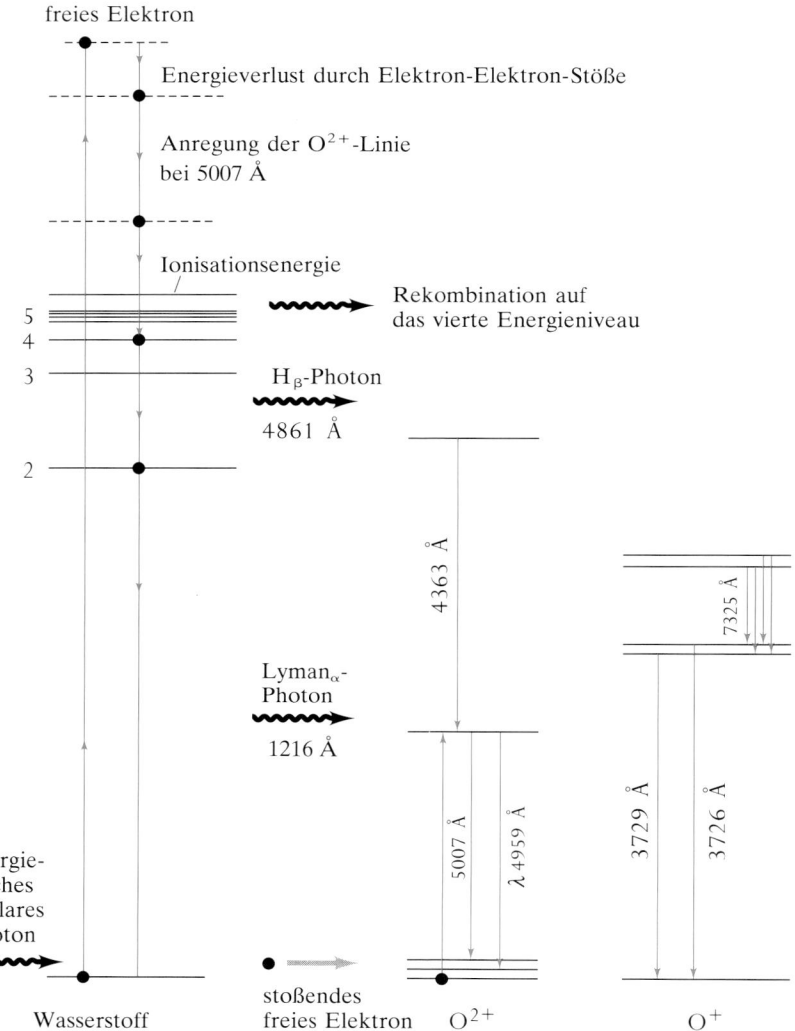

200000 Kelvin die heißesten bekannten Sterne überhaupt sind. Sie gehören auch zu den leuchtkräftigsten Sternen in der Galaxis – viele sind zwischen 1000- und 10000mal heller als die Sonne. Doch da sie den Großteil ihrer Energie im Ultraviolettbereich abstrahlen, fallen sie uns nicht weiter auf.

Bowen richtete seinen Blick dagegen nach innen ins Laboratorium. Er führte Experimente im Ultraviolettbereich durch, um Bahnstrukturschemata von Atomen zu erstellen und stellte fest, daß die „Nebulium"-Linien in Wirklichkeit von Energieniveaus des doppelt ionisierten Sauerstoffs ausgehen, die nur ganz wenig oberhalb des Grundniveaus liegen. Die einfachsten Näherungen der Quantenmechanikregeln erlauben keine Übergänge zwischen diesen Zuständen, so daß die entsprechenden Linien „verboten" sind. Nur wenn man Näherungen höherer Ordnung für die Gleichungen berücksichtigt, erkennt man, daß die Sprünge nicht wirklich verboten, sondern nur unwahrscheinlich sind. Die Elektronen gelangen durch Zusammenstöße mit jenen Elektronen, die vom ionisierten Wasserstoff stammen, auf die höheren Energieniveaus. Die verbotenen Linien werden im Laboratorium nicht beobachtet, weil die Gasdichte hier zu hoch ist und die Linien relativ zu anderen Emissionen zu schwach sind. In einem Gasnebel sind die Bedingungen jedoch genau richtig, so daß die verbotenen Linien sogar noch stärker sind als die Rekombinationslinien. Nacheinander stellte man fest, daß die verbotenen Linien bei 3 727 Å, 3 868 Å und das Linienpaar im Roten durch ähnliche Übergänge des ionisierten Sauerstoff (O^+), Neon (Ne^{+2}) und Stickstoff (N^+) entstehen.

Die Theorie der Rekombinations- und verbotenen Linien ist so einfach, daß wir mit ihrer Hilfe nicht nur leicht die Temperatur der Zentralsterne ableiten können, sondern auch die Dichte, Temperatur und chemische Zusammensetzung der Nebel. Wir finden typische Dichten von 100 bis 10 000 Atomen pro Kubikzentimeter – vergleichbar mit dem besten Vakuum, das man auf der Erde erzeugen kann – und kinetische Temperaturen von 10 000 bis 20 000 Kelvin. Analysen der chemischen Zusammensetzung zeigen, daß planetarische Nebel häufig einen erhöhten Gehalt an Helium, Stickstoff und Kohlenstoff besitzen. In einigen Fällen ist die Anreicherung sogar recht stark – sie weisen das Doppelte der solaren Helium- und das Zehnfache der Stickstoffhäufigkeit auf.

Die planetarischen Nebel zeigen eine fast verwirrende strukturelle Vielfalt und gehören zu den schönsten Objekten der Galaxis. Einige sind fast rund, andere haben eine ausgeprägte bipolare Struktur und wieder andere sind so kompliziert, daß sie mit einfachen Worten nicht zu beschreiben sind. Viele besitzen Doppel- oder sogar Dreifachhüllen. Ihre Größe reicht von klein und kompakt – fast stellar – bis zu so riesigen Ausmaßen, daß sie sich von Stern zu Stern erstrecken.

Erst in der zweiten Hälfte unseres Jahrhunderts gelang es den Astronomen schließlich, diese anmutigen Objekte in den Ablauf der Sternentwicklung einzuordnen. Bei beiden Aufstiegen auf dem Riesen-Ast verliert ein Stern Masse. Wenn er in der Nähe des oberen Endes des asymptotischen Riesen-Asts ankommt, ist das, was noch vom Stern übrig ist, von einer riesigen expandierenden Wolke umgeben. Mit

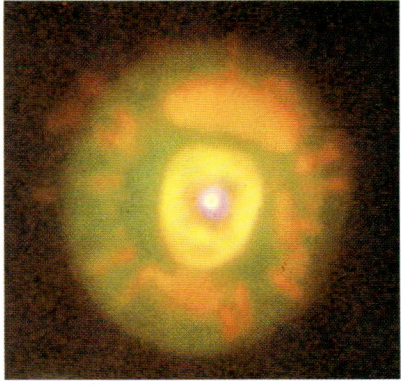

a

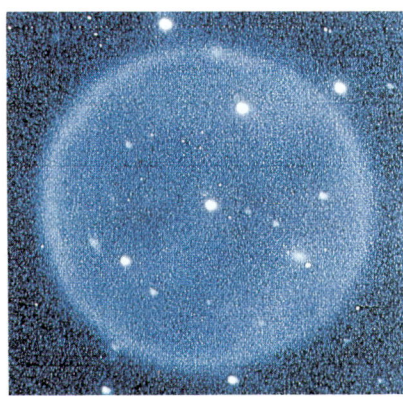

b

5.24 Planetarische Nebel zeigen eine wundervolle Typenvielfalt. a) Der Eskimo-Nebel (NGC2392) im Sternbild Gemini weist eine klassische Doppelhüllenstruktur auf; sein Zentralstern heizt sich und den Nebel noch weiter auf. b) Abell 39 im Sternbild Hercules hat einen riesigen Durchmesser von etwa einem Parsec. Er beginnt sich bereits aufzulösen; sein Zentralstern ist ein echter Weißer Zwerg, der sich langsam abkühlt und bald seine expandierende Hülle verloren haben wird.

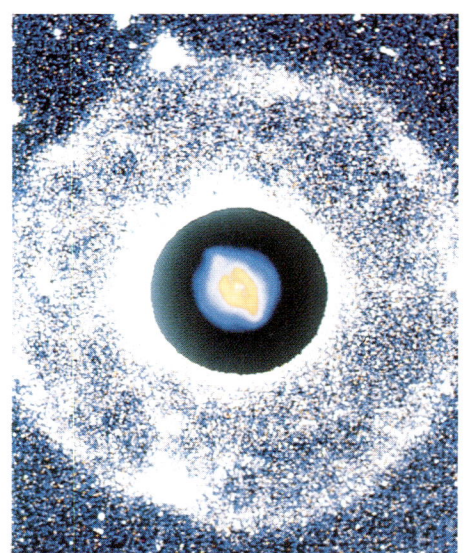

5.25 NGC6826 ist in etwa kreisförmig und liegt tief innerhalb eines riesigen, äußeren Halos, der durch einen Jahrmillionen anhaltenden, etwa symmetrischen Massenverlust des Zentralsterns entstanden ist.

steigender Leuchtkraft wird auch die Massenverlustrate immer größer, so daß der innere Bereich der Wolke dichter ist als der äußere. Schließlich kommt der Augenblick, wo fast die gesamte Sternhülle abgeblasen ist, die nuklearen Schalenquellen jedoch noch nicht völlig freigelegt sind. Mit einiger Wahrscheinlichkeit tritt dieses Ereignis ein, wenn die heliumbrennende Schale gerade „abgeschaltet" ist, so daß der Stern jetzt aus einem entarteten C-O-Kern besteht, der von einer inaktiven Heliumschale, einer brennenden Wasserstoffschale und einer dünnen, aber recht ausgedehnten Wasserstoffhülle von etwa der Größe der heutigen Sonne umgeben ist. Jetzt geht der Wind nicht mehr von einem aufgeblähten Riesenstern aus, sondern von einem kleineren Stern mit einer größeren Oberflächengravitation. Als Folge davon verringert der Wind seine Dichte und vergrößert seine Geschwindigkeit. Schließlich bläst er mit 4 500 Kilometern pro Sekunde. Dieser schnelle Wind wirkt ganz ähnlich wie ein Schneepflug und schiebt die früher abgeblasene Materie zu einer relativ dünnen Kugelschale zusammen, die einige Zehntel Sonnenmasse besitzt. Während dieser innere Ring mit einer Geschwindigkeit von etwa 20 Kilometern pro Sekunde davonschwebt, wird die Wasserstoffhülle des Sterns immer dünner – von oben her zerstreut sie der Wind, und von unten nagt das Wasserstoffbrennen an ihr. Bei

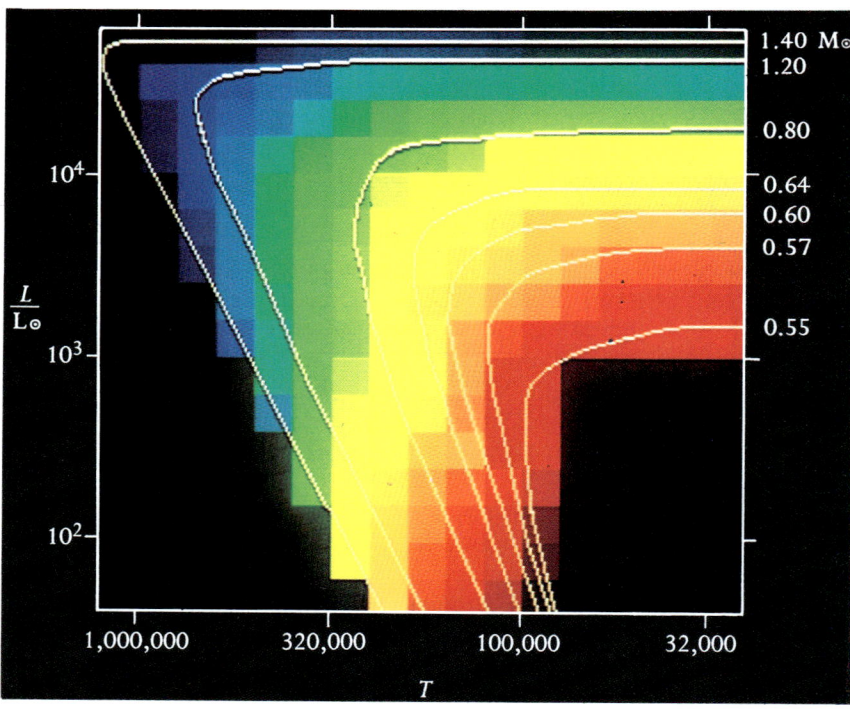

5.26 Die Entwicklungswege der Zentralsterne planetarischer Nebel gehen zum Teil weit über den linken Rand des in Abbildung 5.12 dargestellten Diagramms hinaus, wobei ihre Lage und die erreichten Maximaltemperaturen von der Masse abhängen. Die Farben geben die erwartete relative Anzahl von Sternen an jedem Punkt an (rot die größte, blau die geringste). Sterne mit niedriger Masse halten sich lange auf dem horizontalen Wegstück auf (auf dem die Temperaturen weiter ansteigen), während Sterne höherer Massen diese Phase schnell durchlaufen und sich dann lange auf dem nach unten verlaufenden Wegstück befinden, das der Abkühlphase entspricht. Die tatsächlich beobachtete Verteilung stimmt qualitativ mit dieser theoretischen überein.

gleichbleibender Leuchtkraft steigt die Effektivtemperatur an. Wenn sie etwa 30 000 Kelvin erreicht, erzeugt der Stern genügend Ultraviolettstrahlung, um die umgebende Materie zu ionisieren – und plötzlich erscheint ein neuer planetarischer Nebel am Himmel.

Lang belichtete Aufnahmen zeigen häufig, wie ein solcher planetarischer Nebel tief in großen Mengen zuvor abgestoßener Materie eingebettet liegt. Die Struktur eines Nebels hängt anscheinend von Asymmetrien innerhalb der ursprünglichen Materieströmung ab, die der schnelle, heiße Wind beim Zusammenschieben der Materie noch vergrößert. Die Zusammensetzung des Objekts – stickstoff- oder kohlenstoffreich – verrät uns, aus welcher Art von Stern auf dem asymptotischen Riesen-Ast es hervorgegangen ist. Hier können wir einen direkten Blick in die alte Sternhülle werfen und auf hervorragende Weise die Theorie des Sternaufbaus und der Sternentwicklung überprüfen.

Der Stern erhitzt sich bis zu einer Maximaltemperatur, die von der Masse abhängt. Sie liegt bei 100 000 Kelvin oder noch höher. Nach etwa 10 000 Jahren (je nach Masse) ist die Wasserstoffhülle fast verschwunden, das nukleare Brennen ist eingedämmt oder sogar ganz erloschen, und der Stern beginnt, sich abzukühlen und schwächer zu werden. Zu diesem Zeitpunkt hat der Nebel einen Durchmesser von etwa einem oder zwei Zehntel Parsec. Am Ende, nach rund 50 000 Jahren, ist er schließlich so ausgedehnt und verdünnt, daß er nicht mehr länger sichtbar ist. Der Riesenstern hat nun einen Anteil seiner Materie an den interstellaren Raum zurückgegeben und noch zusätzlich Helium, Stickstoff sowie Kohlenstoff und vielleicht sogar auch eine Ladung schwererer s-Prozeßelemente mit beigesteuert. Die nächste Sterngeneration wird von dieser Freigebigkeit profitieren. Zurück bleibt ein heißer, nackter Weißer Zwerg. Es gibt Hinweise, daß nicht alle Weißen Zwerge dieses Stadium durchlaufen, die meisten tun es jedoch mit Sicherheit. Den anderen gelingt es irgendwie, direkt vom horizontalen Ast herüberzuwechseln – wir wissen aber nicht, wie.

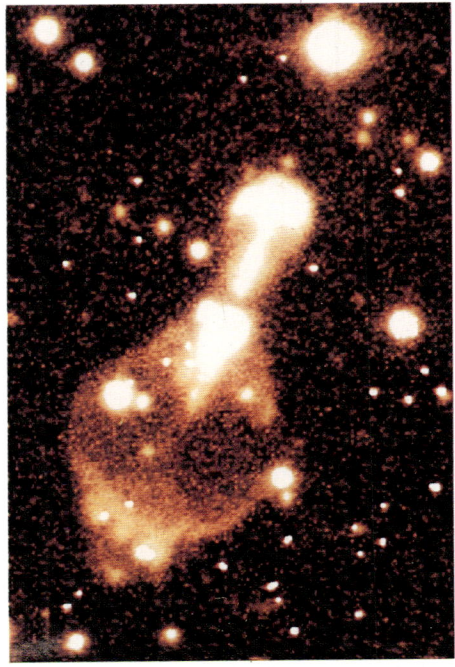

5.27 Der Kalebassen-Nebel zeigt riesige bipolare Blasen, die durch einen Sternwind erzeugt werden, der von einem Mira-Veränderlichen in seinem Zentrum ausgeht. Der Wind scheint durch eine Scheibe um den Stern gebündelt zu werden, welche die Materie in entgegengesetzte Richtungen abströmen läßt. Astronomen der fernen Zukunft werden wahrscheinlich beobachten können, wie sich im Zentrum ein extrem bipolarer planetarischer Nebel entwickelt.

Zuletzt Weiße Zwerge

Weiße Zwerge sind die Endprodukte der mittleren Hauptreihe und daher überall zu finden. Eine riesige Anzahl von ihnen schwirrt durch die Galaxis – auch der entartete Nachfahre unserer Sonne wird einmal darunter sein. Sie fallen nur nicht auf, weil sie so schwach sind – selbst der hellste ist nur achter Größe. Es dauert

Milliarden von Jahren, bis sich ein Stern des asymptotischen Riesen-Asts entwickelt hat, und dann verschwindet er von einem Augenblick zum anderen. Nur sein erloschener, entarteter Kern bleibt übrig, der nichts anderes tun kann, als sich ständig weiter abzukühlen und ein Schlackebrocken mehr im himmlischen Aschehaufen zu werden.

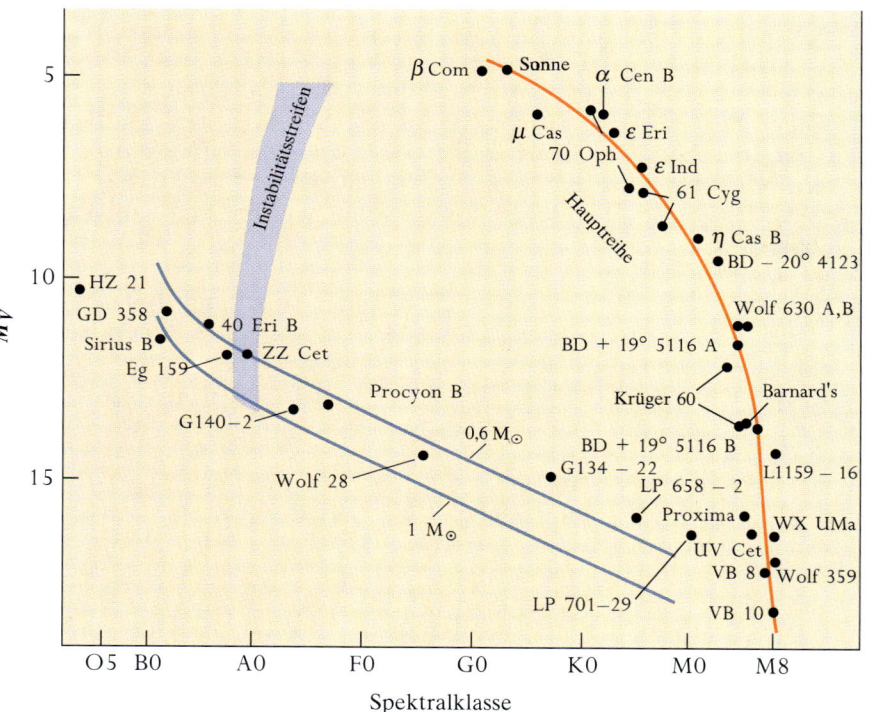

5.28 Auf diesem Ausschnitt des in Abbildung 3.24 wiedergegebenen HR-Diagramms erkennt man, wie sich die Weißen Zwerge auf dem letzten Teilstück ihres Entwicklungswegs abkühlen. Eingezeichnet sind auch die theoretischen Entwicklungswege für Sterne von 0,6 und 1,0 $M_\odot$. Weiße Zwerge lassen sich nicht anhand der üblichen Kriterien klassifizieren. Deshalb sind sie hier entsprechend ihrer Temperatur und der Temperaturskala der Hauptreihe angeordnet. Die massereicheren Weißen Zwerge sind *weniger* leuchtstark, da sie aufgrund der höheren Gravitation kleinere Oberflächen besitzen. Am unteren Ende des Entwicklungswegs werden Weiße Zwerge kristallisieren; doch die Galaxis ist noch nicht alt genug, als daß einer von ihnen sich so weit abgekühlt haben könnte, daß er unsichtbar wäre.

Wegen ihrer enormen Dichte von einer Million Gramm pro Kubikzentimeter sind diese Sterne schon seltsam genug, doch sie halten noch andere Überraschungen für uns bereit. Als das Spektrum von Sirius B zum erstenmal beobachtet wurde, klassifizierte man den Stern aufgrund seiner starken Wasserstofflinien als Typ A. Doch Sirius B ist sehr heiß und müßte seiner Temperatur nach eigentlich der Spektralklasse B zugeordnet werden, die gewöhnlich auch Heliumlinien aufweist – doch davon findet man in Sirius B überhaupt keine. Andere Weiße Zwerge zeigen dagegen Heliumabsorptionslinien, weswegen man sie in Klasse B einordnet. Alle echten B-Sterne zeigen allerdings auch Wasserstofflinien – diese Weißen Zwerge jedoch nicht. Deshalb unterteilt man die Weißen Zwerge entsprechend ihrer chemischen Zusammensetzung in zwei große Gruppen. Die wasserstoffreichen heißen entsprechend ihrer ursprünglichen Klassifikation DA und die heliumreichen DB. Doch dabei besteht fast kein Zusammenhang mit der Temperatur: Beide Gruppen erstrecken sich über die gesamte Temperatursequenz. Und wir sind davon überzeugt, daß auch bei den kühleren Weißen Zwergen, die wegen ihrer niedrigen Temperatur weder Linien des einen noch des anderen Elements zeigen, dieser Unterschied in der chemischen Zusammensetzung besteht.

Wenn wir auf der Sonne stehen könnten (ein interessanter Gedanke), würden wir dreimal so viel wiegen wie auf der Erde – eine Folge der 300000fachen Masse und des 100fachen Radius. Ein Weißer Zwerg hat jedoch einen so kleinen Radius, daß ein 70 Kilogramm schwerer Mensch dort beachtliche 600000 Kilogramm auf die Waage brächte! Die Gravitationskraft ist so groß, daß die schwereren Atome, einschließlich Helium, in die unteren Schichten der Atmosphäre sinken, während der Wasserstoff nach oben steigt. Das Ergebnis ist

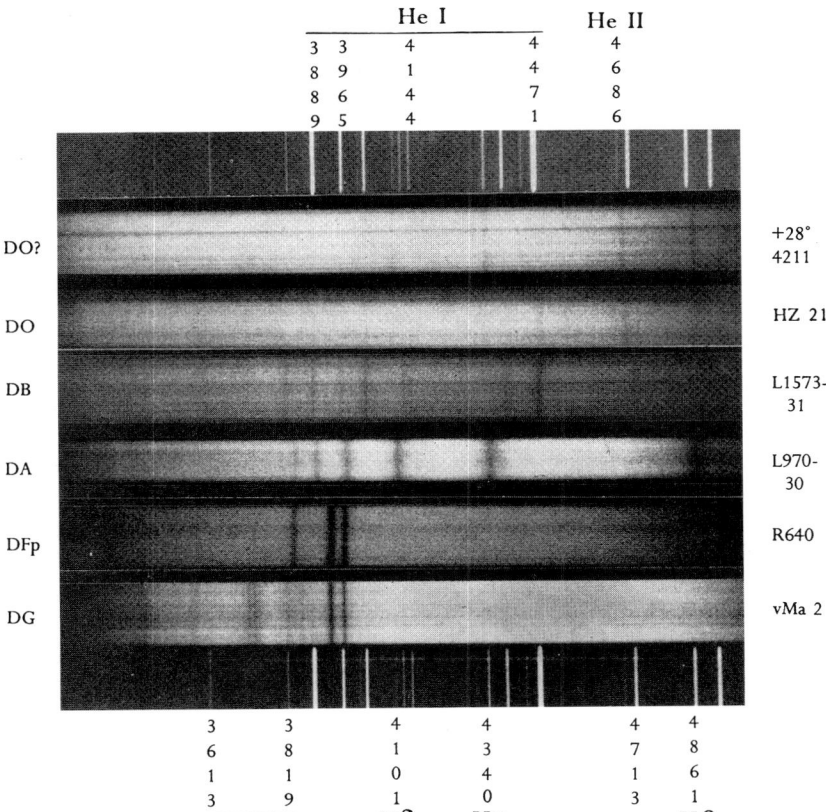

5.29 Die Spektren Weißer Zwerge zeigen eine eigenartige Auswahl an Absorptionslinien. Ursprünglich wurden sie wie alle anderen Sterne anhand ihrer Spektrallinien klassifiziert; doch die DO- und DB-Sterne (oben) zeigen nur Helium-, die DA-Sterne dagegen nur Wasserstofflinien. In den unteren Spektren ist keines der beiden Elementen zu sehen, wohl aber ionisiertes Calcium. In diesen Weißen Zwergen hat eine chemische Differentiation stattgefunden. Die helium- und wasserstoffreichen Sterne, die heute nur mit DB beziehungsweise DA bezeichnet werden, überdecken den gesamten Temperaturbereich.

ein reines Wasserstoffgas und ein DA-Stern, ganz gleich, wie hoch die Temperatur ist. Wenn wir von einem solchen Diffusionsprozeß ausgehen, ist klar, daß ein heliumreicher DB-Stern keinerlei Wasserstoff besitzen kann, weil wir ihn sonst sehen würden. Ein solcher Stern muß seine gesamte Wasserstoffhülle verloren haben, während er sich vom asymptotischen Riesen-Ast aus weiterentwickelte. Wir können tatsächlich beobachten, wie diese Differentiation bei den Zentralsternen der planetarischen Nebel einsetzt. Doch wir wissen nicht, warum der eine Stern seine Wasserstoffhülle verliert und der andere nicht. Noch seltsamer ist der Umstand, daß es zwischen 45 000 und 30 000 Kelvin eine Lücke gibt, in der sich keine DB-Sterne finden. Anscheinend können Weiße Zwerge vom einen Typ zum anderen überwechseln, während sie sich abkühlen! Möglicherweise gerät bei einem DA-Stern wieder Helium an die Oberfläche, oder vielleicht geht der Wasserstoff eines DA-Sterns durch einen schwachen Wind verloren, oder ein DB-Stern sammelt Wasserstoff aus dem interstellaren Medium an. Wir wissen es einfach nicht.

5.30 Die H_α- und H_β-Linien im Spektrum des magnetischen Zwergs PG1533-057 sind durch ein Magnetfeld stark aufgespalten, das *60 Millionen mal* stärker ist als das Erdmagnetfeld.

Noch bemerkenswerter ist das Magnetfeld einiger dieser Sterne. Bei den magnetischen A-Hauptreihensternen, die bis zu einige tausendmal stärkere Magnetfelder als die Erde besitzen, führt der Zeeman-Effekt zu einer Aufspaltung der Absorptionslinien von einigen Zehntel Ångström. Bei den magnetischen Weißen Zwergen dagegen kann die Aufspaltung so stark werden, daß die Linien nicht mehr identifizierbar sind und sich H_α und H_β fast über den gesamten sichtbaren Spektralbereich erstrecken. Um diese gewaltigen Aufspaltungen zu erzeugen, sind Felder nötig, die *mehrere hundert millionenmal* stärker sind als das Erdmagnetfeld. Auf irgendeine Weise preßt die Natur das stellare Magnetfeld gemeinsam mit dem Stern zusammen und erzeugt damit solch intensive magnetische Konzentrationen. Und abermals wissen wir nicht warum oder wie, und auch nicht, warum einige Weiße Zwerge magnetisch sind und andere dagegen überhaupt nicht.

Waren das genug Seltsamkeiten? Gestatten Sie noch eine weitere. Wenn sich die Sterne auf Temperaturen von rund 4000 Kelvin abgekühlt haben, beginnen sie zu *kristallisieren*! Wir können diesen Vorgang zwar nicht direkt beobachten, weil die Atmosphäre weiterhin gasförmig ist, doch theoretische Gründe sprechen dafür. Die Abkühlzeit eines Weißen Zwergs ist enorm lang – es dauert Milliarden von Jahren, bis er an diesem Punkt im HR-Diagramm angelangt ist. Die Zeit, die nötig wäre, um das Diagramm zu *verlassen*, übersteigt das Alter der Galaxis. Kein einziger Weißer Zwerg, der je entstand, ist bereits verschwunden. Sie sind alle noch da und für uns sichtbar. Im Prinzip können wir aus dem Ende der Sequenz der Weißen Zwerge, das etwa bei 4000 Kelvin liegt, das Alter der Galaxis bestimmen. Neueste Arbeiten ergeben einen unteren Wert von etwa zehn Milliarden Jahren, was mit den anderweitig bestimmten Alterswerten übereinstimmt.

Der massereichste Weiße Zwerg, den wir kennen, ist nur etwas schwerer als die Sonne, und darin spiegelt sich der früher erwähnte grundlegende Unterschied zwischen der oberen und mittleren Hauptreihe wider. Nun ist es an der Zeit, nach dem Grund dafür zu suchen. 1930 verließ ein zukünftiger Nobelpreisträger namens Subramanyan Chandrasekhar seine indische Heimat, um sein Studium an der Universität von Cambridge fortzusetzen. Während der Reise beschäftigte er sich mit der Theorie des inneren Aufbaus von Weißen Zwergen und entarteter Materie. Er erkannte, daß sich unter extremen Bedingungen die Geschwindigkeiten der energiereichsten Elektronen der Lichtgeschwindigkeit annähern können. In diesem Fall muß man die Allgemeine Relativitätstheorie anwenden, und dabei ändern sich die Entartungsgesetze, wie Chandrasekhar entdeckte. Bei hinreichend hohem internen Druck könnten die entarteten Elektronen den Stern nicht länger gegen die Gravitation im Gleichgewicht halten. Wenn die Masse des entarteten Kerns größer als $1{,}4\,M_\odot$ wäre, würde der Stern kollabieren. Also können oberhalb dieser Chandrasekhar-Grenze keine Weißen Zwerge existieren.

5.31 Subrahmanyan Chandrasekhar (geboren 1910).

Mit den Anfangsmassen steigen auch die Massen der Kernregionen entlang der Hauptreihe. Die Grenzlinie zwischen der oberen und mittleren Hauptreihe liegt bei einer Anfangsmasse von etwa acht Sonnenmassen – hier erreicht die Kernregion die Chandrasekhar-Grenze. Oberhalb von acht Sonnenmassen geschehen einige recht erstaunliche Dinge, doch die sind Kapitel 6 vorbehalten.

Doppelsterne

Die Weißen Zwerge halten noch eine weitere Überraschung bereit, durch die sie auf wundervolle Weise wieder sichtbar werden. Die Mehrzahl der Sterne befindet sich in Doppelsternsystemen, und da

STERNE

die beiden Partner gewöhnlich verschiedene Massen haben, können im Laufe der Entwicklung sehr interessante Dinge geschehen. Betrachten wir als erstes unseren alten Freund Sirius. Sein Begleiter, der Weiße Zwerg Sirius B, besitzt weniger als die Hälfte der Masse des hellen Primärsterns. Da er sich aber schneller entwickelt hat, muß er einst der massereichere von beiden gewesen sein und eindeutig über die Hälfte seiner ursprünglichen Masse verloren haben – ein direkter Beweis für den Massenverlust. Sirius ist eine Art Am-Stern, also leicht mit Metallen angereichert. Wir glauben, daß Sirius B während seiner Riesenphase einen Teil seines angereicherten Oberflächenmaterials über einen abströmenden Wind auf Sirius A übertragen hat. Eine ganze Klasse von Riesensternen – die merkwürdigen Bariumsterne – scheinen auf diese Weise entstanden zu sein.

Doch diese Art sanfter Wechselwirkung ist nichts verglichen mit dem, was sonst noch passieren kann. 1975 leuchtete im Sternbild Schwan ein heller „neuer Stern" auf, eine *Nova* (lateinisch für „neu"), und machte Deneb, einem Stern erster Größe, Konkurrenz. Jedes Jahr sind Dutzende solcher himmlischer Explosionen zu sehen, wenn auch die meisten zu weit entfernt sind, um mit bloßem Auge beobachtbar zu sein. Der Prozeß beginnt mit einem Sternpaar auf der Hauptreihe. Doch der massereichere Stern entwickelt sich schneller und wird bald zum Riesen. Anders als beim Sirius-System liegen die beiden Sterne so dicht beieinander, daß sich der Begleiter innerhalb der Hülle des Riesen befindet. Dadurch geht Bewegungsenergie verloren, so daß sich das Paar auf immer engeren Bahnen umkreist. Zu dem Zeitpunkt, an dem der erste Stern seine Entwick-

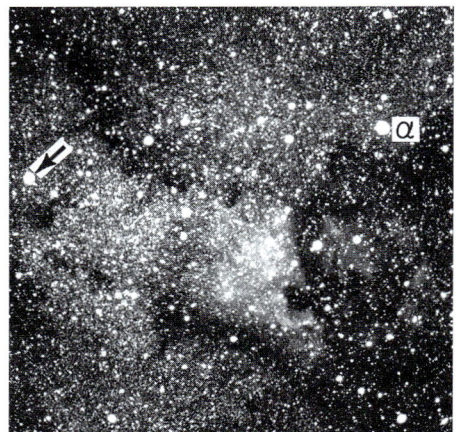

5.32 Nova Cygni 1975 und Deneb (αCyg). Die Nova ist durch eine nukleare Explosion auf der Oberfläche eines Weißen Zwergs entstanden, der mit einem Hauptreihenstern ein Doppelsternsystem bildet.

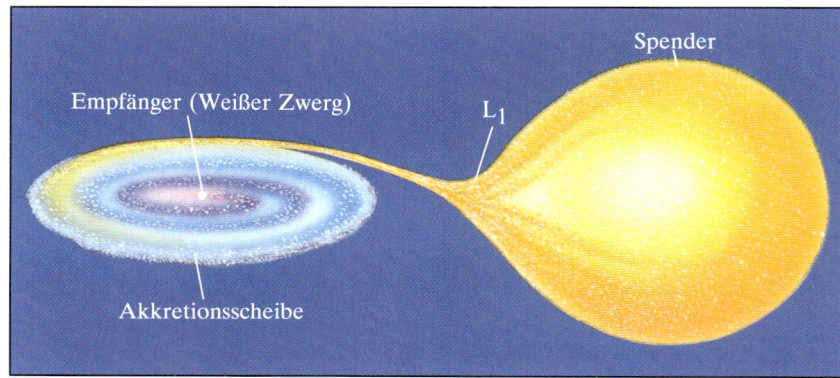

5.33 Das eine Mitglied eines Doppelsternsystems füllt sein kritisches Volumen aus. Die Oberfläche dieses Volumens ist definiert durch die Bedingung, daß hier die Gravitationskräfte beider Sterne gleich groß sind. Am Punkt L_1 kann Materie vom großen Stern abströmen und über eine Akkretionsscheibe auf den kleinen übertragen werden.

5. DER REIFUNGSPROZESS

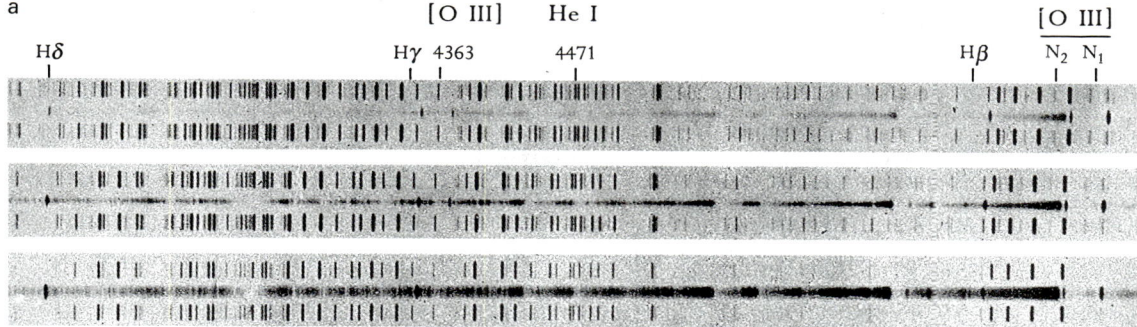

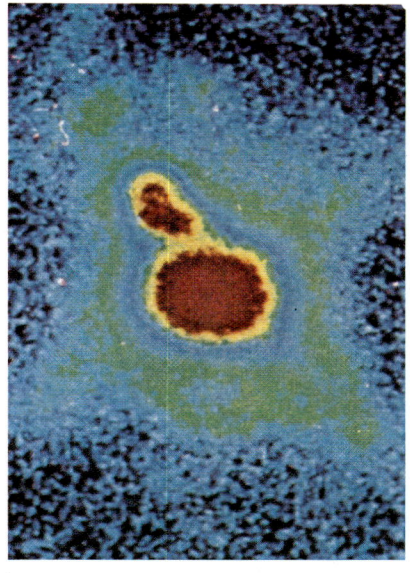

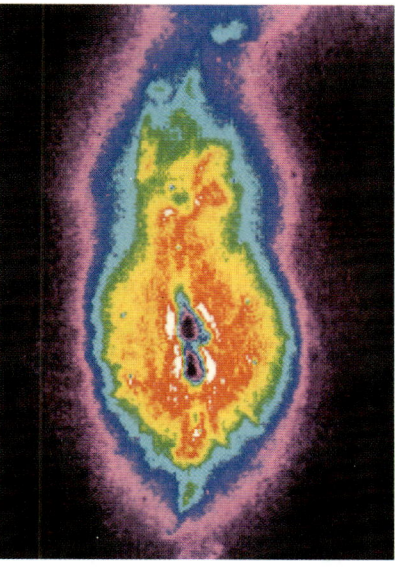

5.34 R Aquarii ist ein symbiotischer Mira-Veränderlicher, ein Riesenstern, der Materie auf einen Weißen Zwerg überträgt. Durch starken Massenverlust ist ein komplexer Nebel entstanden. In den dreißiger Jahren aufgenommene Spektren des Sterns (a) zeigen deutliche Variationen sowie Emissionslinien, die einem M-Sternspektrum überlagert sind. In Abbildung b erkennt man einen Jet, der vom Zentralstern ausgeht. Abbildung c zeigt ein Bild hoher Auflösung vom Kern selbst, aufgenommen vom *Hubble*-Weltraumteleskop.

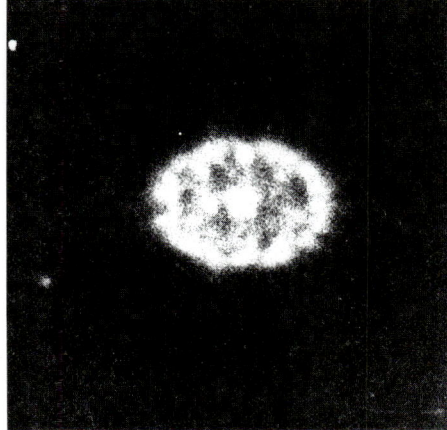

5.35 60 Jahre nach der Explosion umhüllt eine große, expandierende Wolke Nova Herculis 1934. Im Zentrum erkennt man den gewöhnlichen Hauptreihenstern, der weiterhin Materie auf seinen Weißen Zwerg-Begleiter überträgt. Dieser ist jedoch so schwach, daß er nicht zu sehen ist.

lung abgeschlossen hat und ein Weißer Zwerg geworden ist, sind sich die beiden Sterne so nahe, daß der Weiße Zwerg Gezeiteneffekte im Hauptreihenstern auslöst. Diese sind so stark, daß der normale Zwergstern sein durch das Gravitationsgleichgewicht bestimmtes kritisches Volumen voll ausfüllt und anfängt, frischen Wasserstoff auf den Weißen Zwerg zu übertragen. Dabei strömt das Gas nicht direkt auf den Begleiter, sondern sammelt sich zunächst in einer kreisenden Akkretionsscheibe, von wo aus es dann auf die Oberfläche des Weißen Zwergs stürzt. Dort baut sich eine neue Wasserstoffschicht auf, bis die Temperatur so hoch wird, daß Wasserstoffbrennen zündet. Dabei explodiert die Oberfläche, und eine Nova (eine völlig falsche Bezeichnung, da der Vorgang von einem *alten* Stern ausgelöst wird) leuchtet am Himmel auf. Nach wenigen Wochen oder Monaten verschwindet sie wieder, und nach einigen Jahren können wir die expandierende Wolke photographieren. Der Prozeß wiederholt sich, so daß unsere Nachfahren vielleicht in hunderttausend Jahren die Nova erneut aufflammen sehen.

Hier noch ein etwas anderes Szenario: Der Riesenbegleiter eines Weißen Zwergs expandiert und läßt große Mengen Materie in eine Akkretionsscheibe strömen. Die Scheibe oder auch der Fleck auf der Oberfläche des Weißen Zwergs, auf dem die Materie schließlich aufschlägt, sind so heiß, daß sie starke Ultraviolettstrahlung erzeugen, welche die umgebende Materie ionisiert. Das Spektrum des Sterns enthält dann eine eigenartige Mischung aus TiO-Banden in einem roten Kontinuum, Emissionslinien von H und He und selbst einige verbotene Linien. Ein solcher symbiotischer Stern kann sogar gelegentlich novaähnliche Ausbrüche zeigen und für einige Jahre deutlich heller werden. Einige erzeugen auch wundervolle Nebel um sich herum, die an planetarische Nebel erinnern, aber sehr viel komplexer sind.

So endet das Bild von der Entwicklung dieser Sterne. Wir beginnen zu erkennen, wie eng die Galaxis und ihre Sterne miteinander verbunden sind und sich gegenseitig speisen. Weitere Wunder warten im nächsten Kapitel auf uns, wo wir die erstaunlichen massereichen Sterne untersuchen werden.

6.1 Der Gum-Nebel im Sternbild Vela ist einer von nur vier Supernova-Überresten, bei denen der kollabierte Sternrest identifiziert werden kann.

Katastrophe

6

Das spektakuläre Leben und Sterben
der massereichen Sterne

Gehen Sie einmal an einem Januarabend hinaus, um den Orion zu bewundern. An seinem Gürtel, der entlang des Himmelsäquators liegt, hängt das gewaltige Schwert. Und nun konzentrieren Sie sich bitte auf dessen mittleren Stern ϑ^1. Wenn Sie jetzt ein Fernglas zur Hand nehmen, so entdecken Sie, daß er recht verschwommen aussieht. Mit einem kleinen Teleskop erkennen Sie problemlos eine komplexe Gaswolke – den Orion-Nebel, Prototyp aller Gas- oder Emissionsnebel. In seinem Zentrum liegt ein Quartett von Sternen, eine gravitativ gebundene Gruppe, die das „Trapez" genannt wird. Einer der vier Sterne, ϑ^1Ori C, ist merklich heller als die anderen. Sein Spektrum zeigt, daß er ein heißer Hauptreihenstern der Klasse O6 mit einer Temperatur von fast 40 000 Kelvin ist. Seine Leuchtkraft ist eine viertelmillionmal größer als die der Sonne, und er erzeugt so viel Ultraviolettstrahlung, daß er damit eine Wolke von einigen hundert Sonnenmassen bis zu einer Entfernung von fast vier Parsec ionisiert.

6.2 Anmutige Wolkenstreifen aus ionisiertem Gas sind die charakteristischen Merkmale des Orion-Nebels (b), der 420 Parsec entfernt ist und einen Durchmesser von sieben Parsec hat. In seinem Zentrum liegt das Trapez mit seinen vier Sternen. Der hellste, ϑ^1 Ori C (O6V), ist im wesentlichen für die Ionisation des Nebels verantwortlich. Eine Aufnahme des *Hubble*-Weltraumteleskops (a) zeigt einen Ausschnitt des Nebels mit seinen komplexen filamentartigen Strukturen.

Orion und sein großartiger Nebel illustrieren beispielhaft die Eigenschaften der seltenen Sterne der oberen Hauptreihe. Sie sind ungeheuer leuchtkräftig. Ihre Effektivtemperaturen müssen höher als 25 000 Kelvin sein und ihre Spektralklassen oberhalb von B2 liegen; sonst könnten sie nicht genügend Ultraviolettphotonen erzeugen, um einen Gasnebel rings um sie herum zu ionisieren. Sie sind nicht nur eng mit Emissionsnebeln verknüpft, sondern auch mit den OB-Assoziationen, die über die gesamte dünne galaktische Ebene verteilt sind – beides Beweise für das geringe Alter dieser Sterne. Denn Beobachtungen zeigen, daß die Assoziationen expandieren und sich mit der Zeit auflösen; und die Emissionsnebel sind die Reste der interstellaren Gaswolken, aus denen die Sterne entstanden sind. Offensichtlich haben sich die O- und B-Sterne selbst bei Geschwindigkeiten von einigen Dutzend Kilometern pro Sekunde nicht weit von ihren Geburtsstätten entfernt, wenn sie bereits wieder zu sterben beginnen. Spektralklasse B2 entspricht einem Stern von zehn Sonnenmassen, also etwa der unteren Grenze der oberen Hauptreihe. Diese Sterne, welche die Emissionsnebel zum Leuchten anregen, werden also keine Weißen Zwerge hervorbringen. *Was* sie hervorbringen, ist Hauptthema dieses Kapitels.

Die Emissionsnebel

Da die auffälligste Begleiterscheinung der großartigen O-Sterne die leuchtenden Gasnebel sind, ist es angebracht, diese wundervollen Objekte etwas genauer zu betrachten und einen kleinen Überblick über die hellsten von ihnen zu geben. Viele sind leicht mit einem kleinen Teleskop oder sogar mit einem Fernglas zu beobachten. Ein halbes Dutzend ist sogar in der berühmten Liste heller, nebelartiger Objekte enthalten, die Charles Messier im 18. Jahrhundert im Rahmen seiner Kometensuche zusammengestellt hat. So trägt der Orion-Nebel zum Beispiel die Nummer M42.

Sterne entstehen aus den Gas- und Staubwolken des interstellaren Raums. Die masseärmeren Sterne haben nur einen geringen Einfluß auf ihre Mutterwolken und leben so lange, daß sie diese verlassen und sich frei im interstellaren Raum bewegen können. Die Geburt eines O-Sterns ist jedoch durch ein riesiges Gebiet mit ionisiertem Wasserstoffgas gekennzeichnet, das HII-Region oder Emissionsnebel genannt wird. Der Orion-Nebel ist in Wirklichkeit nur ein kleines Bläschen am Rande einer riesigen, kalten Wolke aus neutralem Gas von etwa 100 000 Sonnenmassen, die fast den gesamten südlichen Teil des Sternbilds einnimmt. Diese Blasen mit ionisiertem Gas heißen nach dem schwedisch-amerikanischen Astrophysiker Bengt Strömgren (1908–1987) Strömgren-Sphären. Der Stern hält den ho-

6.3 a) Der Rosetta-Nebel im Sternbild Monoceros ist ein schönes Beispiel für eine Strömgren-Sphäre. Der Nebel ist scheinbar von zahlreichen schwarzen Punkten (Globulen) sowie langen, dunklen Bändern („Elefantenrüssel") durchsetzt, bei denen es sich in Wirklichkeit aber um Vordergrundwolken aus undurchsichtigem Staub handelt. b) Die Farben des am Sommerhimmel sichtbaren herrlichen Trifid-Nebels (M20) unterscheiden deutlich eine HII-Region (rot) von einem Reflexionsnebel (blau).

a

b

hen Ionisationsgrad bis zu dem Punkt aufrecht, an dem die Ultraviolettphotonen erschöpft sind; weiter außen wird die Wolke dann sehr schnell neutral. Eines der schönsten Beispiele für eine solche Struktur findet man im Sternbild Monoceros, dem östlichen Nachbarn von Orion. Hier liegt der wunderbar symmetrische Rosetta-Nebel, in dessen Inneren sich ein dichter Sternhaufen befindet. Nebel und Sternhaufen liegen beide mitten in der riesigen Monoceros-OB2-Assoziation (der zweiten OB-Assoziation im Sternbild Monoceros). Sowohl dem Rosetta- als auch dem Orion-Nebel sind Dunkelwolken überlagert, deren Gas mit Staubkörnern vermischt ist – die gleiche Art von Staub, die auch der Milchstraße ihr strukturiertes Aussehen verleiht.

Der nördliche Sommerhimmel, der den dickeren Zentralteil der Milchstraße enthält, bietet uns eine reichere Auswahl dieser Objekte. Im Sternbild Sagittarius liegt der auffälligste aller Emissionsnebel, der Lagunen-Nebel (M8). Direkt darüber findet man den hübschen Trifid-Nebel (M20). Besser als alle anderen demonstriert er die Auswirkung der Sterntemperatur und die Trennung zwischen dem oberen und dem mittleren Bereich der Hauptreihe. Der obere Teil des Nebels erstrahlt im hellen Rot der H_α-Rekombinationslinie und zeigt damit, daß das Gas ionisiert ist und der Stern, der den Nebel zum Leuchten anregt, heiß und massereich sein muß. Der untere Bereich des Nebels bildet mit seiner blauen Farbe einen hübschen Kontrast. Dieser Teil wird von einem kühleren (aber immer noch blauen) B-Stern beleuchtet. Dieser strahlt nicht genügend energiereiche Photonen ab, und deshalb bleibt das Gas neutral. Das blaue Sternlicht wird jedoch von Staubkörnern gestreut, die immer auch im Gas mitenthalten sind, so daß ein Reflexionsnebel entsteht. Wenn wir weiter nördlich ins Sternbild Cygnus gehen, finden wir HII-Regionen, die weiter ausgedehnt sind. In der Nähe von Deneb liegt der Nordamerika-Nebel (NGC 7000), den man in einer dunklen Nacht sogar mit bloßem Auge erkennen kann.

Die Südhalbkugel besitzt noch reichere Schätze, wie zum Beispiel den bemerkenswerten ηCarinae-Nebel. Dieser riesige Komplex wird von enorm massereichen Sternen erleuchtet und enthält neben dem eigenartigen Überriesen, nach dem er benannt ist, auch den leuchtkräftigsten Stern der gesamten Galaxis überhaupt, HD 93129A. Die größte aller HII-Regionen finden wir jedoch nicht in unserer eigenen Galaxis, sondern in der Großen Magellanschen Wolke. An ihrem

6.4 a) Der helle ηCarinae-Nebel beherrscht seinen Teil der Milchstraße. Er wird durch mehrere massereiche Sterne zum Leuchten angeregt, darunter dem leuchtkräftigsten Stern der Galaxis, HD 93129A. b) Auf dieser Aufnahme der Großen Magellanschen Wolke ist oben in der Mitte der Tarantel-Nebel zu sehen.

Rand liegt der Tarantel-Nebel, der so ungeheuer hell ist, daß er sogar eine Flamsteed-Nummer erhielt: 30 Doradus. Dieses Objekt, eine sogenannte Riesen-HII-Region, ist so groß, daß es *das gesamte Sternbild Orion ausfüllen würde*, wenn es am Ort des Orion-Nebels in 420 Parsec Entfernung stünde. Aus Gründen, die wir nicht richtig verstehen, scheinen Riesen-HII-Regionen in kleineren Galaxien und in Spiralgalaxien mit weit geöffneten Armen vorzukommen. Unser eigenes Milchstraßensystem besitzt keine. Sie sind so groß, daß sie nur durch eine große Anzahl – also Haufen – von O- und B-Sternen zum Leuchten angeregt werden können. Einige der massereichsten Sterne, die man kennt, befinden sich in 30 Dor. Dies sind hell strahlende O-Sterne, deren weitere Entwicklung eines Tages verheerende Folgen haben wird.

Überriesen

Vor dem großen Finale entwickelt sich ein O-Stern zunächst jedoch zu einem Überriesen. Der Name läßt vermuten, daß diese Sterne nichts anderes sind als extrem große Riesen – das sind sie aber nicht! Es stimmt schon, daß die empirische Einteilung der Leuchtkraftklassen kontinuierlich von den Unterzwergen über die Roten Riesen zu den Roten Überriesen verläuft, wie man man in jedem HR-Diagramm erkennen kann. Doch von der Sternentwicklung her stellen die Roten Überriesen etwas vollkommen anderes dar. Im Maximum mögen die massereicheren der Sterne auf dem asymptotischen Riesen-Ast zwar absolute bolometrische Helligkeiten erreichen, die effektiv größer sind als die von kleineren Überriesen (dasselbe kann selbst für die visuellen Helligkeiten gelten), doch diese Riesen des asymptotischen Asts sind trotzdem nur einfache Riesen, weil sie am Ende Weiße Zwerge bilden. Die Überriesen, die sich aus massereichen Sternen – oberhalb acht oder zehn Sonnenmassen – entwickelt haben, tun das nicht.

Der Zusammenhang zwischen der oberen Hauptreihe und den Überriesen wird aus der Verteilung der Sterne ersichtlich. Riesen – die Nachkommen der mittleren Hauptreihe – findet man überall, selbst weit draußen im galaktischen Halo. Die Überriesen sind dagegen in einer dünnen Schicht in der Milchstraßenebene verteilt, genau wie die O- und B-Sterne. Mehr noch, sie liegen in denselben OB-Assoziationen. So gehören der rote Antares zur Scorpius-OB2- und μCephei zu Cepheus-OB2-Assoziation. Da sich die Roten Überriesen immer noch in der Nähe ihrer Geburtsstätte befinden, muß die Entwicklung ins Rote Überriesen-Stadium sehr rasch verlaufen, innerhalb von Millionen Jahren – wiederum eine Bestätigung der Sternentwicklungstheorie. Schließlich finden wir auch noch Rote Überriesen als Partner von B-Sternen in Doppelsternsystemen. Da sie weiter entwickelt sind, müssen sie ursprünglich die massereicheren Sterne in einem solchen System gewesen sein und daher von B- oder sogar O-Hauptreihensternen abstammen.

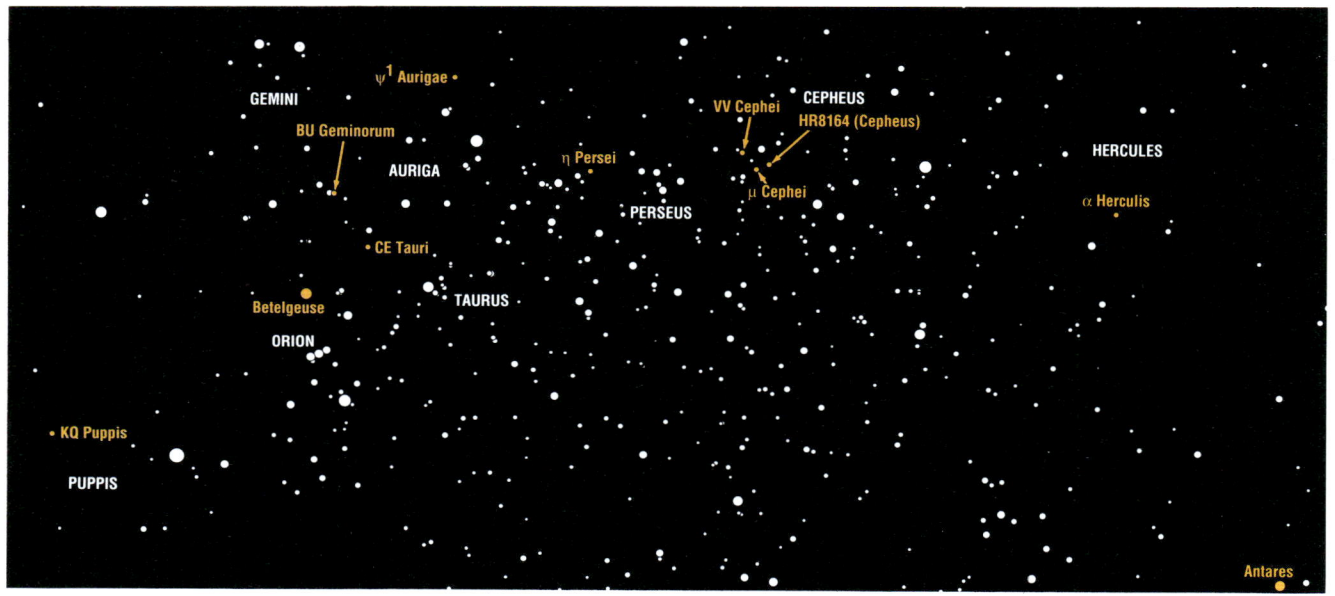

6.5 Die mit bloßem Auge sichtbaren Roten Überriesen liegen entlang der galaktischen Ebene in der Milchstraße und zeigen die gleiche Verteilung wie die O- und B-Sterne — die Folge eines direkten Entwicklungszusammenhangs.

Die inneren Entwicklungsvorgänge, die zur Entstehung von Überriesen führen, sind zunächst die gleichen wie bei den Riesen. Während der Wasserstoff in der Zentralregion dieser Sterne verbraucht wird, wandern die Punkte, die sie im HR-Diagramm darstellen, langsam nach rechts oben. Dadurch erhält die Hauptreihe eine beträchtliche Breite. Wenn der anfängliche Brennstoffvorrat aufgebraucht ist, haben sich die meisten dieser Sterne in B1- oder B2-Zwerge verwandelt. Ihre Effektivtemperatur ist so weit abgesunken, daß sie nicht mehr in der Lage sind, irgendwelches sie umgebendes Gas zu ionisieren. Wenn Emissionsnebel vorhanden waren, werden diese in kurzer Zeit zu Reflexionsnebeln. Da die aus Helium bestehenden Kernregionen nun inaktiv sind, kontrahieren sie unter dem Druck der Gravitation. Die Sterne verlassen die Hauptreihe und kühlen sich ab, wobei ihre Leuchtkraft fast konstant bleibt. Zuerst werden sie Blaue Überriesen wie der Stern Rigel im Orion, dann gehen sie in Typ A über und sehen so aus wie Deneb.

6. KATASTROPHE

Sterne unterhalb von etwa 40 Sonnenmassen kühlen immer weiter bis über Klasse K hinaus ab. Wenn sie Klasse M erreichen, ist die Temperatur in der Kernregion auf etwa 150 Millionen Grad angestiegen, so daß das Heliumbrennen zündet und Helium über den 3α-Prozeß zu Kohlenstoff und dann zu Sauerstoff verbrennt. Jetzt sind die Sterne im Gebiet der klassischen Roten Überriesen angekommen und Monster wie Antares, Beteigeuze und μCephei geworden. Die Roten Überriesen kühlen sich jedoch nie so weit ab wie die hochentwickelten Sterne auf dem asymptotischen Riesen-Ast. Dies ist ein weiterer Unterschied zwischen diesen beiden Sternarten. Da die Entwicklungswege im mittleren Teil des HR-Diagramms sehr rasch durchlaufen werden, sind F- und G-Überriesen selten. Die Folge ist, daß sich diese massereichen, hochentwickelten Sterne in zwei große Klassen aufteilen, in kühle rote und heiße blaue. Das Zahlenverhältnis dieser beiden Gruppen zueinander ist ein wichtiger Test der astrophysikalischen Theorie – den sie besteht. Die Entwicklungswege von Sternen unterhalb etwa zwölf Sonnenmassen kreuzen den Instabilitätsstreifen, so daß diese Sterne zu Cepheiden mit der höchsten Leuchtkraft werden – das erste Mal bei ihrem Übergang von Blau nach Rot und dann wieder, wenn sich ihre Entwicklungswege im HR-Diagramm hin und her winden.

Oberhalb von 40 Sonnenmassen ändert sich das Entwicklungsmuster, zum größten Teil infolge des Massenverlusts. Die Sterne werden

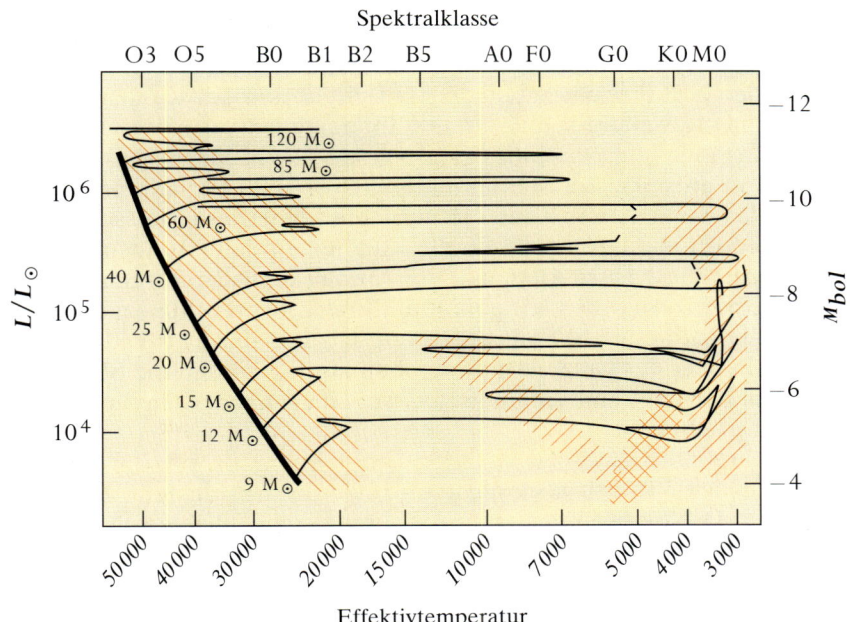

6.6 Die Entwicklungswege massereicher Sterne zeigen, daß sich diese mit etwa konstanter Leuchtkraft im HR-Diagramm nach rechts bewegen, wo sie Überriesen werden. Sterne unterhalb etwa 40 Sonnenmassen durchlaufen den ganzen Weg von Klasse O bis M, während ihr Inneres kontrahiert, und beginnen dann, Helium zu Kohlenstoff zu verbrennen. Wenn Sterne mit weniger als zwölf Sonnenmassen auf ihren hin und her schwingenden Entwicklungswegen den Instabilitätsstreifen (kariertes Gebiet) kreuzen, werden sie zu Cepheiden — den leuchtkräftigsten, die man kennt. Oberhalb von etwa 60 Sonnenmassen schaffen es die Sterne nicht bis zur Klasse M, sondern verbrennen ihr Helium bereits in heißeren Spektralklassen. Während der ganzen Zeit stoßen sie große Mengen Materie ab. Die schraffierten Flächen markieren Gebiete, in denen die Sterne stabiles nukleares Brennen in der Zentralregion besitzen. Hier finden sich die meisten Sterne. Links verbrennen sie Wasserstoff auf der Hauptreihe, rechts Helium.

STERNE

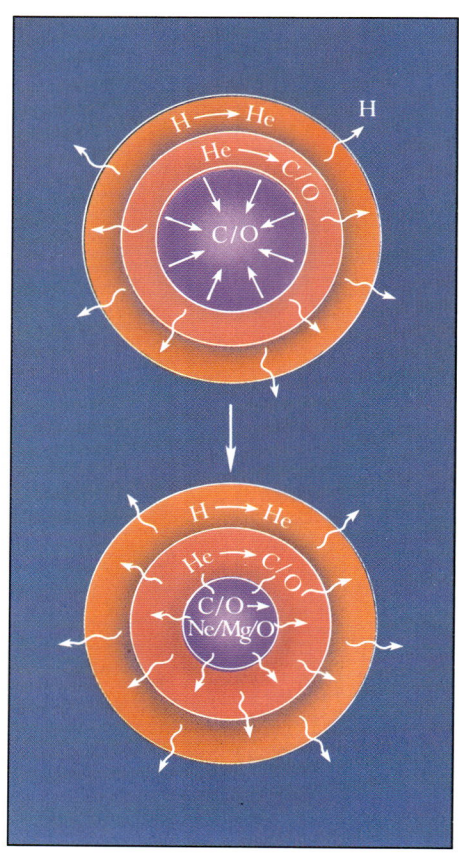

6.7 Die Entwicklung eines Überriesen unterscheidet sich merklich von der eines Riesen. Die Kohlenstoff-Sauerstoff-Kernregion kontrahiert, bis schließlich der Kohlenstoff zu einer Mischung aus Neon, Magnesium und Sauerstoff zu verbrennen beginnt. Die gesamte nukleare Brennregion, zu der auch Schalen mit Helium- und Wasserstoffbrennen gehören, hat eine Masse, die deutlich über der Chandrasekhar-Grenze liegt und ist nicht entartet. Es kann sich kein Weißer Zwerg bilden.

nicht mehr rot, sondern zünden ihr Helium bereits innerhalb der Klasse A oder im heißeren Bereich der Klasse F. Es gibt von Anfang an nur wenig solche Sterne, und sie entwickeln sich sehr schnell, so daß wir nicht viele von ihnen bewundern können. Doch wie groß die Masse auch sein mag, schließlich ist das Helium verbraucht, und der Stern besteht aus einer Kohlenstoff-Sauerstoff-Kernregion, umgeben von Schalen mit Helium- und Wasserstoffbrennen. Dieser Entwicklungsprozeß läuft mit erstaunlicher Geschwindigkeit ab. Ein 20 $M_\odot$-Stern beendet sein Wasserstoffbrennen in nur acht Millionen und sein Heliumbrennen in einer Million Jahren. Eine Million Jahre mag uns ewig erscheinen, doch denken Sie daran, daß die Sonne zehn *Milliarden* Jahre braucht, nur um ihre Wasserstoffbrennphase zu vollenden.

Von diesem Punkt an verläuft die Entwicklung von Sternen der oberen und der mittleren Hauptreihe vollkommen unterschiedlich. Die Sterne auf dem asymptotischen Riesen-Ast beenden das nukleare Brennen in ihren Zentralregionen, sobald sie entartete Kohlenstoff-Sauerstoff-Kernregionen entwickelt haben. Ihre Massen sind nicht groß genug, um im Zentrum ausreichend hohe Temperaturen für das Verbrennen von Kohlenstoff in andere Elemente zu erreichen. Die Kontraktion der Kernregion stoppt aufgrund des Drucks, der durch die Entartung erzeugt wird. Im Gegensatz dazu sind die Überriesen so massereich, daß ihre Zentralregionen, in denen das nukleare Brennen stattfindet, die Chandrasekhar-Grenze überschreiten. Doch ihre höheren Temperaturen und geringeren Dichten bewahren sie vor der Entartung und dem Kollaps. Wenn ihre kontrahierenden Kohlenstoff-Kernregionen die unglaubliche Temperatur von einer Milliarde Grad erreicht haben, beginnt die Fusion des Kohlenstoffs, wodurch eine weitere stabilisierende Energiequelle erschlossen ist und ein ständig anwachsendes Gemisch aus Neon, Magnesium und Sauerstoff entsteht. Bei Sternen unterhalb etwa 20 Sonnenmassen findet das Kohlenstoffbrennen in der Roten Überriesen-Phase statt. Es ist jedoch unmöglich, spezifische Kandidaten dafür zu identifizieren. Diese Phase ist so kurz, daß die Anzahl kohlenstoffbrennender Roter Überriesen sehr klein sein muß. In den oberen Massenbereichen, oberhalb etwa 40 Sonnenmassen, schwingt der Entwicklungsweg quer über das ganze HR-Diagramm zurück, so daß die Sterne als Blaue Überriesen wiedergeboren werden, bevor das Kohlenstoffbrennen zündet.

Damit sind wir jedoch noch nicht am Ende der Entwicklung angekommen. Die Ne-Mg-O-Mischung verbrennt schließlich ebenfalls, das heißt die nukleare Fusionsmaschine erzeugt immer schwerere Elemente, bis sie durch einen plötzlichen Tod gestoppt wird. Doch es gibt noch einige weitere Akte, ehe der Vorhang fällt. Die Überriesen sind so leuchtkräftig, daß sie mit einer ungeheuer großen Rate Masse verlieren. Und diese extremen Sternwinde lassen einige der merkwürdigeren Darsteller im himmlischen Schauspiel entstehen.

Umgestaltung

Mira, der Prototyp eines langperiodischen Riesenveränderlichen, zeigt in seinem Spektrum Wasserstoffemissionslinien und wird daher als ein M7 IIIe-Stern eingestuft. Die Pioniere der Spektralklassifikation hatten ursprünglich die O-Sterne an die letzte Stelle des stellaren Alphabets gesetzt, da viele von ihnen ebenfalls Emissionslinien zeigten. Erst nach der Klassifizierung von Zehntausenden von Sternen erkannte Annie Cannon aufgrund der Kontinuität der Absorptionslinien, daß die O-Sterne an den Anfang der Spektralsequenz gehören und nicht an ihr Ende. Die O-Sterne zeigen eine solche Vielfalt an Emissionslinien, daß ihnen der einfache Buchstabe „e" nicht gerecht wird. Einige zeigen Wasserstoff-, andere Stickstoff- und Heliumemissionen, wobei die letzteren ein „f" statt eines „e" an ihre Spektralklasse angehängt bekommen. Diese Zusätze „e" und „f" signalisieren einen enormen Massenverlust – ein verbindendes Merkmal von Überriesen.

Bei den massereichsten Sternen sind die Oe- und Of-Zustände die ersten beobachtbaren Phasen nach der Hauptreihe. Mit zunehmender Helligkeit beginnen diese Sterne Materie zu verlieren, so daß sie von zirkumstellaren Hüllen umgeben sind, welche die Emissionslinien erzeugen. Während Materie abgeblasen wird, können gleichzeitig einige der Nebenprodukte der nuklearen Brennprozesse an die Oberfläche gelangen und die Stickstofflinien verstärken, die charakteristisch für die Of-Klasse sind. Der leuchtkräftigste Stern, den wir kennen – HD93129A im ηCarinae-Nebel –, ist ein O3 If-Überriese.

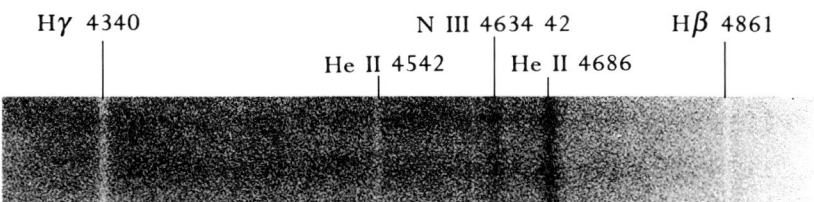

6.8 Der Stern HD190429 zeigt in seinem Spektrum Emissionslinien von Stickstoff und Helium und wird daher als O4-Überriese und Of-Stern klassifiziert. Er verliert nicht nur große Mengen Materie, sondern es scheinen auch Nebenprodukte des Kohlenstoffzyklus an seine Oberfläche gelangt zu sein.

STERNE

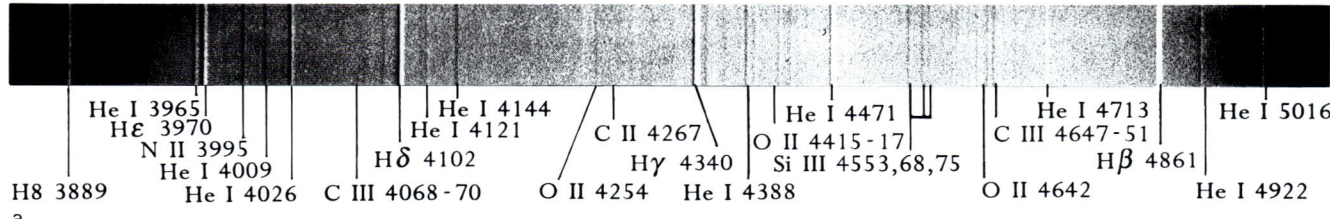

6.9 Das eigenartige Spektrum von P Cygni zeigt Emissionslinien, an deren kurzwelligem Rand jeweils eine Absorptionslinie liegt (a). Solche Linien entstehen durch eine schnell expandierende Gaswolke, die der Stern aufgrund von Massenverlust um sich herum aufbaut. Der Großteil der dünnen Wolke erzeugt Emissionslinien; ein Teil der Materie strömt jedoch genau in Richtung Erde und erscheint der Sternoberfläche überlagert, so daß Absorptionslinien entstehen (b). Durch die große Geschwindigkeit des Gases werden diese Absorptionslinien zu kürzeren Wellenlängen verschoben, so daß man Emissionslinien beobachtet, die an ihrem blauen Rand von einer Absorptionslinie begleitet sind.

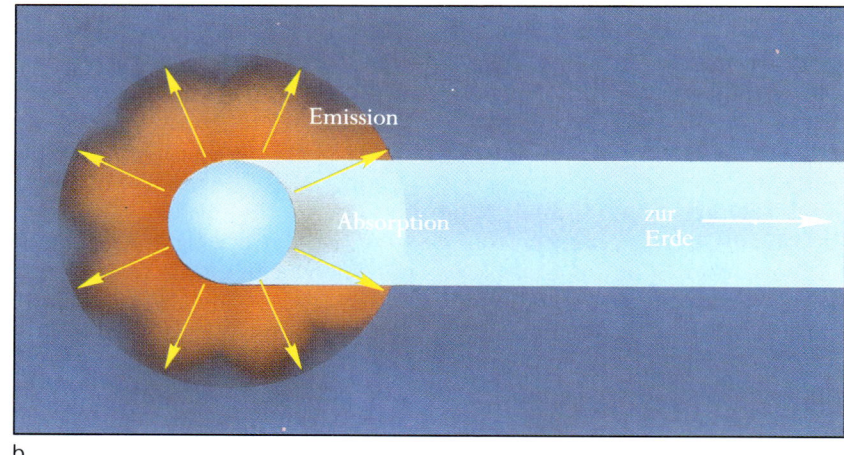

In seinem Werk *Uranometria* (1603) hatte Johannes Bayer einen relativ dunklen Stern im Sternbild Cygnus mit dem Buchstaben „P" bezeichnet. Dieser Stern gehört zu den wenigen, die auch heute noch ihre alte lateinische Buchstaben-Bezeichnung tragen. Er besitzt ein sehr merkwürdiges Spektrum mit eigenartigen Emissionslinien, die jeweils an ihrem kurzwelligen Rand eine Absorptionslinie zeigen. Diese spektralen Merkmale sind die typischen Signaturen dichter Sternwinde. Die Emissionslinien zeigen abermals, daß der Stern von einem heißen, dünnen Gas umgeben ist. Doch entlang der Sichtlinie ist der Wind der Sternoberfläche überlagert, und da dieser dicht genug ist, erzeugt er tiefe Absorptionslinien, die zu kürzeren Wellenlängen hin dopplerverschoben sind. Alle derartigen Kombinationen aus Emissions- und Absorptionslinien bezeichnet man heute generell als P Cygni-Linien. Sie sind eine reiche Informationsquelle. Die Minimalwellenlänge, bei der wir Absorption sehen, entspricht der Materie, die direkt auf uns zukommt. Aus ihr können wir die Geschwindigkeit des Winds bestimmen. Aus der Stärke der Absorptionen und Emissionen kann die Materiemenge im Wind abgeleitet werden, die zusammen mit der Geschwindigkeit die Massenverlustrate ergibt. Die Of-Sterne, jene am Anfang ihrer Entwicklung stehenden Sterne, zeigen Linien mit P Cygni-Profilen im tiefen Ultraviolettbereich ihres

Spektrums. Hier liegen die Spektrallinien, die von den niedrigsten Energieniveaus ausgehen, den Grundzuständen, in denen sich die meisten Atome befinden. Bei diesen Wellenlängen ist das Gas undurchlässig genug, um die Absorptionskomponenten zu erzeugen. Die größten Dopplerverschiebungen der Absorptionslinien deuten auf Winde mit Geschwindigkeiten über 4000 Kilometern pro Sekunde hin. In extremen Fällen können die Sterne sichtbare Blasen erzeugen und starke Auswirkungen auf ihre Umgebung haben.

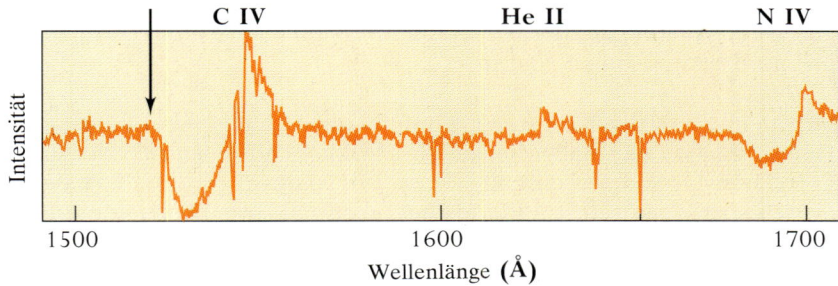

6.10 Der helle Stern ζPuppis am Südhimmel ist ein O4 If-Überriese. Ein mit dem *International Ultraviolet Explorer* aufgenommenes Spektrogramm zeigt bei 1550 Ångström eine starke P Cygni-Linie von dreifach ionisiertem Kohlenstoff (CIV). Der Pfeil markiert die kurzwellige Grenze der Absorptionskomponente, die der Materie entspricht, die sich am schnellsten bewegt, also direkt auf uns zukommt. Aus ihrer Dopplerverschiebung ergibt sich eine Geschwindigkeit von mehr als 4000 Kilometern pro Sekunde. Rechts erkennt man eine schwächere Linie von NIV.

P Cygni selbst, ein B1 Ia e-Überriese („Ia" für die hellsten der Überriesen, „e" für Wasserstoffemissionslinien), ist mit einer absoluten bolometrischen Helligkeit von nahezu −11 einer der leuchtkräftigsten Sterne unserer Galaxis und ein extremes Beispiel für einen Stern mit Sternwind. Er ist von so viel Materie umgeben, daß selbst die optischen Linien, die von den weniger bevölkerten höheren Energiezuständen ausgehen, Absorptionskomponenten bilden können. Er verliert Materie mit der erstaunlichen Rate von 10^{-4} Sonnenmassen pro Jahr. Seit homerische Sänger die *Ilias* dichteten, hat P Cygni eine Drittelsonnenmasse ins All geblasen! Und das tut er nicht ruhig und friedlich. Im Jahre 1600, noch bevor er den Namen P Cygni erhalten hatte, stieg seine Helligkeit auf erste Größe an, so daß man ihn als Nova registrierte – was er aber ganz bestimmt nicht ist.

P Cygni scheint mit einem noch seltsameren Stern verwandt zu sein – mit ηCarinae, nach dem der große Nebel am Südhimmel benannt

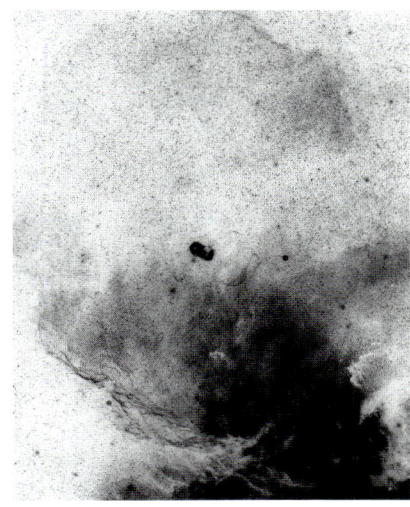

a

b

6.11 Die Strahlung des Of-Sterns HD148937 bringt einen riesigen Komplex aus Gas und Staub in der Ara-OB1-Assoziation zum Leuchten (a). Unmittelbar um den Stern liegt der Nebel NGC6164-5 (b), der aus Materie besteht, die durch einen heftigen Sternwind frisch vom Stern abgeblasen wurde.

ist. η selbst ist heute im visuellen Bereich recht schwach, nur sechster Größe und mit bloßem Auge kaum noch zu erkennen. 1844 war er jedoch so hell, daß er nur noch von Sirius übertroffen wurde. Dann begann er schwächer und schwächer zu werden, und nur zwölf Jahre später war er auf siebte Größe abgesunken und nicht mehr zu sehen. Seither ist er nur ein ganz klein wenig heller geworden. Noch bemerkenswerter ist, daß sich auch sein Spektrum verändert hat. In den neunziger Jahren des 19. Jahrhunderts erschien er als F-Überriese. Heute zeigt er im optischen Teil seines Spektrums weder Absorptions- *noch* Emissionslinien. Statt dessen liegt er in einem staubhaltigen Nebel verborgen, der den Namen Homunculus-Nebel trägt und eigene Emissionslinien abstrahlt.

Doch ein Stern der Klasse F kann unmöglich einen Nebel ionisieren. Daher glauben wir, daß ηCarinae in Wirklichkeit einen maskierten O- oder B-Überriesen enthält, der so viel Materie verloren hat, daß er sich sozusagen selbst darunter begraben hat. Das beobachtete F-Klassenspektrum wäre dann nicht von dem Stern, sondern von der immer dicker werdenden umgebenden Hülle ausgegangen. Gasfilamente um den hellen Nebel sind ein direkter Hinweis darauf, daß eine derartige Aktivität schon seit tausend Jahren oder noch länger anhält. Noch bemerkenswerter ist die Tatsache, daß ηCarinae nicht nur *ein* Stern ist. Speckle-Interferometrie im Infraroten zeigt vier Komponenten, die nur ein oder zwei Zehntelbogensekunden auseinander liegen. Beherrscht wird das System von einem leuchtkräftigen Stern von möglicherweise 100 Sonnenmassen, den drei weitere Sterne mit je 60 Sonnenmassen begleiten. Alle vier liegen innerhalb eines Volumens mit nur 1000 AE Durchmesser. Welch einen Anblick würde dieses System von einem umkreisenden Planeten aus bieten – wenn sich überhaupt einer hätte bilden und überleben können!

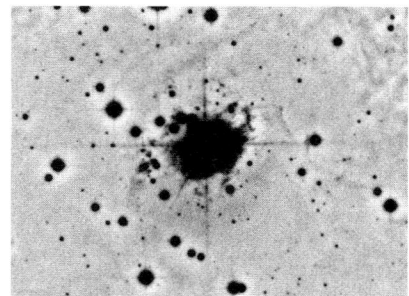 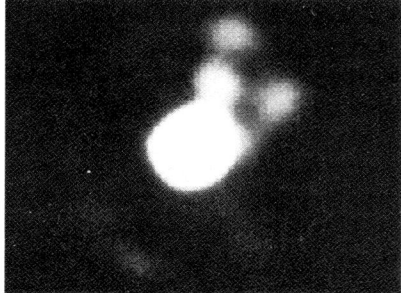

6.12 Im Laufe der letzten 150 Jahre hat ηCarinae so viel Materie abgeblasen, daß er sich in eine kleine Wolke gehüllt hat (links). ηCarinae selbst, einst der zweithellste „Stern" am Himmel, besteht aus einer bemerkenswert kompakten Gruppe von vier massereichen Sternen (rechts).

ηCarinae scheint ein Beispiel für eine der seltensten Sternarten zu sein, die Leuchtkräftigen Blauen Veränderlichen (LBVs). P Cygni könnte ebenfalls einer sein und auch ϱCassiopeia, der 1945 von 4,5. Größe auf sechste Größe absank, während sein Spektrum von F nach M wanderte – er zeigte sogar TiO-Banden! Und wieder war wahrscheinlich eine staubhaltige Hülle dafür verantwortlich, erzeugt durch einen Materiefluß von rund 10^{-4} Sonnenmassen pro Jahr. LBVs sind so hell, daß sie ohne Schwierigkeiten über intergalaktische Entfernungen beobachtet werden können. Vier dieser ursprünglich nach ihren Entdeckern Hubble-Sandage-Veränderliche genannten Sterne sind in der nahegelegenen Spiralgalaxie M33 zu sehen. Wie bei ϱCassiopeia sank bei einem von ihnen vor einiger Zeit die Helligkeit um 3,5 Größenklassen ab, während sein Spektrum von F nach M wechselte. Die geringe Anzahl dieser Sterne in einer ganzen Galaxie verdeutlicht, wie dünn das obere Ende der Hauptreihe besiedelt ist. Wir haben keine Ahnung, wodurch derartig unregelmäßige Änderungen der Massenverlustrate hervorgerufen werden.

Nicht weniger eigenartig sind die Wolf-Rayet-Sterne. Sie zeigen nur breite Emissionslinien, dabei jedoch keine Spur des häufigsten aller Elemente, Wasserstoff, wohl aber reichlich Helium. Der Massenverlust scheint so stark gewesen zu sein, daß diese Sterne *ihre gesamte Wasserstoffhülle* verloren haben. Sie treten in zwei sehr unterschiedlichen Formen auf – kohlenstoffreich (WC) und stickstoffreich (WN). Die WN-Sterne besitzen einen normalen Anteil an Kohlenstoff und Sauerstoff, während die WC-Sterne keinerlei Stickstoff zei-

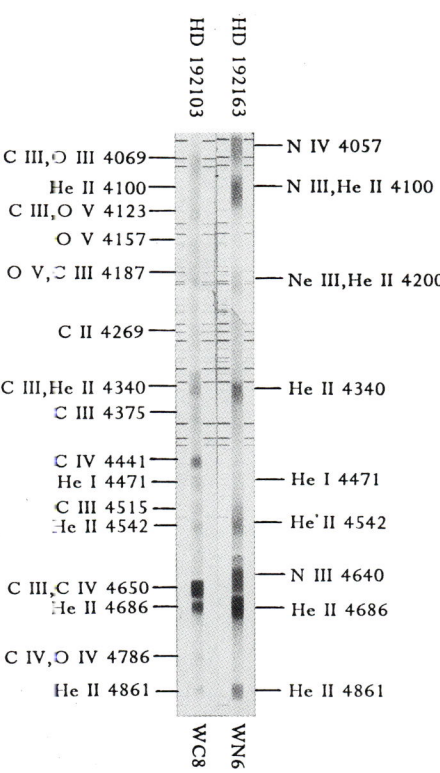

6.13 Die Spektren von Wolf-Rayet-Sternen vom Typ WN und WC (rechts, beziehungsweise links) zeigen starke, breite Linien von Helium sowie Stickstoff und/oder Kohlenstoff. Es gibt keine Anzeichen für merkliche Mengen Wasserstoff, was darauf hindeutet, daß die Sterne ihre Hüllen abgestoßen und ihre nuklearen Brennregionen nahezu freigelegt haben.

6.14 Der stickstoffreiche Wolf-Rayet-Stern HD56925 im Sternbild Canis Major ist von einer dichten Schale, dem Nebel NGC2359, umgeben.

gen. Der Ionisationsgrad ist bei Wolf-Rayet-Sternen sehr hoch, so daß Linien des He^+, C^{+3} und N^{+3} vorherrschen. Die Temperaturen, die zur Erzeugung solcher Ionen nötig sind, verknüpfen diese Sterne eng mit der Spektralklasse O, obwohl die Emissionen so stark sind, daß wir die Sternoberfläche selbst gar nicht wahrnehmen, falls eine solche tatsächlich existiert. Die starken, breiten Linien deuten auf gegenwärtige Massenverlustraten von 10^{-5} bis 10^{-4} Sonnenmassen pro Jahr hin.

Einige Wolf-Rayet-Sterne sind Mitglieder von Doppelsternsystemen, und einer, γVelorum, ist sogar mit bloßem Auge sichtbar. Bahnanalysen ergeben, daß ihre Massen zwar sehr hoch sind, im Mittel etwa 20 Sonnenmassen, doch niemals an der oberen Massengrenze liegen. Ihre Begleiter dagegen sind stets O-Sterne, die sich näher an der Obergrenze befinden. Daraus schließen wir, daß Wolf-Rayet-Sterne mindestens 40 Prozent ihrer ursprünglichen Materie verloren haben, was mit ihrer jetzigen Massenverlustrate übereinstimmt. Die Sterne haben so viel Substanz abgegeben und sind so heiß und leuchtkräftig, daß viele von außergewöhnlichen, selbstproduzierten Gasnebeln umgeben sind – massereichen Gegenstücken zu den planetarischen Nebeln.

Man glaubt, daß die beiden Arten der Wolf-Rayet-Sterne möglicherweise in Zusammenhang mit verschiedenen Formen der Kernfusion stehen. Der hohe Stickstoffgehalt in den WN-Sternen ist ein Nebenprodukt des Kohlenstoffzyklus. Das erklärt auch, warum Kohlenstoff ebenfalls vorhanden ist. Die kohlenstoffreiche Art entsteht dagegen möglicherweise im nächsten Stadium, dem Heliumbrennen. Wenn das der Fall wäre, sollten zeitlich die WC auf die WN folgen. Doch die Massen der beiden sind im Mittel gleich groß, so daß wir auf diese Weise nicht beweisen können, daß eine Entwicklung von der einen Art zur anderen stattgefunden hat.

Die blauen Hauptreihensterne und Überriesen besitzen größere Maximalleuchtkräfte als die Sterne auf der roten Seite des HR-Diagramms. Anscheinend gibt es eine klare obere Begrenzung im HR-Diagramm, die sogenannte Humphreys-Davidson-Grenze, die im Bereich der O- und B-Sterne zu niedrigeren Temperaturen hin nach unten abfällt und dann etwa ab B3 flach weiterverläuft. Der flache Teil entspricht Sternen von etwa 40 Sonnenmassen. Unterhalb dieser Grenze können sich Sterne horizontal quer durch das gesamte Diagramm entwickeln, von einem Blauen Überriesen zu einem Roten. Deutlich oberhalb 40 Sonnenmassen bewirken jedoch die enormen Leuchtkräfte so hohe Massenverlustraten, daß die Entwicklung der Sterne in Richtung Rot im HR-Diagramm innerhalb der Klasse B zum Stillstand kommt und die Sterne keine Roten Überriesen wer-

6. KATASTROPHE

den können. Die LBVs und andere Sterne mit ausgedehnten Hüllen liegen auf der Humphreys-Davidson-Grenze, P Cygni und vermutlich auch ηCarinae genau auf dem abfallenden Teilstück bei hohen Massen. Sie sind gerade dabei, ihre Wasserstoffhüllen abzustoßen und verwandeln sich vielleicht vor unseren Augen in Wolf-Rayet-Sterne. Möglich, daß Astronomen in ferner Zukunft die massereichste Komponente des ηCarinae-Systems als einen solchen Stern beobachten können. Er wird dann von den weniger massereichen O-Sternen des Systems begleitet sein, die bis dahin noch nicht genügend Zeit hatten, sich weiterzuentwickeln – genau wie bei den vielen Wolf-Rayet-Sternen, die wir heute beobachten.

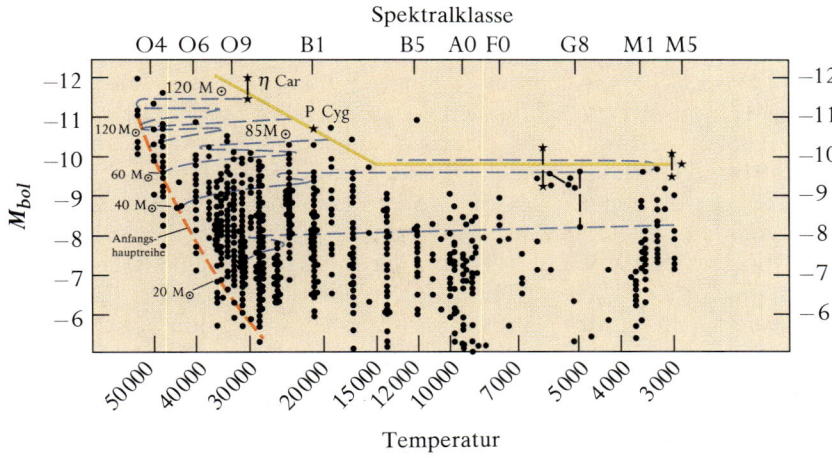

6.15 In diesem HR-Diagramm ist die beobachtete Trennung in Rote und Blaue Überriesen deutlich erkennbar. Die Maximalhelligkeit der blauen Sterne ist größer. Die durchgezogene gelbe Linie gibt die empirische obere Grenze an, die Humphreys-Davidson-Grenze. Die Entwicklungswege aus dem HR-Diagramm von Abbildung 6.6 sind als gestrichelte Linien eingezeichnet. Nur die von Sternen unter 40 Sonnenmassen laufen ganz quer durch; die von massereicheren Sternen stoßen auf die Grenzlinie. Die Sternchen markieren Leuchtkräftige Blaue Veränderliche und andere Sterne mit hohen Massenverlustraten, die sich möglicherweise in Wolf-Rayet-Sterne umwandeln. ηCarinae wurde entsprechend der Gesamthelligkeit des Mehrfachsystems eingezeichnet. Die massereichste Komponente hat wahrscheinlich etwa 100 Sonnenmassen und liegt damit immer noch deutlich oberhalb der Grenze.

Supernovae

Wolfgang Schuler, ein Bürger der Stadt Wittenberg, muß sehr erstaunt gewesen sein, als er in der Nacht des 6. November 1572 (nach dem Julianischen Kalender) an den Himmel schaute und einen neuen Stern im Sternbild Cassiopeia erblickte. Fünf Tage später entdeckte ihn auch Tycho Brahe, der überragende dänische Himmelsbeobachter – bestimmt hatten vorher Wolken über der Ostsee seine Sicht behindert. Der Stern überstrahlte alle seine stellaren Nachbarn und erreichte im Maximum eine scheinbare Helligkeit von −4. Damit machte er sogar Venus Konkurrenz und war noch bei vollem Tageslicht zu sehen. Obwohl viele Leute den Stern sahen, dachte nur einer daran, seinen Helligkeitsverlauf aufzuzeichnen. Deshalb wird er auch in ehrendem Gedenken Tychos Stern genannt. Nach 100 Tagen war er immer noch so hell wie Wega (nullter Größe), und erst im März 1574 verschwand er schließlich ganz. Normale Novae sind gar nicht so ungewöhnlich; allein in diesem Jahrhundert haben acht erste oder zweite Größe erreicht. Doch Tychos Stern fiel mit seiner Helligkeit völlig aus dem Rahmen. Ein ganz ähnlich auffälliger Stern erschien im Oktober 1604 im Sternbild Ophiuchus – ihn beschrieb der große Astronom Johannes Kepler, Tycho Brahes ehemaliger Assistent. Keplers Stern übertraf in seiner Helligkeit Jupiter und erreichte eine scheinbare Helligkeit von $-2,5$, ehe er schließlich im Winter 1605 wieder verschwand. Diese beiden Sterne waren nicht nur wegen ihrer großen Helligkeit etwas Besonderes – doch ihre wahre Natur erkannte man erst 330 Jahre später.

1885 brach eine weitere sehr helle sogenannte Nova, S Andromedae, im Andromeda-Nebel (M31) aus. Andere wurden in ähnlichen Spiralnebeln gesichtet. Als in den zwanziger Jahren unseres Jahrhunderts die Astronomen schließlich erkannten, daß Spiralnebel in Wirklichkeit weit entfernte, externe Galaxien sind, wurde klar, daß die dort beobachteten „Novae" keine gewöhnlichen Novae sein konnten. Es mußte sich um eine völlig neue Klasse von Sternausbrüchen handeln, bei denen unvorstellbar große Energien freigesetzt werden. Der Ausbruch in M31 war nur um 2,5 Größenklassen, also einen Faktor Zehn, schwächer als die gesamte Galaxie. Bei diesen Supernovae findet nicht einfach nur eine Kernexplosion auf der Oberfläche eines Sterns statt, sondern hier explodiert der gesamte Stern, wobei er nahezu oder sogar vollständig zerstört wird.

Supernovae sind seltene Ereignisse. Die Chinesen und Japaner berichteten von einer sehr hellen im Sternbild Taurus im Jahre 1054, die vermutlich eine scheinbare Helligkeit von -5 erreichte. Chinesische Aufzeichnungen weisen noch auf zwei weitere mögliche Ausbrüche in den Jahren 1006 und 1181 hin. Seit Keplers Supernova ist keine weitere mehr in unserer eigenen Milchstraße gesichtet worden – insgesamt waren es also fünf in diesem Jahrtausend, zufällig verteilt. Tatsächlich erwarten wir aufgrund der Sternentwicklungstheorie etwa ein bis vier pro Jahrhundert in unserer Galaxis, doch wahrscheinlich sind die meisten hinter dicken galaktischen Staubwolken verborgen geblieben. Da Supernovae in unserem eigenen Sternsystem so selten sind, sind die Astronomen gezwungen, sie in fremden Galaxien zu beobachten. Die Entfernungen sind jedoch so groß, daß wir nur wenig Einzelheiten beobachten können. Die einzige Rettung ist, daß es so viele Galaxien gibt und daher jedes Jahr einige Supernovae entdeckt werden. Doch jeder Astronom auf der Welt hat davon geträumt, zumindest eine in unserem eigenen Milchstraßensystem beobachten zu können. Deshalb war die Freude groß, als im Februar 1987 eine Supernova in der Großen Magellanschen Wolke

6. KATASTROPHE

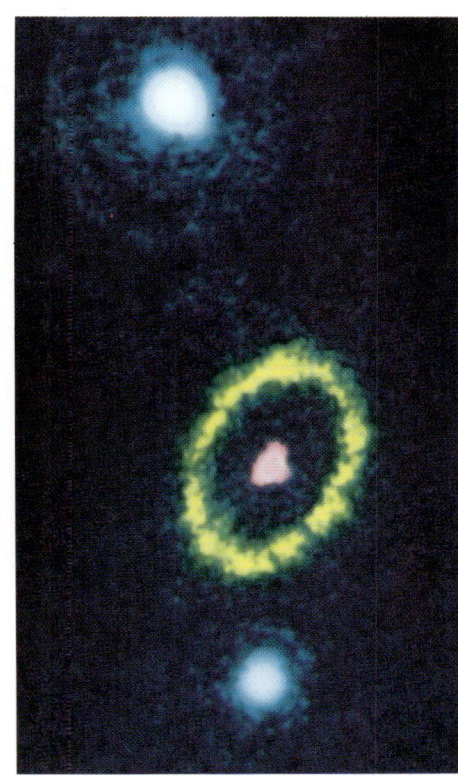

a b c

6.16 Wie ein strahlender Juwel leuchtete Supernova 1987A in der Nähe des Tarantel-Nebels in der Großen Magellanschen Wolke (b). Der explodierte Stern, ein B1-Überriese von 18 Sonnenmassen (a), entwickelte eine Eisenkernregion, die plötzlich zu einem Neutronenstern kollabierte und dabei so viel Energie freisetzte, daß die äußeren Sternschichten ins All geschleudert wurden. Eine sehr viel stärker vergrößerte Aufnahme, die zwei Jahre später mit dem *Hubble*-Weltraumteleskop gemacht wurde (c), zeigt, daß der Stern auf 13. Größe abgesunken ist. Das bei der Explosion ausgesandte Licht ist jedoch inzwischen auf Gas gestoßen, das schon früher von dem sich entwickelnden B-Stern ausgestoßen worden war, und hat einen großen, leuchtenden Ring erzeugt.

ausbrach. Obwohl 52 000 Parsec entfernt – was für kosmische Begriffe allerdings recht nahe ist –, erreichte sie noch dritte Größe. Innerhalb weniger Tage war klar, daß der explodierte Stern ein gewöhnlicher B1-Überriese von 18 Sonnenmassen war, der den Namen Sk −69°202 trug. Damit fanden – trotz einiger vorübergehender Verwirrungen – die Theorien über den Tod massereicher Sterne ihre Bestätigung.

Seit den dreißiger Jahren, als Fritz Zwicky auf Mount Wilson begann, die Supernovae zu klassifizieren, sind diese Himmelswunder sehr sorgfältig überwacht worden. Zwicky unterteilte sie in zwei sehr unterschiedliche Gruppen. Die häufigeren, Typ I, können erstaunliche absolute Helligkeiten von −18 oder −19 erreichen und klingen nach dem Ausbruch relativ schnell wieder ab. Wenn so eine Supernova in der Entfernung von Wega hochginge, würde sie so hell wie

100 Vollmonde leuchten. Typ I-Supernovae besitzen eigenartige Spektren ohne jegliche Wasserstofflinien – ihr entscheidendes Klassifizierungsmerkmal. Aus Spektrallinien mit P Cygni-Profilen ergeben sich Expansionsgeschwindigkeiten von 10 000 Kilometern pro Sekunde. Typ II-Supernovae, die rund zwei Größenklassen schwächer sind, zeigen dagegen gewöhnlich ein Plateau in ihrer Lichtkurve und Wasserstofflinien in ihrem Spektrum. Bei ihnen sind die Expansionsgeschwindigkeiten etwa halb so groß wie bei Typ I.

Die beiden Typen unterscheiden sich auch im Hinblick auf ihren Entstehungsort. Typ I-Supernovae treten in galaktischen Scheiben auf, wo sich die meisten Sterne befinden, aber auch in elliptischen Galaxien und in den zentralen Verdickungen und Halos von Spiralgalaxien – ein Hinweis auf ihren Zusammenhang mit masseärmeren Sternen. Typ II-Explosionen sind dagegen auf galaktische Scheiben und Spiralarme begrenzt, die einzigen Orte, wo massereiche Sterne zu finden sind. Somit müssen wir mit einiger Verwirrung feststellen, daß Typ I mit der Population II und Typ II mit der Population I verknüpft ist. Bei näherem Hinschauen erkennen wir eine Aufspaltung in eine ganze Reihe weiterer Typen und Untertypen. Am wichtigsten ist die Unterteilung von Typ I in Ia, die ursprünglich von Zwicky definierte Klasse, und Ib, die keine Wasserstofflinien zeigt, obwohl sie in Spiralarmen auftritt.

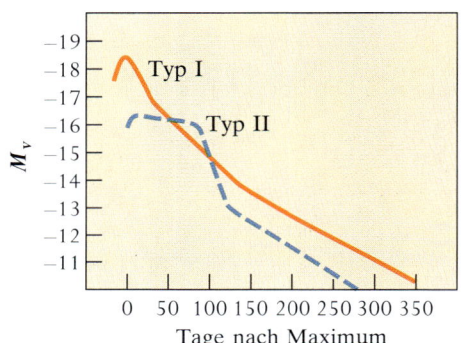

6.17 Typ I-Supernovae (rot), die keinen Wasserstoff besitzen, sind typischerweise zwei Größenklassen heller als Typ II (blau), die starke Wasserstofflinien zeigen und schneller abklingen. Einige Supernovae vom Typ II klingen jedoch ähnlich ab wie Typ I; Obwohl Supernova 1987A zum Typ II gehörte, dauerte es fast 100 Tage, bis ihre Lichtkurve ihr Maximum erreicht hatte.

Die Arbeit einer ganzen Generation von Astronomen und Physikern hat schließlich dazu geführt, daß wir nun verstehen, wie diese stellaren Bomben funktionieren. Eine Typ II-Explosion stellt das natürliche Ende eines massereichen Sterns dar. Mit fortschreitenden nuklearen Brennprozessen entstehen Atomkerne, deren Teilchen immer stärker gebunden sind. Jede neue Brennstufe liefert weniger Gesamtenergie und hält folglich auch kürzer an als die vorhergehende. Es dauert etwa eine Million Jahre, um das Helium eines Roten Überriesen von 20 Sonnenmassen zu Kohlenstoff zu verbrennen. Das Kohlenstoffbrennen, das Neon und Magnesium erzeugt, dauert dann schon weniger als 100 000 Jahre. Ist der Kohlenstoff verbraucht, nimmt die Kernregion unaufhaltsam ihre Kontraktion wieder auf und erhitzt sich weiter, bis auch der zurückgebliebene Sauerstoff zündet und zu Silicium und Schwefel verbrennt: *Das dauert weniger als 20 Jahre.* (Dieser Prozeß ist in Wirklichkeit sehr viel komplizierter und hat mehrere Zwischenstufen.) Anschließend verwandelt sich *innerhalb einer Woche* das Silicium in Eisen. Die Temperatur beträgt mehr als drei Milliarden Grad, und die Kernreaktionen erzeugen mehr Energie in Form von Neutrinos als in Form von Photonen. Der Überriese ist nun geschichtet wie eine Zwiebel, da jeder nukleare Brennprozeß in einer Schale nach außen wandert. Ganz innen liegt eine aus Eisen bestehende Kernregion von fast 1,4 Sonnenmassen.

6. KATASTROPHE

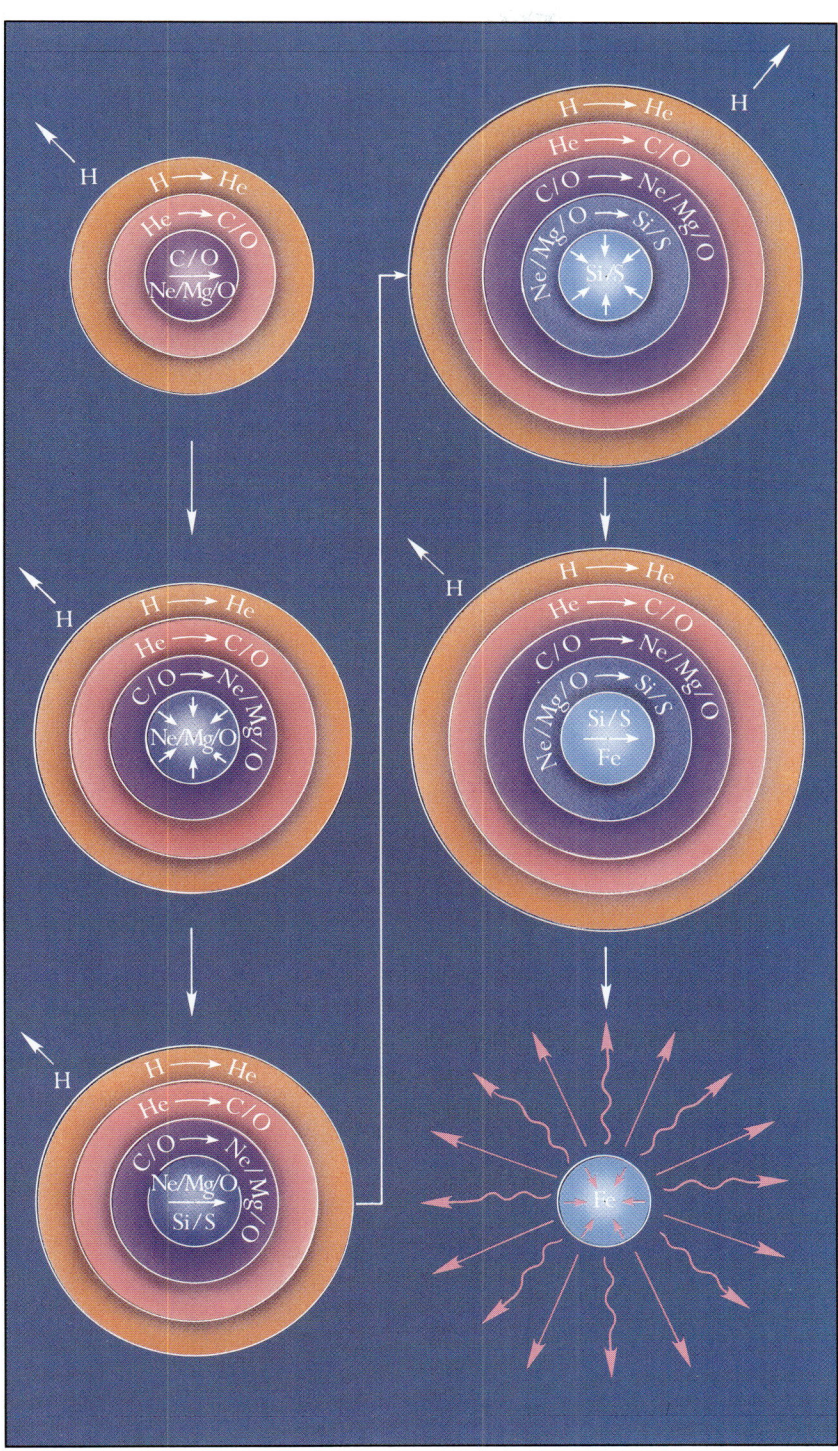

6.18 Die Entwicklung einer Supernova. Die vereinfachten Querschnitte zeigen die geschichtete Struktur des Sterns: Zuerst verbrennt Kohlenstoff zu Neon und Magnesium (oben); dann kontrahiert die tote Ne-Mg-C-Kernregion, bis sie heiß genug ist, um zu einer Mischung aus Silicium und Schwefel zu verbrennen; schließlich verbrennt das Silicium noch zu Eisen. Das Ganze wird umhüllt von einer riesigen Schicht Wasserstoff (die Schalen sind nicht maßstabsgerecht gezeichnet). Der Großteil der Kernfusionen findet am Boden der jeweiligen Schalen statt. In Wirklichkeit werden viele Zwischenisotope produziert. Bei Eisen stoppen die nuklearen Brennprozesse; es kann nicht zu schwereren Elementen verbrennen. Sobald eine Eisenkernregion entstanden ist, kollabiert sie im Bruchteil einer Sekunde und sendet dabei eine Stoßwelle nach außen, welche die äußeren Sternschichten zerreißt. Eine Supernova ist geboren.

Von allen Atomarten besitzt Eisen den am stärksten gebundenen Atomkern. Bei seiner Fusion wird keine Energie mehr frei: Eisen ist das Ende der Kette. Wenn die Phase des Siliciumbrennens zu Ende geht, hat die aus Eisen bestehende Kernregion, die etwa so groß ist wie die Erde, fast die Chandrasekhar-Grenze erreicht und wird kurzfristig durch entartete Elektronen stabilisiert. Doch nun werden die Eisenatomkerne attackiert. Die Dichte ist so groß, daß die Elektronen beginnen, sich mit ihnen zu verbinden und Mangan zu bilden; außerdem herrscht eine so ungeheure Hitze, daß extrem energiereiche Gammastrahlen in die Eisenatomkerne eindringen und sie wieder in Heliumkerne aufbrechen. Dadurch wird dem Innersten der stabilisierende Druck der entarteten Elektronen und Gammastrahlungsenergie entzogen, so daß die Zentralregion immer schneller kontrahiert und schließlich einen katastrophenartigen Kollaps erleidet. 10 Millionen Jahre hat der Stern gelebt. Nun stürzt die aus Eisen bestehende zentrale Kernregion in weniger als einer *Zehntelsekunde* mit etwa einem Viertel der Lichtgeschwindigkeit in sich zusammen und bildet eine Kugel von nur 100 Kilometern Durchmesser. Dabei wird eine unvorstellbar große Menge an Gravitationsenergie freigesetzt: In diesem kurzen Augenblick gibt der Stern mehr als 10^{46} Joule ab – über 99 Prozent davon in Form von Neutrinos. Das übertrifft die Energieabstrahlung aller anderen Sterne im Universum, und es ist hundertmal mehr als die Sonne in ihrem Leben bereits abgestrahlt hat.

In der Nähe des Zentrums wird die Dichte nun so groß, daß hier die Protonen und Elektronen zu Neutronen verschmelzen, die schließlich zu einer Kugel von nicht mehr als zehn bis 20 Kilometern Durchmesser kondensieren. Die Temperatur im Zentrum kann zu Beginn 200 Milliarden Grad betragen. Die plötzliche Implosion erzeugt eine Stoßwelle, die nach außen läuft. Die Hülle ist so dicht, daß selbst die Neutrinos, die normalerweise eine Bleiwand von einem Lichtjahr Dicke ungebremst durchdringen, Mühe haben, sich nach außen zu kämpfen. Dabei verstärken sie noch den Druck der Stoßwelle, die den restlichen Stern auseinanderfliegen läßt. Nur die zentrale Kernregion bleibt übrig – ein geschrumpfter Stern, der durch den Druck entarteter Neutronen gegen die Gravitation stabilisiert wird.

Im nuklearen Inferno der Hülle entsteht eine große Anzahl von Neutronen, die sich mit hoher Geschwindigkeit an hochradioaktive Isotope anlagern und durch diesen r-Prozeß schwere Isotope erzeugen, die mit dem s-Prozeß in Riesensternen nicht gebildet werden können. Mit einem Schlag werden nun einige Sonnenmassen an stellarem Material – angereichert mit Elementen, die sowohl in der Überriesen- als auch in der Supernovaphase entstanden – mit Geschwindigkeiten von einigen tausend Kilometern pro Sekunde zurück in den interstellaren Raum geschleudert.

Den Beweis für diese enorme nukleare Aktivität liefert die Lichtkurve der Supernova. Durch nukleare Reaktionen verbrennt die explodierende Hülle bis hin zu ^{56}Ni, ein radioaktives Isotop mit einer Halbwertszeit von nur sechs Tagen. Das Nickel zerfällt in ^{56}Co, das nach 57 Tagen einen angeregten Kernzustand von ^{56}Fe erzeugt. Dieses Isotop geht dann unter Aussendung eines Gammaquants in normales Eisen über. Die Gammastrahlung heizt das Gas auf, das nun das in der Lichtkurve beobachtete Licht abstrahlt. Dieses Licht schwächt sich im Einklang mit den nuklearen Zerfallsraten ab und beweist damit, daß eine riesige Menge frisch erzeugten Metalls hinaus ins All fliegt.

Und was ist mit den noch helleren Typ I-Supernovae? Da sie in den alten galaktischen Halos auftreten, können sie nicht von massereichen Sternen verursacht werden. Sie stellen vielmehr den letzten Auftritt von Weißen Zwergen in Doppelsternsystemen dar. Dabei gibt es zwei miteinander verwandte Varianten. Eine normale Nova entsteht, wenn ein Hauptreihenstern durch Gezeiten verformt wird und Materie auf die Oberfläche seines Weißen Zwerg-Begleiters überträgt, die daraufhin explodiert und anschließend wieder in ihren Normalzustand zurückkehrt. Liegt die Masse des Weißen Zwergs jedoch dicht unterhalb der Chandrasekhar-Grenze, besteht die Gefahr, daß der Stern durch die einfallende Materie die Grenze überschreitet, noch ehe die Oberfläche explodieren kann. Der Druck der entarteten Elektronen kann dann den Weißen Zwerg nicht länger stabilisieren, so daß er kollabiert. Die dabei entstehende Hitze läßt den ganzen Stern als eine riesige nukleare Bombe explodieren. Bei einer Typ II-Supernova stammt die Energie aus einem gravitativen Kollaps, der dann zu Kernreaktionen führt. In der helleren Typ I-Supernova wird sie dagegen direkt durch Kernreaktionen erzeugt – der Beweis dafür ist abermals der Zerfall von ^{56}Co in Eisen. Hier kann keine aus Eisen oder Neutronen bestehende Kernregion erhalten bleiben – der Stern vernichtet sich selbst.

Bei der anderen Variante handelt es sich um ein Doppelsternsystem aus zwei Weißen Zwergen. Schon während ihrer Roten Riesen-Phase nähern sich die Sterne stark einander an, wenn die expandierende Hülle des einen den anderen umschließt. Sind sie dann schließlich Weiße Zwerge geworden, emittieren sie bei ihrer gegenseitigen Umkreisung Gravitationswellen – nach außen laufende Störungen in ihren Gravitationsfeldern. (Solche Gravitationswellen werden zwar von der Relativitätstheorie vorhergesagt, sind aber noch nie direkt nachgewiesen worden.) Durch diese Abstrahlung verlieren die Sterne

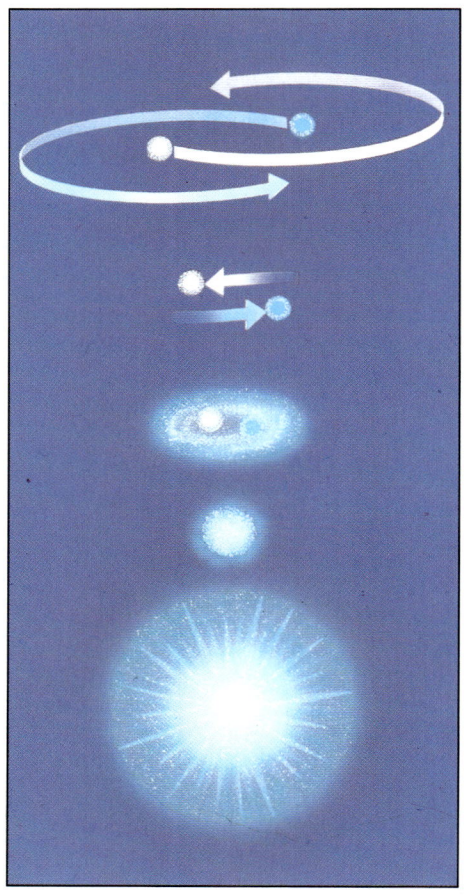

6.19 In einem Doppelsternsystem aus zwei Weißen Zwergen liegen die beiden Komponenten dicht beieinander, da sie bereits jeweils in ihrer Roten Riesen-Phase den Partner umhüllt und dadurch näher an sich gezogen haben. Jetzt verlieren sie durch die Aussendung von Gravitationswellen — ein relativistischer Effekt — Bahnenergie und rücken langsam noch enger zusammen. Aufgrund von Gezeitenwechselwirkungen bilden sie eine gemeinsame Hülle und vereinen sich schließlich ganz. Da die vereinte Masse die Chandrasekhar-Grenze übersteigt, kollabiert der Stern und explodiert, wobei er wahrscheinlich völlig zerstört wird.

Bahnenergie, so daß sie langsam aufeinander zu spiralen. Schließlich verschmelzen sie infolge von Gezeitenwechselwirkungen miteinander, übersteigen dadurch die Chandrasekhar-Grenze und explodieren – wie im ersten Modell – als Supernova. Tychos und auch Keplers Supernovae waren vermutlich beide vom Typ I.

Typ Ib-Ausbrüche sind anscheinend wie die von Typ II Supernovae mit kollabierender Kernregion, die aber während ihrer Entwicklung irgendwie ihre Wasserstoffhüllen verloren haben. Möglicherweise hat ihnen während ihrer Überriesenphase ein Weißer Zwerg- oder sogar ein Hauptreihen-Begleiter die Hülle durch Gravitationswechselwirkung entrissen. Ein solcher Prozeß läuft gerade bei dem massereichen Überriesen VV Cephei ab, der Materie auf einen O-Zwerg überträgt. Oder aber Typ Ib-Supernovae sind einst Wolf-Rayet-Sterne gewesen.

Supernovae sind zum Teil für die Synthese der Elemente verantwortlich, die schwerer als Helium sind, und die alleinigen Erzeuger der schwersten Elemente. Supernovae mögen selten sein, doch sie sind sehr wirkungsvoll. In den 13 Milliarden Jahren, welche die Galaxis alt ist, sind vielleicht eine Viertelmilliarde Supernovae explodiert. Wenn jede davon im Mittel zehn Sonnenmassen abgestoßen hat (Typ II mehr, Typ I viel weniger), dann haben sie die Masse von zwei Milliarden Sonnen zurück an den interstellaren Raum gegeben – das ist ein merklicher Bruchteil der Gesamtmasse der Galaxis.

Supernova 1987A bestätigte auf dramatische Weise die Theorien über Typ II-Supernovae. Sie wurde zum erstenmal am 24. Februar von dem kanadischen Astronom Ian Shelton gesichtet, der gerade eine photographische Durchmusterung der Großen Magellanschen Wolke durchführte. Zu diesem Zeitpunkt war das Objekt schon sehr hell und mit bloßem Auge sichtbar. Der Beginn des Ausbruchs war in der Tat bereits fast einen Tag zuvor – unwissentlich – von dem australischen Amateurastronom Robert McNaught photographiert worden. Doch das ist noch nicht der bemerkenswerteste Teil der Geschichte.

Tief unten in der Kamioka-Zinkmine in Japan und in der Morton-Salzmine unter dem Eriesee liegen zwei riesige Wassertanks, mit deren Hilfe Lichtblitze von zerfallenden Protonen nachgewiesen werden sollen. Der Kamioka-Detektor ist auch zum Beobachten von Sonnenneutrinos benutzt worden. Am 23. Februar um $7^h35^m35^s$, zwei Stunden bevor McNaught die Supernova photographierte, registrierten die Photozellen, die an den Wänden des Kamioka-Detektors angebracht sind, elf Neutrinos, die in den Wassertank des Detektors eingeschlagen waren, nachdem sie die Erde aus Richtung der

Großen Magellanschen Wolke durchdrungen hatten. Sechs Sekunden später, innerhalb der Meßgenauigkeit des japanischen Instruments, schlugen acht weitere in der Morton-Mine ein. Bei der unglaublich geringen Wahrscheinlichkeit einer Wechselwirkung zwischen einem Neutrino und einem Atom, müssen etwa zehn Milliarden Neutrinos durch jeden Quadratzentimeter der Erde (und *unserer Körper*) geflogen sein! Diese Zahl stimmt (innerhalb der Standardfehlergrenzen) mit dem überein, was man bei einem Supernovaausbruch eines 52 000 Parsec entfernten 20 $M_\odot$-Sterns mit kollabierender Kernregion erwartet. Die Detektoren hatten den exakten Zeitpunkt gemessen, an dem die Kernregion kollabierte, noch bevor wir beobachten konnten, wie die Oberfläche des Sterns auf dieses Ereignis reagierte! Bisher hat es nur wenige vergleichbare Triumphe für die Wissenschaft gegeben.

Doch es stand uns noch eine Überraschung bevor. Jeder ging davon aus, daß es sich bei dem explodierenden Stern entweder um einen Roten Überriesen, einen wirklich massereichen Stern, der wieder ins blaue Stadium übergegangen war, oder vielleicht auch um einen Leuchtkräftigen Blauen Veränderlichen handeln müsse – η Carinae war schon lange als Hauptkandidat angesehen worden. Doch keiner hatte erwartet, daß die erste nahe Supernova seit Erfindung des Teleskops ein alltäglicher B1-Überriese mit einer relativ bescheidenen Masse sein würde. Eine Zeitlang glaubten die Astronomen, daß Sk $-69°202$ nur ein Vordergrundstern sei und sich hinter ihm ein Roter Überriese verberge. Doch die zweistündige Verzögerung zwischen der Ankunft der Neutrinos und dem Beginn des optischen Ausbruchs war konsistent mit dem relativ kleinen Radius eines B-Sterns. Darüber hinaus war die Lichtkurve sehr eigenartig und keineswegs typisch für eine Typ II-Supernova. Statt schnell das Maximum zu erreichen und dann langsam abzufallen, nahm die Helligkeit des Sterns zuerst ab und stieg dann gemächlich in fast *zwei Monaten* bis zum Maximum an. Waren die Theorien über die innere Struktur und Entwicklung falsch?

Die Erklärung liegt im niedrigen Metallgehalt der Magellanschen Wolken. In unserer Galaxis wäre dieser Stern tatsächlich ein aufgeblähter Roter Überriese gewesen. Doch in der Großen Magellanschen Wolke war er infolge der geringen Opazität seiner Atmosphäre geschrumpft. Die geringe Größe führte auch zu sehr hohen Temperaturen an der optischen Oberfläche der expandierenden Gasreste und zur Erzeugung von Strahlung im unsichtbaren Röntgen- und Ultraviolettbereich. Als sich die Sternoberfläche dann abkühlte, strahlte sie mehr und mehr Strahlung im Optischen ab, und der Stern nahm für das Auge an Helligkeit zu – ein extremes Beispiel für eine abnehmende bolometrische Korrektur. Vier Monate nach der Explosion wurde eine Zehntelsonnenmasse an radioaktivem Kobalt in den Gasresten sichtbar. Die Lichtkurve fiel dann in dem Maße ab, wie das Kobalt in dieselbe Menge Eisen zerfiel. Wir konnten sogar die dabei entstehende Gammastrahlung beobachten.

Die Nachwirkungen einer Supernova sind ebenso außergewöhnlich wie das Ereignis selbst – das gilt sowohl für die Materie, die nach außen geschleudert wird, als auch für die zurückbleibende Masse. Als erstes wollen wir uns die explodierten Gasreste anschauen.

Supernova-Überreste

Nummer Eins in Charles Messiers Katalog ist ein leicht erkennbarer, verschwommener Fleck in der Nähe von ζ Tauri, der wegen seines filamentartigen Aussehens Krebs-Nebel genannt wird. Bereits 1921 brachte man ihn mit dem großen chinesischen „Gaststern" aus dem Jahre 1054 in Verbindung, der hellsten Supernova, von der je berichtet wurde. Sie war etwa an der gleichen Stelle erschienen, wo heute der Krebs-Nebel liegt. 1941 war die Identifikation sicher. Im Laufe der Jahre hatten die Astronomen die Ausdehnung der Filamente beobachtet, die sich vom Zentrum aus mit einer Geschwindigkeit von etwa 0,2 Bogensekunden pro Jahr nach außen bewegen. Der Nebel

6.20 Der Krebs-Nebel (M1) ist der Überrest der Supernova von 1054.

müßte also etwa um das Jahr 1100 mit seiner Expansion begonnen haben, um seinen heutigen Winkeldurchmesser von drei Bogenminuten zu erreichen. Der Krebs-Nebel zeigt eine Vielzahl von Emissionslinien, die auf eine radiale Expansionsgeschwindigkeit von 1 300 Kilometern pro Sekunde hinweisen. Die Kombination der Winkelgeschwindigkeit und der radialen Expansionsgeschwindigkeit ergibt eine Entfernung von etwa 2 000 Parsec. Berücksichtigt man eine gewisse Abschwächung des Lichts durch interstellaren Staub, müßte die absolute visuelle Helligkeit ungefähr −17 betragen haben, was recht gut mit einer Typ II-Supernova vereinbar ist. 900 Jahre nach der großen Explosion beobachten wir angereicherte, in heftiger Bewegung befindliche Gasreste – einen Supernova-Überrest (Supernova Remnant, SNR), der in den interstellaren Raum zurückkehrt, aus dem er einst kam.

Visuell sichtbare Überreste wie der Krebs-Nebel sind selten. Südlich des Sterns εCygni liegt der helle „Cygnus Loop", der im Prinzip aus zwei filamentartigen Gasbögen mit zwei Grad Abstand voneinander besteht – dem Filament- und dem Schleier- oder Zirrus-Nebel. Es sind die Überreste eines Sterns, der vor rund 10^5 Jahren explodierte. Auf der Südhalbkugel finden wir ausgebreitet zwischen den Sternen des Sternbilds Argo den riesigen Gum-Nebel (benannt nach seinem Entdecker Colin Gum). Die Reste von Tychos und Keplers Supernovae sind sehr viel weniger deutlich erkennbar. Sie bestehen nur aus einigen dünnen, expandierenden Gasfetzen.

Die meisten Supernovae, egal ob Typ I oder Typ II, treten in der galaktischen Ebene auf, wo optische Beobachtungen stark durch die absorbierende Wirkung dicker interstellarer Staubwolken beeinträchtigt werden. Um Supernova-Überreste richtig untersuchen zu können, müssen wir sie im Radiobereich beobachten, da Radiowellen den Staub ohne Abschwächung durchdringen. In der Frühzeit der Radioastronomie benannte man die Quellen in der Reihenfolge ihrer Entdeckung mit lateinischen Buchstaben, die an den Sternbildnamen angehängt wurden. So heißt zum Beispiel der Krebs-Nebel auch Taurus A. Im Gegensatz zu ihrem schwachen optischen Erscheinungsbild stellen Supernova-Überreste im Radiobereich eine äußerst leuchtstarke Klasse dar. Cassiopeia A, der Überrest einer Supernova, die im siebzehnten Jahrhundert explodiert sein muß, aber nicht beobachtet wurde, ist eine der hellsten Radioquellen am Himmel. Etwa 150 dieser Objekte sind heute zu „sehen", einschließlich Tychos, Keplers und der Supernova von 1006.

Der Krebs-Nebel, der erste eindeutig bestimmte Supernova-Überrest, ist der ungewöhnlichere von zwei Grundtypen. Er ist angefüllt mit hell strahlendem Gas. Die andere Art besteht aus hohlen Schalen. Bei den jüngsten Supernova-Überresten beobachten wir hauptsächlich das Gas, das von der Supernova abgeblasen wurde. Mit zunehmendem Alter fegt die bei der Explosion entstandene Stoßwelle immer mehr des umgebenden interstellaren Gases auf und mischt es dem ursprünglichen stellaren Material bei. Bei den ganz alten, wie dem Zirrus-Nebel, sehen wir dann nur noch den Umriß der Stoßwelle, deren Geschwindigkeit sich auf einige hundert Kilometer pro Sekunde verringert hat. Die Struktur eines Supernova-Rests hängt daher hauptsächlich von der Verteilung des interstellaren Gases in der Umgebung ab. Wo es dicht ist, wird das nach außen fliegende Gas des Supernova-Überrests aufgehalten; wo es dünn ist, bricht das Gas durch. Hier vermischt sich das angereicherte Explosionsmaterial dann gründlich mit der interstellaren Materie.

Man stellte sehr rasch fest, daß Supernova-Überreste charakteristische Radiospektren besitzen. Die Energieverteilung im kontinuierlichen Radiospektrum eines Emissionsnebels wie des Orion-Nebels oder des Rosetta-Nebels ist relativ konstant mit der Frequenz. Bei einem Supernova-Überrest fällt sie jedoch mit steigender Frequenz steil ab, ähnlich wie bei der Strahlung, die von einer bestimmten Art atomarer Beschleuniger, den sogenannten Synchrotrons, ausgeht.

Synchrotronstrahlung entsteht durch Elektronen, die sich in einem Magnetfeld mit nahezu Lichtgeschwindigkeit bewegen. Während sie um die Feldlinien spiralen, strahlen sie in Richtung ihrer Bewegung Energie ab. Daher muß die Strahlung polarisiert sein (das heißt, die Wellen schwingen alle in der gleichen Richtung), was man auch tatsächlich beobachtet. Je höher die Geschwindigkeiten und Energien der Elektronen, desto weniger sind von ihnen vorhanden – daher der Intensitätsabfall mit zunehmender Frequenz. Bei den meisten Supernova-Überresten ist letztlich die expandierende Stoßwelle für die Strahlung verantwortlich. Sie komprimiert sowohl das schwache umgebende Magnetfeld der Galaxis zu einer ausreichenden Stärke und liefert auch die nötige Energie, um die Elektronen zu beschleunigen. Der Krebs-Nebel ist so energiereich, daß sich die Synchrotronstrahlung bis in den optischen Spektralbereich erstreckt, wo sie einen sichtbaren, amorphen Hintergrund zu den Filamenten bildet.

Optische und Ultraviolettspektren zeigen gewöhnlich, daß die Filamente Rekombinationslinien von Wasserstoff und/oder Helium abstrahlen, ebenso wie verbotene Linien, hauptsächlich [O III] und [S II], die typisch sind für Temperaturen von 10 000 Kelvin und Dichten von 100 Atomen pro Kubikzentimeter. In Verbindung mit den Stoßwellen, in denen die Temperaturen bis zu eine Million Grad erreichen, beobachten wir zusätzlich einige sehr hoch ionisierte Atomarten. Noch höhere Temperaturen findet man in den ausgehöhlten,

6. KATASTROPHE

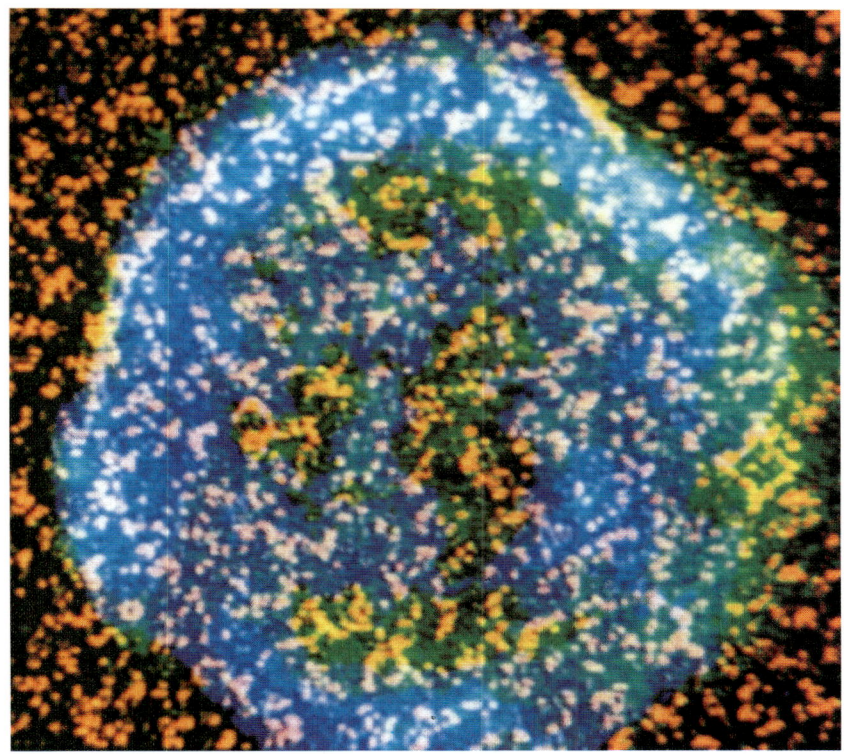

6.21 Der Überrest von Tychos Supernova strahlt im gesamten elektromagnetischen Spektrum. Die Radiostrahlung, hier blau gefärbt, entsteht durch den Synchrotronmechanismus, bei dem Elektronen sehr hoher Geschwindigkeiten in Magnetfeldern gefangen sind. Von demselben Gebiet geht auch Röntgenstrahlung (grün) aus, erzeugt von Gas, das auf Temperaturen von über einer Million Grad aufgeheizt wurde. Kleine Fleckchen von optischem Licht sind rot dargestellt.

expandierenden Schalen. Genau wie im Radiobereich gehören Supernova-Überreste auch am Röntgenhimmel zu den stärksten Quellen – ein eindrucksvoller Beweis für ihre riesigen Energien. Die Röntgenstrahlung weist auf Gas hin, das auf Temperaturen von über *zehn Millionen Grad* aufgeheizt wurde. Hier unterscheidet sich der Krebs-Nebel jedoch von den anderen Supernova-Überresten. Sein Röntgenspektrum wird von Synchrotronstrahlung bestimmt – ein Zeichen, daß sich hier Elektronen mit fast 99 Prozent der Lichtgeschwindigkeit bewegen.

Dieses unglaublich heiße Gas dehnt sich in den interstellaren Raum aus. Lange nachdem sich der Supernova-Überrest aufgelöst hat, bleibt noch eine riesige, heiße Blase zurück, die sich schließlich mit expandierenden Blasen von anderen Supernova-Überresten verbindet. Sie weben einen Teppich aus heißen Schleifen und Röhren, der sich durch die gesamte Galaxis zieht und dessen Temperatur in Hunderttausenden von Graden gemessen wird. Das Gas besitzt die Kraft, die interstellare Materie zu komprimieren, und scheint daher einer der Auslöser für Sternentstehung zu sein – so erschafft das Alte das Neue.

Pulsare und Neutronensterne

Bei Typ II-Supernovae fällt die aus Eisen bestehende Kernregion in sich zusammen – ein Vorgang, der schon 1934 von Baade und Zwikky vorhergesagt wurde. Baade identifizierte sogar den stellaren Überrest im Krebs-Nebel auf Verdacht mit einem Stern 13. Größe, der keine Absorptionslinien zeigt. Doch er besaß keinerlei Möglichkeiten zu beweisen, daß die beiden tatsächlich miteinander verknüpft sind. Dieser Beweis gelang erst 1967.

Der britische Radioastronom Anthony Hewish hatte ein Radioteleskop entworfen, mit dem er nach schnellen Änderungen der Signalstärke bei punktförmigen Radioquellen suchen wollte – einem „Flimmern", das entsteht, wenn Radiowellen den Sonnenwind durchqueren. Statt dessen fand seine Doktorandin Jocelyn Bell, die an dem Projekt mitarbeitete, eine merkwürdige Quelle im Sternbild Vulpecula, die alle 1,337011... Sekunden einen scharfen Puls aussandte. Manchmal schwächten sich die Pulse ab und waren monatelang nicht beobachtbar. Doch wenn sie schließlich wiederkehrten, traten sie genau mit denselben Intervallen auf. Daß es sich um eine astronomische Quelle handeln mußte, stand sehr schnell fest, da sie innerhalb eines Sterntags über den Himmel wanderte. Selbst ihre Entfernung konnte bestimmt werden. Licht- und Radiowellen breiten sich nur im Vakuum mit der Lichtgeschwindigkeit c aus. Innerhalb eines Mediums laufen sie langsamer, wodurch ja die Brechung verursacht wird. Obwohl das ionisierte interstellare Gas sehr dünn ist, bremst und dispergiert es die Radiowellen, wobei niedrigere Frequenzen niedrigere Geschwindigkeiten besitzen. Und tatsächlich kamen die Pulse um so später an, je niedriger die Frequenz war. Eine Abschätzung der Dichte des interstellaren Mediums ergab für die Quelle – die man als Pulsar bezeichnete – eine Entfernung von 300 Parsec.

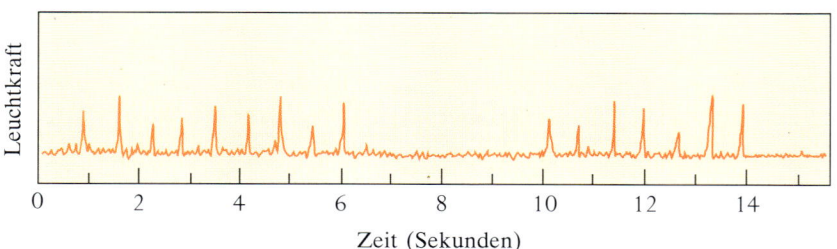

6.22 Ein typischer Pulsar strahlt kurze, scharfe, regelmäßige Pulse aus und keinerlei Strahlung zwischen den Pulsen (außer einem gelegentlichen Zwischenpuls, der hier nicht zu sehen ist). Manchmal schaltet er sich vollkommen aus. Doch wenn er wiederkehrt, sind die Pulse genau im Takt.

6. KATASTROPHE

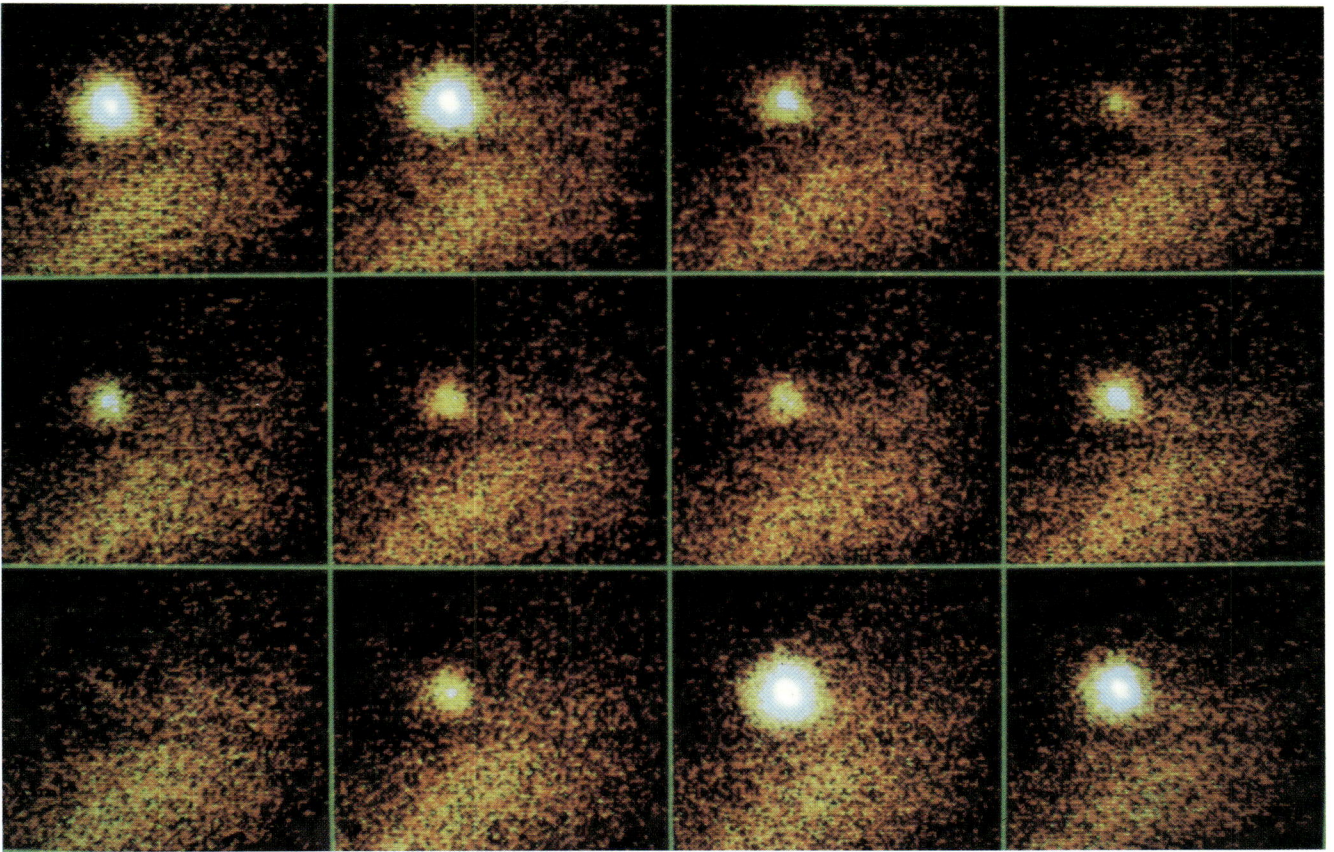

Bell und Hewish wußten, *wo* der Pulsar war, aber nicht, *was* er war. Konnten solch regelmäßige Signale natürlicher Art sein? Oder waren sie ein Hinweis auf eine fremde, weit entfernte Zivilisation – vielleicht eine Art Funkfeuer? Der einzige *natürliche* Vorgang, der für eine solche Regelmäßigkeit verantwortlich sein konnte, war Rotation – doch was konnte so schnell rotieren, um die beobachtete Periode zu erzeugen? Die Antwort waren Neutronensterne, die bereits 1932 beziehungsweise 1934 in prophetischer Weise von dem russischen Physiker Lew Landau sowie von Baade und Zwicky vorhergesagt worden waren. Um so schnell rotieren zu können, müßte ein Körper sehr klein sein, mit einem Durchmesser etwa um zehn Kilometer – genau die Größe, die man bei dem kollabierten stellaren Überrest einer Supernova erwartete. Der Pulsar mußte ein entarteter Neutronenstern mit deutlich mehr als einer Sonnenmasse sein, die zu einer Kugel von der Größe einer kleinen Stadt zusammengepreßt war und etwas schneller als einmal pro Sekunde rotierte.

6.23 Der Krebs-Pulsar gibt Strahlung im gesamten elektromagnetischen Spektrum ab; hier sind zwölf verschiedene Phasen des Zyklus im Röntgenbereich abgebildet.

Der entscheidende Beweis war die Entdeckung eines Pulsars im Krebs-Nebel mit einer Rekordperiode von nur 0,03106 Sekunden – er stellte eindeutig die Verbindung zwischen Pulsaren und Supernovae her. Die Suche wurde schließlich im optischen Bereich eingegrenzt, als die Astronomen die in Frage kommenden Sterne im Zentrum des Nebels mit einem photoelektrischen Hochgeschwindigkeitsphotometer untersuchten. Man stellte fest, daß einer der Sterne abwechselnd für einen Bruchteil einer Sekunde hell leuchtete und dann *verschwand*. Es war genau der Stern, auf den Baade vor 50 Jahren getippt hatte.

Die wissenschaftlichen Zeitschriften füllten sich schnell mit weiteren Entdeckungen über diese eigenartigen Objekte, von denen man bis heute rund 400 kennt. Ihre Perioden liegen in einem breiten Bereich zwischen den 0,03106 Sekunden des Krebs-Pulsars und etwa vier Sekunden. Darüber hinaus sind sie nicht vollkommen gleichmäßig. Einzelne Pulse können leicht vom Durchschnitt abweichen und um den Mittelwert schwanken. Die meisten Pulsare verlangsamen sich stetig, wenn auch mit einer sehr geringen Rate. So vergrößert zum Beispiel der Krebs-Pulsar seine Periode um etwa ein Zehntausendstelprozent pro Tag. Es gibt auch die sogenannten „Glitches", Sprünge in der Periodendauer, in denen der Pulsar plötzlich seine Rotationsge-

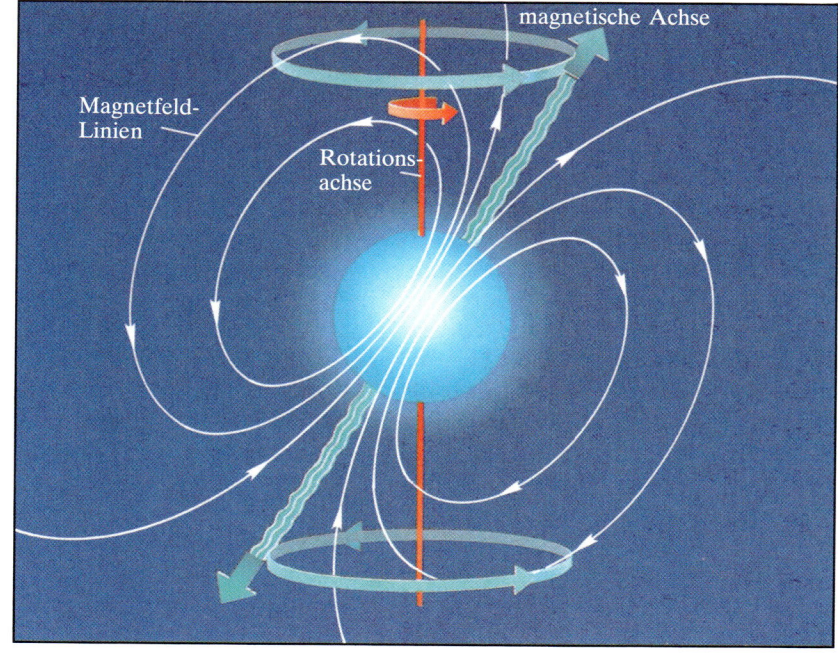

6.24 Die Magnetfeldachse eines Pulsars führt starke Kreiselbewegungen aus und erzeugt dabei elektromagnetische Strahlung, die entlang der Achse ausgerichtet ist. Überstreicht dieser Strahl dabei die Erde, empfangen wir einen scharfen Energiepuls.

schwindigkeit abrupt wieder ein wenig erhöht, aber nur, um sich dann mit der gleichen Rate wie vorher wieder zu verlangsamen. Die Massen, die man aus Bahnparametern von Doppelsternen, die einen Pulsar enthalten, bestimmen kann, liegen bei 1,4 Sonnenmassen, also dicht bei dem Wert, den man erwartet, wenn sie aus Supernovae entstehen.

Wir haben heute eine gute allgemeine Erklärung für alle diese Phänomene. Ein normaler Atomkern enthält hauptsächlich leeren Raum. Nur $1/10^{15}$ ist tatsächlich mit Protonen oder Neutronen ausgefüllt. Ein Neutronenstern von 1,4 Sonnenmassen mit nur zehn bis 20 Kilometern Durchmesser kann deshalb existieren, weil die Neutronen hier auf engsten Raum zusammengequetscht sind. Dadurch steigt die Dichte auf fast 10^{12} Gramm pro Kubikzentimeter – noch einmillionenmal höher als bei einem Weißen Zwerg. Die gleiche Dichte könnte man erreichen, wenn man die Masse der Erde in ein typisches Sportstadion pressen würde. Seine schnelle Rotation verdankt der Pulsar einfach der Erhaltung des Drehimpulses. Mit abnehmendem Radius des kollabierenden Sterns nach einem Supernovaausbruch steigt seine Rotationsgeschwindigkeit an. Darüber hinaus wird auch das Magnetfeld des einstigen Sterns zusammen mit der Materie komprimiert, so daß es Feldstärken erreicht, die 10^{12} mal größer sind als das Erdmagnetfeld.

Wie bei der Erde ist auch beim Pulsar die Magnetfeldachse gegen die Rotationsachse geneigt, so daß sie im Kreise schwankt. Man nimmt an, daß die Bewegung des Magnetfelds ein starkes elektrisches Feld erzeugt, das Elektronen entlang der magnetischen Achse auf Geschwindigkeiten nahe der Lichtgeschwindigkeit beschleunigt. Das Ergebnis ist ein eng gebündelter Strahl elektromagnetischer Strahlung, der eine Kreisbahn beschreibt, während der Stern rotiert – ähnlich wie ein schief liegender Leuchtturmstrahl. Wird die Erde zufällig vom Strahl gestreift, empfangen wir einen Strahlungspuls – wenn nicht, nehmen wir den Stern überhaupt nicht wahr. Ist der Winkel zwischen der magnetischen und der Rotationsachse groß, erhaschen wir möglicherweise auch einen Blick auf den vorbeilaufenden anderen Pol, der uns einen Zwischenpuls liefert, so wie wir ihn beim Krebs-Pulsar beobachten.

Die Strahlung bezieht ihre Energie aus der Rotation des Sterns. Folglich muß sich der Pulsar im Laufe der Zeit verlangsamen. Die jüngsten, wie zum Beispiel der Krebs-Pulsar, rotieren am schnellsten und besitzen die höchsten Energien. Das erklärt auch, warum der Krebs-Pulsar nicht nur im optischen, sondern auch im Röntgenbereich zu sehen ist. In der Tat geht man davon aus, daß der Pulsar für das Magnetfeld und die hohe Geschwindigkeit der Elektronen verantwortlich ist, die den Krebs-Nebel so außergewöhnlich energiereich machen. Nur die jüngsten Pulsare sind mit Supernova-Überresten verbunden, da sich die expandierenden Wolken auflösen, lange bevor die rotierenden Neutronensterne ihre Energie aufgebraucht haben. Bei den meisten Supernova-Überresten findet man keinen Pulsar, entweder weil der Stern vollkommen zerstört wurde (zum Beispiel in einer Typ I-Explosion), oder weil die Rotationsachse nicht so orientiert ist, daß der Strahl die Erde streift. Es besteht auch die Möglichkeit, daß einige Pulsare durch einen Sternkollaps entstanden sind, der *keine* Supernova erzeugt hat. Wenn man alle Möglichkeiten berücksichtigt, steht die Anzahl der beobachteten Pulsare im Einklang mit der galaktischen Supernova-Produktionsrate. Die Supernovae sind möglicherweise zusammen mit ihren stellaren und gasförmigen Überresten für die mysteriösen kosmischen Strahlen verantwortlich, jene ungeheuer schnell fliegenden Atomkerne, die ständig auf die Erde prasseln und Energien besitzen, die um vieles höher sind als jene Energien, die in unseren größten atomaren Beschleunigern erzeugt werden können.

Die beobachteten Glitches lassen sich durch den eigenartigen inneren Aufbau eines Pulsars erklären. Der kleine Stern ist nicht mehr gasförmig, sondern hat vermutlich eine feste, kristalline Oberfläche. Im Inneren befindet sich die Materie in einem supraflüssigen Zustand, das heißt, sie besitzt keine Viskosität, keinerlei innere Reibung. Das Innere kann mit einer anderen Geschwindigkeit rotieren als die Kruste. Völlig ungeordnete Wechselwirkungen zwischen Wirbeln im Inneren und der Kruste zwingen dann das Äußere, vorübergehend schneller zu rotieren. Unsere Unwissenheit ist jedoch noch sehr groß. Die verschiedenen Theorien sind alle unvollständig, und bis heute weiß niemand, wie der gebündelte elektromagnetische Strahl nun wirklich aus dem Magnetfeld entsteht.

Wem diese Vorstellungen noch nicht fremdartig genug sind, der betrachte eine weitere Art von Pulsaren, die Millisekunden-Pulsare. Der schnellste, den man bisher kennt, rotiert *885mal* pro Sekunde, etwa 30mal schneller als der Krebs-Pulsar. Die Erklärung ist – wie so oft auch für bizarres Verhalten von normalen Sternen – ein Doppelsternsystem. Das massereichere Mitglied eines Doppelsternsystems explodiert als Supernova und wird ein Pulsar, dessen Rotation langsam abnimmt. Sein Begleiter überlebt die Explosion und beginnt sich schließlich auch zu entwickeln. Während er sich ausdehnt, überträgt er Materie und damit auch Impuls auf den alten Pulsar, der diesen schneller rotieren läßt, bis hin zu ganz außergewöhnlichen Geschwindigkeiten. Die Energien sind nun so hoch, daß wir einen seltenen Millisekunden-Röntgenpulsar sehen, der ein Millisekunden-Radiopulsar wird, sobald sich der Begleiter zu einem Weißen Zwerg

6. KATASTROPHE

entwickelt hat. Wir können auf die Existenz eines solchen Begleiters schließen, da die Bahnbewegung eine variable Dopplerverschiebung bei den Ankunftszeiten der Pulse bewirkt.

Es gibt jedoch zwei Millisekunden-Pulsare, die eindeutig *keine* Doppelsternbegleiter besitzen und damit die Theorie anscheinend widerlegen. Ein dritter Pulsar liefert die Lösung dieses Rätsels. Dieser ist ein *Bedeckungsveränderlicher*, und aus Beobachtungen seiner Bahn können wir erkennen, daß sein Begleiter sowohl eine sehr geringe Masse als auch einen großen Radius besitzt. Offenbar ist dieser Pulsar, der den Namen „Schwarze Witwe" erhielt, gerade dabei, seinen Partner zu verschlingen – so wie es die beiden einsamen Millisekunden-Pulsare bereits getan haben.

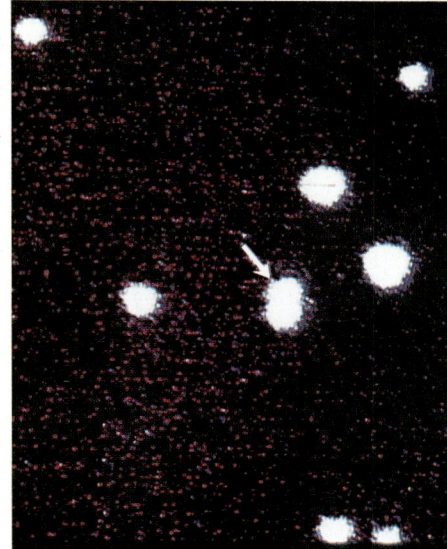

a

6.25 a) Der Begleiter des „Schwarze Witwe"-Pulsars wird auf einer Seite durch starken Radiostrahlungsbeschuß aufgeheizt und dadurch sichtbar (Pfeil. Der direkt an den Begleiter „angrenzende" Stern ist ein unbeteiligter Vordergrundstern und *nicht* der Pulsar, der im Optischen gar nicht zu sehen ist. Anm.d.Übers.). b) Wenn der Begleiter den Pulsar verdeckt, verschwinden dessen Radiosignale. Die aufgeheizte Seite des Begleiters ist dann von uns abgewandt, so daß er ebenfalls nicht mehr zu sehen ist. ▶

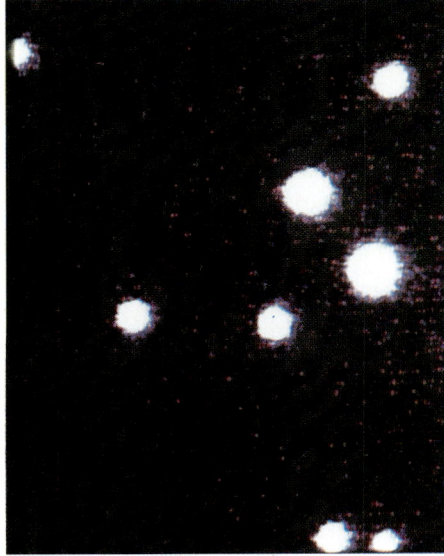

b

Schwarze Löcher: Das äußerste Endstadium

Wenn Sie einen Ball nach oben werfen, verliert er unter dem Einfluß der Gravitation kinetische Energie, so daß er sich verlangsamt und wieder zurück auf die Erde fällt. Könnten Sie ihn mit einer Geschwindigkeit von 11,2 Kilometern pro Sekunde hochwerfen, der Entweichgeschwindigkeit auf der Erde, würde die Stärke des Erdgravitationsfelds nicht mehr ausreichen, um ihn aufzuhalten. Er würde zwar ständig langsamer werden, doch für immer weiter ins All fliegen und niemals zurückkehren.

1916 zeigte Albert Einstein in seiner Allgemeinen Relativitätstheorie, daß Masse, die Quelle der Gravitation, die Raumzeit krümmt. Außerdem besagt eine der Grundregeln der Relativitätstheorie, daß die Lichtgeschwindigkeit im Vakuum eine Konstante und unabhängig von der Geschwindigkeit der Lichtquelle oder des Beobachters ist. Da die Raumzeit gekrümmt ist, muß ein Lichtstrahl, obwohl er masselos ist, auf ähnliche Weise durch die Gravitation beeinflußt werden wie der Ball. Leuchten Sie mit einer Taschenlampe nach oben. Der

Lichtstrahl muß Energie verlieren, doch seine Geschwindigkeit bleibt – anders als beim Ball – konstant. Er verliert jedoch Energie, indem seine Frequenz kleiner wird – die Energie eines Photons ist $E = h\nu$. Die Wellenlänge wird also größer, das Licht röter.

Begeben Sie sich nun im Geiste in den Weltraum und schauen Sie zurück auf die Erde, von wo aus ein Kollege ein grünes Licht direkt zu Ihnen hinaufleuchten läßt. Da das Erdgravitationsfeld recht schwach ist, wird das Licht nur unmerklich gerötet. Gleichzeitig beginnt Ihr Kollege aber, die Erde zusammenzudrücken. Die Stärke des Gravitationsfelds an der Erdoberfläche nimmt zu und mit ihm die Entweichgeschwindigkeit sowie die Lichtrötung. Wenn die Erde auf etwas weniger als zwei Zentimeter Durchmesser komprimiert ist, erreicht die Entweichgeschwindigkeit den Wert der Lichtgeschwindigkeit c: Das Licht verliert seine gesamte Energie, die Wellenlängen werden unendlich groß, und sowohl das Licht der Taschenlampe wie auch die Erde selbst sind nicht mehr zu sehen. Unser Planet ist in ein Schwarzes Loch gefallen, ein Loch in der Raumzeit, aus dem nie wieder irgend etwas entweichen kann. Jedes Objekt, das sich in diesem Zustand befindet, muß immer und ewig weiter kollabieren, so daß die Masse im Zentrum schließlich eine unendlich große Dichte erreicht. Innerhalb des Schwarzen Lochs haben die physikalischen Gesetze ihre Bedeutung verloren, da keine Information mehr nach außen dringen kann. Während das Schwarze Loch kollabiert, hinterläßt es jedoch eine scheinbare, als Ereignishorizont bezeichnete Oberfläche, die durch den Grenzradius bestimmt wird, an dem die Gravitationskraft gerade noch Licht entkommen läßt. Der Durchmesser des Ereignishorizonts, den man als Größe des Schwarzen Lochs annimmt, hängt nur von der Masse des Schwarzen Lochs ab und nicht vom Grad seiner Kompression, so daß er zeitlich konstant ist.

Obwohl Karl Schwarzschild schon 1916 die Theorie der Schwarzen Löcher aufgestellt hatte, haben die Astronomen erst in den beiden

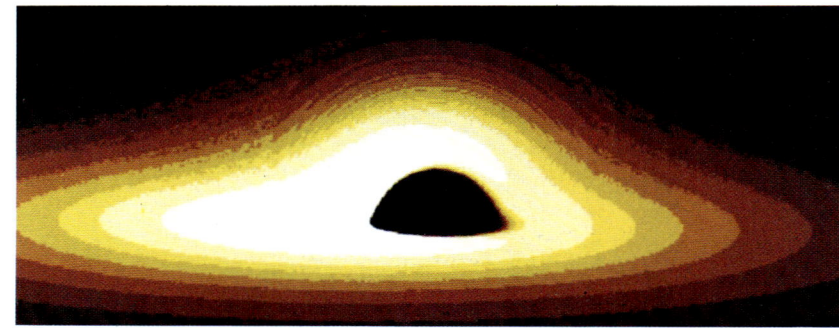

6.26 Ein Schwarzes Loch kann man als Loch in der Raumzeit ansehen. Von innerhalb des Ereignishorizonts kann keine Strahlung, keinerlei Information nach außen gelangen. Wenn Materie einströmt, kann das Schwarze Loch außen um seinen Rand sehr hell sein, doch das Innere ist ein geheimnisvoller Ort, wo die Gesetze der Physik keine Bedeutung mehr haben.

6. KATASTROPHE

letzten Jahrzehnten Objekte am Himmel gefunden, für deren Erklärung anscheinend Schwarze Löcher notwendig sind. Das Phänomen scheint so bizarr, daß man es für unmöglich hält. Doch die Bedingungen sind nicht sehr viel anders als in Neutronensternen, von denen wir *wissen*, daß sie existieren. Auch für die Stabilisation eines Sterns durch entartete Neutronen gibt es eine Grenzmasse, genau wie die Chandrasekhar-Grenze bei Weißen Zwergen. Bei einem Neutronenstern oberhalb etwa drei Sonnenmassen reicht der Druck der entarteten Neutronen nicht mehr aus, den Stern gegen die Gravitation zu stützen, so daß er zu einem Schwarzen Loch kollabieren muß. Sein Ereignishorizont hat einen Durchmesser von einigen Kilometern und ist nicht viel kleiner als der Neutronenstern.

Aber gibt es die Schwarzen Löcher wirklich? Und wenn ja, wo sind sie? Und wenn keine Strahlung von ihnen entweichen kann, wie können wir dann hoffen, sie je zu finden? Die Lösung liegt im gleichen Phänomen, das auch Novae, symbiotische Sterne und (möglicherweise) Typ I-Supernovae erzeugt: Gezeitenwechselwirkungen. Im Sternbild Cygnus liegt ein ansonsten normaler O- oder vielleicht auch B-Zwergstern, der starke Röntgenstrahlung aussendet. Dieser Stern, der den Namen Cygnus X-1 trägt, zeigt Absorptionslinien, die aufgrund von Dopplerverschiebungen hin und her rücken und damit beweisen, daß der Stern Mitglied eines Doppelsternsystems ist – doch es gibt keine Spur von seinem Begleiter.

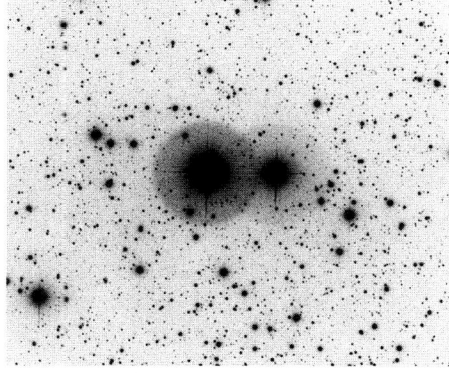

6.27 Scheinbar friedlich liegt der O-Stern Cygnus X-1 zwischen all seinen Nachbarn in der Milchstraße. Er ist jedoch eine der stärksten Röntgenquellen am Himmel. Diese Strahlung ist ein Hinweis, daß Materie auf ein kollabiertes Objekt strömt — einen unsichtbaren Begleiter mit so großer Masse, daß es sich um ein Schwarzes Loch handeln muß.

Wenn wir die Geschwindigkeiten beider Mitglieder eines spektroskopischen Doppelsterns kennen und auch die Neigung der Bahn gegen die Sichtlinie (aufgrund von Bedeckungen), können wir mit Hilfe des 3. Keplerschen Gesetzes die Sternmassen bestimmen. Bei einem spektroskopischen Doppelstern mit Doppellinien, von dem die Bahnneigung nicht bekannt ist, liefern die Geschwindigkeiten das Massenverhältnis und untere Grenzen für die Einzelmassen. Ein Doppelstern mit Einfachlinien liefert noch weniger Information, nur eine komplizierte Funktion der Massen und der Inklination. Doch wenn wir die Masse des O-Sterns in Cyg X-1 abschätzen können, erhalten wir zumindest eine untere Grenze für die Masse des unsichtbaren Begleiters. Es stellt sich heraus, daß sie *mehr als drei Sonnenmassen*, möglicherweise sogar *16 Sonnenmassen* beträgt. Jeder normale Stern mit einer solchen Masse sollte sichtbar sein. Für einen Weißen Zwerg oder einen Neutronenstern ist die Masse zu groß, also nehmen wir an, daß der Begleiter ein Schwarzes Loch ist. Die Röntgenstrahlung entsteht durch Materie, die vom O-Stern, der sein kritisches Volumen ausfüllt, abströmt und sich in einer Akkretionsscheibe um das Schwarze Loch ansammelt. Hier wird sie auf sehr hohe Temperaturen aufgeheizt, bevor sie für immer in dem himmlischen Abflußloch verschwindet. Ohne diese Röntgenstrahlung wären wir niemals auf den Stern aufmerksam geworden. Es gibt noch zwei ähnliche Kandidaten: LMC X-3 in der Großen Magellanschen Wolke und A0620-00 im Sternbild Monoceros. Beide scheinen eher Massen um zehn Sonnenmassen zu haben.

Doch trotz ihrer großen Röntgenleuchtkraft sind diese drei Kandidaten für Schwarze Löcher noch relativ normal verglichen mit dem Objekt SS433, das eines der merkwürdigsten Spektren zeigt, die je beobachtet wurden. Einer Gruppe gewöhnlicher Absorptionslinien ist eine Doppelgruppe von dopplerverschobenen Wasserstoff- und Heliumemissionslinien überlagert, die durch das Spektrum wandern und mit einer Periode von 164 Tagen hin und her driften. Sie lassen auf Materie schließen, die mit einer Geschwindigkeit von *mindestens einem Sechstel der Lichtgeschwindigkeit* abwechselnd auf uns zu- und von uns wegfliegt. An den kleinen Dopplerverschiebungen der Absorptionslinien erkennen wir, daß ein B-Stern einen unsichtbaren Begleiter umkreist. Offensichtlich überträgt auch er wieder Materie auf einen kollabierten Stern irgendeiner Art.

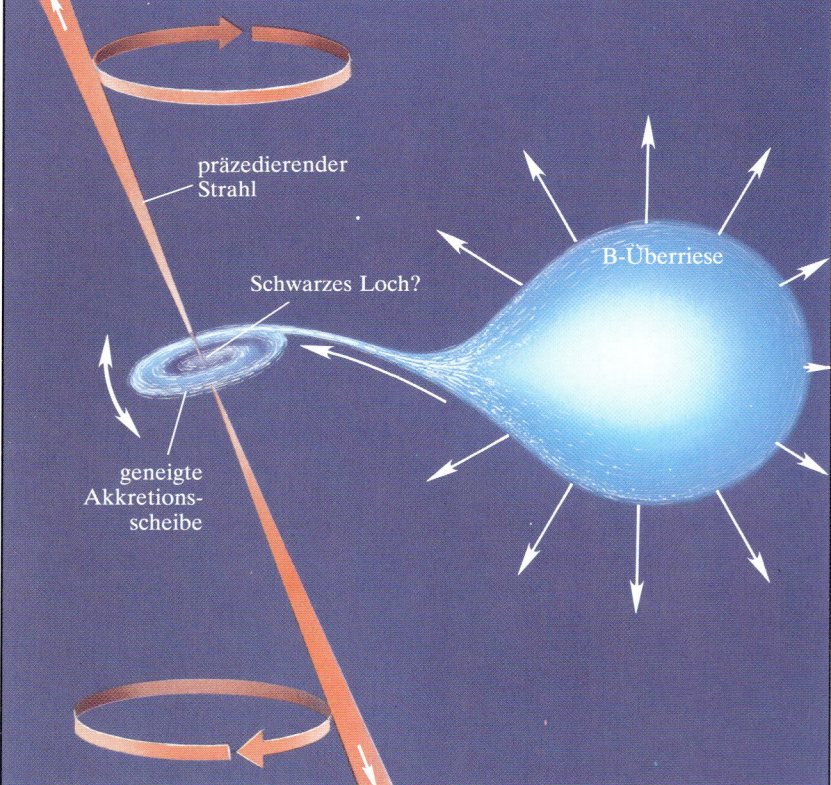

6.28 Das kollabierte Objekt — möglicherweise ein Schwarzes Loch — in SS433 sammelt Materie von seinem Begleiter, einem B-Überriesen, in einer Akkretionsscheibe an und schleudert sie von den Polen aus in zwei Jets nach außen. Die Akkretionsscheibe präzediert mit einer Periode von 164 Tagen, wodurch der Doppeljet heftige Kreiselbewegungen vollführt.

6. KATASTROPHE

Doch nicht alle Materie, die in die Akkretionsscheibe von SS433 strömt, stürzt auch in die zentrale Gravitationsquelle. Ein Teil fliegt mit hoher Geschwindigkeit von den Rotationspolen aus in zwei entgegengesetzt gerichteten Jets davon. Feine Dopplerbewegungen zeigen, daß die Ebene der Akkretionsscheibe und ihre Pole mit einer Periode von 164 Tagen präzedieren, so daß die Jets heftige Kreiselbewegungen durchführen – wie ein wild gewordener Gartenschlauch. Mit Radioteleskopen können wir sogar beobachten, wie die Materie auf korkenzieherartigen Bahnen davonfliegt. Die Masse des Objekts, das dieses außergewöhnliche Verhalten verursacht, scheint oberhalb der Grenze für Schwarze Löcher zu liegen. Hinzu kommt noch, daß es innerhalb eines bekannten Supernova-Überrests namens W50 liegt, der aufgrund der heftigen Vorgänge in seinem Inneren auch im Röntgenbereich sichtbar ist. Obwohl wir also noch nie Schwarze Löcher wirklich „gesehen" haben, gibt es deutliche Hinweise für ihre Existenz. Die Hinweise beschränken sich auch nicht auf Sterne. In den Galaxienzentren beobachten wir riesige Materiemengen, die in dichten Kernregionen zusammengepreßt sind und aus denen manchmal Materiejets in entgegengesetzten Richtungen davonschießen – Erscheinungen, die wir im nächsten Kapitel untersuchen werden.

Bisher haben wir Sterne kennengelernt, die immer fremdartiger wurden – von der scheinbar einfachen Sonne über die Entwicklung der Riesen und Überriesen bis zu den Endprodukten, den dichten, kollabierten Weißen Zwergen, Neutronensternen und Schwarzen Löchern. Nun kommen wir zum vielleicht bemerkenswertesten Teil der Geschichte: dem Anfang.

7.1 Die Dunkelwolke Barnard 86, Geburtsstätte neuer Sterne, zeichnet sich gegen das Band der Milchstraße ab.

Das erste Tageslicht

Die Entstehung von Sternen – und von uns Menschen

7

Alles begann offenbar mit einem großen Knall. Vor 13 Milliarden Jahren – möglicherweise auch vor zehn oder vor 20 Milliarden – war die gesamte Materie des Universums fast (oder vielleicht sogar *tatsächlich*) in einem Punkt konzentriert. Unsere Zeitzählung beginnt 10^{-34} Sekunden nach diesem Ereignis – die kleinste Zeiteinheit, die die Plancksche Konstante zuläßt. Zu diesem Zeitpunkt waren alle Naturkräfte noch vereinheitlicht. Doch als durch die rasche Expansion die Dichte geringer wurde, begannen sie sich schnell zu entkoppeln. Nach 10^{-33} Sekunden entstand die Materie, so wie wir sie kennen. Und als das Universum eine Sekunde alt war, war die Dichte so weit abgesunken, daß die Materie schließlich (und endgültig!) für Neutrinos durchlässig wurde.

Unsere Geschichte über die Sterne begann erst richtig, als das Universum etwa drei Minuten alt war. Zu diesem Zeitpunkt herrschten ganz ähnliche Temperaturen und Dichten wie heute im Inneren eines Sterns, so daß einige der neugeborenen Protonen zu Deuterium und dann zu Heliumkernen verschmelzen konnten. Bezogen auf die Anzahl der Atomkerne betrug die Häufigkeit des so gebildeten Heliums etwa acht Prozent der Wasserstoffhäufigkeit. Nach diesem Furioso an Aktivität vergingen 100000 Jahre bis zum nächsten Stadium. Jetzt war die Temperatur so niedrig, daß sich Elektronen mit den Atomkernen verbinden und vollständige Atome bilden konnten. Die Photonen der elektromagnetischen Strahlung waren nun nicht länger an die Materie gekoppelt, sondern konnten frei durch den Raum fliegen. Im Laufe der nächsten Milliarde Jahre wuchsen Instabilitäten innerhalb des expandierenden Gases zu gravitativ gebundenen Materieklumpen an – im Entstehen begriffene Galaxienhaufen. Diese zerfielen in kleinere Fragmente, die sich zu Galaxien entwickelten, und diese wiederum bildeten schließlich die Sterne, die Planeten und zuletzt auch uns Menschen.

Der Zustand des Universums

Heute schauen wir ins All hinaus und sehen die Folgen des großartigen Ereignisses, das vor so langer Zeit stattgefunden hat. Wir leben in einem spärlichen Haufen aus etwa 30 Galaxien, den wir provinzlerisch „Lokale Gruppe" nennen. Er wird beherrscht von unserem Milchstraßensystem und unserem Beinahe-Zwilling, der 750000 Parsec entfernten Andromeda-Galaxie (M31). Ungefähr genauso weit ist auch die etwas kleinere Triangulum-Spiralgalaxie (M33) entfernt. Zahlreiche kleine Galaxien vervollständigen das Ganze. Unsere Galaxis wird von der Großen und der Kleinen Magellanschen Wolke begleitet. Sie gehören zur Klasse der irregulären Galaxien, die keine bestimmte Form oder Gestalt haben und deren Masse nur etwa ein Prozent der Masse unserer Galaxis beträgt. Auf ähnliche Weise wird M31 von den kleinen elliptischen Galaxien M32 und NGC205 durch das All eskortiert. Elliptische Galaxien zeigen keine Scheiben oder Spiralarme. Sie bestehen fast vollständig aus Population II-Objekten, das heißt sie besitzen kaum interstellare Materie oder junge, leuchtkräftige Sterne. Die drei Hauptgalaxien der Lokalen Gruppe sind von mehreren massearmen elliptischen Zwerggalaxien umgeben, die zum Teil so schwach sind, daß man sie kaum erkennt.

Zahllose solcher Galaxiengruppierungen liegen verstreut bis in die größten Entfernungen, in die wir schauen können. Einige, wie unse-

7.2 Die grundlegendste Masseneinheit im Universum ist wahrscheinlich der Galaxienhaufen. Dieser hier, im Sternbild Hercules, ist seit seiner Bildung vor etwa 13 Milliarden Jahren gravitativ gebunden.

7. DAS ERSTE TAGESLICHT

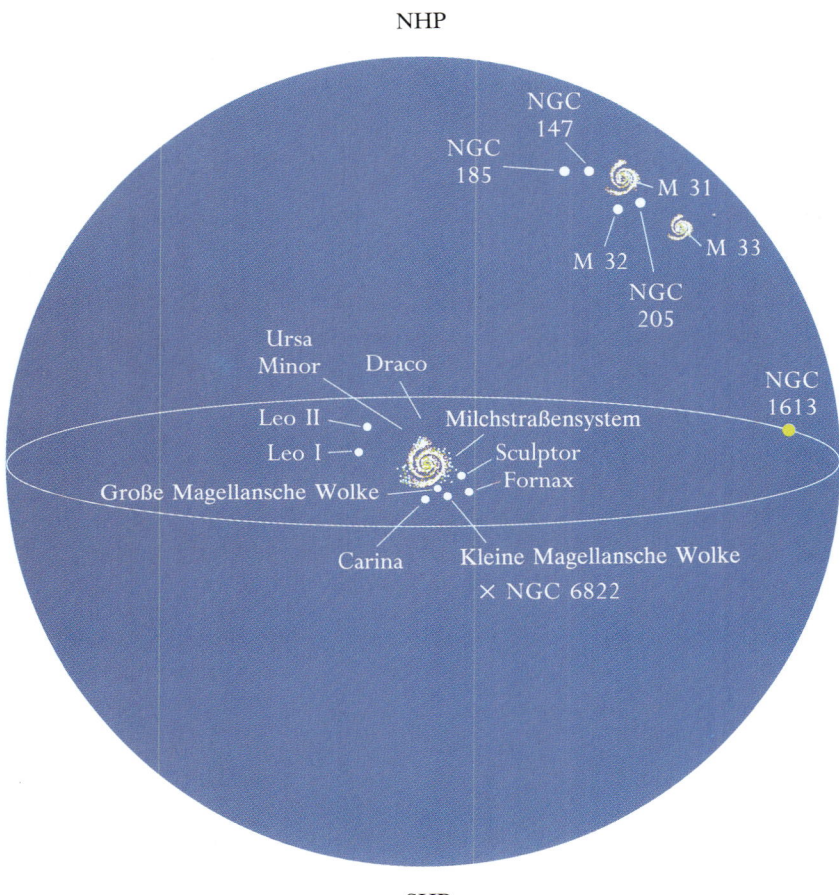

7.3 Einige Mitglieder unser Lokalen Gruppe sind hier in einer dreidimensionalen Projektion dargestellt; der Betrachter schaut etwa in Richtung 6^h Rektaszension. Die kleinen Galaxien gruppieren sich bevorzugt um die beiden großen Haufenmitglieder, das Milchstraßensystem und M31.

7.4 Eine Großaufnahme der elliptischen Riesengalaxie M87.

re Lokale Gruppe oder Stephans Quintett, enthalten nur wenige Galaxien. Andere jedoch, wie zum Beispiel der Hercules-Haufen, sind einige hundertmal reicher. Wenn wir weiter in die Ferne blicken, entdecken wir auch andere Arten von Galaxien. Bei normalen Spiralgalaxien, wie zum Beispiel unserer eigenen, M31 und M33, kommen die Spiralarme direkt aus der zentralen Verdickung. Doch hier und dort beobachten wir auch Balkenspiralgalaxien, bei denen die Arme von einem „Balken" aus Sternen ausgehen, der wie eine Stricknadel, die man durch eine Orange gesteckt hat, den Galaxienkern durchbohrt. Reiche Galaxienhaufen besitzen häufig elliptische Riesengalaxien, die um vieles größer sind als die kleinen Nachbarn

7.5 Stephans Quintett ist eine kleine, kompakte Gruppe von Galaxien, die so nahe beieinander stehen, daß es zu Gezeitenwechselwirkungen zwischen ihnen kommt. Die Spiralgalaxie oben links gehört möglicherweise nicht zur Gruppe.

7.6 Die elliptische Zwerggalaxie Leo I ist so klein, daß sie kaum die Bezeichnung Galaxie zu verdienen scheint.

7.7 Die Balkenspiralgalaxie NGC1365.

von M31. Im nächsten größeren Galaxienhaufen, dem 20 Megaparsec entfernten großartigen Virgo-Haufen, liegt die spektakuläre Galaxie M87. Sie enthält über 10^{13} Sonnenmassen – mehr als zehnmal so viel wie unser Milchstraßensystem. Gelegentlich sehen wir auch „Starburst-Galaxien", irreguläre Systeme mit sehr viel interstellarem Gas und Staub, in denen gerade in ungeheuer verstärktem Maße Sternentstehung stattfindet.

Die Photographien in diesem und in früheren Kapiteln zeigen, daß es nicht schwer ist, die näheren Galaxien in vertraute Objekte aufzulösen: Cepheiden, O- und B-Sterne, planetarische Nebel, Novae und so weiter. Da ihre absoluten Helligkeiten aus Untersuchungen unseres eigenen Sternsystems und der Magellanschen Wolken bekannt sind, brauchen wir nur ihre scheinbare Helligkeit zu messen, um die Entfernung zu bestimmen. Wenn die Galaxien zu weit von uns entfernt sind, um noch einzelne Sterne zu erkennen, kann man eventuell ihre Kugelhaufen zum gleichen Zweck benutzen. Und wenn überhaupt nichts mehr aufgelöst werden kann, so können wir zumindest eine Entfernungsbestimmung aufgrund des Galaxientyps und der scheinbaren Gesamthelligkeit vornehmen, wobei die absolute Helligkeit anhand der näher gelegenen Objekte geeicht wird.

Doch das wichtigste Merkmal des Universums der Galaxien sind weder seine Bestandteile noch die Entfernungen, sondern *Bewegung*.

7. DAS ERSTE TAGESLICHT

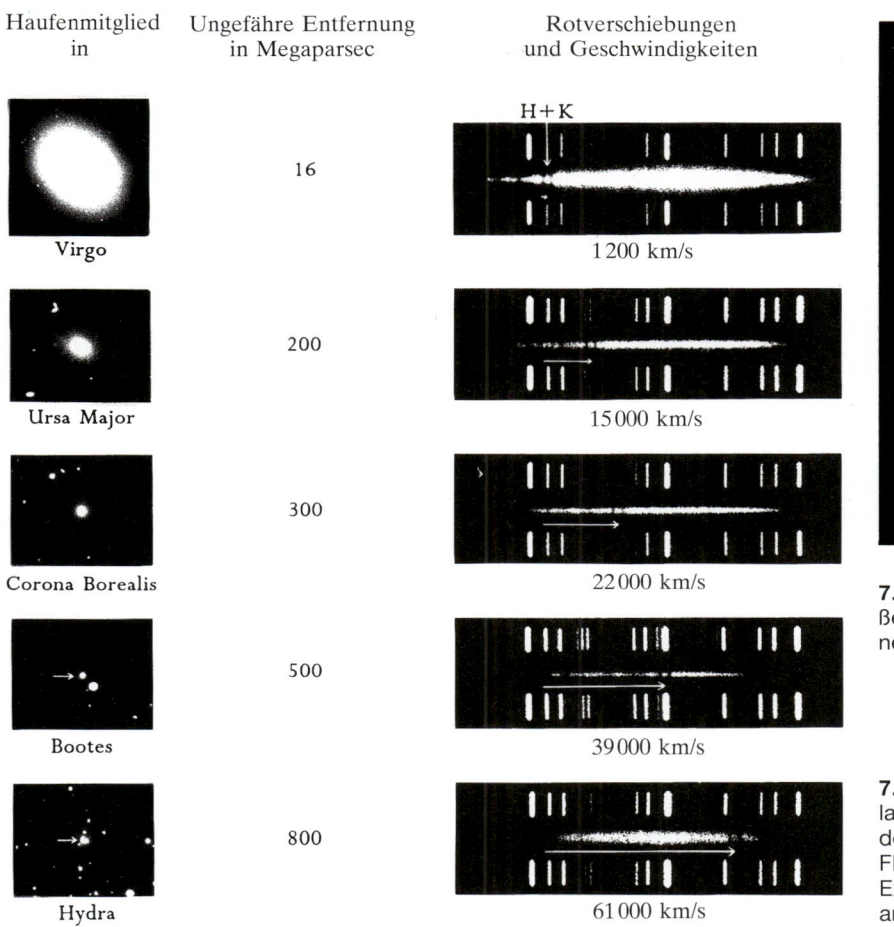

7.8 Die Starburst-Galaxie M82 enthält große Mengen an interstellarem Staub. Einzelne Sterne sind kaum erkennbar.

7.9 Photographien und Spektren von Galaxien zeigen, daß die Entfernung eng mit der Rotverschiebung und damit mit der Fluchtgeschwindigkeit verknüpft ist. Die Expansionsrate ist hier als 75 km/s/Mpc angenommen.

Schon 1917, noch ehe irgend jemand wußte, was Galaxien sind, bemerkte V. M. Slipher vom Lowell Observatory in Arizona, daß bei den meisten die Spektrallinien zum Roten hin dopplerverschoben sind und sie sich deshalb mit beachtlichen Geschwindigkeiten von uns wegbewegen. In den zwanziger Jahren führte Edwin Hubble dann die ersten Entfernungsmessungen an Galaxien durch und bewies, daß sie außerhalb des Milchstraßensystems liegen. Dabei stellte er auch fest, daß ihre Fluchtgeschwindigkeit eindeutig mit ihrem Abstand von uns zusammenhängt. Je weiter eine Galaxie von uns entfernt ist, desto schneller bewegt sie sich. Die Beziehung ist sogar linear: Verdoppelt sich die Entfernung, verdoppelt sich auch die Geschwindigkeit. Diese Beziehung ist genau das, was man als Ergebnis einer Explosion erwartet und der Hauptbeweis, daß das Universum mit dem Urknall seinen Anfang nahm und seitdem expandiert. Ei-

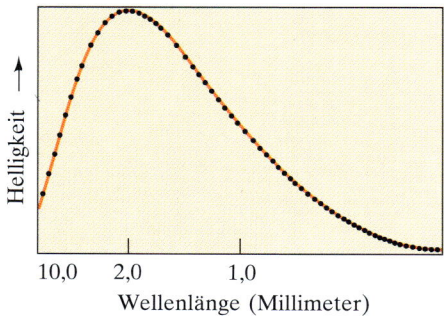

7.10 Soweit wir feststellen können, entspricht die kosmische Hintergrundstrahlung exakt einem Schwarzen Körper mit einer Temperatur von 2,735 K.

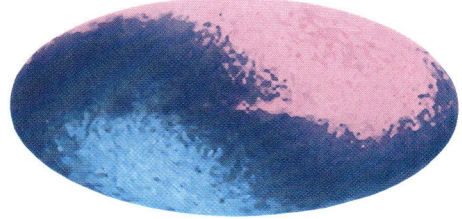

7.11 Die Temperaturverteilung der Hintergrundstrahlung für den gesamten Himmel: Rot bedeutet kühler als der Durchschnitt, Blau wärmer. Das dipolartige Aussehen ergibt sich aus der Bewegung unserer eigenen Galaxis relativ zur gleichförmigen Expansion aufgrund lokaler Gravitationseffekte. Berücksichtigt man diese Bewegung, ist die Verteilung der Hintergrundstrahlung vollkommen isotrop (in allen Richtungen gleich).

nen weiteren dramatischen Beweis lieferte die Entdeckung, daß wir von Radiostrahlung umgeben sind, die von einem Schwarzen Körper mit einer Temperatur von nur drei Grad über dem absoluten Nullpunkt stammt. Das entspricht genau der Temperatur, die man von einem Ur-Feuerball erwartet, der seit zehn bis 20 Milliarden Jahren expandiert und sich dabei abkühlt.

Die Explosionsanalogie ist zwar recht nützlich, aber irreführend. Die Galaxien fliegen nicht wie die Trümmer einer Dynamitsprengung in den Raum hinaus, sondern sie definieren überhaupt erst den Raum, spannen ihn sozusagen auf. Es ist das Universum selbst, das weder einen Rand noch ein Zentrum hat, das sich ausdehnt. Es wird größer und nimmt die Galaxien dabei mit sich, so daß auch ihre gegenseitigen Abstände immer größer werden – ganz ähnlich wie bei den Rosinen in einem aufgehenden Hefeteig. Auch wenn wir uns in ein anderes, weit entferntes Sternsystem begeben könnten, würde sich uns dasselbe Bild bieten: Alle Galaxien würden sich weiter und weiter von uns entfernen. Genau genommen gilt diese Beziehung nicht für einzelne Galaxien, sondern für *Galaxienhaufen*. Die Galaxien innerhalb eines Haufens sind durch ihre gegenseitige Anziehungskraft aneinander gebunden und entfernen sich nicht voneinander. Die Lokale Gruppe selbst dehnt sich nicht aus; sie entfernt sich nur von allen anderen Haufen.

Die Grundzahl des Universums ist die Hubble-Konstante H_0, die Expansionsrate gemessen in Kilometern pro Sekunde pro Megaparsec. Aus der Hubble-Konstante ergibt sich direkt das Alter des Universums, das in einfachster Weise als die Zeit definiert ist, die eine beliebige Galaxie gebraucht hat, um mit ihrer heute gemessenen Geschwindigkeit von uns an ihren heutigen Ort zu gelangen. Diese Zeit muß für alle Galaxien dieselbe sein, da die Geschwindigkeits-Entfernungs-Relation linear ist; sie ist der Kehrwert von H_0 und wird Hubble-Zeit t_0 genannt. Dieser Wert ist jedoch nur eine obere Grenze für das wirkliche Alter, da die Expansion durch die Gravitation abgebremst wird. Vermutlich weicht die Hubble-Zeit aber höchstens um etwa 30 Prozent vom wahren Alter ab.

Es scheint so, als ob man H_0 und t_0 einfach aus der Entfernung und der Fluchtgeschwindigkeit irgendeiner Galaxie bestimmen könnte. Doch das stellt sich als recht schwieriges Unterfangen heraus. Außerhalb der Lokalen Gruppe sind selbst die nächsten Sternsysteme schwer aufzulösen. Außerdem unterliegen sie gravitativen Einflüssen anderer Galaxien und Galaxienhaufen, die zu deutlichen lokalen Abweichungen von der ungestörten Hubble-Relation führen. Wenn wir in sehr viel größere Entfernungen schauen, wo die Fluchtgeschwindigkeiten größer sind und lokale Bewegungen weniger ins Gewicht fallen, sind die Methoden zur Entfernungsbestimmung nicht mehr so zuverlässig. Mit unterschiedlichen Techniken erhalten die Astronomen Werte für H_0, die zwischen 40 und 100 Kilometern pro Sekunde pro Megaparsec liegen und Hubble-Zeiten zwischen 25 und zehn Milliarden Jahren entsprechen. Langsam scheinen unsere Messungen auf einen Wert in der Mitte hin zu konvergieren, auf etwa 75 Kilometer pro Sekunde pro Megaparsec, wodurch t_0 bei 13 Milliarden Jahren und das tatsächliche Alter noch ein wenig darunter läge. Dieser Wert ist beunruhigend klein verglichen mit dem heute angenommenen Alter der ältesten Kugelhaufen, das bei 14 bis 16 Milliarden Jahren liegt und auf einen niedrigeren Wert der Hubble-Konstante als 75 Kilometer pro Sekunde pro Megaparsec hindeutet – oder auf falsche Altersbestimmungen anhand der Sternentwicklungstheorie. Einige Astronomen haben die Wiedereinführung einer *abstoßenden* Kraft vorgeschlagen, wie sie als erstes von Einstein angenommen worden war; sie soll der anziehenden Kraft der Gravitation entgegenwirken. Doch auf diesem Gebiet herrscht große Unsicherheit. Die Argumente gehen hin und her, und das wird wohl noch eine Weile so bleiben.

Eingestreut zwischen den normalen Galaxien liegt eine bunte Mischung merkwürdiger Objekte. So zeigt zum Beispiel die elliptische Riesengalaxie M87 einen Materiestrahl (Jet), der sich von ihrem Kern fast 2 000 Parsec weit ins All erstreckt. Das Universum enthält eine ganze Reihe von solchen aktiven Galaxien. Eine ganz bekannte ist Cygnus A. Auf einem optischen Photo sieht man nur eine schwache pekuliäre elliptische Galaxie. Im Radiobereich erkennt man jedoch, daß sie in der Mitte zwischen zwei entgegengesetzten, schmalen Jets liegt, die sich fast *eine halbe Million* Parsec weit ins All erstrecken, wo sie in riesigen Wolken aus dünnem Gas enden. Wir sind ziemlich sicher, daß es sich bei der zentralen Maschine, die für diese enormen Energien verantwortlich ist, um ein Schwarzes Loch handelt – eines, das möglicherweise bis zu einer Milliarde Sonnenmassen enthält. Gravitationswechselwirkungen zwischen den Sternen im Zentrum einer solchen Galaxie könnten dazu führen, daß einzelne Sterne in das Schwarze Loch spiralen, wo sie zerrissen werden und ein Teil ihrer Materie ähnlich wie bei SS433 (Kapitel 6) aus der Galaxie ausgestoßen wird – nur in einem viel gigantischeren Maßstab.

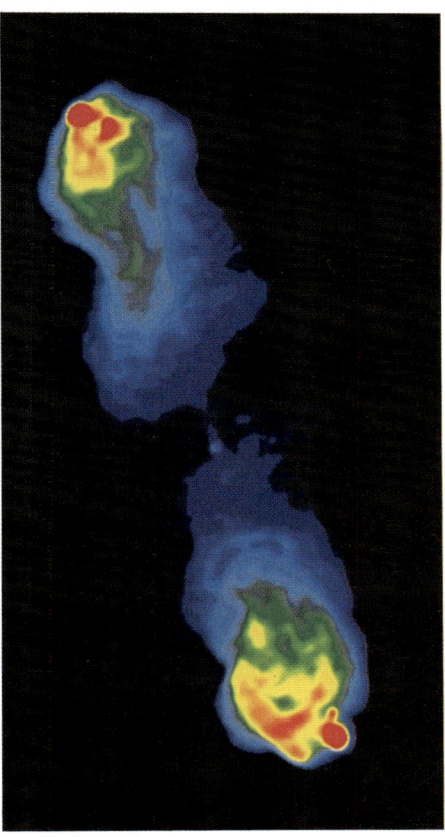

7.12 Cygnus A — eine winzige, pekuliäre Galaxie zwischen den beiden Blasen — schleudert über zwei riesige, eng gebündelte Jets gewaltige Energien weit in den Raum hinaus.

Die Quasare – ein Kürzel für *quasi-stellar radio sources* („Quasistellare Radioquellen") – stellen den Gipfel dieser aktiven Systeme dar. Am Anfang der Radioastronomie konnte man viele der neuentdeckten Radioquellen mit keinem optischen Objekt identifizieren. Zu Beginn der sechziger Jahre entdeckten die Astronomen dann, daß einige offenbar mit Objekten verknüpft sind, die zunächst wie gewöhnli-

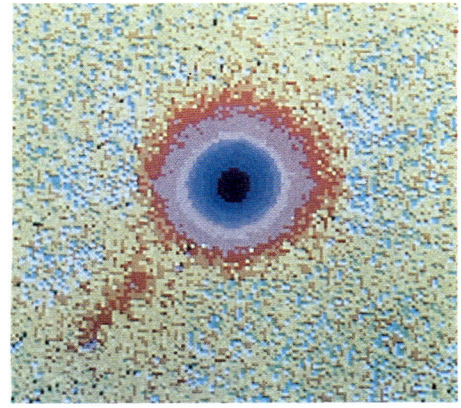

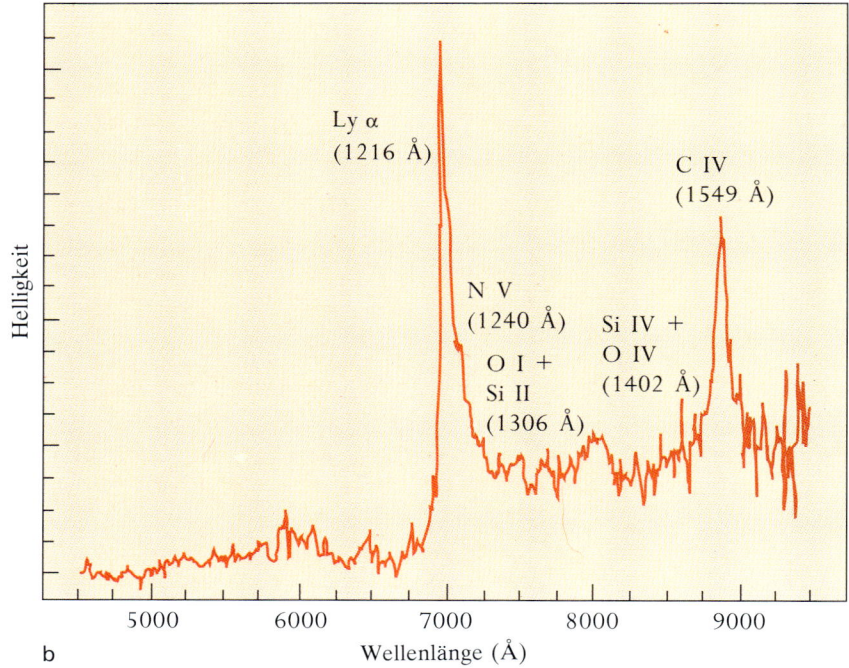

7.13 Der Quasar 3C273 (a) besitzt einen schmalen Jet. Das Spektrum des Kerns zeigt, daß sich der Quasar mit 16 Prozent der Lichtgeschwindigkeit von uns entfernt — ein kleiner Betrag verglichen mit der Geschwindigkeit von PC1158 + 4635, dessen Spektrum in (b) abgebildet ist. Er ist einer der entferntesten Quasare und bewegt sich so schnell, daß sein Ultraviolettspektrum in den roten Bereich verschoben wird. Bei diesen Geschwindigkeiten geht die Dopplerverschiebung nicht mehr linear mit der Geschwindigkeit.

che Sterne aussehen. Doch diese „Sterne" zeigen Emissionslinien bei ungewohnten Wellenlängen. Maarten Schmidt vom California Institute of Technology erkannte schließlich, daß es sich um Wasserstofflinien handelt, die sehr stark dopplerverschoben sind. Wenn wir davon ausgehen, daß Quasare an der Expansion des Universums teilnehmen, können wir ihre Entfernung aus der gemessenen Geschwindigkeit und der Hubble-Konstante bestimmen. Das Ergebnis besagt, daß sie mit Entfernungen bis zu einigen Milliarden Parsec (und Lichtjahren) die entferntesten Objekte sind, die wir im Universum kennen. Aus ihren scheinbaren Helligkeiten folgt, daß Quasare auch mit zu den *leuchtkräftigsten* Objekten im Universum gehören müssen, tausendmal leuchtkräftiger als unsere Galaxis. Dabei ist ihre enorme Helligkeit jeweils auf einen winzigen Punkt am Himmel konzentriert. Manche besitzen auch Jets. Heute weiß man, daß die meisten Quasare *keine* Radiostrahlung aussenden. (Deshalb bezeichnet man sie auch oft als „Quasistellare Objekte" oder QSOs. Anm. d. Übers.). Unsere einzige Erklärung für das Quasar-Phänomen ist wiederum Energieerzeugung durch Materieeinfall in ein massereiches Schwarzes Loch. Es gibt erstaunlich viele Quasare, Hunderte pro Quadratgrad am Himmel. Ihre Entfernungen sind so groß, daß wir bei ihrem Anblick auch sehr weit in die Zeit zurückblicken. Wenn Quasare einige Milliarden Lichtjahre entfernt sind, sehen wir sie heute so, wie sie vor einigen Milliarden Jahren ausgesehen haben. Möglicherweise stellen sie die frühsten Stadien der Galaxienentstehung dar.

Dunkle Probleme

Bis zu diesem Punkt klingt es so, als ob wir alles relativ gut verstünden. Aber in Wirklichkeit gibt es ernste Probleme. So behaupten einige Astronomen, daß sich die Quasare gar nicht in den großen Entfernungen befinden, die man aus ihren Geschwindigkeiten und der Hubble-Beziehung ableitet. Es gibt nämlich Fälle, in denen Galaxien offenbar mit anderen Systemen – auch Quasaren – physisch verbunden sind, die völlig andere Rotverschiebungen zeigen. Das würde darauf hindeuten, daß ein anderer Mechanismus als der Dopplereffekt die Spektrallinien zum Roten hin verschiebt. Die große Spiralgalaxie oben links in Stephans Quintett besitzt eine andere Rotverschiebung als die restlichen vier Mitglieder. Gehört sie wirklich zu der Gruppe? Noch beunruhigender ist die Tatsache, daß das Universum ausgesprochen klumpig ist und die ungleichmäßige Verteilung der Galaxien kaum mit der extrem gleichförmigen Verteilung der kosmischen Hintergrundstrahlung in Einklang zu bringen ist.

Ein noch größeres Problem stellt die Masse des Universums und die durch ihre Gravitation verursachte Abbremsung der Expansion dar. Wenn nicht genug Materie vorhanden ist, wird das Universum ewig

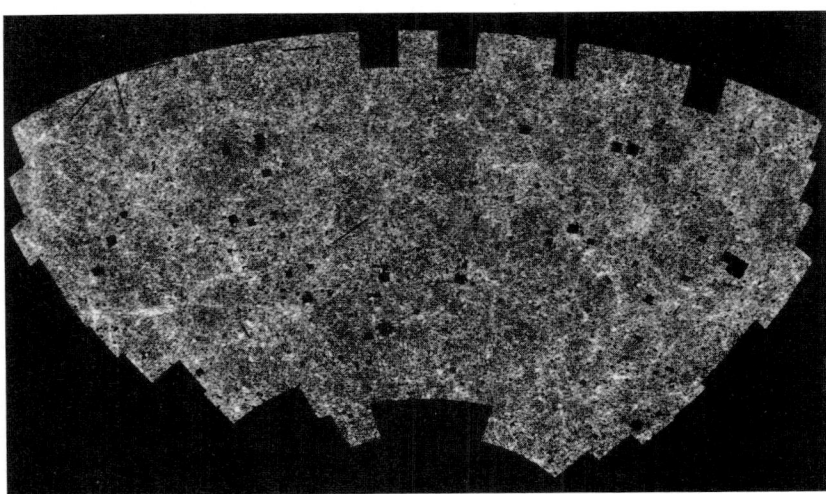

7.14 Hier sind die Positionen von zwei Millionen Galaxien rings um den galaktischen Südpol aufgetragen. Einzelgalaxien gruppieren sich zu Haufen und die Haufen zu Superhaufen und noch größeren Strukturen, wobei jeweils große Leerräume dazwischenliegen. (Damit sind nicht die schwarzen Rechtecke gemeint! Hier liegen keine Daten vor. Anm. d. Übers.).

weiterexpandieren; in diesem Falle wäre das Universum „offen". Wenn die mittlere Dichte jedoch den kritischen Wert von etwa 10^{-29} Gramm pro Kubikzentimeter überschreitet (der genaue Wert hängt von H_0 ab), ist das Universum „geschlossen". Das bedeutet, daß die Expansion schließlich zum Stillstand kommen und von einer Kontraktion abgelöst werden wird, die in einem *Big Crunch*, einem „Großen Zermalmen" oder „Schlußknall" endet. Hat die Dichte genau den kritischen Wert, so ist das Universum gerade noch geschlossen. Die Expansion wird unendlich lange weitergehen und dabei immer langsamer werden; das heißt, sie wird erst nach unendlich langer Zeit zum Stillstand kommen. Da wir in der Zeit zurückblicken, wenn wir ins All hinausschauen, müßten wir eigentlich die Abbremsrate messen können. Die weiter entfernten Galaxien sollten sich schneller von uns wegbewegen als durch die heutige Hubble-Konstante angegeben, da sie noch nicht so lange der abbremsenden Wirkung unterlagen. Diese Messung ist jedoch mit unseren heutigen Beobachtungsmitteln nicht durchführbar.

Eine praktikable Methode wäre, die Masse eines relativ großen Teils des Universums zu messen und durch das entsprechende Volumen zu dividieren, um die mittlere Dichte zu erhalten. Der direkteste Weg besteht darin, Sterne zu zählen oder vielmehr die Masse anhand der Gesamtleuchtkraft der Galaxien innerhalb eines bestimmten Volumens abzuschätzen. Dabei muß natürlich auch die Menge der bekannten interstellaren Materie mitberücksichtigt werden. Das Verhältnis der kritischen Masse des Universums zur beobachteten Masse wird mit Ω bezeichnet. Die eben genannte Methode liefert einen Wert für Ω von 0,01, also viel weniger als nötig wäre, um das Universum zu schließen. Somit scheint das Problem gelöst, und wir leben in einem „Einbahn"-Universum, das sich ewig ausdehnt.

Aber stimmt das wirklich? Es ist auch möglich – und wünschenswert –, die Masse nicht anhand ihrer Leuchtkraft, sondern ihrer Gravitationswirkung zu bestimmen. Die einzelnen Mitglieder eines Galaxienhaufens umkreisen sich alle gegenseitig. Die Galaxien sind zu weit entfernt, als daß wir tatsächliche Bahnbewegungen beobachten könnten. Doch die Radialgeschwindigkeiten der Haufenmitglieder relativ zum Mittelwert hängen ebenfalls von der Gesamtmasse im Haufen ab. Die auf diese Weise bestimmte Masse ist etwa zehnmal größer als die anhand der Gesamtleuchtkraft der Galaxien abgeleitete Masse. Irgend etwas ist dort vorhanden, das eine Gravitationswirkung auf die Galaxien ausübt, aber wir können nicht sehen, was es ist.

Derselbe Effekt ist sogar innerhalb der Galaxien selbst zu beobachten. Die Sterne einer Galaxie rotieren alle um das Galaxienzentrum.

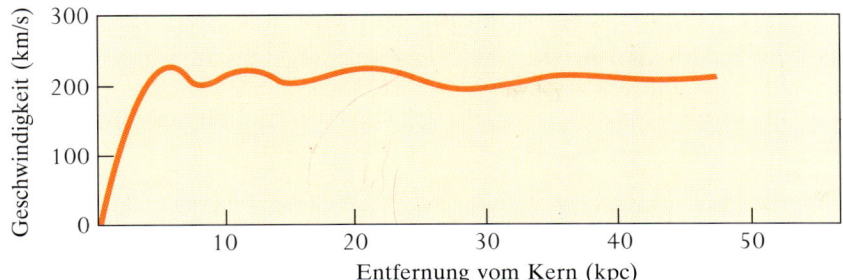

7.15 Die Rotationskurve von NGC801. Dunkle Materie bewirkt, daß sich die Sterne schneller bewegen als aufgrund der Anzahl der Sterne zu erwarten wäre.

Die Bahnen innerhalb der Scheibe sind nahezu kreisförmig, die im Halo eher elliptisch. Die Umlaufperioden ergeben sich aus dem 3. Keplerschen Gesetz in der Newtonschen Verallgemeinerung, das heißt, die Umlaufperiode in einem bestimmten Abstand vom Zentrum hängt nur von der Masse ab, die sich innerhalb der Umlaufbahn befindet. Man nehme eine Spiralgalaxie und messe die Radialgeschwindigkeiten entlang der Scheibe relativ zum Zentrum. Nach einer Korrektur bezüglich der Neigung der Scheibenebene erhält man so die Rotationskurve der Galaxie. Mit Hilfe des 3. Keplerschen Gesetzes kann man nun für jeden ihrer Punkte die Masse bestimmen, die sich innerhalb des entsprechenden Radius befindet.

Dabei stellen wir etwas Bemerkenswertes fest. Wenn wir entlang des Galaxienradius nach außen gehen, *wächst die Masse immer noch weiter an*, selbst nachdem die Leuchtkraft fast auf Null abgesunken ist. Die Radioastronomen kommen bei ihrer Beobachtung von Emissionslinien interstellarer Materie zu einem ähnlichen Schluß. Genau denselben Effekt beobachten wir auch in unserer eigenen Galaxis, wo – wie wir noch sehen werden – die Rotationskurve durch kombinierte Untersuchungen im optischen und Radiobereich bestimmt wird. Innerhalb der Sonnenbahn mit einem Radius von 8,5 Kiloparsec liegen etwa 150 Milliarden Sonnenmassen. Im doppelten Abstand liegt auch doppelt so viel Masse im Inneren, obwohl die Menge der *sichtbaren* Materie stetig abnimmt. Da draußen ist so viel Materie vorhanden, daß wir sie eigentlich sehen müßten. Aber wir sehen sie nicht. Dieser geheimnisvolle, unsichtbare Stoff wird als dunkle Materie bezeichnet – nicht zu verwechseln mit der *bekannten* interstellaren Dunkelmaterie!

Ein anderes, sehr schlagkräftiges astrophysikalisches Argument führt zu einem ganz ähnlichen Ergebnis. Das gesamte im Universum vorhandene ^2H (Deuterium), ^3He und ^7Li (ohne das, was sich in den unzugänglichen Kernregionen von Sternen befindet) wurde in den ersten Augenblicken des Urknalls erzeugt. Die Häufigkeiten dieser Isotope hängen von der damaligen Dichte ab; und diese ist mit der nach gravitativen Methoden bestimmten heutigen Dichte vereinbar. Letztendlich kommen alle diese Untersuchungen zu dem Ergebnis, daß anscheinend etwa zehnmal mehr Materie im Universum vorhanden ist als man aus der Leuchtkraft allein schließt. Damit erhöht sich der Wert von Ω auf 0,1. Das Universum scheint also immer noch eindeutig offen zu sein, auch wenn wir nur ein Zehntel der tatsächlich vorhandenen Materie sehen können. Aus der Theorie des Urknalls folgt, daß bei Beginn unserer Zeitzählung Ω auf $1/10^{60}$ genau gleich Eins gewesen sein muß, wenn es heute bei 0,1 liegen soll. Jede größere Abweichung hätte zu heutigen Werten von Ω geführt, die um viele Zehnerpotenzen außerhalb des beobachteten Werts lägen. Somit gibt es theoretische Gründe für die Annahme, daß Ω *exakt gleich Eins* ist, daß also das Universum ganz knapp – bezogen auf eine unendlich lange Zeitskala – geschlossen ist. Wenn dem so ist, muß es *hundertmal* mehr Masse im Universum geben, als wir sehen können. Und nur ein Zehntel *davon* ist tatsächlich in den Galaxien und Galaxienhaufen vorhanden und erzeugt die beobachteten Gravitationseffekte. Der Rest muß irgendwie frei durchs Universum schweben, wobei er auch nicht in einer der üblichen atomaren Formen vorliegen kann, da er nicht an der anfänglichen nuklearen Verschmelzung von Wasserstoff zu ^{2}H und ^{3}He teilgenommen hat.

Wir wissen nicht, wie die dunkle Materie beschaffen ist. Man hoffte, das Problem vielleicht teilweise durch Braune Zwerge lösen zu können – doch bislang wurde noch kein einziger gefunden; es ist noch nicht einmal sicher, ob sie wirklich existieren. Vielleicht ist das Universum auch mit Schwarzen Löchern angefüllt, Überbleibseln aus der Zeit gleich nach dem Urknall. Vielleicht gibt es auch exotische subatomare Teilchen, die erst noch entdeckt werden müssen. Oder die Neutrinos haben doch eine winzig kleine Masse; beim Urknall wurden so viele erzeugt, daß ihre gemeinsame Masse das Universum schließen und die Forderung der Theorie erfüllen könnte, selbst wenn die Masse eines einzelnen Neutrinos nur infinitesimal klein wäre. Doch wenn sie eine Masse besitzen, können sie nicht mit exakt Lichtgeschwindigkeit fliegen. Die Ankunftszeit der Neutrinos von Supernova 1987A relativ zur visuellen Sichtung deutet darauf hin, daß Neutrinomassen nicht ausreichen, das Universum zu schließen.

Die Existenz einer kalten dunklen Materie (im Gegensatz zu „heißen", sehr schnell fliegenden Teilchen wie Neutrinos, Anm. d. Übers.) wäre hilfreich, da sie durch ihre Gravitationswirkung die klumpige Verteilung der sichtbaren Materie mit der gleichförmigen Hintergrundstrahlung in Einklang bringen könnte. Doch auch das wäre nur eine kleine Erleichterung. Tatsache ist, daß wir versuchen, auf der Grundlage des einen Hundertstel, das wir vom Universum sehen können, Theorien über das gesamte Universum aufzustellen.

Geburt und Jugend unserer Galaxis

Im Rahmen dieser Unsicherheiten wollen wir uns nun einer scheinbar einfacheren Frage zuwenden und die Entstehung unseres eigenen Milchstraßensystems und seiner Sterne untersuchen. Betrachten wir die im Dunkeln liegenden Anfänge der Galaxis, zumindest soweit wir uns ein Bild davon machen konnten. Aus der großen Ur-Wolke, aus der einmal die Lokale Gruppe entstehen würde, löste sich eine kugelförmige, rotierende Masse aus Wasserstoff und Helium von etwa 10^{12} Sonnenmassen ab und begann unter dem Einfluß der eigenen Gravitation ganz langsam zu kontrahieren. Schließlich erreichte die Dichte den Punkt, an dem einzelne turbulente Wirbel in ihrem Inneren nicht mehr auseinanderflogen und die erste Generation von Sternen bildeten.

Da aus der Urknalltheorie eindeutig hervorgeht, daß in den ersten Augenblicken des Universums nur Helium, Deuterium und Lithium durch Kernverschmelzung erzeugt wurden, konnten diese neugeborenen Sterne noch keine Metalle enthalten. Doch die ältesten uns bekannten Sterne – solche in Kugelhaufen und einige im Halo – besitzen alle zumindest *etwas* Metalle, wenn auch 10^{-4}mal weniger als die Sonne. Bisher ist noch kein wirklich metallfreier Stern beobachtet worden. Zwischen den ältesten beobachteten Objekten und der Geburt der Galaxis klafft also eine Lücke, die wir noch nicht schließen konnten. Wo sind die Sterne der ersten Generation, die manchmal auch als Population III bezeichnet werden? Sie können sehr wohl irgendwo da draußen sein. Sterne mit sehr geringem Metallgehalt sind recht rar, und die Mitglieder der Population III wären noch seltener. Die massereichen, leuchtkräftigen müßten schon vor langer Zeit verloschen sein, so daß nur noch die untere Hauptreihe von Klasse G an abwärts vorhanden wäre, die nur sehr schwer zu entdecken ist. Nur einige wenige Population III-Supernovae hätten ausgereicht, um die Galaxis mit so vielen Metallen anzureichern, wie sie bei den meisten metallarmen Sternen beobachtet werden, wobei die relativen Häufigkeiten recht gut mit dem explosiven r-Prozeß vereinbar sind. Eine andere Möglichkeit wäre, daß zu Anfang Bedingungen herrschten, welche die Bildung von masseärmeren Sternen völlig ausschlossen. Dann würde das Fehlen dieser frühesten Generation kein Problem darstellen. Trotzdem wäre uns wohler, wenn wir zumindest *einen* dieser Sterne aufspüren könnten.

Die erste Sterngeneration war verloschen. Die Galaxis kontrahierte nun weiter und zerfiel in riesige Gasklumpen – die zukünftigen Kugelhaufen. Diese zersplitterten nun ihrerseits in einzelne Sterne. Ein solcher junger Kugelhaufen muß mit seinen O- und B-Sternen, die heute längst verschwunden sind, einen ganz außergewöhnlichen Anblick geboten haben. Gezeitenkräfte, die von der restlichen Galaxienmasse ausgingen, zerrissen vermutlich viele der Kugelhaufen und trugen so dazu bei, den Halo mit den Einzelsternen zu bevölkern, die wir heute im allgemeinen Feld beobachten.

Viele Kugelhaufen entstanden, während die rotierende Ur-Wolke noch kontrahierte und sich im Zustand chaotischer Bewegung befand. Deshalb hatten sie auch eine Geschwindigkeitskomponente in Richtung des galaktischen Zentrums. Sie führte zu den länglichen, elliptischen Umlaufbahnen, welche die Kugelhaufen bis heute innehaben. Die gegenwärtige räumliche Verteilung dieser großartigen Sternansammlungen spiegelt die ursprüngliche Form der Galaxis wider, als diese noch mehr oder weniger kugelförmig war. Viele der Kugelhaufen sind leicht zu sehen, da sie außerhalb der dicken, verdunkelnden Staubschicht der galaktischen Scheibe liegen. Ihre Entfernungen sind ebenfalls recht einfach aus den Helligkeiten ihrer Sterne zu bestimmen, so daß man ihren Verteilungsschwerpunkt ermitteln kann. Auf diese Weise gelang es Harlow Shapley vor rund 70 Jahren, die Entfernung zum Zentrum der Galaxis zu bestimmen. Der moderne, unter Berücksichtigung aller Haloquellen abgeleitete Wert beträgt 8,5 Kiloparsec.

Die nachfolgende Entwicklung der Galaxis ist ziemlich umstritten und Gegenstand intensiver Forschung. Die Grundidee lautet, daß die sternbildende interstellare Materie weiter kontrahierte, während die darin neu entstandenen Sterne infolge von Sternentwicklung und Massenverlust durch planetarische Nebel und Supernovae das Gas ständig mit Metallen anreicherten. Wegen der Erhaltung des Drehimpulses nahm die Rotationsgeschwindigkeit der Galaxis zu, so daß sie sich zu einer immer dünner werdenden Scheibe abflachte. Jede neue Sterngeneration hatte dann kreisförmigere Umlaufbahnen um das galaktische Zentrum und bestand aus Rohmaterial, das mehr schwere Elemente enthielt. Deshalb beobachten wir auch eine Beziehung zwischen galaktischen Umlaufbahnen und Elementhäufigkeiten. Dies erklärt, warum Population I, zu der auch die Sonne gehört, metallreicher ist als Population II. Der Zusammenhang zwischen Kinematik und Elementhäufigkeit in unserer Galaxis, der in Kapitel 3 zum erstenmal beschrieben wurde, findet damit eine sehr schöne Erklärung.

Die Wirklichkeit kann jedoch nicht annähernd so klar geordnet gewesen sein wie dieses einfache Bild. Die Kugelhaufen sind wohl kaum eine einheitliche Klasse. Obwohl sie alle mit Sicherheit sehr alt sind, haben sie nicht alle dasselbe Alter. Die Lage der Abknickpunkte ihrer Hauptreihen deutet auf Altersunterschiede von vielleicht sechs Milliarden Jahren hin. Der Metallgehalt umfaßt ebenfalls einen weiten Bereich, von etwa einem Hundertstel bis zu einem Drittel des Metallgehalts der Sonne.

Hinzu kommt, daß es anscheinend zwei Populationen von Kugelhaufen gibt – eine, die sich in den Halo erstreckt und eine zweite, metallreichere, die auf eine dicke Scheibe begrenzt ist. Der Halo scheint viel mehr Zeit zum Kollabieren benötigt zu haben, als man aufgrund des einfachen Bilds annehmen möchte, und die Beziehungen zwischen Metallgehalt, Alter und galaktischer Umlaufbahn sind bisher – obwohl sicherlich deutlich vorhanden – völlig ohne Beweiskraft.

Wir verstehen nicht, warum sich der Modus der Sternentstehung über die Jahre verändert hat. Warum sind so lange Zeit Kugelhaufen entstanden und jetzt nicht mehr, und warum erzeugt die Scheibe heute nur die spärlichen offenen Sternhaufen? Welche Rolle, wenn überhaupt, spielt die dunkle Materie bei der Entwicklung des Systems? Die Galaxis ist eine große, ungeordnete, chaotische Ansammlung – und wir haben gerade erst mit der Sortierung ihrer Bestandteile begonnen.

Es stellt sich sogar die Frage, warum die Galaxis ein Scheibensystem, eine normale Spiralgalaxie ist. Elliptische Galaxien sind viel häufiger. Warum sind wir keine? Was führte zu den Unterschieden zwischen den einzelnen Galaxien? Eine Möglichkeit wären unterschiedliche Ausgangsbedingungen. Vielleicht haben elliptische Galaxien langsamer rotiert, so daß sie schneller kollabierten und die Sternentstehung rascher voranschritt. Dabei wurde das gesamte Rohmaterial verbraucht, so daß heute nur noch alte Sterne vorhanden sind.

Zusammenstöße haben möglicherweise ebenfalls eine Rolle gespielt, vielleicht sogar eine sehr wichtige. Innerhalb eines dichten Galaxienhaufens sind Wechselwirkungen und Kollisionen zwischen Galaxien recht wahrscheinlich. Ein solches Ereignis ist nicht mit dem Zusammenstoß zweier Autos zu vergleichen. Galaxien sind im wesentlichen leer, so daß ihre Sterne nicht aufeinanderprallen. Die Wechselwirkung ist gravitativer Art. Wenn sich zwei Systeme einander annähern, treten riesige Gezeitenkräfte auf, welche die vorher regelmäßigen Sternbahnen verformen und stören. Die beiden Galaxien können sogar gegenseitig ihre kinetischen Energien dissipieren und echt miteinander verschmelzen. Dann verlieren die Sternbahnen ihre Ordnung, und das vereinte System bläht sich zu einer elliptischen Galaxie auf. Tatsächlich wird den Galaxien eines Galaxienhaufens ein Großteil ihrer Materie entrissen. Sie stürzt ins Zentrum, wo sie von einer ständig wachsenden elliptischen Riesengalaxie, wie zum Beispiel M87, geschluckt wird. Elliptische Zwerggalaxien sind möglicherweise Überreste solcher Gezeitenwechselwirkungen. Dieses Bild erklärt, warum es in dichten Haufen nur wenige Spiralgalaxien gibt: Um überleben zu können, müssen sie eher isoliert liegen. Wir sehen nachts unsere Milchstraße nur, weil wir unserer Nachbargalaxie M31 nie zu nahe gekommen sind.

Warum ist unser Sternsystem keine Balkenspirale? Computersimulationen legen die Vermutung nahe, daß Scheibengalaxien einen Balken ausbilden. Es ist sehr gut möglich, daß unsere Galaxis tatsächlich einen hat. Doch da wir uns innerhalb des Systems befinden, wäre er nur schwer zu erkennen. Balken scheinen durch Halos und Zentralverdickungen unterdrückt zu werden, was vielleicht erklärt, warum unser Balken (wenn er wirklich existiert) nicht deutlicher zu sehen ist.

Die nächste Entwicklungsstufe, die gegenwärtige Sternentstehung, ist weniger geheimnisvoll. Hier glauben wir wirklich zu wissen, was passiert.

Das interstellare Medium

Sterne entstehen aus der Materie, die in den Räumen zwischen ihnen liegt. Die Existenz solcher Materie wird durch die diffusen Nebel und die Struktur der Milchstraße mit ihren dunklen Staubwolken deutlich sichtbar. Dies sind jedoch nur die einfachsten Erscheinungsformen eines ungeheuer komplexen Systems, das man erst in jüng-

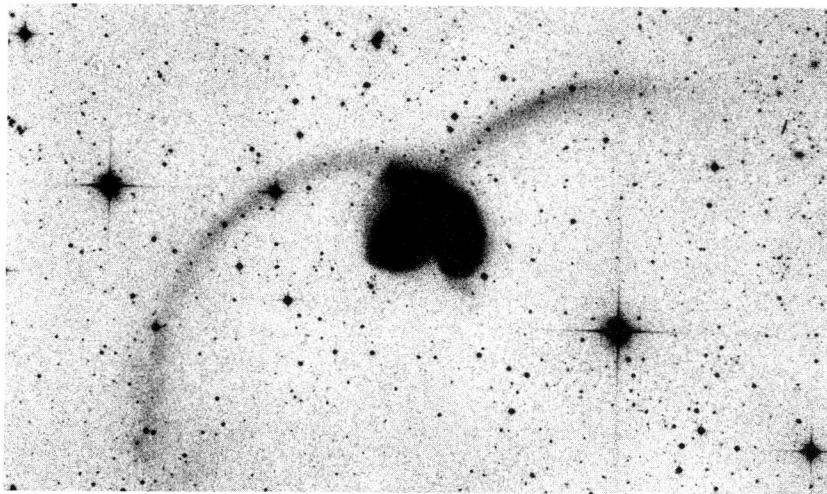

7.16 NGC4038 und 4039 stoßen zusammen. Gezeitenkräfte lassen lange Materiestreifen hinaus in den Raum strömen.

ster Zeit entdeckt hat, als mit Hilfe einer ständig fortschreitenden Technologie Radiobeobachtungen bei einer Vielzahl von Frequenzen und Beobachtungen mit boden- und weltraumgestützten Infrarotdetektoren möglich wurden. Nur wenn wir die verwickelten Details des interstellaren Mediums verstehen, können wir die komplizierten Mechanismen der Sternentstehung begreifen.

1904 entdeckten Astronomen erstmals die Existenz eines allgemeinen interstellaren Gases, das die gesamte galaktische Scheibe durchdringt. Sie fanden im Spektrum des Sterns δOrionis die K-Linie von CaII in Absorption. Dieser Stern ist ein spektroskopischer Doppelstern, dessen Absorptionslinien sich aufgrund des Dopplereffekts mit einer Periode von 5,7 Tagen hin und her bewegen. Doch die CaII-Linie bewegte sich nicht mit und gab so zu erkennen, daß sie nicht zum Stern gehört, sondern im All entlang der Sichtlinie entstanden sein muß. Heute kennen wir Hunderte dieser interstellaren Linien – insbesondere in dem Teil des Ultraviolettbereichs, der jüngst durch Raumsonden zugänglich gemacht wurde. Sie stammen von einer Vielzahl von Elementen, darunter neutraler und ionisierter Kohlenstoff, Natrium, Silicium, Magnesium, Zink, Nickel und Eisen. Selbst die Spuren einiger einfacher interstellarer Moleküle, wie zum Beispiel CH und CN, findet man in Sternspektren – erste Hinweise auf die zu erwartenden großen Entdeckungen auf dem Gebiet der interstellaren Molekularchemie. Interstellares Gas ist ganz eindeutig nicht auf die Gasnebel beschränkt. Die Linien sind gewöhnlich durch kleine Dopplerverschiebungen aufgespalten – ein Hinweis darauf, daß die Materie in einzelnen Wolken mit Dichten von etwa zehn Atomen pro Kubikzentimeter verteilt ist, die sich langsam (mit einigen Kilometern pro Sekunde) relativ zueinander bewegen.

Die Entdeckung des Staubs verzögerte sich aufgrund seiner tückischen Natur. Vor 1930 glaubten die Astronomen, daß der interstellare Raum mit Ausnahme der wenigen, deutlich erkennbaren Dunkelwolken klar und durchsichtig sei. Diese Vorstellung wurde von Robert Trumpler vom Lick Observatory durch seine Forschung über offene Haufen, die in der galaktischen Scheibe vorkommen, gründlich zerstört. Die Entfernungen, die er aufgrund von Sternhelligkeiten durch Anpassung der Hauptreihen (siehe Kapitel 3) bestimmte, waren beständig größer als diejenigen, die er aus den Winkeldurchmessern der Haufen unter der Annahme ableitete, daß sie alle die gleiche Größe besitzen. Darüber hinaus erschienen die Sterne der entfernteren Haufen röter als aufgrund ihrer Spektralklasse zu erwarten war. Plötzlich wurde klar, daß überall in der galaktischen Scheibe Staub vorhanden ist. Er schwächt das Sternlicht um etwa eine Größenklasse pro tausend Parsec Entfernung ab, so daß die Haufen weiter entfernt scheinen als sie wirklich sind. Etwa zur gleichen Zeit be-

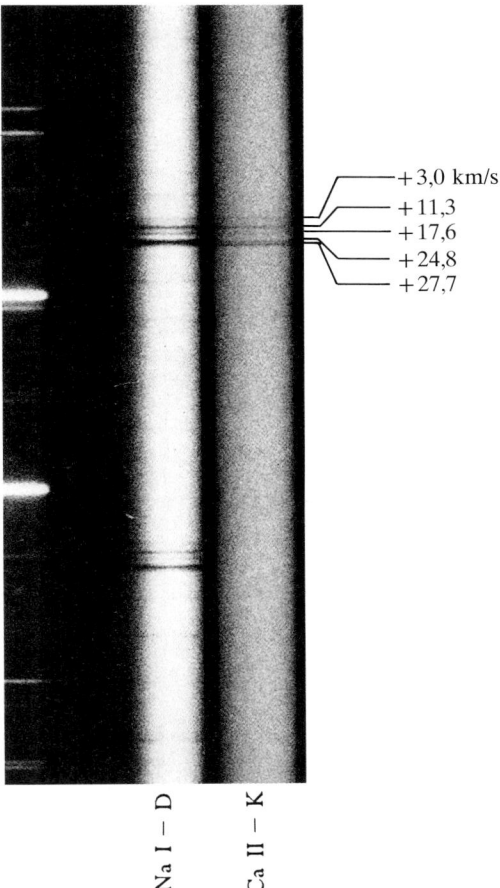

7.17 Diese Spektrogramme zeigen die Spektralsignaturen von fünf einzelnen Wolken interstellarer Materie, die entlang der Sichtlinie zum Stern liegen. Das in Bewegung befindliche Gas prägt dem Sternspektrum sowohl die K-Absorptionslinie von CaII als auch die D-Doppelabsorptionslinie von NaI auf.

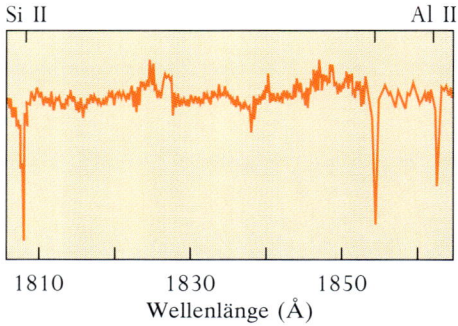

7.18 Dieses Spektrum weist Ultraviolettabsorptionslinien von interstellarem SiII und AlII auf.

7.19 Die Verteilung der Gasnebel (blaue Quadrate) auf dieser Karte des Gesamthimmels gibt deutlich die Lage der Milchstraßenebene an. Die helleren Galaxien (rote Ovale) „meiden" diese Zone; das heißt, sie sind wegen der dicken Staubschicht innerhalb der Ebene nicht zu sehen.

wies Edwin Hubble endgültig, daß die verwaschenen „Spiralnebel" in Wirklichkeit weit entfernte Galaxien sind, ganze Sternsysteme wie unser eigenes. Schon lange war bekannt, daß in Richtung der Milchstraßenebene keine von ihnen zu finden sind. Die offensichtliche Erklärung für diese *zone of avoidance* („Meidungszone") war der Staub, der uns fast vollständig daran hindert, durch die galaktische Ebene hindurch nach außen zu schauen. Der Staub ist sehr unregelmäßig in großen Klumpen verteilt. Die dicksten, die sogenannten Bok-Globulen (nach dem niederländisch-amerikanischen Astronomen Bart Bok, 1906–1983), sind vor dem Hintergrund heller Gasnebel und der Milchstraße ohne Schwierigkeiten zu erkennen.

Die Abschwächung oder Extinktion des Hintergrundsternlichts wird mehr durch Streuung der Photonen als durch Absorption verursacht. Die Stärke der Streuung wächst umgekehrt proportional zur Wellenlänge an – der Grund, warum entfernte Sterne ungewöhnlich rot erscheinen und ein Beweis, daß die Teilchen typischerweise deutlich kleiner als ein Mikron (ein Tausendstelmillimeter) sind. Der Staub wird im Optischen nur beleuchtet, wenn er in der Nähe eines hellen Sterns liegt, wo er dann einen Reflexionsnebel bildet. Dem Gas ist stets Staub beigemischt, wobei seine Teilchen etwa ein Prozent der Gesamtmasse ausmachen. Der Staub hat eine sehr große Bedeutung

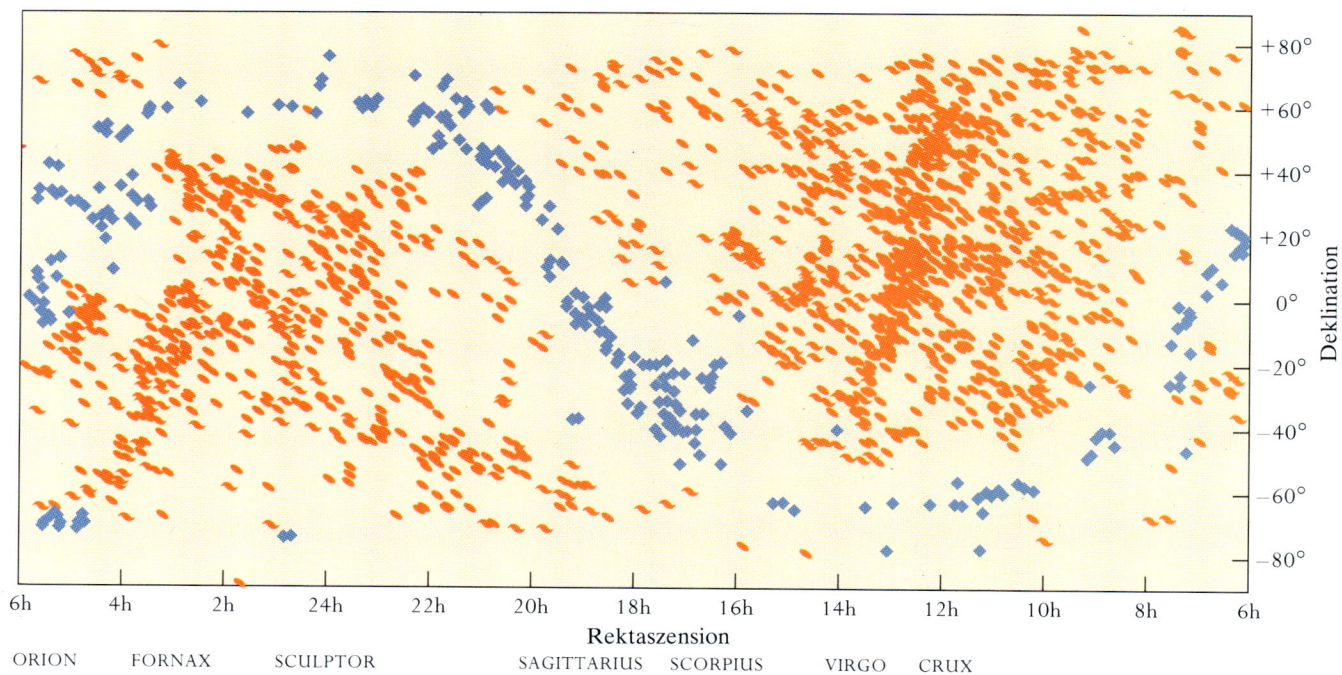

bei Untersuchungen des Universums, da sämtliche Entfernungen, die auf angenommenen absoluten Helligkeiten beruhen (oder umgekehrt), korrigiert werden müssen. Zum Glück gibt es eine Beziehung zwischen der Gesamtextinktion und dem Grad der Verrötung, der normalerweise meßbar ist. Der Staub ist jedoch so dick, daß Gebiete wie das galaktische Zentrum und die Orte aktiver Sternentstehung – zum Beispiel das Innere von Bok-Globulen – im optischen Bereich auf ewig vor unseren Blicken verborgen bleiben.

Ganz klar, daß jedes Bild vom Universum, das sich auf das optische Wellenlängenband des elektromagnetischen Spektrums beschränkt, sehr begrenzt ist. Um die Natur des interstellaren Raums wirklich verstehen zu können, mußten wir Fortschritte in der Radio- und Infrarotastronomie abwarten. Diese längeren Wellenlängen können den Staub durchdringen und Informationen über Vorgänge liefern, die bei niedrigen Temperaturen ablaufen und sich im Optischen nicht auswirken.

Der erste große Schritt gelang Edward Purcell und Harold Ewen von Harvard, als sie 1951 eine starke Spektrallinie des interstellaren neutralen Wasserstoffs mit einer Wellenlänge von 21 Zentimetern entdeckten. (Diese Entdeckung beruhte auf einer Vorhersage des niederländischen Astronomen Hendrik van de Hulst). Durch eine magnetische Wechselwirkung zwischen dem Elektron und dem Proton wird der Grundzustand des Wasserstoffatoms in zwei sehr eng beieinanderliegende Hyperfeinniveaus aufgespalten. Die Energie ist bei

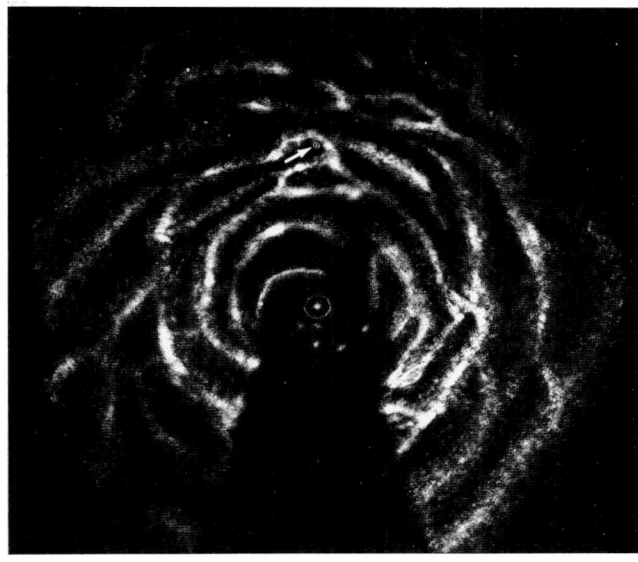

7.20 Die Spiralstruktur unserer Galaxis, abgeleitet aus Radiobeobachtungen der 21-cm-Linie.

gleichgerichtetem (parallelem) Spin von Proton und Elektron ein wenig größer als bei entgegengesetztem (antiparallelem) Spin. Durch Zusammenstöße mit Nachbarn werden die Elektronen in den parallelen Zustand angehoben. Wenn sie dann spontan ihre Spinrichtung umkehren, strahlen sie Photonen mit einer Wellenlänge von 21 Zentimetern ab. Wenn sich der Wasserstoff zufällig gegen eine starke Radioquelle abzeichnet, kann man die 21-cm-Linie auch in Absorption beobachten. Dopplerverschiebungen und Radialgeschwindigkeiten von einzelnen emittierenden oder absorbierenden Wolken sind leicht zu bestimmen, so daß man daraus sowohl die Geschwindigkeit der galaktischen Rotation als Funktion der Entfernung vom Zentrum als auch die Entfernungen der einzelnen Wolken ableiten kann. Es zeigt sich, daß der neutrale Wasserstoff entlang der Spiralarme liegt, so daß wir damit eine Möglichkeit erhalten, diese über die ganze Galaxis zu kartieren.

Doch die 21-cm-Beobachtungen zeigen nur einen kleinen Teil des Bilds. In den sechziger Jahren begannen die Radioastronomen, zahlreiche interstellare Moleküle zu entdecken, und zwar eine weit größere Vielfalt als man von optischen Daten her erwartet. Moleküle können in quantifizierten Energiezuständen rotieren und vibrieren, wodurch die Energieniveaus der Elektronen in Feinstrukturen aufgespalten werden. Diese wiederum spalten sich in Hyperfeinniveaus auf. Die Übergänge zwischen einer Reihe von eng beieinanderliegenden Zuständen erzeugen niederenergetische Photonen im Radiobereich. Als erstes entdeckte man einfache Strukturen, wie das OH-Radikal, Ammoniak, Wasser und Kohlenmonoxid, von denen einige auch in zirkumstellaren Hüllen beobachtet werden. Doch dann fand man zum großen Erstaunen auch seltenere und komplexere Molekülarten: Formaldehyd, Acetylen, Methyl- und Äthylalkohol, sowie fast 80 weitere Moleküle (einschließlich einiger Ionen). Die interessantesten – lange organische Ketten mit bis zu 13 Atomen, die nicht in irdischen Laboratorien hergestellt werden können – sind nur zu identifizieren, indem man ihre komplizierten Spektren theoretisch berechnet.

Der Großteil des Gases besteht aus einfachem molekularem Wasserstoff H_2, der recht schwer zu beobachten ist, da er keine Radiolinien emittiert. Die Theorie sagt jedoch vorher – und die Praxis bestätigt es –, daß verschiedene Molekülarten gemeinsam vorkommen, da die einen aus den anderen hervorgehen. Deshalb können wir die Verteilung des H_2 anhand starker Emissionslinien des viel selteneren Kohlenmonoxid nachzeichnen. Ein Teil des molekularen Gases liegt innerhalb von Globulen, doch das meiste findet man in riesigen Molekülwolken, mit denen die Globulen häufig assoziiert sind und deren Staubanteil die zerbrechlichen Moleküle vor zerstörerischer Sternstrahlung schützt. Man kennt rund 6000 dieser Riesenwolken. Mit bis zu 100 Parsec Durchmesser sind sie die massereichsten Einzelstrukturen in der Galaxis und enthalten typischerweise genug Materie, um mehr als 200000 Sonnen bilden zu können. Sie sind strikt auf die Spiralarme der Galaxis begrenzt. Es scheint sogar so, daß die Spiralarme die Wolken überhaupt erst erzeugen.

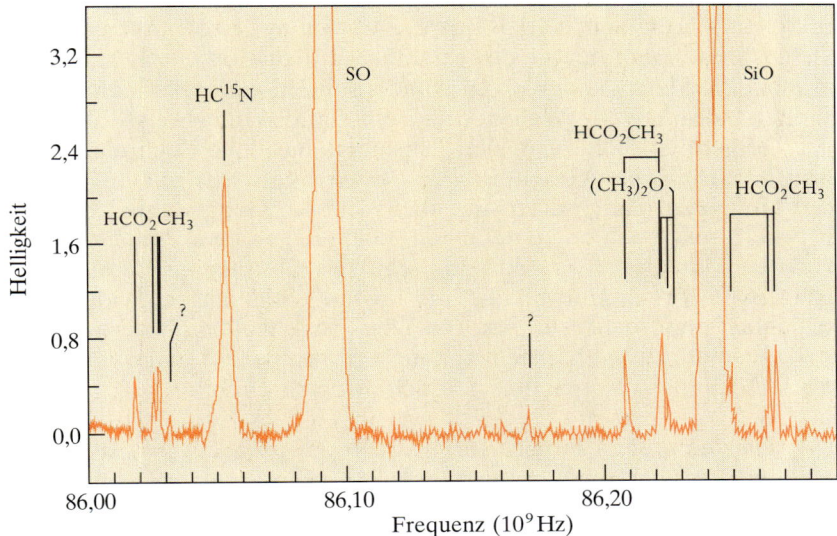

7.21 Ein kleiner Ausschnitt aus dem Radiospektrum des Orion-Nebels bei einer Frequenz von 86 Gigahertz (86 Milliarden Schwingungen pro Sekunde) zeigt Emissionslinien von überraschend komplexen Molekülen.

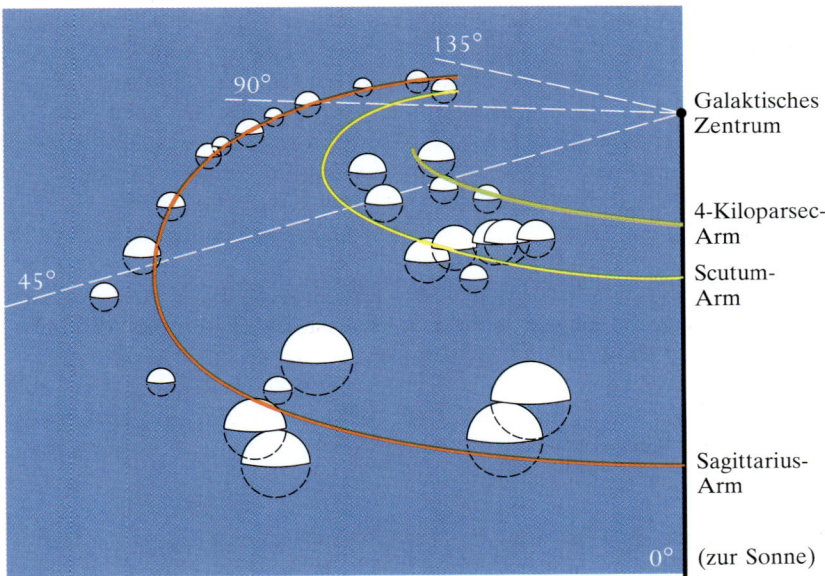

7.22 Molekülwolken entlang eines der inneren Spiralarme der Galaxis.

Spiralarme, diese eleganten charakteristischen Merkmale der Spiralgalaxien, sind keine dauerhaften Sternströme. Denn die würden sich durch die Rotation der Galaxie bereits sehr viel enger aufgewickelt haben. Sie sind vielmehr Dichtewellen, die durch die interstellare Materie laufen. Ausgelöst werden diese Dichtewellen durch Gravitationsstörungen, die möglicherweise auf einen rotierenden Balken oder einen nahen Begleiter wie die Große Magellansche Wolke zurückgehen. Die Gravitationsstörungen häufen Materie an, die weitere Störungen erzeugt, so daß sich die Wellen in der gesamten Galaxie ausbreiten und infolge der galaktischen Rotation ein Spiralmuster bilden. Sterne und Wolken wandern durch die vorbeilaufenden Wellen hindurch. Die Wellen komprimieren das interstellare Gas, so daß Gebiete mit höherer Dichte entstehen, aus denen sich unter dem Einfluß der eigenen Gravitation die Wolken entwickeln. Diese riesigen Molekülansammlungen sind aber nicht die Gebiete, aus denen wir die 21-cm-Strahlung empfangen. Diese liegen eher entlang der äußeren Ränder der wahren Spiralarme. Es gibt einen Zusammenhang zwischen der Entwicklung der beiden Wolkenarten. Wahrscheinlich spielt dabei die Art und Weise eine Rolle, mit der interstellares Gas bei der Sternentstehung verbraucht und umgewandelt wird. Doch diese Vorgänge sind noch ziemlich unklar.

Die jüngsten großen Fortschritte beim Verständnis des interstellaren Mediums wurden in einem etwas schwierigeren Spektralbereich erzielt – dem Infrarotbereich. Sie waren erst möglich, nachdem verbesserte Detektoren zur Verfügung standen und Beobachtungen vom Weltraum aus durchgeführt werden konnten. Doch der Blick, der sich dann eröffnete, war überwältigend. Bei längeren Wellenlängen sehen die kühlen, staubhaltigen Wolken nicht länger dunkel, sondern glühend hell aus. Spektrale Absorptionsbanden in stark gerötetem Sternlicht zeigen, daß es zwei Grundarten von Staubkörnern gibt: Silikate und graphitähnlicher Kohlenstoff (man erinnere sich an dieselbe Unterteilung bei zirkumstellaren Hüllen, die in Kapitel 5 beschrieben wird). Die im Optischen durchgeführte chemische Analyse des interstellaren Gases zeigt, daß die schweren Elemente, wie zum Beispiel Eisen, stark unterhäufig sind. Diese sind anscheinend aus dem Gas auskondensiert und haben sich an die Staubkörner angelagert. Auf diese Weise werden die Körner allmählich immer größer – sie sammeln Atome aus dem interstellaren Raum auf und überziehen sich mit Eis. Die chemischen Prozesse, die zur Bildung von Molekülen führen, finden hauptsächlich auf der Oberfläche dieser Körner statt. Nach ihrer Bildung werden die Moleküle dann zurück ins All gestoßen.

Der Infrarotbereich ermöglicht einen noch interessanteren Einblick in die interstellare Chemie. Verschiedene Objekte wie planetarische

7. DAS ERSTE TAGESLICHT

7.23 Der staubhaltige Orion sieht im Infraroten völlig anders aus als im Optischen. Am unteren Rand füllt ein helles Gebiet die Hälfte des Sternbilds aus; oben ist λOri von einer riesigen, durch einen Sternwind erzeugten Blase umgeben.

Nebel, Reflexionsnebel und Gasnebel zeigen infrarote Emissionslinien, die mit polyzyklischen aromatischen Kohlenwasserstoffen (PAKWs) identifiziert wurden – Rußbestandteile, die aus Benzolringen aufgebaut sind. Es besteht aber auch die Möglichkeit, daß die Spektrallinien von C_{60} erzeugt werden, einem Molekül, das wie ein Fußball aussieht und Buckminsterfulleren (kurz „Bucky-Ball") genannt wird, weil es in der Struktur geodätischen Kuppeln ähnelt (wie sie der berühmte amerikanische Architekt R. Buckminster Fuller entworfen hat. Anm. d. Übers.). Je genauer wir hinschauen, desto mehr entdecken wir. Welches sind die kompliziertesten Moleküle, die im Weltall existieren? Können wir gar die Urkeime des Lebens selbst finden?

Große und kleine Wolken, einige dicht und andere dünn – alle sind sie eingebettet in einem dünneren Medium aus neutralem Wasserstoff und teilweise ionisiertem Gas. Gelegentlich kommt ein Teil dieses Gases mit einem heißen Stern in Berührung, so daß es seine Existenz durch das geisterhafte Glühen eines Emissions- oder eines Reflexionsnebels verrät. Durch dieses Chaos zieht sich – wie die Röhren in einem riesigen Schwamm – ein Gespinst aus heißem Gas, dessen Temperatur Hunderttausende von Grad beträgt. Es sind die Blasen von Supernovaexplosionen, die sich überlappen und dieses Netzwerk bilden.

Babysterne

Ohne weitere Anhaltspunkte können wir die Prozesse der Sternentstehung nicht beschreiben. Ist es uns möglich, neugeborene Sterne zu entdecken? Und wenn, welche Merkmale besitzen sie?

Wenn wir die Dunkelwolken der Milchstraße im Optischen betrachten, sehen wir gar nichts, nur eine nichtssagende Staubwand. Die Infrarotstrahlung dagegen kann den trüben Dunst durchdringen, und wir erkennen, daß die Wolken – von den kleineren Bok-Globulen bis zu den größeren Komplexen, die sich über die Sternbildgrenzen hinweg erstrecken – voller Sterne stecken. Wir vermuten sofort, daß diese Sterne sehr jung und die Wolken ihre Geburtsstätten sind. Stark gestützt wird diese Annahme durch die massereichen, aber

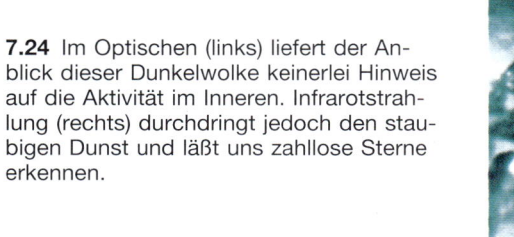

7.24 Im Optischen (links) liefert der Anblick dieser Dunkelwolke keinerlei Hinweis auf die Aktivität im Inneren. Infrarotstrahlung (rechts) durchdringt jedoch den staubigen Dunst und läßt uns zahllose Sterne erkennen.

kurzlebigen O-Sterne, die stets bei interstellaren Wolken zu finden sind und diese als große Gasnebel leuchten lassen. Irgendwie tun sich Gas und Staub zusammen und erzeugen die Abertausende von Lichtern, die den Nachthimmel erfüllen – und das eine, das unseren Tag erhellt.

Die räumliche Nähe allein beweist jedoch noch nicht, daß die Wolken wirklich stellare Kinderstuben sind, und sie verrät uns auch nichts über den Geburtsvorgang selbst. Was wir brauchen, ist eine beobachtbare Entwicklungssequenz vom unmittelbaren Anfang bis hin zur Hauptreihe – und die haben wir. Verteilt über die Flächen der riesigen Dunkelwolken, die sich in Orion, Scorpius-Ophiuchus und Taurus-Auriga ausbreiten, liegen unzählige, eigenartige veränderliche Sterne. Sie sind nach ihrem Prototyp, dem Stern T Tauri benannt, der seit 50 Jahren bekannt ist. Ähnlich wie die O-Sterne bilden sie lockere, gravitativ nicht gebundene Gruppen – die sogenannten T Assoziationen – und beweisen damit, daß sie gemeinsam entstanden sein müssen. Meistens gehören sie den Spektralklassen G und K an und zeigen eine beträchtliche Instabilität. So hat zum Beispiel T Tauri selbst normalerweise 11. Größe, kann jedoch in ganz unregelmäßigen Abständen auf 10. ansteigen oder bis auf 14. abfallen. Das geringe Alter der T Tauri-Sterne zeigt sich an ihren Spektren, die starke Lithiumabsorptionslinien aufweisen. Dieses Element wird schon bei Temperaturen, die weit unter den für Kernfusion benötigten liegen, durch andere Kernreaktionen leicht zerstört. Die fünf Milliarden Jahre alte Sonne zum Beispiel hat nur noch sehr schwache Lithiumlinien. Konvektion mischt die äußeren Sonnengase nach innen, wo höhere Temperaturen herrschen, so daß sich allmählich der Lithiumgehalt der Hülle verringert. Doch die T Tauri-Sterne besitzen noch ihren vollen, mit dem des interstellaren Raums vergleichbaren Lithiumanteil.

Emissionslinien in T Tauri-Spektren verraten, daß die Sterne in zirkumstellares Gas eingehüllt sind. Viele Spektren zeigen Linien mit P Cygni-Profil, die auf abströmendes Gas hinweisen. Doch gelegentlich beobachten wir auch *umgekehrte* P Cyg-Linien, die beweisen, daß auch Materie *auf* den Stern regnen muß. Diese Sterne sind so jung, daß sie noch im Wachsen begriffen sind und Materie aus ihrer Umgebung aufsammeln. Einer, DR Tauri, zeigt sogar gleichzeitig Einfall und Abströmen von Materie. Wie bei ihren weitentwickelten Vettern scheint die Akkretion von einer Scheibe aus stattzufinden, die den neuen Stern umgibt. Die äußerst instabile Natur des Akkretionsprozesses ist zumindest für einen Teil der unregelmäßigen Veränderungen verantwortlich, denen diese Sterne unterliegen: Die Einfallrate kann gelegentlich plötzlich ansteigen, so daß der Stern um einige Größenklassen heller wird.

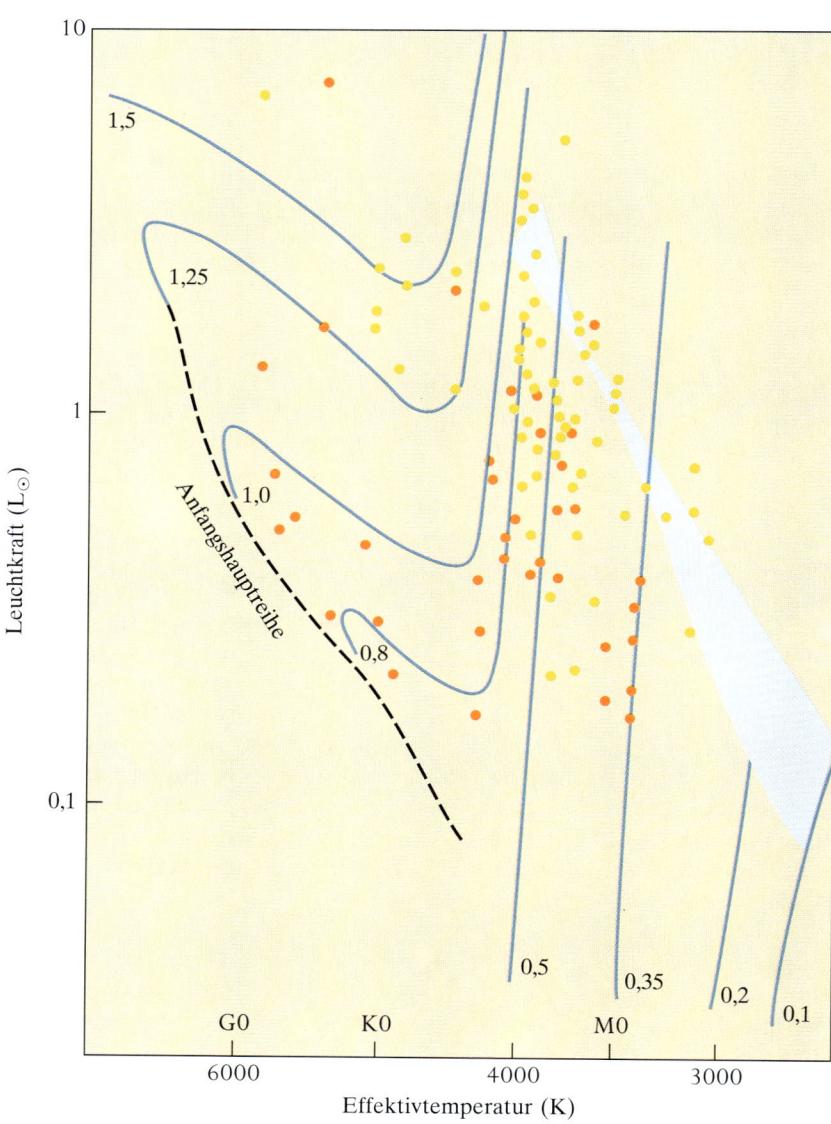

7.25 Die T Tauri-Sterne liegen rechts oberhalb der Hauptreihe (gestrichelte Linie). Die durchgezogenen Linien stellen theoretische Entwicklungswege für Sterne verschiedener Massen dar. Auf den senkrechten Abschnitten sind die Sterne vollkonvektiv. Die Konvektion in der Kernregion endet, wenn die Sterne nach links wandern und das nukleare Brennen sich zu stabilisieren beginnt. Das schattierte Gebiet gibt die theoretische Geburtslinie an, die Trennlinie zwischen kollabierenden Wolken aus interstellarer Materie und echten Sternen. Die Sterne liegen auf ihren erwarteten Positionen. Nackte T Tauri-Sterne sind als rote Kreise dargestellt. Wie erwartet sind sie in ihrer Entwicklung weiter fortgeschritten.

Spektren im langwelligen und kurzwelligen Bereich enthüllen weitere Überraschungen. Die Sterne sind im Infraroten viel heller, als sie aufgrund ihrer Spektraltypen sein sollten. Die verstärkte Strahlung stammt von Wolken (oder einer Scheibe) aus zirkumstellarem Staub, der durch die Sternstrahlung erwärmt wird. Auch der Ultraviolettbereich ist anomal hell – eine Folge des mit hohen Geschwindigkeiten einfallenden Gases und großer chromosphärischer Aktivität, die auch starke Röntgenflares erzeugen kann. Da wegen der magnetischen Bremswirkung mit zunehmendem Alter die Sternaktivität stetig nachläßt, beweisen die stark aktiven Chromosphären erneut, wie ausgesprochen jung diese Sterne sind.

Die Rolle der T Tauri-Sterne im Ablauf der Sternentwicklung wird klar, wenn wir sie im HR-Diagramm eintragen. Sie liegen deutlich oberhalb und rechts von der Hauptreihe. Da sie erwiesenermaßen jung sind, müssen sie sich auf die Hauptreihe zuentwickeln und nicht von ihr weg. Einen weiteren Beweis für die Richtung der Entwicklung stellen die sogenannten nackten T Tauri-Sterne dar, die nur noch geringe Spuren der Aktivität dieser Sternklasse zeigen. Sie liegen nämlich näher an der Anfangshauptreihe als die anderen. Sie haben bereits einen Großteil ihrer zirkumstellaren Scheiben und Hüllen abgestoßen oder aufgebraucht, so daß wir fast ungehindert bis auf die Sterne selbst hinunterschauen können. Die ganze Gruppe liegt genau in dem Gebiet, das von der Theorie für Massen zwischen etwa einer Drittel- und zwei Sonnenmassen vorhergesagt wird. Weiter oben sehen wir heißere Emissionsliniensterne mit bis zu acht Sonnenmassen, die sich genauso verhalten. Mit der Zeit werden sie sich alle auf ihren Entwicklungswegen nach links bewegen und gute, friedliche Bewohner der Hauptreihe werden wie unsere eigene Sonne – die vor etwa fünf Milliarden Jahren mit Sicherheit auch so ein widerspenstiges Kind war.

Scheiben und Jets

In den fünfziger Jahren fanden George Herbig vom Lick Observatory und Guillermo Haro von der Universität von Mexiko unabhängig voneinander in den Dunkelwolken des Orion einige kleine Klumpen leuchtender Materie. Diese Herbig-Haro-Objekte (HH-Objekte) sind stark strukturiert und bestehen aus mehreren einzelnen Knoten. Überall wo wir Dunkelwolken und T Tauri-Sterne beobachten, finden wir auch HH-Objekte. Die Knoten zeigen Emissionslinien, besitzen aber weder stellare Kerne noch offensichtliche Leuchtquellen. Noch seltsamer ist, daß sich ihre Strukturen innerhalb weniger Jahre

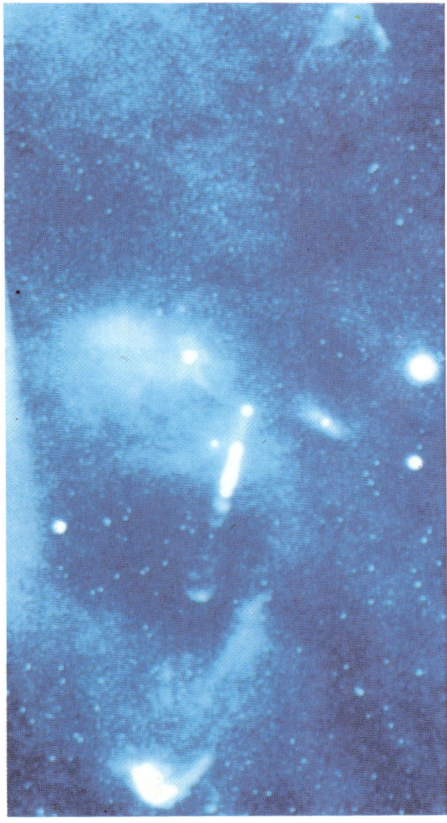

7.26 HH34 ist ein Komplex aus zwei HH-Objekten mit einem neuen Stern in der Mitte. Der Stern stößt zwei entgegengesetzt gerichtete Materiejets aus, die im umgebenden Medium Stoßwellen erzeugen.

verändern können und ein neuer Knoten erscheint, wo vorher keiner war. Eine Zeitlang glaubten die Astronomen, daß es sich bei diesen Objekten um neue, kollabierende Sterne handle. In Wirklichkeit sind sie jedoch Nebenprodukte der Sternentstehung, die wichtige Anhaltspunkte für diesen Prozeß liefern.

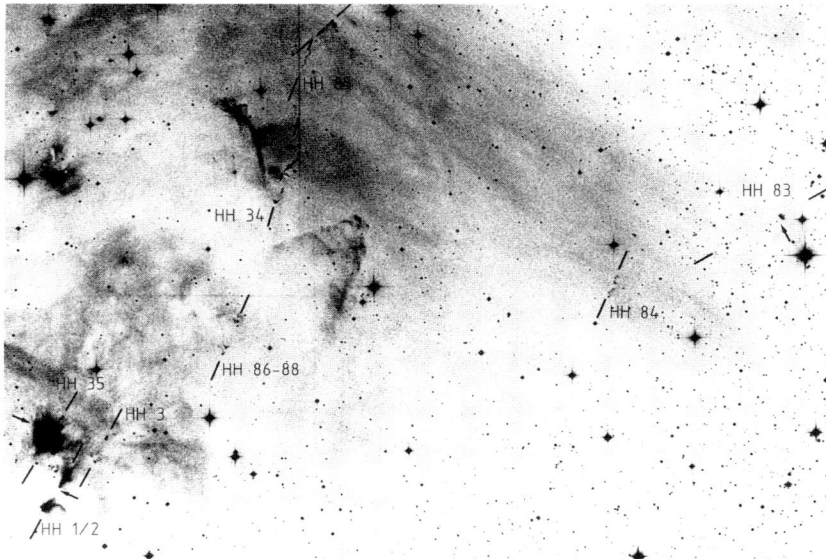

7.27 Rings um HH34 liegen mehr als ein halbes Dutzend HH-Objekte und ihre dazugehörigen Doppeljets. Ihre Achsen zeigen fast alle in dieselbe Richtung.

HH-Objekte treten gewöhnlich paarweise auf, wie auf dem Photo von HH34 zu sehen ist. Wenn wir genau genug hinschauen und tiefe optische oder Infrarotaufnahmen machen, finden wir stets zwischen den beiden Objekten einen Stern. Einige dieser Zentralquellen sind in der Tat T Tauri-Sterne, so daß das Phänomen eindeutig mit jungen Sternen zusammenhängt. Von dem Zentralstern gehen zwei entgegengesetzte Gas-Jets aus, die direkt auf die HH-Objekte gerichtet sind. Diese hellen Klumpen sind also keineswegs neue Sterne, sondern Kondensationen des interstellaren Mediums, die von einem bipolaren Materiestrom mit einer Geschwindigkeit von einigen hundert Kilometern pro Sekunde gerammt und zusammengepreßt wurden. Wir können sogar beobachten, wie im Laufe der Zeit die HH-Objekte von dem starken Strom radial nach außen gedrückt werden. Ihr Leuchten wird durch die Stoßwelle verursacht, die entsteht, wenn der Jet in der dichten Materie zum Halten kommt.

Die Doppeljets sind bemerkenswert schmal. Irgend etwas in ihrem Inneren bündelt sie eng zusammen. Mit großer Wahrscheinlichkeit

7. DAS ERSTE TAGESLICHT

sind die Zentralsterne von dicken zirkumstellaren Scheiben umgeben, ganz ähnlich wie die T Tauri-Sterne, die vermutlich aus solchen Scheiben mit Materie gespeist werden und ihrerseits Anzeichen für abströmende Materie aufweisen. Die Verbindung zwischen diesen beiden Gruppen von Objekten wird dadurch noch enger.

Offensichtlich ist Materieakkretion auch immer von Materieverlust begleitet. Wenn Materie aus den dicken Scheiben auf den Stern fällt, wird ein Teil davon fortgeschleudert. Doch sie kann nur an den Polen der Scheibe nach außen entweichen, wo wenig oder gar keine Materie vorhanden ist. Genau die gleiche Erscheinung haben wir bei aktiven Galaxien mit einem Schwarzen Loch im Zentrum und in Kapitel 6 bei der einstigen Supernova SS433, einem Kandidaten für ein Schwarzes Loch, angetroffen. In diesen Fällen strömt die Materie von einem weitentwickelten Begleiter oder von zerrissenen Sternen in die Scheibe; bei HH-Objekten stammt sie direkt aus dem interstellaren Medium. Die Beweise sind überwältigend.

Wenn wir die Umgebung von HH34 betrachten, finden wir noch mehr dieser faszinierenden Objekte. Offenbar entstehen mehrere Sterne gleichzeitig aus der Mutterwolke, die schließlich einmal eine T Assoziation bilden werden. Noch bemerkenswerter ist, daß die Jets fast alle in der gleichen Richtung liegen! Irgend etwas – höchstwahrscheinlich ein ausgedehntes Magnetfeld – hat die Rotationsachsen der kollabierenden interstellaren Wolken, aus denen zunächst die HH-Objekte und dann die T Tauri-Sterne entstehen, gleichgerichtet. Daß solche Magnetfelder in der Galaxis existieren, zeigt sich an der teilweisen Polarisation von abgeschwächtem Sternlicht (vollkommen polarisierte Lichtwellen schwingen in einer einzigen Ebene). Sie kommt dadurch zustande, daß die länglichen Körner, welche die Wolken bilden und das Licht filtern, durch Magnetfelder ausgerichtet werden, so daß sie alle etwa in derselben Richtung liegen.

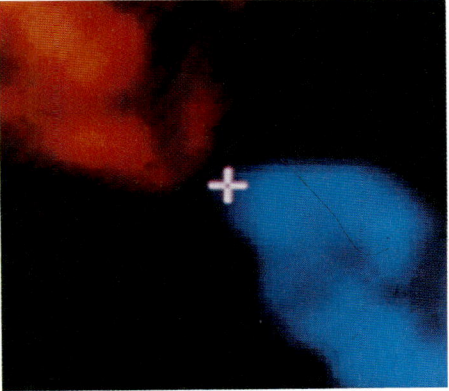

7.28 Beobachtungen des bipolaren Objekts L1551 im Millimeter-Wellenlängenbereich zeigen Strömungen von Kohlenmonoxid die sich mit etwa 10 km/s auf uns zu- (blau) und von uns wegbewegen (rot). In der Mitte (+) bildet sich ein energiereicher neuer Stern, der durch die Pole einer Scheibe Materie ausstößt.

Hinweise auf bipolare Ströme sind nicht auf die deutlich sichtbaren HH-Objekte beschränkt. Weit über diese optisch beobachtbaren Stoßwellen hinaus können sich lange Materieströme erstrecken, die anhand der Radiostrahlung von CO-Molekülen nachgewiesen werden können. Dopplerverschiebungen zeigen, daß das CO von einer Zentralquelle abströmt.

Trotz dieser reichlichen Hinweise waren die Scheiben bisher in unseren Betrachtungen rein hypothetisch. Doch es gibt sie tatsächlich, und man kann sie auch sehen. Das Ammoniakmolekül ist ein guter Tracer für dichte Materie. Radiobeobachtungen zeigen Scheiben mit Ammoniakstrahlung, die senkrecht zu den Strömen der CO-Emissionen stehen – und damit rundet sich das Bild ab.

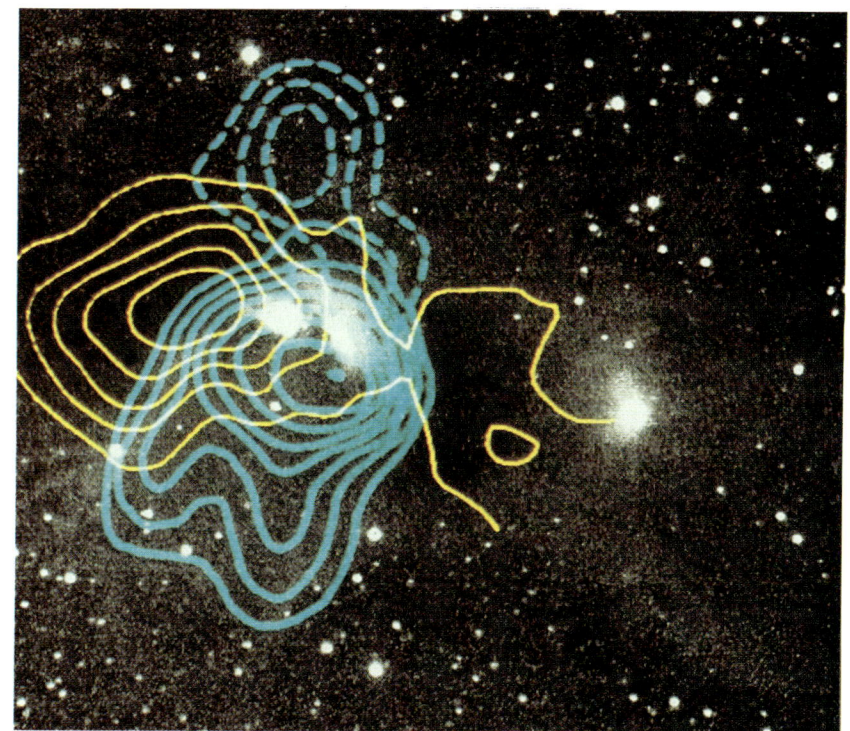

7.29 Im Zentrum der Konturlinien, welche die Stärke von Radiostrahlung kartieren, bildet sich ein neuer Stern. Gelbe Linien geben die Verteilung von Ammoniak an und deuten darauf hin, daß Materie in einer Scheibe angeordnet ist. Senkrecht zum Ammoniak fließt eine bipolare Kohlenmonoxidströmung: Durchgezogene und gestrichelte blaue Linien zeigen von uns weg-, beziehungsweise auf uns zuströmende Materie, die an den Polen der Scheibe austritt.

Entstehung

Sternentstehung ist ebenso komplex wie Sternentwicklung. Es gibt kein einzelnes Szenario, keine einzelne, einfache Abfolge, nach der sich die Sterne von der Empfängnis bis zu ihrer Geburt als wasserstoffbrennende Hauptreihenzwerge entwickeln. Einige Wolken erzeugen massereiche Sterne, Assoziationen oder sogar dichte Zusammenballungen von O-Sternen, wogegen sich andere auf die untere Hauptreihe spezialisieren. Ganze Haufen können entstehen, die sämtliche Sternmassen enthalten, aber auch isolierte Vielfachsysteme, Doppelsterne und vielleicht sogar Einzelsterne. Wir verstehen noch nicht, warum sich einige Wolken anders verhalten als andere; ebensowenig kennen wir die Wege der Sternentstehung bis in alle Einzelheiten. Doch die groben Umrisse werden mehr als deutlich. Tragen wir also die Beweise zusammen und ordnen sie in einen theoretischen Zusammenhang.

Der erste Schritt bei der Sternentstehung ist die Bildung dieser Wolken. Die treibende Kraft dabei scheinen hauptsächlich die Dichte-

7. DAS ERSTE TAGESLICHT

wellen zu sein, die auch die Spiralstruktur der Galaxis erzeugen. Einmal gebildet, werden die Wolken durch ihre Eigengravitation zusammengehalten. Doch Turbulenzen, Rotation und wahrscheinlich auch ein schwaches, aber ausgedehntes Magnetfeld in ihrem Inneren verhindern, daß sie weiter kollabieren. Hier und dort gewinnt aber doch die Eigengravitation die Oberhand, so daß sich das kalte Gas und der Staub zu kompakteren Gebieten, sogenannten dichten Kernen, zusammenziehen. Wahrscheinlich wird dieser Vorgang zumindest teilweise auch durch die Stoßwellen von Supernovaexplosionen ausgelöst, welche die Materie zusätzlich komprimieren – so führt der Tod von Sternen zur Geburt neuer Sterne.

Das große Problem für einen solchen sich entwickelnden dichten Kern ist sein Drehimpuls. Wenn der Kern kontrahiert, muß er immer schneller rotieren. Wenn nichts geschieht, fliegt der entstehende Stern auseinander, lange bevor er wirklich geboren werden kann. Grundsätzlich gibt es jedoch zwei Möglichkeiten, den überschüssigen

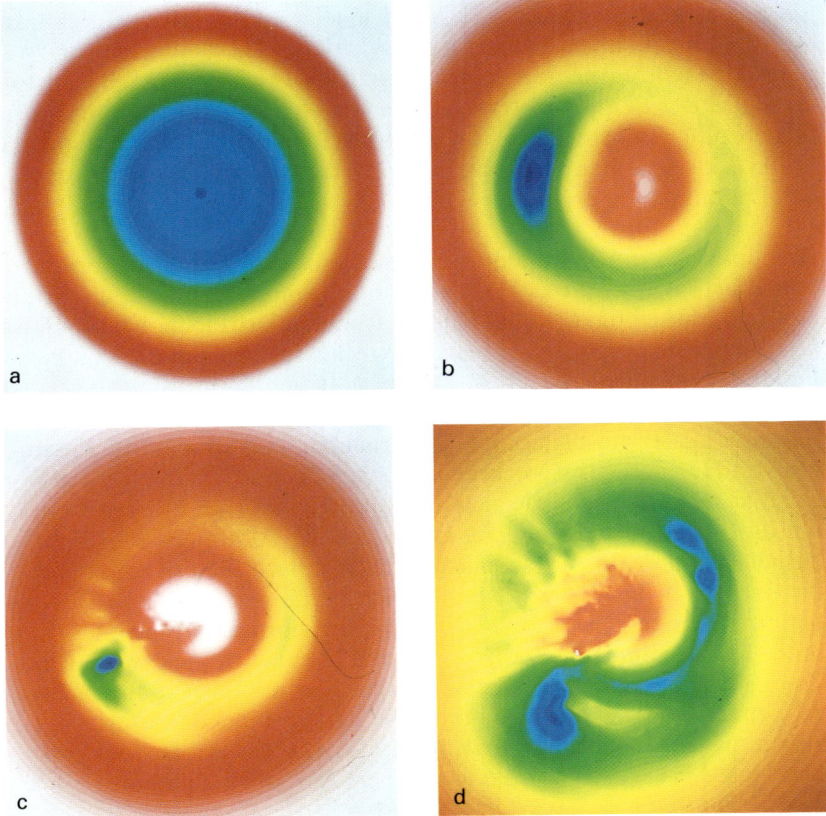

7.30 Modellrechnungen auf einem Supercomputer zeigen, wie sich eine Wolke aus kontrahierender Materie (a) zunächst teilt (b,c) und dann jeder Klumpen weiter fragmentiert (d), so daß ein doppelter Doppelstern entsteht — eine häufig vorkommende Konfiguration.

279

Drehimpuls loszuwerden. Die Magnetfelder, die den Materieklumpen durchziehen, sind mit dem umgebenden Gas verbunden, so daß sie den Drehimpuls nach außen transportieren können und dabei die Rotation abbremsen. Oder aber die kondensierende Materie zerteilt sich in zwei oder mehr Fragmente, so daß der Drehimpuls in Bahnbewegung und nicht in Rotation geht. Vermutlich ist die Fragmentation der Wolken der Grund, warum wir so viele Doppel- und Vielfachsysteme beobachten: Sie sind natürliche Nebenprodukte des Sternentstehungsprozesses.

Nun wollen wir die Entstehung von sonnenähnlichen Sternen verfolgen. Die dichten Kerne beginnen von innen her zu kollabieren und nehmen mit der Zeit von außen immer mehr Materie auf. In ihren Zentren bilden sie Protosterne, die innerhalb einiger hunderttausend Jahre auf die Größe echter Sterne anwachsen. Diese ständig größer werdenden Protosterne werden heiß und sehr hell, da sie Gravitationsenergie in Strahlung umsetzen. Wenn ihre Zentren heiß genug sind (etwa eine Million Kelvin), beginnt das noch vom Urknall herstammende Deuterium zu Helium zu verbrennen. Dadurch schwellen die Protosterne an. Außerdem werden sie vollkonvektiv, so daß das aus den umgebenden dichten Kernen einfallende Deuterium ins Innere der Protosterne gemischt wird. Dieser Nachschub an Brennstoff ermöglicht es den Protosternen, ihre Größe aufrechtzuerhalten. Gleichzeitig flacht sich die von außen weiter auf die Sterne regnende Materie zu Scheiben ab – was sich physikalisch aus der Erhaltung des Drehimpulses ergibt.

Aus uns noch unbekannten Gründen entwickeln die Protosterne schließlich Winde, die den Materieeinfall beenden und die umgebenden undurchsichtigen Nebelschleier auseinandertreiben. Mit Radioteleskopen können wir nun bipolare Ströme ausmachen, die von den Polen der Scheiben ausgehen. Da der Nachschub an Deuterium jetzt unterbrochen ist, endet diese nukleare Brennphase. Danach überschreiten die Protosterne die „Geburtslinie" und werden als Erzeuger von Herbig-Haro-Objekten und schließlich als T Tauri-Sterne sichtbar. Nun bewegen sie sich auf ihren Entwicklungswegen weiter auf die Anfangshauptreihe zu. Die durch die Akkretionsscheiben ausgelöste starke Oberflächenaktivität läßt nach, und es erscheinen die nackten T Tauri-Sterne. Schließlich beruhigen sich diese Vorhauptreihensterne, werden heiß genug, um normalen Wasserstoff in ihren Kernregionen zu verbrennen, und lassen sich als gewöhnliche Zwergsterne auf der Hauptreihe nieder. Der ganze Vorgang hat einige Zehnmillionen Jahre gedauert. Die neuentstandenen Sterne verlassen nun ihre Geburtsstätten, um frei durch das All zu wandern und viele Milliarden Jahre lang ruhig und friedlich zu leben – ohne jede Erinnerung an ihren Ursprung.

7. DAS ERSTE TAGESLICHT

Die massereicheren Sterne – bis etwa acht Sonnenmassen – verhalten sich ganz ähnlich. Einige der mit der Geburt von Sternen verknüpften Phänomene erreichen bei den massereichen O-Sternen ihren Höhepunkt. Diese erzeugen nicht nur bipolare Ströme, sondern strahlen auch mit solcher Intensität, daß sie große Blasen im interstellaren Medium bilden können und so zu seiner Komprimierung beitragen. Die hell strahlenden O- und B-Sterne leben so kurz, daß sie sich nicht weit von ihren Geburtsstätten entfernt haben, wenn sie wieder verlöschen. Sie markieren damit die Spiralarme und zeigen uns, wo Sternentstehung stattfindet. Ohne sie wären die Arme, die gerade dazu ausreichen, den Geburtsprozeß in Gang zu setzen, im Optischen praktisch nicht zu sehen.

Mit der Geburt der Sterne ist aber die Geschichte der Scheiben noch nicht zu Ende. Betrachten wir unsere eigene Sonne. Alle ihre Planeten umkreisen sie in fast derselben Ebene und in gleicher Richtung. Mit drei Ausnahmen (Venus, Uranus und Pluto) rotieren sie auch in dieser Richtung, wobei ihre Achsen mehr oder weniger senkrecht auf ihren Bahnen stehen. Darüber hinaus fällt diese Ebene auch noch mit dem Äquator der Sonnenrotation zusammen. Alles deutet darauf hin, daß die Körper des Planetensystems zur gleichen Zeit entstanden sind wie die Sonne und daß sie sich aus einer rotierenden Scheibe gebildet haben. Welche andere Scheibe könnte das sein als die, deren Entwicklung wir von den Molekülwolken bis hin zu den T Tauri-Sternen verfolgt haben?

Während die Sonne langsam im Zentrum reifte, begann sich der Staub in der zirkumstellaren Scheibe, dem solaren Nebel, zusammenzuballen – zunächst zu stattlichen Körnern und dann allmählich zu größeren Körpern. Auf diese Weise entstanden Billionen primitiver Planetesimale mit Durchmessern von einigen wenigen Kilometern. Die Zusammensetzung dieser Planetesimale hing von ihrer Entfernung zur Sonne ab. Im inneren Teil der rotierenden Wolke, wo die Strahlung der Sonne stark war, konnten nur hitzebeständige Elemente wie Metalle und Silicium kondensieren und Silikate – Gesteine – bilden. Jenseits von etwa vier AE war die Temperatur jedoch so niedrig, daß Wasser im umgebenden Nebel zu Eis gefror, das in die ständig wachsenden Körpern eingelagert wurde oder ihre Oberflächen überzog. Die Planetesimale kollidierten miteinander und wurden immer größer. Einige besaßen schließlich so viel Masse, daß sie ihre Umgebung gravitativ beherrschen. Sie fegten das gesamte Material um sich herum auf und wurden so allmählich zu richtigen Planeten.

Die Zustände im frühen Sonnensystem müssen furchterregend gewesen sein – ständig krachten Körper mit Durchmessern von Hunderten oder sogar Tausenden von Kilometern mit großer Heftigkeit aufeinander. Die Hitze, die durch dieses andauernde Bombardement erzeugt wurde, war so stark, daß die gerade gebildeten Planeten schmolzen. Der Staub schied sich in dieser Schmelze – auf ganz ähnliche Weise wie die Erze in einem Hochofen – in seine Bestandteile.

7.31 Das optische Photo (links) zeigt die grandiosen hellen und dunklen Wolken, welche die Milchstraße an der Grenze zwischen den Sternbildern Scorpius und Ophiuchus erfüllen. Das in diese optische Aufnahme eingefügte kleine Bild (rechts unten) ist eine Infrarotaufnahme von *IRAS*. Sie zeigt einen neuen Sternhaufen und einen gerade entstehenden Stern in der Ophiuchus-Dunkelwolke.

7. DAS ERSTE TAGESLICHT

Die Metalle sanken ins Zentrum, und die Schlacke – die Silikate – schwammen nach oben. Es fand also eine Differentiation statt, und als sich die planetaren Körper wieder abgekühlt hatten, besaßen sie im Zentrum einen Eisenkern sowie außen einen Mantel und eine Kruste aus Gestein.

Radiostrahlung von Kohlenmonosulfid beweist, daß immer noch Gas auf den Stern regnet. Schließlich wird die Dunkelmaterie, die den jungen Stern einhüllt, jedoch weniger werden, und neue Sterne werden den Rest davonblasen. In einigen Millionen Jahren sind diese Sterne auf der Erde dann auch im Optischen zu sehen.

Im inneren Sonnensystem blies die Sonne die leichten Elemente – den Wasserstoff und das Helium des solaren Nebels – davon. Zurück blieben die terrestrischen Planeten – Merkur, Venus, Erde und Mars. Im äußeren Teil des Systems, wo der Einfluß der Sonne geringer war, konnte der solare Nebel längere Zeit überleben. Er wurde zum Großteil von den Körpern aufgenommen, aus denen sich die jupiterähnlichen Planeten entwickelten – Jupiter, Saturn, Uranus und Neptun. Jeder dieser Riesenplaneten hatte seinerseits eine kreisende Scheibe um sich angesammelt, aus denen sich ihre Monde bildeten. Unser eigener Mond dagegen scheint bei einer ungeheuer großen Kollision zwischen der Erde und einem anderen primitiven Körper entstanden zu sein.

Die restlichen Brocken wurden von den neuen Planeten durcheinandergemischt und aufgefegt. Nachdem sich die kleineren, aus Gestein bestehenden Körper – also die inneren Planeten und alle Monde – abgekühlt hatten, unterlagen sie für eine weitere Milliarde Jahre einem heftigen Bombardement durch diese restlichen Planetesimale und Bruchstücke. Dabei entstanden die zahllosen Krater, die auf den Oberflächen von Mond und Merkur, die beide keine Atmosphäre besitzen, heute noch so deutlich zu sehen sind. Auf diesem Wege erhielt die Erde auch ihr Wasser zurück, das in der Frühzeit durch die Sonne und die bei ihrer eigenen Bildung entstandene Hitze verdampft worden war. Nun konnten Regen fallen und unsere Meere entstehen. Möglich, daß selbst unser Kohlenstoff auf diese Weise auf die Erde gelangt ist.

Einige dieser uralten Planetesimale haben bis heute überlebt. Zwischen Mars und Jupiter kreisen die sogenannten Asteroiden, Tausende kleine Brocken aus Gestein und Eis, die durch Jupiter dermaßen in Bewegung gehalten wurden, daß sie ständig kollidierten und dabei zerbrachen und sich nie zu einem Planetenkörper zusammenballen konnten. Sie geraten immer wieder auf Bahnen, welche die Erdbahn kreuzen, so daß gelegentlich auch welche mit uns zusammenstoßen. Ein großer Brocken erzeugt dabei einen Einschlagskrater; ein kleiner dagegen bleibt vielleicht auf einem Feld liegen, wo er eines Tages als Meteorit erkannt und untersucht wird – eine Materialprobe aus der Zeit, als das Sonnensystem noch jung war. Gehen Sie einmal in ein Museum und schauen Sie sich solch ein wahrhaft altertümliches Stück an, ein Stückchen Urmaterial der Erde selbst.

Billionen eishaltiger Planetesimale schwirren noch immer in den Überresten der alten Scheibe weit jenseits des äußersten Planeten umher. Eine noch viel größere Anzahl von ihnen wurde jedoch von den Planeten in die große Oortsche Wolke (benannt nach dem niederländischen Astronomen Jan Oort) geschleudert, die das Sonnensystem etwa im halben Abstand zum nächsten Stern umgibt. Gelegentlich üben vorbeiziehende interstellare Wolken oder Sterne Störungen aus, so daß einige der eisigen Körper auf langgestreckten elliptischen Bahnen in Richtung Sonne gesandt werden. Wenn sie dann die Jupiterbahn passiert haben, erwärmen sie sich langsam und das Eis sublimiert. Dabei reißt es eine Reihe von chemischen Stoffen und Staub mit sich und hüllt den eisigen Gesteinsklumpen in eine Wolke ein. Sonnenwind, Strahlung und Magnetfeld treiben dieses Gas in verschiedene lange Schweife und schaffen so das Wunder eines großen Kometen.

Diese Vorstellung von der Entstehung der Planeten läßt stark vermuten, daß sie häufige Nebenprodukte der Sternentstehung sind. Wenn unsere Sonne Planeten hat, sollten auch viele der nahegelegenen Sterne welche besitzen. Gibt es sie also? 1984 entdeckte der *IRAS*-Satellit um Wega, einen ganz gewöhnlichen A-Zwerg, im Infraroten die unverkennbaren Merkmale von erwärmtem Staub. Auch um Fomalhaut und andere Sterne fand man Staub. Nur ein Jahr spä-

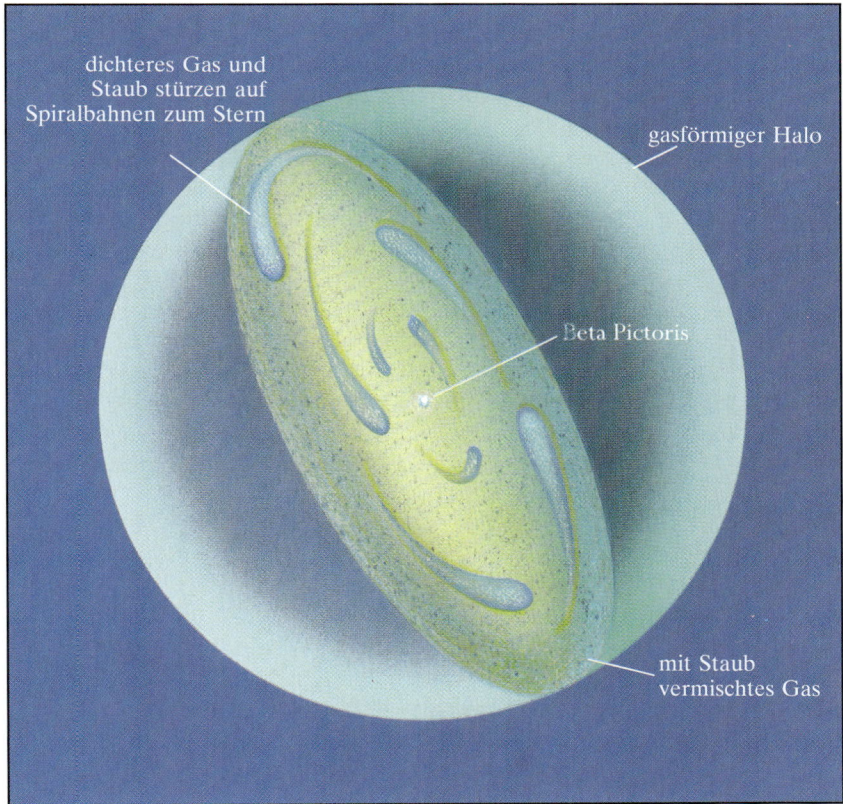

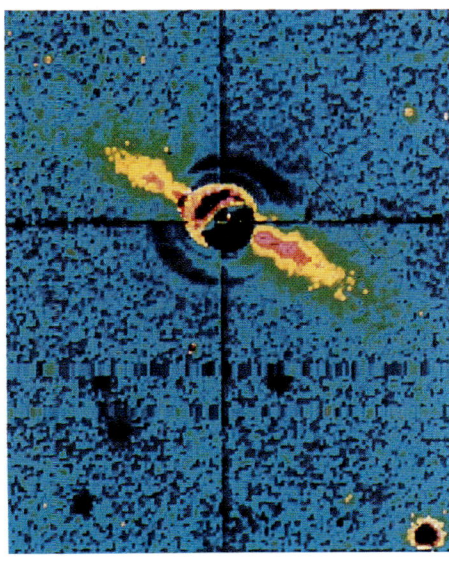

7.32 βPictoris (rechts) ist von einer Staubscheibe umgeben, die sich bis in eine Entfernung von 400 AE vom Stern erstreckt. Man sieht sie fast direkt von der Kante her. Die jüngst durch spektroskopische Aufnahmen des *Hubble*-Weltraumteleskops entdeckten Gasklumpen in der Scheibe führen zu dem links dargestellten Modell.

ter hielten die Astronomen des Las Campanas Observatory der Carnegie Institution einen noch dramatischeren Beweis in Händen – ein echtes Bild einer Staubscheibe um den A5-Zwerg βPictoris. Die Scheibe, die man von der Kante her sieht, erstreckt sich bis in eine Entfernung von 400 AE vom Stern, weit über die Ausmaße des Planetensystems hinaus. Der Staub enthält Silikate, und es gibt Anzeichen für Teilchen, die beträchtlich größer sind als die im interstellaren Raum. Darüber hinaus sind im Gas der Scheibe offenbar große Klumpen vorhanden, die auf den Stern zuspiralen. Vielleicht bildet das Material in der Scheibe gerade eine Gruppe von Planeten. Möglicherweise existieren im inneren Teil der rotierenden Trümmerscheibe sogar schon Planeten.

Aber auch eine Staubscheibe ist nur ein Indiz. Wo sind die Planeten selbst? Sie aufzufinden ist beobachtungstechnisch so schwierig, daß man dabei schon den Mut verlieren könnte. Wenn αCentauri einen Planeten wie Jupiter besäße, hätte dieser etwa eine Helligkeit von 22. Größe – an sich ein leichtes Ziel. Doch er wäre auch nur vier Bogensekunden von einem hell strahlenden Stern nullter Größe entfernt und würde vollkommen in dessen Glanz verschwinden. Mit unseren heutigen Möglichkeiten haben wir nur eine sehr geringe Chance, Planeten direkt zu sehen. Es besteht jedoch trotzdem begründete Hoffnung, sie anderweitig nachzuweisen. Ein umlaufender Planet kann den Eigenbewegungsvektor eines Sterns merklich stören; das heißt, wir könnten nahe Sterne infolge von Gravitationseffekten hin und her wackeln sehen. Solche Messungen sind für Sterne geringerer Masse gerade noch durchführbar, für Sterne wie die Sonne jedoch schon unmöglich, da sie nur um eine Strecke abgelenkt würden, die mit ihrem eigenen Durchmesser vergleichbar ist. Einen sehr viel empfindlicheren Test stellt die Untersuchung von stellaren Radialgeschwindigkeiten auf periodische Veränderungen hin dar. Mit den besten modernen Techniken kann man solche Abweichungen bis zur Größenordnung von einigen zig Metern pro Sekunde messen. Einige Sterne zeigen solche Veränderungen, die auf Planeten von mehreren Jupitermassen schließen lassen. Möglicherweise haben Astronomen der University of Manchester im Sommer 1991 tatsächlich einen solchen Körper entdeckt. Er umkreist einen Pulsar in der Nähe des galaktischen Zentrums und macht sich durch feine Veränderungen in den Pulsankunftszeiten bemerkbar. Wir nähern uns in der Tat dem Punkt, an dem wir wirkliche Planeten um andere Sterne zwar nicht direkt sehen, aber doch nachweisen können. Und bei der ständigen Weiterentwicklung unserer Detektortechnologie dauert es vielleicht auch nicht mehr lang, bis wir sie tatsächlich erblicken.

Leben

Doch was wir natürlich dabei wirklich im Hinterkopf haben, ist nicht so sehr die Frage, ob es Planeten gibt, sondern was sich auf solchen Planeten befinden könnte. Nur eine Milliarde Jahre nach der Geburt der Erde entwickelte sich schon das Leben auf ihr, als ob es nicht abwarten konnte loszulegen. Wenn es hier so leicht entstanden ist, könnte das nicht anderswo auch der Fall gewesen sein? Wenn Planeten ein natürliches Nebenprodukt der Sternentstehung sind, könnte es dann Leben ebenfalls sein? Und wenn es Leben gibt, könnten sich dann auch intelligente Arten entwickelt haben? Gibt es irgendwo Wesen wie uns, die vielleicht dieselben Fragen stellen, oder sind wir allein?

Die bloße Existenz von Planeten bedeutet noch lange nicht, daß auch Leben vorhanden ist. In unserem eigenen Sonnensystem gelang es nur einem, Leben hervorzubringen. Die anderen scheinen steril zu sein, zumindest soweit uns bisher bekannt ist. Selbst Mars, der wahrscheinlichste Kandidat, ist anscheinend völlig tot. Wir selbst jedoch hatten Glück. Unser Planet entstand genau am richtigen Ort – wo es weder zu heiß noch zu kalt ist und wo es flüssiges Wasser gibt. Nur 0,3 AE weiter innen liegt Venus – ein unbewohnbar heißer Backofen. Und in der Entfernung des Mars scheint es zu kalt zu sein, obwohl es zahlreiche Hinweise gibt, daß dort einst Wasser floß.

Spekulationen über Leben, einschließlich intelligentem Leben, irgendwo im All sind in einer Gleichung beschrieben, die zuerst von dem amerikanischen Astronom Frank Drake aufgestellt wurde und aus einer Kombination einzelner Wahrscheinlichkeiten besteht. Welcher Bruchteil der Sterne besitzt Planeten? Wie viele davon liegen in einer bewohnbaren Zone, das heißt in einer Zone, in der flüssiges Wasser existiert? Welcher Bruchteil davon entwickelt wirklich Leben, und wie häufig entwickeln sich diese Lebensformen zu intelligenten Zivilisationen, die vielleicht in der Lage sind, mit uns zu kommunizieren?

Nur die erste dieser Fragen scheint heute beantwortbar zu sein, da wir mit ziemlicher Sicherheit wissen, daß zumindest ein Teil der Sterne – vielleicht alle Einzelsterne, je nachdem – Planetenfamilien besitzen. Die Frage nach der Entwicklung von Leben enthält so viele Annahmen, daß wir fast jede gewünschte Antwort bekommen können. Bekannt ist uns nur ein einziger Fall. Die Wahrscheinlichkeit erhöht sich allein dadurch, daß es so ungeheuer viele Sterne in der Galaxis gibt. Auch wenn die eigentliche Wahrscheinlichkeit für Leben sehr gering sein sollte, gibt es vielleicht trotzdem viele außerirdische Zivilisationen; oder es gibt wirklich nur die eine.

Trotz der Unsicherheiten besteht zumindest die Möglichkeit, daß irgendwo da draußen andere neugierige Wesen wie wir existieren. Suchen sie nach uns? Suchen wir nach ihnen? Wie könnten wir Kontakt aufnehmen? Dieses Thema wird schon seit langem ernst genommen. UFOs, unidentifizierte Flugobjekte, haben jedoch *nichts* damit zu tun! Bei ihnen handelt es sich um nicht richtig erkannte Naturerscheinungen (meistens Sichtungen der Venus), Täuschungen oder Scherze. Interstellare Raumfahrt erfordert Reisegeschwindigkeiten, die einen merklichen Bruchteil der Lichtgeschwindigkeit betragen, um die großen Entfernungen, um die es sich hier handelt, überbrücken zu können. Die dafür benötigten Energien rücken solche Unternehmungen vielleicht sogar völlig in den Bereich des Unmöglichen.

Bei dem Projekt *SETI* („*S*uche nach *E*xtra*t*errestrischer *I*ntelligenz") geht es keinesfalls um einen direkten Kontakt, sondern nur um Radiokommunikation. Seit einigen Jahrzehnten ist die Erde durch die zahllosen Radio- und Fernsehsendungen, die sich ins All ausbreiten, im Radiobereich recht hell. Wir verkünden unsere Existenz durch eine Kugelschale elektromagnetischer Strahlung, die inzwischen einen Radius von rund 100 Lichtjahren (33 Parsec) erreicht hat und Tausende von Sternen umschließt. Vielleicht gelingt es uns, die Kugelschale einer anderen Zivilisation aufzufangen. Oder vielleicht senden „sie" auch absichtlich irgendwelche Botschaften in der Hoffnung, Gesellschaft zu finden.

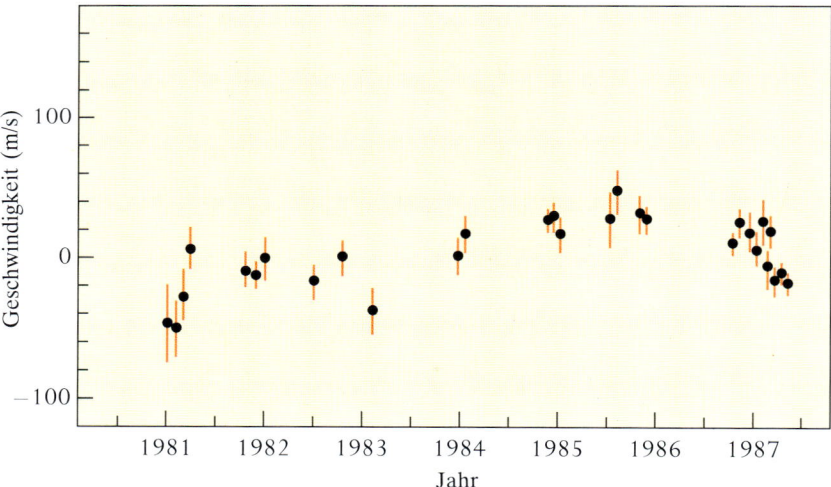

7.33 εEridani, ein Stern fünfter Größe, schwankt um seinen Schwerpunkt hin und her. Seine Radialgeschwindigkeit ändert sich über eine Periode von einigen Jahren um wenige Dutzend Meter pro Sekunde. Dies läßt auf einen Planeten von einigen Jupitermassen schließen.

7. DAS ERSTE TAGESLICHT

Die Suche ist ein entmutigendes Geschäft, der Lohn wissenschaftlich und philosophisch unermeßlich. Wie fangen wir an? Der Himmel und das Radiospektrum sind beide enorm weit. Den ersten Versuch unternahm 1960 Frank Drake mit seinem Projekt Ozma, bei dem er zwei nahe sonnenähnliche Sterne untersuchte – ϵEridani, der möglicherweise einen Planeten besitzt, und τCeti. Er tastete Radiofrequenzen in der Nähe der 21-cm-Linie ab, da diese starke, auffällige Linie des neutralen Wasserstoffs einen naheliegenden Bezugspunkt darstellt. Er fand jedoch nichts. Die heute für *SETI* eingesetzten Instrumente können eine Million Radiokanäle gleichzeitig beobachten und sehr viel tiefer ins All blicken. Auch sie haben bisher nichts gefunden.

Bis jetzt ist *SETI* eine Wissenschaft mit nur einem Meßpunkt: uns selbst. Ist noch jemand da draußen? Vor fünfzig Jahren hatten wir noch keine Ahnung, wie die schimmernden Lichter des Nachthimmels funktionieren. Heute wissen wir es; oder wir sind zumindest davon überzeugt, auf der richtigen Spur zu sein. Was werden wir heute in hundert Jahren wissen? Werden wir Planeten und galaktische Gesellschaft gefunden haben? Die Suche mag so lange weitergehen, wie wir es für nötig halten, nach den Sternen, ihrer Natur, ihrem Ursprung und ihrem Schicksal zu fragen.

Auf diesem Ausschnitt aus der Milchstraße sind eine Million Sterne zu sehen. Unser eigener wäre nicht mehr als ein kleines Pünktchen, hinter dem sich aber ein ganz ungewöhnlicher Schatz verbirgt ...

Epilog

Nun sind wir fast am Ende der Reise. Diese sieben Kapitel waren ein Abriß unserer jahrhundertealten Wanderung zwischen den Sternen. Wir haben die uralten Sagen, die Anfänge der Erkenntnis, die Entwicklung, den Tod und schließlich die wunderbare Geburt der Sterne betrachtet. Doch es gibt noch eine weitere Perspektive zu erschließen.

STERNE

Betrachten Sie einmal die Galaxis als eine riesige Recycling-Maschine. Sterne tropfen aus den Brunnen des interstellaren Raums, wo sie aus dem losen Gas und Staub gebildet werden. Wenn sie altern, pumpen sie angereicherte Materie zurück in die Urquellen der Schöpfung. Langsam wird die gesamte galaktische Scheibe reicher an schweren Elementen, und die neuen Sterngenerationen ebenso.

Verborgen in ihren staubigen Kokons blasen die großen, weitentwickelten Sterne winzige Körnchen aus Silicium und Kohlenstoff in den Raum. Dort mästen sie sich am kalten umgebenden Gas und begünstigen die Entstehung komplexer Moleküle. Diese bilden wiederum die eisigen, dichten Brutstätten für neue Sterne. Supernovae explodieren, und ihre Stoßwellen tragen dazu bei, das interstellare Gebräu zu verdichten und somit den Prozeß voranzutreiben. Aus dem Alten entsteht das Neue. Jede Generation hilft bei der Erschaffung der nächsten mit.

Um die neuentstandene Sonne bilden sich Planeten, zusammengeballt aus dem Staub, der noch in den Resten des solaren Nebels üb-

... ein blauer Planet, bewohnt von Wesen, die ihren Blick in die Tiefen des Alls richten können.

riggeblieben ist. Sonnenhitze treibt die leichteren Materialien davon, während die dichten zurückbleiben. Die Erde ist ein Destillat des Himmels. Jedes ihrer Atome, das schwerer ist als Helium, wurde von einem sterbenden Stern irgendwo in der Weite des Alls erzeugt. Die Recycling-Maschine arbeitet auf einer sehr tiefen und persönlichen Ebene: Vielleicht stammt ein Teil des Staubs, der zu unserer Entstehung beitrug, von zerstörten Planeten, die einst andere Sterne umkreisten.

Wir wissen nicht, wie das Leben entstand und wo die ursprünglichen Bausteine dafür herkamen. Das Wasser, welches das Leben ermöglichte, gelangte wahrscheinlich kurz nach ihrer Bildung auf die Erde, als die zahllosen restlichen Eis- und Gesteinsplanetesimale während der Zeit des großen Bombardements auf sie hinunterregneten. Es könnte sogar sein, daß ein Teil des Wassers ursprünglich aus den verdampften Kometenfamilien weitentwickelter Riesensterne stammt und von dort in die solare Urwolke gedriftet ist. Die auf der Erde aufschlagenden Planetesimale brachten mit Sicherheit auch komplexe Moleküle aus der chemischen Fabrikation des interstellaren Raums mit. Wir haben keine Vorstellung, welche Substanzen im Laufe der Jahrmilliarden erzeugt werden können; aber Aminosäuren hat man in Meteoriten gefunden. Vielleicht – aber nur vielleicht, denn wir wissen tatsächlich nur sehr wenig – kam die molekulare Grundstruktur des Lebens ebenfalls von dort draußen. Wenn dem so ist, entstanden nicht nur Sterne und Planeten aus den schwarzen Wolken der Milchstraße, sondern auch wir.

Die mächtigen Sterne, die Weite des Alls, die unvorstellbaren Entfernungen, die ungeheuer lange Zeit, die seit dem Anfang vergangen ist – das alles könnte uns ein Gefühl der Bedeutungslosigkeit vermitteln. Wir scheinen so klein verglichen mit unserer Umgebung. Doch betrachten Sie es von einem anderen Gesichtspunkt aus. In gewisser Weise sind wir – und vielleicht andere Wesen da draußen ebenso – der Brennpunkt von alledem. Wie sich das Leben auch immer entwickelt haben mag, die gesamte Galaxis und ihre Entwicklung waren nötig, um uns hervorzubringen. Und noch wichtiger ist, daß wir hinaus in die Dunkelheit blicken können, auf die Unmengen von Sternen, die über unseren Köpfen kreisen, und über sie *nachdenken* können. Wir sind es, die die wahre Macht besitzen. Wir können das Universum begreifen, seine Ordnung und Schönheit erkennen. Wir stehen unter dem Himmel und können die Sterne verstehen.

Anhänge

„Die Entstehung der Milchstraße". Gemälde von Tintoretto (etwa 1518–1594).

Anhang 1: Die alten Sternbilder

Name	Bedeutung	α(h)	δ°	Genitiv	Abkürzung
		Der Tierkreis			
Aries	Widder	3	+20	Arietis	Ari
Taurus	Stier	5	+20	Tauri	Tau
Gemini	Zwillinge	7	+20	Geminorum	Gem
Cancer	Krebs	8,5	+15	Cancri	Cnc
Leo	Löwe	11	+15	Leonis	Leo
Virgo	Jungfrau	13	0	Virginis	Vir
Libra[1]	Waage	15	−15	Librae	Lib
Scorpius	Skorpion	17	−30	Scorpii	Sco
Sagittarius[2]	Schütze	19	−25	Sagittarii	Sgr
Capricornus	Steinbock	21	−20	Capricornii	Cap
Aquarius[3]	Wassermann	22	−10	Aquarii	Aqr
Pisces[3]	Fische	1	+10	Piscium	Psc
		Ursa Major			
Ursa Major	Großer Bär	11	+60	Ursae Majoris	UMa
Ursa Minor[4]	Kleiner Bär	16	+80	Ursae Minoris	Umi
Boötes	Eigenname; Ochsentreiber; Bärenhüter	15	+30	Boötis	Boo
		Orion			
Orion	Eigenname; Jäger, Riese	6	0	Orionis	Ori
Canis Major	Großer Hund	7	−20	Canis Majoris	CMa
Canis Minor	Kleiner Hund	8	+5	Canis Minoris	CMi
Lepus	Hase	6	−20	Leporis	Lep
		Perseus			
Perseus	Eigenname; Held	3	+45	Persei	Per
Andromeda	Eigenname; Prinzessin	1	+40	Andromedae	And
Cassiopeia	Eigenname; Königin	1	+60	Cassiopeiae	Cas
Cepheus	Eigenname; König	22	+65	Cephei	Cep
Cetus	Wal	2	−10	Ceti	Cet
Pegasus	Eigenname; geflügeltes Pferd	23	+20	Pegasi	Peg
		Argo			
Carina[5]	Kiel	9	−60	Carinae	Car
Puppis[5]	Hinterdeck	8	−30	Puppis	Pup

(Fortsetzung)

Name	Bedeutung	α(h)	δ°	Genitiv	Abkürzung
Vela[5]	Segel	10	−45	Velorum	Vel
Hercules[6]	Eigenname; Held	17	+30	Herculis	Her
Hydra	Wasserschlange	12	−25	Hydrae	Hya
Aries[7]	Widder	3	+20	Arietis	Ari
Centaurus					
Centaurus[8]	Centaur	13	−45	Centauri	Cen
Lupus	Wolf	15	−45	Lupi	Lup
Ara	Altar	17	−55	Arae	Ara
Ophiuchus[9]					
Ophiuchus[9]	Schlangenträger	17	0	Ophiuchi	Oph
Serpens[9]	Schlange	17	0	Serpentis	Ser
Einzelsternbilder					
Aquila	Adler	20	+15	Aquilae	Aql
Auriga	Fuhrmann	6	+40	Aurigae	Aur
Corona Australis[10]	Südliche Krone	19	+40	Coronae Australis	CrA
Corona Borealis[11]	Nördliche Krone	16	+30	Coronea Borealis	CrB
Corvus[12]	Rabe	12	−20	Corvi	Crv
Crater	Becher	11	−15	Crateris	Crt
Cygnus	Schwan	21	+40	Cygni	Cyg
Delphinus[3]	Delphin	21	+10	Delphini	Del
Draco[13]	Drache	15	+60	Draconis	Dra
Equuleus	Füllen	21	+10	Equulei	Equ
Eridanus	Eigenname; Fluß	4	−30	Eridani	Eri
Lyra[12]	Leier	19	+35	Lyrae	Lyr
Piscis Austrinus[3]	Südlicher Fisch	22	−30	Piscis Austrini	PsA
Sagitta	Pfeil	20	+20	Sagittae	Sge
Triangulum	Nördliches Dreieck	2	+30	Trianguli	Tri

[1] Ursprünglich die Scheren des Skorpions.
[2] enthält das galaktische Zentrum.
[3] Sternbilder des Himmelsgebiets, das wegen der vielen wasserbezogenen Bilder als der nasse Bereich bezeichnet wird.
[4] enthält den Himmelsnordpol.
[5] Carina, Puppis und Vela sind moderne Unterteilungen des alten Sternbilds Argo und bilden zusammen *eines* der 48 alten Sternbilder.
[6] eines der ältesten Sternbilder.
[7] gehört auch zum Tierkreis.
[8] manchmal in die Argonauten-Sage einbezogen; der Centaur Chiron war der Stiefvater von Jason.
[9] Ophiuchus wird mit dem Arzt Aesculap identifiziert und Serpens mit dem Merkurstab.
[10] manchmal als Krone des Schützen angesehen.
[11] Krone der Ariadne.
[12] Corvus war der Begleiter des Orpheus, Lyra seine Leier.
[13] enthält den nördlichen Pol der Ekliptik.

Anhang 2: Die modernen Sternbilder

Name	Bedeutung	α(h)	δ°	Genitiv	Abkürzung
Antila	Luftpumpe	10	−35	Antiliae	Ant
Apus	Paradiesvogel	16	−75	Apodis	Aps
Caelum	Grabstichel	5	−40	Caeli	Cae
Camelopardalis	Giraffe	6	+70	Camelopardalis	Cam
Canes Venatici	Jagdhunde	13	+40	Canum Venaticorum	CVn
Chamaeleon	Chamäleon	10	−80	Chamaeleontis	Cha
Circinus	Zirkel	15	−65	Circini	Cir
Columba	Taube	6	−35	Columbae	Col
Coma Berenices[1]	Haar der Berenice	13	+20	Comae Berenices	Com
Crux[2]	Kreuz des Südens	12	−60	Crucis	Cru
Dorado[3]	Schwertfisch	6	−55	Doradus	Dor
Fornax	Ofen	3	−30	Fornacis	For
Grus	Kranich	22	−45	Gruis	Gru
Horologium	Pendeluhr	3	−55	Horologii	Hor
Hydrus	Wasserschlange	2	−70	Hydri	Hyi
Indus	Indianer	22	−70	Indi	Ind
Lacerta	Eidechse	22	+45	Lacertae	Lac
Leo Minor	Kleiner Löwe	10	+35	Leonis Minoris	LMi
Lynx	Luchs	8	+45	Lyncis	Lyn
Microscopium	Mikroskop	21	−40	Microscopii	Mic
Monoceros	Einhorn	7	0	Monocerotis	Mon
Mensa	Tafelberg	6	−75	Mensae	Men
Musca (Australis)[4]	(Südliche) Fliege	12	−70	Muscae	Mus
Norma	Winkelmaß	16	−50	Normae	Nor
Octans[5]	Oktant	—	−90	Octantis	Oct
Pavo	Pfau	20	−70	Pavonis	Pav
Phoenix	Phoenix	1	−50	Phoenicis	Phe
Pictor	Maler	6	−55	Pictoris	Pic
Pyxis[6]	Kompaß	9	−30	Pyxidis	Pyx
Reticulum	Netz	4	−60	Reticuli	Ret

(Fortsetzung)

Name	Bedeutung	α(h)	δ°	Genitiv	Abkürzung
Sculptor[7]	Bildhauer	1	−30	Sculptoris	Scl
Scutum[8]	Schild	19	−10	Scuti	Sct
Sextans	Sextant	10	0	Sextantis	Sex
Telescopium	Fernrohr	19	−50	Telescopii	Tel
Triangulum Australe	Südliches Dreieck	16	−65	Trianguli Australis	TrA
Tucana[9]	Tukan	0	−65	Tucanae	Tuc
Volans	Fliegender Fisch	8	−70	Volantis	Vol
Vulpecula	Füchschen	20	+25	Vulpeculae	Vul

[1] Sternhaufen mit vielen alten Verweisen, wird aber nicht als eines der alten 48 Sternbilder angesehen. Eratosthenes bezeichnet ihn als Haar der Ariadne; enthält den galaktischen Nordpol.

[2] ursprünglich Teil des Centaur.

[3] enthält die Große Magellansche Wolke und den südlichen Pol der Ekliptik.

[4] ursprünglich Musca Australis genannt, um es von Musca Borealis, der Nördlichen Fliege, zu unterscheiden. Diese gibt es heute nicht mehr, so daß der Zusatz „Australis" fallengelassen wurde.

[5] enthält den Himmelssüdpol.

[6] der Gruppe des alten Sternbildes Argo zugeordnet.

[7] ursprünglich von Lacaille „Bildhauerwerkstatt" genannt (lat. Apparatus Sculptoris); heute einfach als „Bildhauer" bezeichnet. Enthält den galaktischen Südpol.

[8] Schild des polnischen Helden John Sobieski.

[9] enthält die Kleine Magellansche Wolke.

Anhang 3: Die 40 hellsten Sterne

Name	Bedeutung[1]	Bezeichnung mit griechischem Buchstaben	scheinbare Helligkeit[2]	Entfernung[3] (pc)	absolute Helligkeit[3]	Spektraltyp[3]
Sirius	Der Versengende (gr.)	αCMa	−1,46	2,65	1,42	A0 V
Canopus	Eigenname; Steuermann (gr.)	αCar	−0,72	70	−5	F0 II
Rigil Kentaurus	Fuß des Centauren	αCen A	−0,01	1,33	4,37	G2 V
		αCen B	1,33	1,33	5,71	K1 V
Arktur	Jäger, der die Bärin im Auge behält (gr.)	αBoo	−0,04	10,3	−0,10	K1 III
Wega	Der herabstürzende Adler	αLyr	0,03	7,5	0,65	A0 V
Capella[4]	Ziegenböckchen (lat.)	αAur A	0,08	12,5	−0,40	G5 III
		αAur B				G0 III
Rigel	Fuß (des Orion)	βOri	0,12	265	−7	B8 Ia
Procyon	Vor dem Hund (gr.)	βCMi	0,38	3,4	2,71	F5 IV
Achernar	Ende des Flusses	αEri	0,46	27	−1,7	B3 V
Beteigeuze	Schulter (des Orion) (entst.)	αOri	0,50v	320	−7	M2 Ia
...	...	βCen	0,61	95	−4,3	B1 III
Altair	Der fliegende Adler	αAql	0,77	5,0	2,30	A7 V
Aldebaran	Der Nachfolgende	αTau	0,85	19	−0,49	K5 III
Antares	Gegenmars (gr.)	αSco	0,96	190	−5,4	M1,5 Ib
Spica[5]	Die Kornähre (lat.)	αVir	0,98	67	−3,2	B2 V
...	...	αCru A	1,58	120	−3,8	B0,5 IV
		αCru B	2,09	120	−3,3	B1 V
Pollux	Eigenname; Zwilling (lat.)	βGem	1,14	10,6	1,00	K0 III
Fomalhaut	Maul des Fisches	αPsA	1,16	6,7	2,02	A3 V
Deneb	Schwanz	αCyg	1,25	500	−7,2	A2 Ia
...	...	βCru	1,25	150	−4,6	B0,5 III
Regulus	Kleiner König (lat.)	αLeo	1,35	22	−0,38	B7 V
Adhara	Die Jungfrauen	εCMa	1,50	190	−4,9	B2 II
Castor[6]	Eigenname; Zwilling (lat.)	αGem	1,58	15	0,72	A1 V
Bellatrix	Die Kriegerin (lat.)	γOri	1,64	35	−1,08	B2 III
Elnath	Der mit dem Horn Stoßende	βTau	1,65	36	−1,13	B7 IV
Miaplacidus	ungewiß; placidus = ruhig (lat.)	βCar	1,68	48	−1,73	A2 IV

(Fortsetzung)

Name	Bedeutung[1]	Bezeichnung mit griechischem Buchstaben	scheinbare Helligkeit[2]	Entfernung[3] (pc)	absolute Helligkeit[3]	Spektraltyp[3]
Alnlinam	Perlenschnur; bezieht sich auf den Gürtel des Orion	ϵOri	1,70	460	−6,6	B0 Ia
Al Nair	Der Helle	αGru	1,74	37	−1,10	B7 IV
Alioth	Der Stier (entst.)	ϵTau	1,77	50	−1,72	G9 III
Dubhe	Bär	αUMa	1,79	26	−0,28	K0 III
Mirfak	Ellbogen	αPer	1,79	63	−2,2	F5 Ib
Wezen	Gewicht	δCMa	1,84	740	−7,5	F8 Ia
Alkaid	Der Oberste der Trauernden	ηUMa	1,86	29	−0,45	B3 V
Menkalinam	Schulter des Fuhrmanns	βAur	1,90	25	−0,09	A2 IV
Alnitak	Gürtel	ζOri	1,91	42	−1,2	09,5 Ib + B0 III
...	...	δVel	1,96	20	−0,45	A1 V
Alphard	Der einzeln Dastehende	αHya	1,98	45	−1,3	K3 II–III
Mirzam	Der Ankündiger (von Sirius)	βCMa	1,98	53	−1,6	B1 II–III
Hamal	Lamm	αAri	2,00	20	0,50	K2 III
Polaris	Polstern (lat.)	αUMi	2,02v	110	−3,2	F7 Ib–II

[1] Die Namen arabischer Herkunft, wenn nicht anders angegeben. „lat." und „gr." beziehen sich auf lateinische und griechische Namen; starke Entstellungen sind durch „entst." markiert. Hauptquelle ist Kunitzsch, P; Smart, T. *Short Guide to Modern Star Names and Their Derivations.* Weisbaden (Harrasowitz) 1986.

[2] visuelle Helligkeiten, v (siehe Kap. 2); „v" bedeutet veränderliche Hellikgkeit.

[3] Entfernungen in Parsec; absolute visuelle Helligkeit (M_v) und Spektraltypen sind in Kapitel 3 besprochen. Entfernungen unter 50 pc stammen aus Parallaxenmessungen; die anderen sind aus Spektralklassen abgeleitet.

[4] visuell unaufgelöster Doppelstern; Helligkeiten sind kombinierte Werte.

[5] Doppelstern mit etwa gleichstarken Komponenten.

[6] Vielfachstern.

Anhang 4: Stern- und Sternbildkarten

Die folgenden sechs Karten geben die Lage der meisten Sternbilder und helleren Sterne an. Die erste zeigt die Region um den nördlichen Himmelspol bis etwa 50° Deklination. Die nächsten vier zeigen das Gebiet um den Himmelsäquator zwischen den Deklinationen 60°N und 60°S zu verschiedenen Jahreszeiten, und die letzte zeigt die südliche Polregion. Die Deklinationen sind entlang des zentralen Stundenkreises angegeben. Die Rektaszensionen findet man bei den Polkarten rings um die Außenlinie und bei den anderen entlang des Himmelsäquators.

Es sind Sterne bis vierter Größe angegeben, die im allgemeinen so ausgewählt wurden, daß sie die Lage und Umrisse der Sternbilder erkennen lassen. Allerdings ist ihre Zahl nicht vollständig. Wenn sie einen wichtigen Teil ihres Sternbildes darstellen, sind auch Sterne fünfter Größe angegeben. Einige nicht-stellare Objekte – Sternhaufen, Nebel und Galaxien – sind ebenfalls verzeichnet.

Die Karten zeigen die groben Umrisse der Milchstraße; ein Großteil der komplizierteren Details ist jedoch weggelassen worden. Entlang des galaktischen Äquators (der Mittellinie der Galaxis) ist die galaktische Länge angezeigt, ausgehend vom galaktischen Zentrum im Sternbild Sagittarius.

Die Monatsangaben rings um die Polkarten und an den oberen und unteren Rändern der Äquatorkarten zeigen an, wie der Himmel etwa um 20 Uhr 30 Ortszeit erscheint. Wenn Sie die nördliche Polkarte benutzen wollen, schauen Sie nach Norden und drehen die Karte so, daß der aktuelle Monat oben steht. Auf der Südhalbkugel benutzen Sie die südliche Polkarte auf die gleiche Weise. Die Höhe des Himmelspols gemessen in Grad ist gleich der geographischen Breite Ihres Beobachtungsortes. Wenn Sie die Äquatorkarten auf der Nordhalbkugel benutzen wollen, schauen Sie nach Süden und halten die Karte so, daß der aktuelle Monat auf dem Himmelsmeridian liegt. Auf der Südhalbkugel schauen Sie nach Norden und stellen die Karte auf den Kopf. Die Höhe des Äquatorpunktes (des Schnittpunktes zwischen Himmelsäquator und Meridian) in Grad ist gleich 90° minus der geographischen Breite.

Für jede Stunde später als 20 Uhr 30 müssen Sie die Karte eine Stunde nach Westen verschieben oder drehen (das heißt, Sie müssen einen Stundenkreis mit dem Meridian zur Deckung bringen, der eine zusätzliche Stunde weiter östlich liegt). Für je zwei Stunden später als 20 Uhr 30 addieren Sie einen Monat zum aktuellen Monat hinzu. Zum Beispiel müssen Sie am 15. März um 20 Uhr 30 den Monat „März" auf Karte 4 auf den Himmelsmeridian legen, um 2 Uhr 30 dagegen den Monat „Juni" (Karte 5).

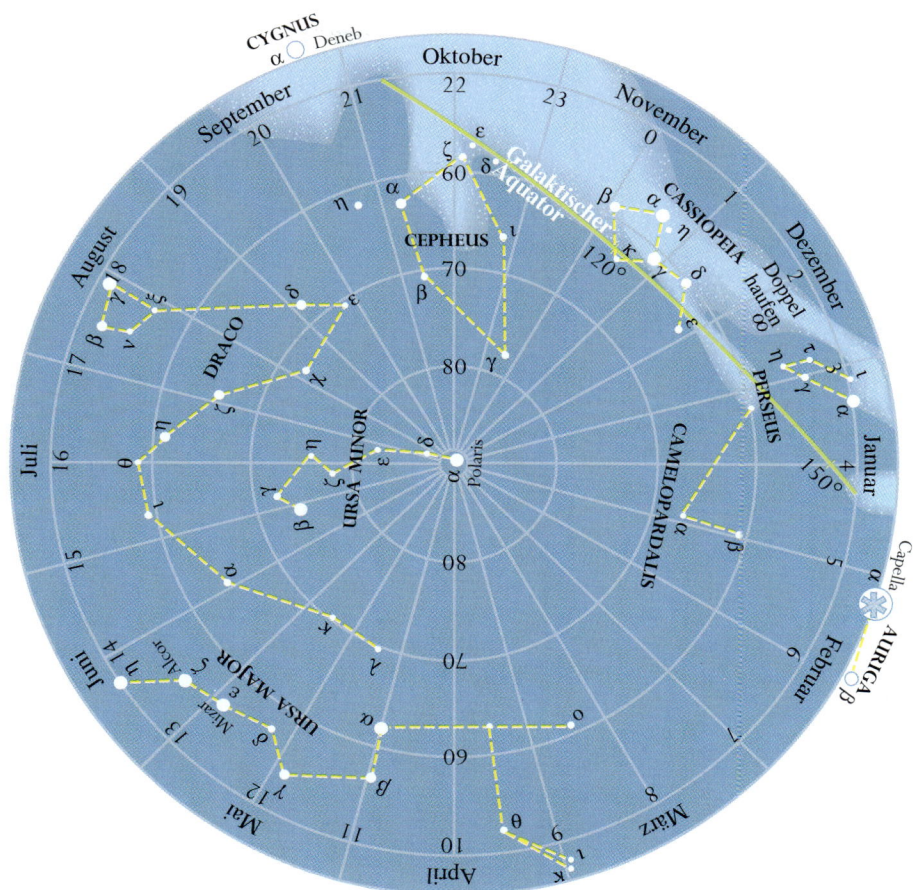

Karte 1 Die nördlichen Sternbilder.

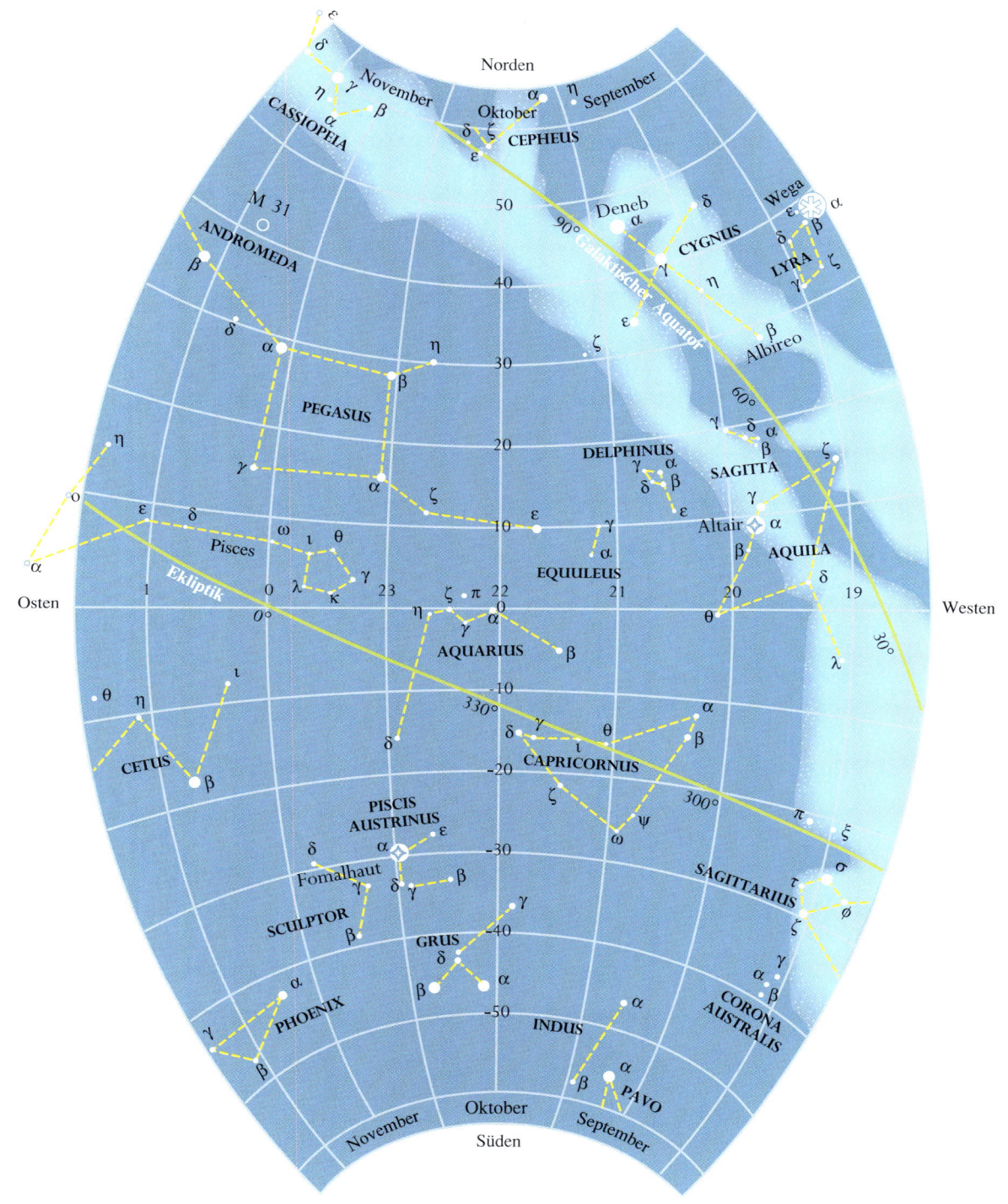

Karte 2 Die nördlichen Herbst- beziehungsweise südlichen Frühjahrssternbilder.

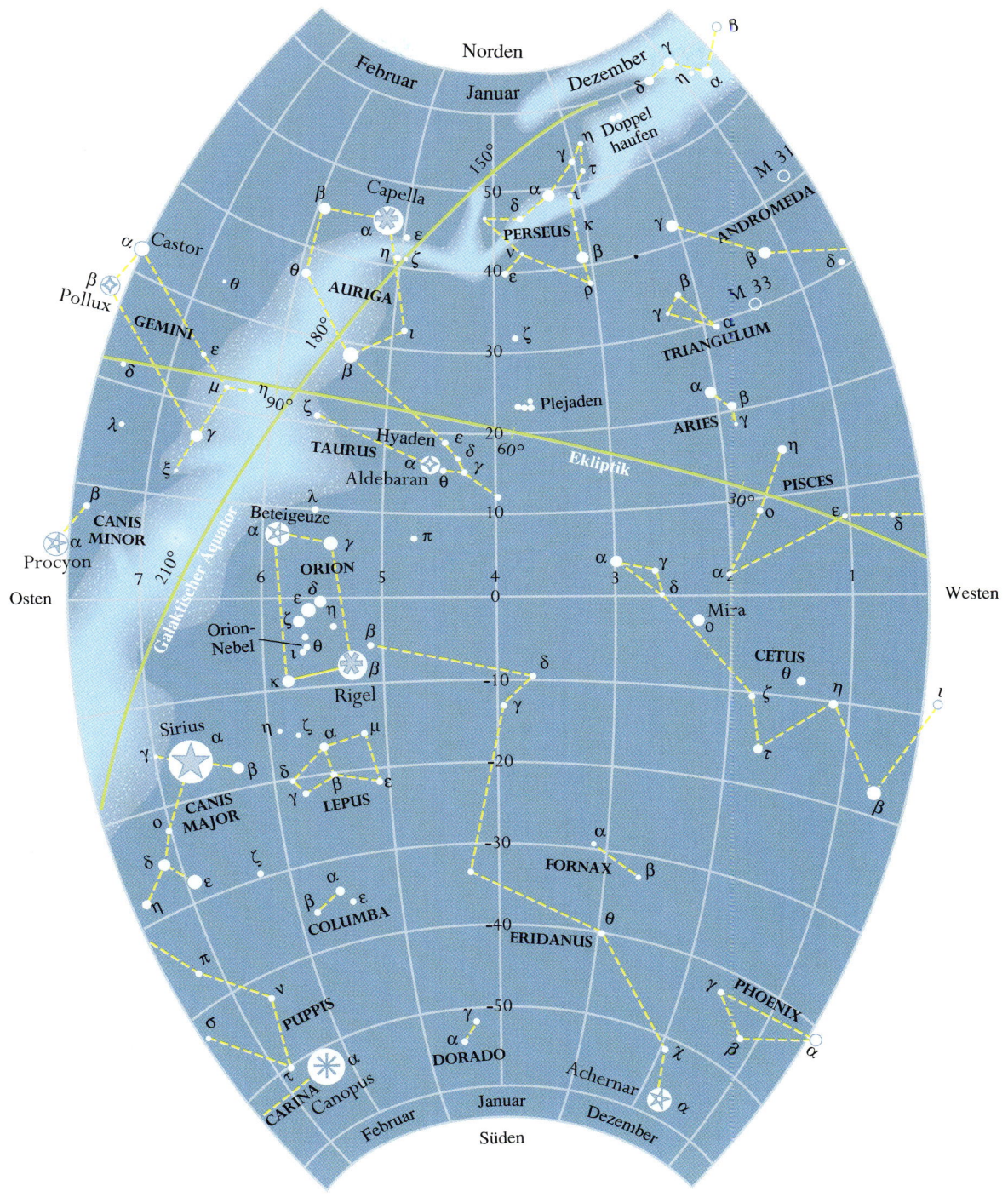

Karte 3 Die nördlichen Winter- beziehungsweise südlichen Sommersternbilder.

305

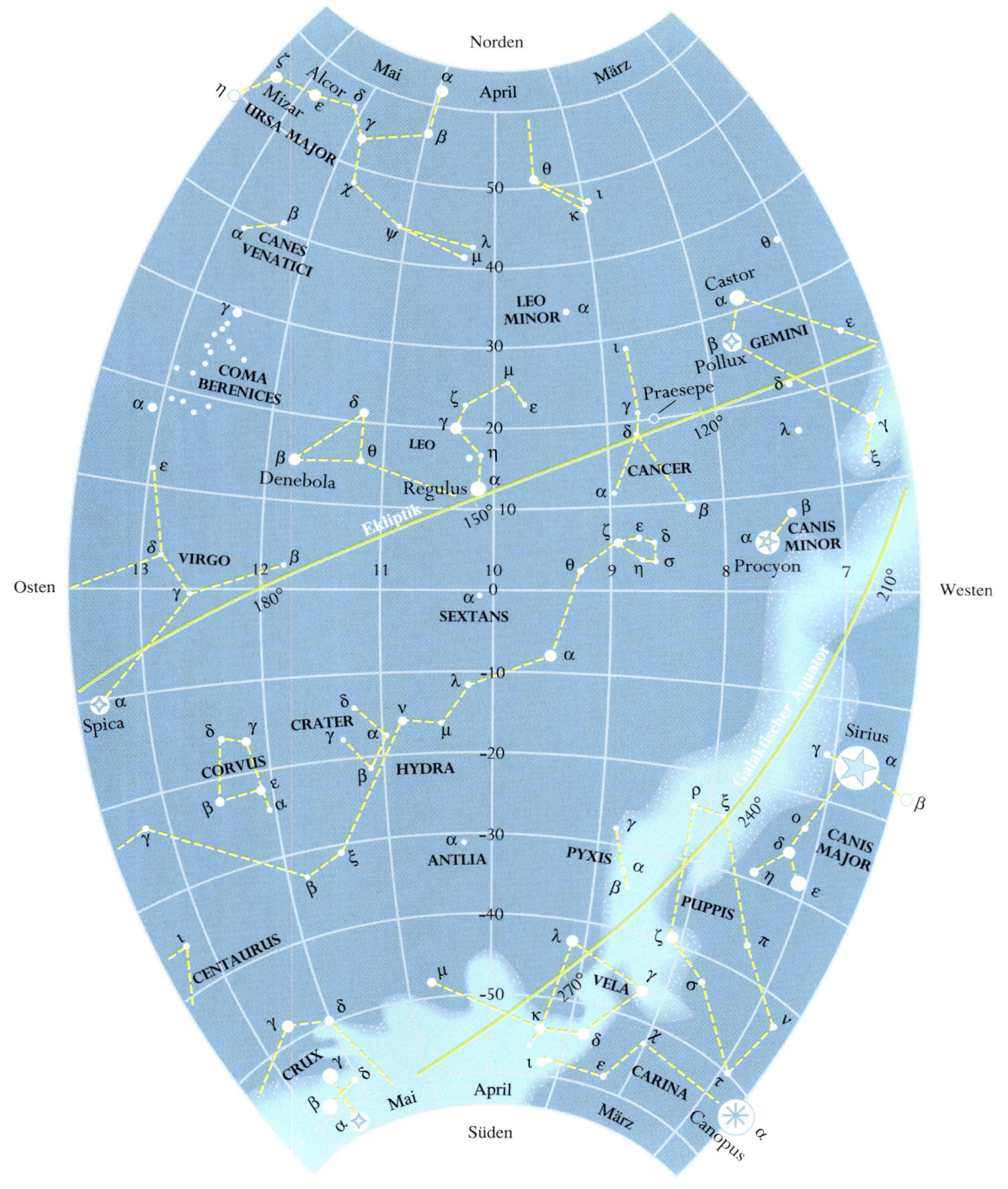

Karte 4 Die nördlichen Frühjahrs- beziehungsweise südlichen Herbststernbilder.

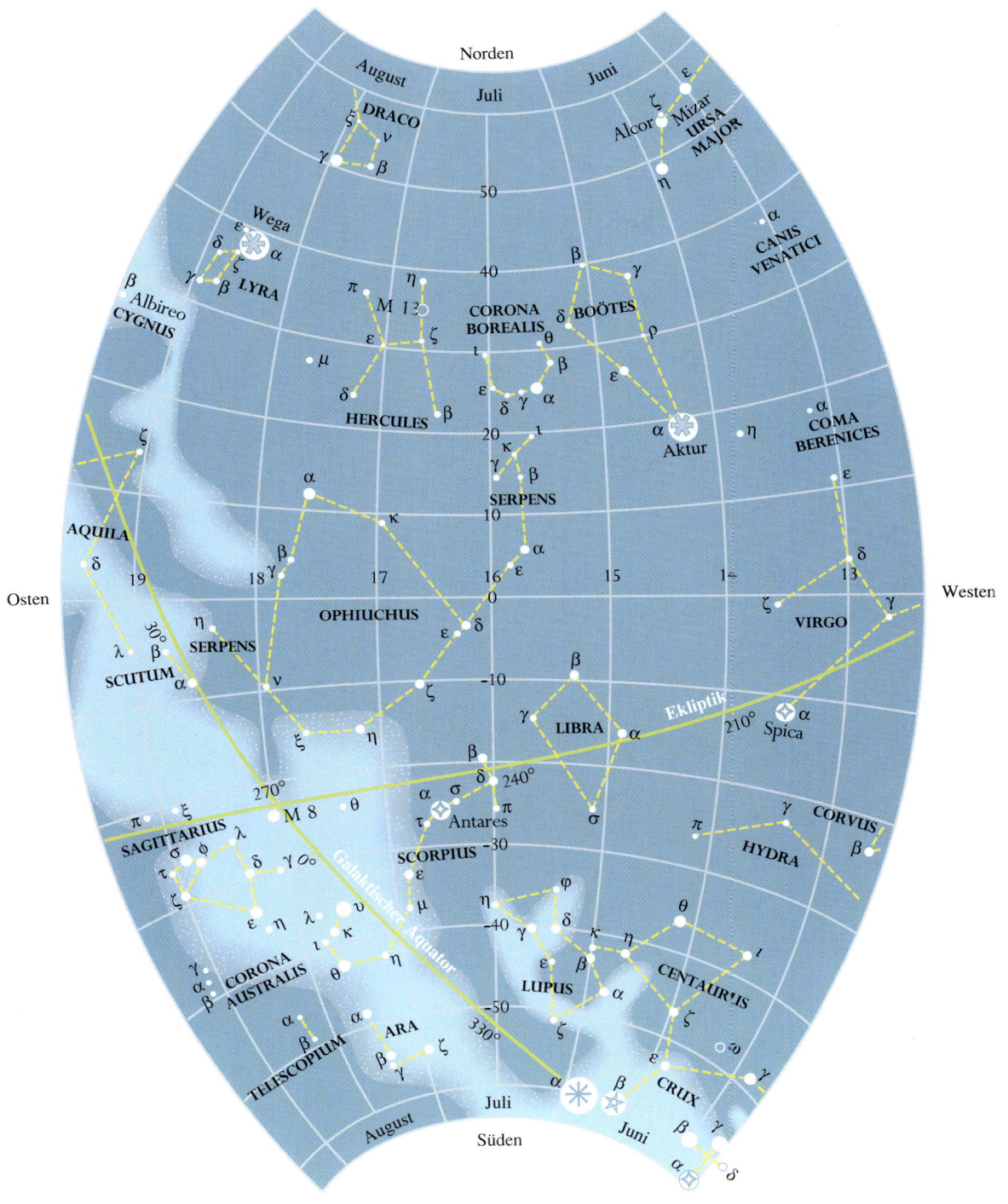

Karte 5 Die nördlichen Sommer- beziehungsweise südlichen Wintersternbilder.

STERNE

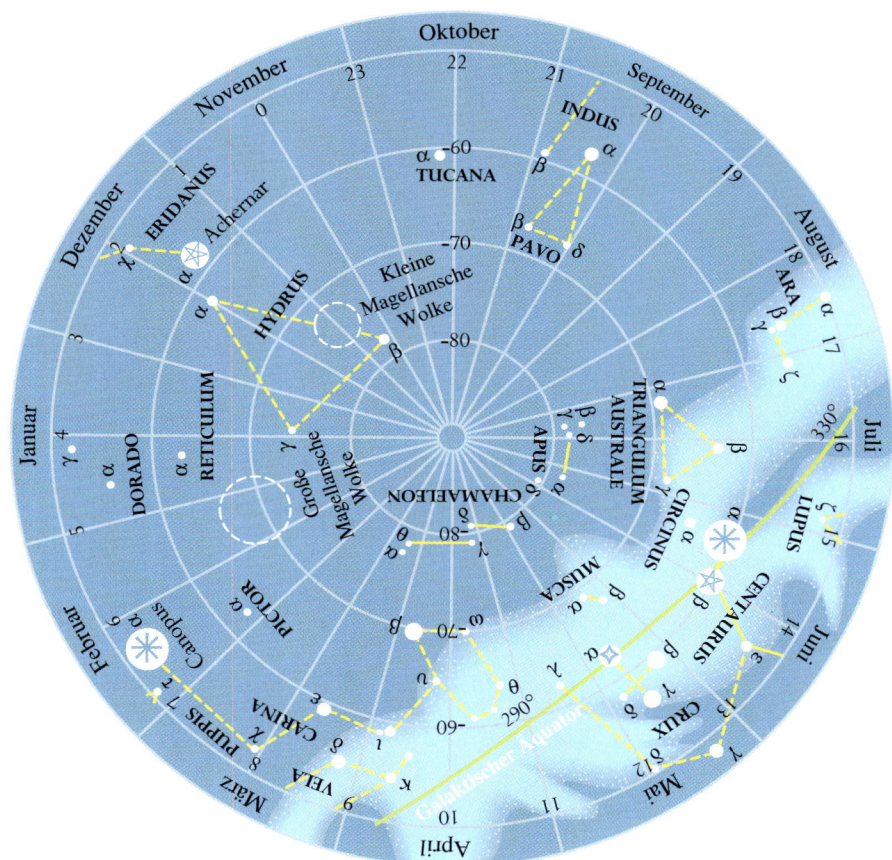

Karte 6   Die südlichen Sternbilder.

Anhang 5: Die größten Teleskope

Linsenfernrohre (Refraktoren)

40-inch (1-Meter), Yerkes Observatory, University of Chicago, Williams Bay, Wisconsin, U.S.A.

36-inch (0,9-Meter), Lick Observatory, University of California, Mount Hamilton, Kalifornien, U.S.A.

Spiegelteleskope

16-Meter, Very Large Telescope,[1,2] Europäische Südsternwarte, La Silla, Chile.

10-Meter, Keck Telescope, California Institute of Technology und University of California, Mauna Kea, Hawaii, U.S.A.

10-Meter, Keck II Telescope, California Institute of Technology und University of California, Mauna Kea, Hawaii, U.S.A.

8-Meter, National Optical Astronomy Observatories, Kitt Peak, Arizona, U.S.A. und Cerro Pachon, Chile[1].

6-Meter, Kaukasus, ehemalige Sowjetunion.

5-Meter, Hale Observatory, Palomar Mountain, California, U.S.A.

4,5-Meter (äquivalent), Multiple Mirror Telescope, University of Arizona und Smithsonian Center for Astrophysics, Mount Hopkins, Arizona, U.S.A.

4,2-Meter, Royal Greenwich Observatory, Kanarische Inseln.

4-Meter, National Optical Astronomy Observatories, Kitt Peak, Arizona, U.S.A. und Cerro Tololo Interamerican Observatory, Chile.

Radioteleskope[3]

43-Kilometer, Very Large Array (VLA) Interferometer, National Radio Astronomy Observatory, New Mexico, U.S.A.

20-Kilometer, Westerbork Radio Synthesis Observatory Interferometer, Westerbork, Niederlande.

305-Meter, festmontierte Einzelschüssel, Arecibo Observatory, Puerto Rico.

100-Meter, steuerbare Einzelschüssel, Max-Planck-Institut für Radioastronomie, Bonn, Deutschland.

100-Meter, Einzelschüssel, National Radio Astronomy Observatory, Green Bank, West Virginia, U.S.A.[1]

---

[1] Geplant oder im Bau

[2] Eine Anordnung von vier 8-m-Teleskopen mit einer effektiven lichtsammelnden Fläche eines 16-m-Teleskops.

[3] Das größte je benutzte „Instrument" war ein Very Long Baseline Interferometer (VLBI) aus 10 000 Kilometer voneinander entfernt stehenden, gekoppelten Teleskopen; Interferometrie mit 5000 Kilometern entfernten Instrumenten ist Routine.

Bildnachweise

Frontispiz: Zeichnung von Ben Shahn, *Scientific American*, September 1953.

Prolog: „Sternhimmel über der Rhone". Vincent van Gogh; Musée Nationale, Paris.

1.1	The National Maritime Museum, Greenwich.
1.2	Roger Ressmeyer/Starlight.
1.8	Mario Grassi.
1.9	Rick Olson.
1.10	Okiro Fujii/L'Astronomia.
1.11	University of Illinois, Urbana-Champaign Library.
1.12	J. Richard Hansen.
1.13	University of Illinois, Urbana-Champaign Library.
1.14	Dennis di Cicco.
1.15a	Rudy Schild, Smithsonian Astrophysical Observatory.
1.15b	Jim Riffle, Cloudcroft, NM.
1.16	Greenwich Observatory.
1.20	Dennis di Cicco.
1.21	National Maritime Museum, Greenwich.
1.25	Art Resource.
2.1	Roger Ressmeyer/Starlight.
2.6	Bausch and Lomb International.
2.8	Art Resource.
2.10	SERC, Abzug vom ESO/SERC J Survey.
2.12	Roger Ressmeyer/Starlight.
2.13	Hevelius, *Selenographia*, Danzig 1647.
2.16	Roger Ressmeyer/Starlight.
2.18	Pat Seitzer.
2.19	Pat Seitzer.
2.21	Roger Ressmeyer/Starlight.
2.22	Roger Ressmeyer/Starlight.
2.23	Roger Ressmeyer/Starlight.
2.24	NASA.
2.25	Space Telescope Science Institute, NASA.
2.26	H. A. McAlister.
2.27	European Southern Observatory.
2.28	Roger Ressmeyer/Starlight.
3.1	Jim Riffle, Cloudcroft, NM.
3.6	Lowell Observatory.
3.7	SERC, Abzug vom ESO/SERC J Survey; (kleines Bild) NOAO.
3.12	Deutsches Museum, München.
3.13	The University of Michigan.
3.14	Whitin Observatory, Wellesley College.
3.16	The University of Michigan.
3.18	Nach J. B. Kaler *Stars and Their Spectra*, Cambridge University Press.
3.19	E. C. Olson, NOAO.
3.20a	Nach T. Schmidt-Kaler in *Landolt-Bornstein Tables*, Springer.
3.20b	Nach J. B. Kaler *Stars and Their Spectra*, Cambridge University Press.
3.22	Princeton University Libraries.
3.23	Dennis di Cicco.
3.24	Nach J. B. Kaler *Stars and Their Spectra*, Cambridge University Press.
3.25	David Buscher, Chris Haniff, John Baldwin und Peter Warner, Mullard Radio Astronomy Observatory, Cavendish Laboratory, Cambridge, UK.
3.27	Nach Y. Yamashita, K. Nariai und Y. Norimoto *An Atlas of Representative Spectra*, University of Tokyo Press.
3.28	Lick Observatory.
3.29	ROE/AAT Board 1985.
3.31a,b	Nach G. L. Hagen *An Atlas of Open Cluster Colour-Magnitude Diagrams*, David Dunlap Observatory.
3.34	Dennis di Cicco; (kleines Bild) Lowell Observatory.
3.35	Yerkes Observatory.
3.36	E. C. Olson.
3.37	E. C. Olson.
3.38	Lowell Observatory.
3.40	ROE/AAT Board 1984.
3.41	Anglo-Australian Telescope Board 1986.
3.43a	Anglo-Australian Telescope Board.
3.43b	NOAO.
3.43	Nach A. G. D. Philip, M. F. Cullen und R. E. White *Dudley Observatory Reports*.
4.1	Leon Golub, IBM Research und Smithsonian Astrophysical Observatory.
4.3	National Solar Observatory/Sacramento Peak.
4.4a,b	E. C. Olson, Mt. Wilson und Las Campanas Observatories.
4.5	Dennis di Cicco.
4.6	National Solar Observatory/Sacramento Peak.
4.7	Dennis di Cicco.
4.8	National Solar Observatory/Sacramento Peak.
4.9	J. A. Eddy, University Corporation for Atmospheric Research.
4.10	J. B. Kaler, NOAO.
4.11a,b	NOAO.
4.12	Big Bear Solar Observatory, California Institute of Technology.
4.14	Naval Research Laboratory.
4.15	Jim Riffle, Cloudcroft, NM.
4.17	NASA.
4.18	Royal Astronomical Society, London.
4.19	Harvard University Archives.
4.23	*Physics Today*.
4.25	E. C. Olson, NOAO.
4.26	Sproul Observatory.
4.27	S. Vogt, Lick Observatory.
4.28	Palomar Observatory.
5.1	Jack Marling.
5.3	Icko Iben, Jr. in *Annals of Physics*.
5.4	Icko Iben, Jr.
5.8	Anglo-Australian Telescope Board 1977.
5.9	Allan Sandage.
5.10	J. E. Hesser, W. E. Harris, W. E. VandenBerg, D. A. Allwright, J. W. Shot und P. B. Stetson.

BILDNACHWEISE

5.12 Icko Iben, Jr.
5.13 American Association of Variable Star Observers.
5.14 Nach W. W. Morgan, P. C. Keenan und E. Kellman *An Atlas of Stellar Spectra*, University of Chicago Press, 1943.
5.15 B. F. Peery, P. C. Keenan und I. R. Marenin, Mt. Wilson and Las Campanas Observatories.
5.17 Nach P. C. Keenan und R. C. McNeil *An Atlas of the Spectra of the Cooler Stars*, Ohio State University Press.
5.18 P. R. Jewell, J. C. Webber und L. E. Snyder.
5.20 S. Ridgeway und J. Christou, NOAO.
5.21 Bruce Balick, NOAO.
5.22 L. H. Aller, Lick Observatory.
5.23 Nach J. B. Kaler *Stars and Their Spectra*, Cambridge University Press.
5.24a Palomar Observatory.
5.24b Bruce Balick.
5.25 Noam Soker und Philip Plait.
5.26 Richard A. Shaw.
5.27 Bo Reipurth, ESO.
5.29 Jesse L. Greenstein, Palomar Observatory.
5.30 Nach Damon M. Hertig und Daniel Rodriguez *Voyage through the Universe: Stars Art*, Time/Life Books, 1988.
5.31 David Joel/University of Chicago.
5.32 Allan E. Morton.
5.34a P. W. Merrill, Mt. Wilson und Las Campanas Observatories.
5.34b Andrew Michalitsianos.
5.34c Space Telescope Science Institute, NASA.
5.35 R. E. Williams, N. J. Woolf, E. K. Hege, R. L. Moore und D. A. Kopriva, Steward Observatory, University of Arizona.
6.1 Royal Observatory, Edinburgh.
6.2a Anglo-Australian Telescope Board 1981.
6.2b Space Telescope Science Institute, NASA.
6.3a Anglo-Australian Telescope Board 1984.
6.3b Anglo-Australian Telescope Board 1977.
6.4a Anglo-Australian Telescope Board 1984.
6.4b ROE/AAT Board 1984.
6.5 *Astronomy Magazine*.
6.6 A. Maeder und G. Meynet.
6.8 Nach Y. Yamashita, K. Nariai und Y. Norimoto *Atlas of Representative Spectra*, University of Tokyo Press.
6.9a Nach Y. Yamashita, K. Nariai und Y. Norimoto *Atlas of Representative Spectra*, University of Tokyo Press.
6.10 NASA, IUE, Goddard Space Flight Center.
6.11a Anglo-Australian Telescope Board 1981.
6.11b Royal Observatory, Edinburgh.
6.12a Anglo-Australian Telescope Board 1984.
6.12b Gerd Weigelt.
6.13 Nach Y. Yamashita, K. Nariai und Y. Norimoto *Atlas of Representative Spectra*, University of Tokyo Press.
6.14 Anglo-Australian Telescope Board 1979.
6.15 R. Humphreys und K. Davidson.
6.16a,b Anglo-Australian Telescope Board 1987.
6.16c Space Telescope Science Institute, NASA.
6.20 John Gleason.
6.21 John Dickel, NRAO.
6.22 Nach George Greenstein *Frozen Star*, Freundlich Books.
6.23 Harnden/Center for Astrophysics.
6.24 Nach George Greenstein *Frozen Star*, Freundlich Books.
6.25a,b J. van Paradijs, William Herschel Telescope.
6.26 Jun Fukue.
6.27 Harvard-Smithsonian Observatory.

7.1 Anglo-Australian Telescope Board 1980.
7.2 Rudy Schild, Smithsonian Astrophysical Observatory.
7.4 NOAO.
7.5 Lick Observatory.
7.6 Anglo-Australian Telescope Board 1987.
7.7 Anglo-Australian Telescope Board 1991.
7.8 Rudy Schild, Smithsonian Astrophysical Observatory.
7.9 Mt. Wilson und Las Campanas Observatories.
7.10 NASA, COBE Science Working Group, Goddard Space Flight Center.
7.11 COBE Science Working Group, Goddard Space Flight Center.
7.12 P. A. G. Scheuer, R. A. Laing und R. A. Perley, NRAO/AUI.
7.13a Observatorium Genf.
7.13b Donald P. Schneider.
7.14 S. J. Maddox, W. J. Sutherland, G. P. Epstathioun und J. Loveday, Oxford Astrophysics.
7.15 Vera Rubin.
7.16 European Southern Observatory.
7.17 Mt. Wilson und Las Campanas Observatories.
7.18 NASA, IUE, Goddard Space Flight Center.
7.19 James Wehmer.
7.20 G. Westerhout, U. S. Naval Observatory.
7.21 K. Akabane, M. Morimoto und M. Ishiguro, Nobeyama Radio Observatory.
7.22 Thomas M. Dame.
7.23 Dr. Ian Gatley und Dr. Ron Probst/NOAO.
7.25 Steven W. Stahler; Entwicklungswege von Icko Iben Jr.
7.26 R. Mundt und T. Ray, Max-Planck-Gesellschaft.
7.27 Bo Reipurth/ESO.
7.28 R. Snell.
7.29 Rudy Schild, Smithsonian Astrophysical Observatory.
7.30 Alan Boss.
7.31a UK Schmidt, Royal Observatory, Edinburgh.
7.31b IPAC, part of IRA/JPL; (kleines Bild) Charles Lada und Brick Young, Steward Observatory, University of Arizona.
7.32 R. Terrile/JPL.
7.33 B. Campbell, G. Walker und S. Young.

Epilog Jim Riffle, Cloudcroft, NM.
Epilog NASA.

A1 National Gallery, London.

Weiterführende Literatur

Englischsprachige Literatur

Bücher*

Pannekoek, A. *A History of Astronomy*. Nachdruck. New York (Dover Publications) 1989.
Berry, A. *A Short History of Astronomy: From Earliest Times Through the 19th Century*. 1898. Nachdruck. New York (Dover Publications) 1961.
Menzel, D. H.; Pasachoff, J. *A Field Guide to the Stars and Planets*. 2. Aufl. Boston (Houghton-Mifflin) 1983.
Smart, W. M. *Spherical Astronomy*. 6. Aufl. Cambridge, England (Cambridge University Press) 1977.
Allen, R. H. *Star Names: Their Lore and Meaning*. 1899. Nachdruck. New York (Dover Publications) 1963.
Ridpath, I. *Star Tales*. New York (Universe Books) 1988.
King, H. C. *The History of the Telescope*. 1955. Nachdruck. New York (Dover Publications) 1979.
Burnham, R. R. *Burnham's Celestial Handbook: An Observers's Guide to the Universe Beyond the Solar System*. 3 Bde. New York (Dover Publications) 1978.
Kaler, J. B. *Stars and Their Spectra: An Introduction to the Spectral Sequence*. Cambridge, England (Cambridge University Press) 1989.
Aller, L. H. *Atoms, Stars and Nebulae*. Cambridge, Mass. (Harvard University Press) 1971.
Bok, B. J.; Bok, P. F. *The Milky Way*. Cambridge, Mass. (Harvard University Press) 1981.
Wentzel, D. G. *The Restless Sun*. Washington, D.C. (Smithsonian Institution Press) 1989.
Marschall, L. A. *The Supernova Story*. New York (Plenum Publishers) 1988.
Greenstein, G. *Frozen Star*. New York (Freudlich) 1983.
Kaufmann, W. J. *Black Holes and Warped Spacetime*. New York (W. H. Freeman) 1979.
Hodge, P. W. *Galaxies*. Cambridge, Mass. (Harvard University Press) 1986.
Kaufmann, W. J. *Galaxies and Quasars*. New York (W. H. Freeman) 1979.
Riordan, M.; Schramm, D. N. *The Shadows of Creation: Dark Matter and the Structure of the Universe*. New York (W. H. Freeman) 1991.
Verschuur, G. L. *Interstellar Matters*. New York (Springer) 1989.
Cohen, M. *In Darkness Born: The Story of Star Formation*. Cambridge, England (Cambridge University Press) 1988.
Goldsmith, D.; Owen, T. *The Search for Life in the Universe*. Redwood City, Calif. (Benjamin-Cummings Publishers) 1980.

"A Basic Astronomy Library", eine Liste von 109 Astronomiebüchern für Erwachsene und elf Büchern für Kinder, sowie ein Dia- und Videokatalog sind erhältlich bei der Astronomical Society of the Pacific, 390 Ashton Avenue, San Francisco, CA 94112.

* angegeben in der Reihenfolge des Textes

Karten und Atlanten

Atlas 2000. Von Wil Tirion. Tiefer Atlas bis 8. Größe, enthält auch alle wichtigen nichtstellaren Objekte.
Norton's Star Atlas. Enthält alle mit bloßem Auge sichtbaren Sterne und viele mit einem Teleskop sichtbare Objekte.
SC1, SC2, SC3 Star Charts. Sky Publishing. Einfache Karten zum Auffinden von Sternbildern.
Uranometria 2000. Von Wil Tirion. Sehr tiefer Atlas bis 10. Größe mit nichtstellaren Objekten.

Astronomie-Zeitschriften[1]

Astronomy. Herausgegeben von Kalmbach, Waukesha, WI.
Griffith Observer. Herausgegeben vom Griffith Observatory, Los Angeles, CA.
Mercury. Herausgegeben von der Astronomical Society of the Pacific, SanFrancisco, CA.
Odyssey. Kindermagazin. Herausgegeben von Kalmbach.
Planetary Report. Herausgegeben von der Planetary Society, Pasadena, CA.
Sky and Telescope. Herausgegeben von Sky Publishing, Cambridge, MA.
StarDate. Herausgegeben vom McDonald Observatory, Austin, TX.

Allgemeine Zeitschriften mit astronomischen Beiträgen

American Scientist. Herausgegeben von Sigma Xi, New York, NY.
Science News. Herausgegeben von Science News, New York, NY.
Scientific American. Herausgegeben von Scientific American, Inc., New York, NY.

---

[1] Liste mit freundlicher Genehmigung der Astronomical Society of the Pacific.

Deutschsprachige Literatur

Bücher*

Becker, F. *Geschichte der Astronomie.* Mannheim (Bibliographisches Institut) 1980.
Elsässer, H. *Weltall im Wandel.* Reinbek bei Hamburg (Rowohlt) 1989.
Friedman, H. *Die Sonne.* Heidelberg/Berlin/New York (Spektrum Akademischer Verlag) 1987.
Kippenhahn, R. *Der Stern von dem wir leben.* Stuttgart (Deutsche Verlags-Anstalt) 1990.
Kippenhahn, R. *Hundert Milliarden Sonnen.* München (Piper) 1989.
Sterne. München (Time Life) 1989.
Rowan-Robinson, M. *Das Universum der Sterne.* Heidelberg/Berlin/New York (Spektrum Akademischer Verlag) 1993.
Asimov, I. *Explodierende Sonnen.* Köln (Kiepenheuer & Witsch) 1989.
Buttlar, J. von *Supernova. Die jüngsten kosmischen Entdeckungen.* München (Droemer Knaur) 1990.
Explodierende Sonnen. Heidelberg/Berlin/New York (Spektrum Akademischer Verlag) 1991.
Asimov, I. *Die Schwarzen Löcher.* Köln (Kiepenheuer & Witsch) 1982.
Ferris, T. *Galaxien.* Basel/Boston/Berlin (Birkhäuser) 1987.
Galaxien. München (Time Life) 1989.
Appenzeller, I. (Hrsg.) *Kosmologie.* Heidelberg (Spektrum der Wissenschaft) 1988.
Cornell, J. (Hrsg.) *Die neue Kosmologie.* Basel/Boston/Berlin (Birkhäuser) 1991.
Ferris, T. *Die Rote Grenze.* Basel/Boston/Berlin (Birkhäuser) 1986.
Der Kosmos. München (Time Life) 1989.
Fritzsch, H. *Vom Urknall zum Zerfall.* München (Piper) 1988.
Kippenhahn, R. *Licht vom Rande der Welt.* München (Piper) 1989.
Weinberg, S. *Die ersten drei Minuten.* München (Piper) 1986.
Riordan, M.; Schramm, D. N. *Die Schatten der Schöpfung. Dunkle Materie und die Struktur des Universums.* Heidelberg/Berlin/New York (Spektrum Akademischer Verlag) 1992.
Trefil, J. *Fünf Gründe, warum es die Welt nicht geben kann.* Reinbek bei Hamburg (Rowohlt) 1990.
Die Entstehung der Sterne. Heidelberg/Berlin/New York (Spektrum Akademischer Verlag) 1988.
Davoust, E. *Signale ohne Antwort?* Basel/Boston/Berlin (Birkhäuser) 1993.

Baker, D.; Hardy, D. A. *Der Kosmos-Sternführer.* Stuttgart (Franckh) 1985.
Herrmann, J. (Hrsg.) *dtv-Atlas zur Astronomie.* München (dtv) 1973.
Lexikon der Astronomie. Freiburg (Herder) 1989.
Mitton, S. (Hrsg.) *Cambridge Enzyklopädie der Astronomie.* München (orbis) 1989.
Oberndorfer, H. *Schau mal in die Sterne.* Stuttgart (Franckh) 1987.
Roth, G. (Hrsg.) *Handbuch für Sternfreunde.* New York/Berlin/Heidelberg/Tokio (Springer) 1989.
Schaifers, K.; Travind, G. *Meyers Handbuch Weltall.* Mannheim (Bibliographisches Institut) 1984.
Störig, H. J. *Knaurs moderne Astronomie.* München (Droemer Knaur) 1992.

---

* angegeben in der Reihenfolge des Textes

Himmelsatlanten

Karkoschka, E. *Atlas für Himmelsbeobachter.* Stuttgart (Franckh) 1988.
Ridpath, I.; Tirion, W *Der große Kosmos-Himmelsführer.* Stuttgart (Franckh) 1987.
Roth, G. D. *Sterne + Sternbilder.* München/Wien/Zürich (BLV) 1985.
Schurig, R.; Götz, P. *Himmelsatlas (Tabulae caelestes).* Mannheim (Bibliographisches Institut) 1960.
Vehrenberg, H. *Atlas der schönsten Himmelsobjekte.* Düsseldorf (Treugesell) 1978.

Astronomie-Zeitschriften

Astronomie in der Schule. Velber (Friedrich).
Die Sterne. Leipzig (Barth).
Sterne und Weltraum. München (Sterne und Weltraum).

Zeitschriften mit astronomischen Beiträgen

Bild der Wissenschaft.
Physik in unserer Zeit.
Spektrum der Wissenschaft.

Video

Reise durch Raum und Zeit. Anfang und Ende des Universums. Heidelberg/Berlin/New York (Spektrum Videothek) 1992.

Sachindex

A

Abbildungsmaßstab 56
Abell 39 199
Aberration
 chromatische 58, 60
 sphärische 60 f, 63
absolute bolometrische Helligkeit 96
absolute Helligkeit 91, 108, 115
 Sonne 91
absolute visuelle Helligkeit 96, 110
Absorption 266
 Erdatmosphäre 68, 73 f
 Ultraviolettstrahlung 59
Absorptionslinien 98, 115, 134 f, 164, 192
 Entstehung 103 f
Absorptionsspektrum 98, 104 f
abstoßende Kraft 255
Acetylen 268
achromatisches Objektiv 58
adaptive Optik 77
Adler, siehe Aquila
Akkretion, T Tauri-Sterne 273–275
Akkretionsscheibe 207 f, 245, 277
 SS433 246 f
 Ultraviolettstrahlung 208
aktive Galaxien 255, 277
Allgemeine Relativitätstheorie 205, 243
3α-Prozeß 181, 217
α-Teilchen 132
alte Sternbilder 296 f
Amateurastronomie 77 f
Ammoniak 268, 277 f
Am-Sterne 168, 206
Analemma 39
Andromeda 26
Andromeda-Galaxie 82
 siehe auch M31
S Andromedae 226
Anfangshauptreihe 173 f, 280
Antike, Astronomie 16
Antimaterie 149 f
Antineutrino 159
Antinous 28
Apertur, siehe Öffnung
Aphel 85
Apian, P. 14
Ap-Sterne 167
Aquarius 43, 195
Äquator 35
 Erde 17
 Himmel 17–19
Äquatorialmontierung 64 f

Äquatorpunkt 18, 35
Äquatorwulst 42, 44
Aquila 28, 31
Äquinoktialpunkte 19, 21 f, 42
Ara-OB1-Assoziation 221
Arecibo Observatory 309
Argo 28 f, 235
Aries 25, 42
Aristarch von Samos 20, 45 f
Aristoteles 16, 20, 44, 89
Aristyllus 42
T Assoziationen 273, 277
Ast, horizontaler 182, 186, 201
Asteroiden 87, 284
 Parallaxe 87
ASTRO 73
Astronomie 13, 15
 antike 16
Astronomische Einheit (AE) 84, 87
astronomische Parallaxe 89
astronomische Satelliten 74
asymptotischer Riesen-Ast 186–189, 193, 199, 215, 217 f
Äthylalkohol 268
Atkinson, R. 148
Atom, Grundmodell 101
Atommasse 103
Auflösungsvermögen 55–58, 76 f
 HST 75
 Radioteleskop 71–73
Auge, menschliches 56
Auriga 31
Aurora australis, siehe Südlicht
Aurora borealis, siehe Nordlicht
außerirdische Zivilisationen 287–289
Ausschließungsprinzip, Quantenphysik 179
Azimut 65

B

Baade, W. 125, 238–240
Balkenspiralgalaxien 251 f, 264
Ballonflüge 74
Balmerserie 104 f
Bandenspektren 106
Barium 168
Bariumsterne 206
Barnard86 248
Bayer, J. 28, 33, 220
Bedeckungsveränderliche 120 f
 Pulsare 243
Bell, J. 238 f
Beobachtung, weltraumgestützte 73–76
Beryllium 157
Bessel, F. W. 89
β-Strahlung 191
β-Teilchen, siehe Elektron
β-Zerfall 132, 150
 inverser 150, 160

Bethe, H. 150
Bethe-Weizsäcker-Zyklus, siehe Kohlenstoff-Zyklus
Beugung 52
Beugungsgitter 54, 68 f
Beugungsringe 57 f
Beugungsscheibchen 57 f
Bewegungsgesetze, Newtonsche 85 f
Beziehungen, solar-terrestrische 145–147
Big Crunch 258
bipolare Ströme 277, 281
Blaue Überriesen 216–218, 224 f
Blauhelligkeit 95 f
Blei 132, 150
Bok, B. 266
Bok-Globulen 266 f, 272
bolometrische Helligkeit 96
Boltzmann-Konstante 151
Bootes 25
Bowen, I. S. 197 f
Brahe, T. 84, 87, 225 f
Braune Zwerge 162 f, 173, 260
 Deuteriumbrennen 163
Brechung 52, 238
 Erdatmosphäre 65
Brechungsindex 52, 58
Breite, geographische 17, 35, 45
Brennweite 56 f
 effektive 61, 78
B-Sterne 126 f, 211–225, 252, 261
Buckminsterfullerene 271
Bucky-Ball 271
Burbidge, E. M. 185
Burbidge, G. 185

C

^{14}C 146
3C273 256
Calcium 106, 164, 168
California Institute of Technology 256
Cancer 25, 183
Canes Venatici 27 f
Canis Major 26, 31, 223
Canis Minor 26
Cannon, A. J. 100
Capricornus 25, 33
Carina 29, 32
Cassegrain-Fokus 60
Cassegrain-System 61, 78
Cassini, G. 87
Cassiopeia 26, 31, 225
Cassiopeia A 235
CCD 67–69
Centaurus 28
Cepheiden 123–125, 178, 182, 217, 252
Cepheus 26, 112, 123
Cepheus-OB2-Assoziation 215
Cetus 26, 33, 123, 189

Chandrasekhar, S. 205
Chandrasekhar-Grenzmasse 205, 218, 230–232, 245
charge-coupled device, siehe CCD
chemische Elemente 103 f
Chrom 168
chromatische Aberration 58, 60
Chromosphäre 134–137, 140 f, 156, 163
   Spektrum 137
   Temperatur 136
21-cm-Linie, Wasserstoff 267–270
Columbia 74
Cook, J. 40
Coudé-Fokus 60 f
Critchfield, C. 150
Crux 28, 43
Cyg-1, Röntgenstrahlung 245
P Cygni-Linien 220, 273
Cygnus 31, 33, 214, 220, 245, 255
Cygnus Loop 235

D
Datenreduktion 68
Davis, R. 156
Deklination 18, 22, 37, 41, 64, 88
Deuterium 149 f, 163, 250, 259, 261, 280
Deuteriumbrennen
   Braune Zwerge 163
   Protosterne 280
Dichte, interstellares Medium 238
Dichtewellen 270, 278 f
Differentiation, Planeten 283
Discovery 145
Dispersion 52
Doppelsterne 118–121, 163, 166, 216, 278
   Bahngeschwindigkeiten 121
   Massen 119
   Massenübertragung 206–208
   Pulsare 242 f
   spektrokopische 120, 245
   Umlaufperioden 119
   Weiße Zwerge 205–208, 231
   Wolf-Rayet-Sterne 224
Dopplereffekt 54
Dopplersches Gesetz 54, 88
30 Doradus 215
Draco 24
Drake, F. 287, 289
Drehimpuls, Erhaltung 86
Dunkelmaterie, interstellare 259
Dunkelwolken 214, 264 f, 273
   Infrarotstrahlung 272
dunkle Materie 259 f, 263
Durchmusterung 66
Dynamo 142, 164, 166 f, 176

E
Eastern Standard Time 39
Eddington, Sir A. 147–149, 151, 153, 172
effektive Brennweite 61, 78
Effektivtemperatur 97, 110, 134
Eigenbewegung 88 f
Einstein, A. 148, 243, 255
Einstein-Observatorium, siehe *HEAO2*
Eisen 137
Ekliptik 19–21, 24, 42
   Schiefe 20 f
elektromagnetische (EM) Welle 50 f
elektromagnetische Kraft 102 f
elektromagnetische Strahlung 50–55
elektromagnetisches Spektrum 50 f, 70–73
Elektron 101, 103–106, 139, 144, 150, 159, 194, 197, 236
   entartete Zustände 230
   Spin 179, 268
Elemente, chemische 103 f
Ellipse 61, 84–86
elliptische Galaxien 250, 263
elliptische Riesengalaxien 251 f
elliptische Zwerggalaxien 250, 263
Emissionslinien 137, 219
Emissionsnebel 127, 212–216, 271 f
Emissionsspektrum 103–105
Energieerzeugungsrate 152
Energietransport 152
entartete Elektronen 230
entartete Neutronen 230
entartetes Gas 180 f, 205
Entfernung
   offene Sternhaufen 265
   Planeten 87
   spektroskopische 115
   Sterne 88–90
   Sternhaufen 117
Entfernungsbestimmung
   Cepheiden 124
   Galaxien 252–255
   Leuchtkraftklasse 115
   Parallaxen 89, 115
   Sternhaufen 117
   Sternstromparallaxe 116
Entfernungsmodul 115, 117, 124
Entweichgeschwindigkeit, Erde 243 f
Entwicklung, Universum 249 f
Eratosthenes 16, 45
Erdatmosphäre
   Absorption 68, 73 f
   Brechung 65
Erde 16 f, 195, 284
   Alter 133
   Äquator 17
   Entweichgeschwindigkeit 243 f
   Größe 45
   Kugelgestalt 16, 44
   Masse 118
   Rotation 16, 19 f
   Rotationsachse 17–19
   Rotationsgeschwindigkeit 79
   Umfang 16
   Vermessung 34–42
Erde-Mond-System 119
Erdmagnetfeld 144 f
Ereignishorizont 244 f
Eskimo-Nebel 199
ηCarinae-Nebel 214, 219
Eudoxus 24
Europäische Südsternwarte (ESO) 62, 66, 77, 309
Europium 168
Ewen, H. 267
Extinktion, Staub 266

F
Fackeln 133, 138
Farbenindex 95 f
   Sonne 95
Fernglas 78
Filament-Nebel 235
Fische, siehe Pisces
Flamsteed, J. 33
Flare 140 f
Fleming, W. P. 100
Formaldehyd 268
Fornax 28
Fowler, W. 185
Fraunhofer, J. von 98
Fraunhofersche Spektrallinien 98 f
Frequenz 50
Frühlingsäquinoktium 19–21
Frühlingspunkt 19–21, 36, 42 f
   Stundenwinkel 40
Fuller, R. B. 271

G
galaktische Ebene 126
galaktische Sternhaufen, siehe offene Sternhaufen
galaktisches Zentrum 31, 88, 266, 269
   Entfernung 262
Galaxien 13, 30, 90, 115, 226, 266
   aktive 255, 277
   elliptische 250, 263
   Entfernungsbestimmung 252–255
   Fluchtgeschwindigkeit 253 f
   Gezeitenwechselwirkungen 263 f
   irreguläre 250
   Masse 259
   Rotationskurven 259
   Rotverschiebung 253
   Zusammenstöße 263 f

Galaxienhaufen 250–252, 254, 257
　gravitative Masse 258
　leuchtende Masse 258
Galaxis 13, 29–31, 88, 115, 125, 129, 173, 208, 250 f, 264, 292 f
　Alter 173, 183–186, 205
　Durchmesser 30, 90
　Entstehung 261–264
　Halo 126–128, 185, 215, 262 f
　Magnetfelder 277
　OB-Assoziationen 126 f
　Rotation 268
　Rotationsgeschwindigkeit 262
　Scheibe 126 f, 184 f, 265
　Sonne 31
　Spiralarme 126, 269 f, 281
　Spiralstruktur 267
　zentrale Verdickung 126–128, 185
Galilei, G. 20, 30, 46 f, 49, 55 f, 84, 138
Gallex-Projekt 159
Gamma Ray Observatory (*GRO*) 75
Gammastrahlung 50 f, 150, 154, 230 f, 234
Gamow, G. 148
Gas
　entartetes 180 f, 205
　interstellares 265
Gasdruck 151, 153
Gasgleichung, ideale 151
gebundene Rotation 166
Gemini 24, 42, 199
geographische Breite 17, 35, 40
geographische Länge 35, 39 f
geozentrisches Weltbild 46
Gesamtfluß 94
geschlossenes Universum 258
Geschwindigkeit 88
Gesichtsfeld 56, 63, 68, 71, 78
Gesteine, Altersbestimmung 132 f
Gezeitenwechselwirkungen 206–208, 231 f, 245, 252, 255
　Galaxien 263 f
　Kugelhaufen 262
Gitterspektren 54
Gleichgewicht, hydrostatisches 151, 153
Glitches 240, 242
Globulen 268
Gogh, V. von 10
Gold 103
Gould, B. A. 126
Gouldscher Gürtel 126
Granulation
　Sonne 134 f
　Sterne 163
Gasnebel, siehe Emissionsnebel
Gravitation 101 f, 147, 243
Gravitationsenergie 163, 230, 280
Gravitationsgesetz 85–87
Gravitationskonstante 86

Gravitationswellen 231 f
gravitative Rotverschiebung 244
gravitativer Kollaps 230 f
Greenwich 35
Große Magellansche Wolke 124, 214, 226 f, 232, 246, 250, 270
Größenklassen, Definition 32
Großer Bär, siehe Ursa Major
Großer Hund, siehe Canis Major
Großer Spalt 31
Großer Wagen 24 f, 32, 43, 89, 119
　siehe auch Ursa Major
Grundkräfte 101–103
G-Sterne 126
Gum-Nebel 210, 235

H

H_α 105, 137, 165
　siehe auch Balmerserie
H_α-Rekombinationslinie 214
H_β 105
　siehe auch Balmerserie
Hadrian 28
Halbwertszeit 132
Hale, G. E. 139
Hale Observatory 309
Hale-Teleskop 62, 67
Halley, E. 28, 88
Halleyscher Komet 143
Halo 182
Hantel-Nebel 170
Haro, G. 275
Harvard College Observatory 100, 124
Hauptreihe 109, 111 f, 160, 172–177
　Sternentwicklung 174–177
Hauptreihensterne 114, 117 f, 121 f, 125
　Grenzmassen 162 f
Hauptspiegel 60–63
HEAO2 (*High Energy Astronomical Observatory2*) 74
Helium 103, 137, 148, 194, 201, 250, 259, 261
Helium Flash, siehe Helium-Blitz
Heliumatom, Aufbau 102
Helium-Blitz 178, 181
Heliumbrennen 178, 181, 186, 189, 217 f, 224, 228 f
　Kernregion 182
　Kugelschale 186–188, 200, 218
Heliumlinien 106, 192
Helligkeit
　absolute 91, 108, 115
　absolute bolometrische 96
　absolute visuelle 96, 110
　bolometrische 96
　Jupiter 32
　Mars 32
　scheinbare 91
　Sonne 32, 132

Sterne 91 f
　Venus 32
　visuelle 95
　Vollmond 32
Helligkeitsgleichung 91, 96
Helligkeitsmessung 66
Helmholtz, H. von 147
Henry Draper Catalogue 100
Herbig, G. 275
Herbig-Haro-Objekte 275–277, 280
Herbstäquinoktium 19, 21
Herbstpunkt 19–21, 40, 42
Hercules 128, 199, 250
Hercules-Haufen 250 f
Herschel, W. 60, 195
Hertzsprung, E. 109 f
Hertzsprung-Russell-Diagramm, siehe HR-Diagramm
Hesiod 27, 42
Hevelius 27, 59
Hewish, A. 238 f
HH34 275–277
Higgins, W. 195
HII-Region 213–215
Himmel 11 f, 14–23
　Äquator 17–19, 35
　Jahreszeiten 19 f
　Vermessung 34–42
Himmelskoordinaten 35–37
Himmelsmeridian 17–19
Himmelsnordpol 43
Himmelspol, Höhe 40
Himmelspole 17–19
Himmelsrichtungen 17–19
Himmelssphäre 16
Hinterdeck, siehe Puppis
Hintergrundstrahlung, kosmische 254, 257
Hipparchos 32, 42, 45
Höhe 18, 65
　Himmelspol 40
　Sterne 40
Homer 42
Homestake-Experiment 156–159
Homunculus-Nebel 222
horizontaler Ast 128 f, 178, 182, 186, 201
Horizontalmontierung 65
Houterman, F. 148
Houtman, F. de 28
Hoyle, F. 185
HR-Diagramm 108–117, 125 f, 215
　Entwicklungswege 176, 178, 182, 187 f, 202, 216–218, 274 f
　Milchstraßensterne 184
　Sternhaufen 183
　Weiße Zwerge 202
Hubble, E. 253, 266
Hubble-Konstante 254 f, 258
Hubble-Relation 253 f

Hubble-Sandage-Veränderliche, siehe
  Leuchtkräftige Blaue Veränderliche
Hubble-Weltraumteleskop 38, 75 f, 146,
  207, 212, 227, 285
Hubble-Zeit 254 f
Hüllen, zirkumstellare 193–201, 219,
  268, 270
Hulst, H. van de 267
Humphreys-Davidson-Grenze 224 f
Hyaden 98, 110, 116, 127, 182–184
  Eigenbewegung 116
  Entfernung 116
  HR-Diagramm 116 f
hydrostatisches Gleichgewicht 151, 153
Hydroxyl-Molekül 193
Hyperbel 61, 86
Hyperriesen 111

I

ideale Gasgleichung 151
Infrared Astronomical Satellite (*IRAS*)
  75
Infrarotstrahlung 50 f, 73, 193 f
  Dunkelwolken 272
  interstellares Medium 270 f
Instabilitätsstreifen 124 f, 128, 182 f, 217
Interferenz 53 f
Interferenzstreifen 70 f
Interferometer 72 f
Interferometrie 76
International Ultraviolet Explorer (*IUE*)
  74, 221
interstellare Dunkelmaterie 259
interstellare Materie 236 f
interstellare Moleküle 265, 268–271
interstellare Spektrallinien 265
interstellare Staubwolken 235
interstellare Wolken 278 f, 285
  Drehimpuls 279 f
interstellarer Raum 201
interstellarer Staub 31, 265–267
interstellarer Wasserstoff 267
interstellares Gas 265
interstellares Medium 264–272
  Dichte 238
  Infrarotstrahlung 270 f
  Radiostrahlung 267–270
inverser β-Zerfall 150, 160
Ion 103
Ionisation 105 f
ionisierter Sauerstoff 196–199
IRAS-Satellit 282, 285
irdische Koordinaten 35, 40
irreguläre Galaxien 250
Isotope 103

J

Jagdhunde 28
  siehe auch Canes Venatici
Jahreszeiten 19–21
Jansky, K. 70
Jets 207
  junge Sterne 275–277
  M87 255
  Radiogalaxien 255
  SS433 246 f
junge Sterne
  Jets 275–277
  zirkumstellare Scheiben 277
Jungfrau, siehe Virgo
Jupiter 85, 133, 160, 226, 284
  Helligkeit 32
  Masse 118
  Monde 46, 78, 118

K

Kalebassen-Nebel 201
Kamioka-Detektor 232
Kamioka-Experiment 158
$\varkappa$Crucis 116
Keck-Teleskop 48, 63–65, 76, 309
Keenan, P. C. 115
Kegelschnitte 61, 86
Kellman, E. 115
Kelvin, Lord 147
Kepler, J. 84–87, 226
Keplers Supernova 226, 232, 235
Keplersche Gesetze 84–87
1. Keplersches Gesetz 118
3. Keplersches Gesetz 85–87, 118 f, 245,
  259
Kernkraft
  schwache 102
  starke 102 f
Keyser, P. 28
Kiel, siehe Carina
4-Kiloparsec-Arm 269
kinetische Temperatur 137
Kleine Magellansche Wolke 43, 124,
  250
Kleiner Bär 25
Kleiner Hund, siehe Canis Minor
Kleiner Löwe, siehe Leo Minor
Kleiner Wagen 25, 32
Kobalt 231, 234
Kohlendioxid 73
Kohlenmonosulfid 283
Kohlenmonoxid 268, 277 f
Kohlenstoff 103, 189–192, 194, 201
  molekularer 190
Kohlenstoffatom, Aufbau 102
Kohlenstoffbrennen 218, 228 f
Kohlenstoffsterne 101, 189–192, 194
Kohlenstoff-Zyklus 160–162, 192, 224

Kohlenwasserstoffe, polyzyklische
  aromatische 271
Kollaps, gravitativer 230 f
Koma 63
Kometen 77 f, 80, 143, 195, 285, 293
  Schweif 143 f
Kontinuumstrahlung 104
Konvektion 133, 139, 152, 154 f, 162,
  192, 274
Konvektionszonen 142, 189
Koordinaten, irdische 35, 40
Kopernikus, N. 20, 46, 84, 89
Korona 140–142, 144, 156, 163
  Röntgenstrahlung 130, 137, 140 f
  Spektrum 137
  Temperatur 136, 141
Korrektorplatte 63
kosmische Hintergrundstrahlung 254,
  257
kosmische Strahlen 146, 242
Kraft
  abstoßende 255
  elektromagnetische 102 f
Krebs, siehe Cancer
Krebs-Nebel 234–242
  Expansion 234 f
Krebs-Pulsar 239–242
  Periode 240
Kreis 61
Kreuz des Südens, siehe Crux
kritisches Volumen 206 f, 245
Kugelhaufen 127 f, 182–185, 252
  Alter 255, 262 f
  Entstehung 261–263
  Gezeitenwechselwirkungen 262
  HR-Diagramm 128 f
  Metallgehalt 128, 185, 261
K-Zwerge 126

L

Lacaille, N. de 28 f
Lagunen-Nebel (M8) 214
Lalande, J. 34
Landau, L. 239
Länge, geographische 35, 39 f
Las Campanas Observatory 286
Leavitt, H. 124
Leibniz, G. W. 86
Leo 24
Leo I 252
Leo Minor 28
Leuchtkraft 91, 108
  Definition 94
  Sonne 132
Leuchtkraftfunktion 117
Leuchtkräftige Blaue Veränderliche
  (LBVs) 223, 225, 233
Leuchtkraftklassen 102, 111, 114 f, 215
Libra 25

Licht 50–55
Lichtgeschwindigkeit 50, 52, 238, 243 f
Lichtjahr 89 f
Lichtkurve, Supernovae 228, 231
Lick Observatory 265, 275, 309
Linien, verbotene 198 f, 236
Linsenfernrohr, siehe Refraktor
Lithium 259, 261
Löcher, Schwarze 260
Lokale Gruppe 250 f, 254, 261
lokale Sternzeit 64 f
Löwe, siehe Leo
Lowell Observatory 59, 253
Luchs, siehe Lynx
Lymanserie 105
Lynx 28

M

M1, siehe Krebs-Nebel
M5 128 f, 183
M8 128, 214
   siehe auch Lagunen-Nebel
M13 128
M20, siehe Trifid-Nebel
M31 125 f, 226, 250, 264
M32 250
M33 31, 223, 250
M42, siehe Orion-Nebel
M67 183 f
M82 253
M83 125
M87 251, 263
Magellansche Wolken 252
   Metallgehalt 233
Magnetfeld 236
magnetische Stürme 146
Magnituden, siehe Größenklassen
Mangan 230
Mars 59, 87, 133, 189, 284, 287
   Helligkeit 32
Maser 193–195
Masse
   Planeten 76
   sichtbare 13
   Sonne 87
   Universum 13
Masse-Leuchtkraft-Beziehung 121 f, 160, 172 f
Massenverlust 262
Materie, interstellare 236 f
Maunder, E. W. 138
Maunder-Minimum 138, 146, 166
Maury, A. 110
Max-Planck-Institut für Radioastronomie 71, 309
McNaught, R. 232
Medium, interstellares 264–272
menschliches Auge 56
Meridian 35

Merkur 187, 189, 195, 284
Messier, C. 213, 234
Metalle 106
Metallgehalt, Magellansche Wolken 233
Meteore 77 f
Meteoriten 133, 284, 293
Methylalkohol 268
Michelson, A. A. 76
Microscopium 28
Milchstraße 29–31, 47, 70, 125, 127, 248, 290
Milchstraßensystem, siehe Galaxis
Millisekunden-Pulsare 242 f
Mira-Veränderliche 123, 188 f, 193 f, 201, 219
   symbiotische 207
Mischungsweg 155
Mitteleuropäische Zeit (MEZ) 39
mittlere Ortszeit 37 f, 41
mittlere Sonne 37 f, 40
moderne Sternbilder 298
molekularer Kohlenstoff 190
molekularer Wasserstoff 268
Moleküle 106–108
   interstellare 265, 268–271
   organische 194
Molekülwolken 268 f, 292
Molybdän 191
Mond 70, 85
   Alter 133
   Entfernung 45
   Entstehung 284
Monoceros 213 f, 246
Monoceros-OB2-Assoziation 214
Morgan, W. W. 115
Morton-Mine 233
Mount Palomar Observatory 62, 66
Mount Wilson Observatory 62, 76, 125, 227
M-Riesen 126
M-Sterne 111, 165, 189 f, 193
Multiple Mirror Telescope 309
Myon 159
M-Zwerge 126, 173

N

Nachführung 65, 79
nackte T Tauri-Sterne 275
Nadir 17–19
National Optical Astronomy Observatories 309
National Radio Astronomy Observatory 309
Nebel
   planetarische 195–201, 252
   solarer 281, 292
Nebulium 196–198
Neptun 195, 284

Neutrinos 149 f, 249
   Masse 260
   Nachweis 157–159
   Sonne 156–159
Neutronen 101, 103, 149 f
   entartete 230
Neutronensterne 227, 238–243, 245
   Dichte 241
   Grenzmasse 245
   Magnetfelder 241
   Rotation 239
New General Catalogue 195
New-Technology-Telescope 77
Newton, I. 60 f, 85 f, 97, 118
Newton-Fokus 60
Newtonsche Bewegungsgesetze 85 f
Newton-System 61, 78
NGC801 259
NGC205 250
NGC2359 223
NGC2392, siehe Eskimo-Nebel
NGC2440 196
NGC3293 183
NGC4038 264
NGC4039 264
NGC4565 31
NGC6164-5 221
NGC6826 200
NGC7000, siehe Nordamerika-Nebel
NGC7009, siehe Saturn-Nebel
Nickel 231
Niob 191
Nordamerika-Nebel 214
Nördliche Krone 30
Nordlicht 146
Novae 206–208, 226, 231, 245, 252
N-Sterne 108, 110, 189
Nukleosynthese 185 f, 190 f
   Urknall 250
Nullmeridian 35 f
Nutation 44

O

OB-Assoziationen 212, 215
Objektiv, achromatisches 58
Objektivlinse 55–59
Objektivprismen-Spektrogramm 98
Ochsentreiber, siehe Bootes
Oe-Sterne 219–221
offene Sternhaufen 127 f, 184 f, 263
   Entfernung 265
offenes Universum 258
Öffnung 55–59, 78
Of-Sterne 219–221
OH/IR-Sterne 193
OH-Radikal 268
Okular 56 f, 78
Oort, J. 284
Oortsche Wolke 284 f

Opazität 152–154
Ophiuchus 31, 89, 128, 226, 282
Ophiuchus-Dunkelwolke 282
Optik, adaptive 77
optische Strahlung, Supernova-Überreste 236
optisches Spektrum 50
Ordnungszahl 103 f
organische Moleküle 194
Orion 26, 33, 116, 126, 178, 211, 273, 275
   Infrarotaufnahme 271
Orion-Nebel 26, 211–215, 236, 269
O-Sterne 126 f, 211–225, 252, 261, 273, 281
Ozma-Projekt 289
Ozon 73, 76
O-Zwerge 173

P

Parabel 61, 86
Parabolreflektor 70
Parallaxe 20, 87
   Asteroiden 87
   astronomische 89
   Mond 45
   Sterne 46, 89 f
Parkes Observatory 70
Parsec, Definition 89
Paschenserie 105
Pauli, W. 150, 179
Payne-Gaposchkin, C. 148
PC1158+4635 256
Pegasus 27
Perihel 85
Perioden-Leuchtkraft-Beziehung 124, 183
Periodensystem 104, 132, 197
Perseus 26, 120, 183
photoelektrisches Photometer 66 f
Photographie 66–68
Photoionisation 197
Photometer, photoelektrisches 66 f
Photonen 51, 67, 102 f, 105, 149, 153, 194, 197, 250
   Entkopplung von Materie 250
Photosphäre 134–138, 141 f, 154, 163
   Sterne 134
   Temperatur 136
Pickering, E. C. 100
Pisces 42
Plancksche Konstante 51, 103, 149, 179, 249
planetarische Nebel 188, 195–201, 252, 262, 270 f
   chemische Zusammensetzung 199–201
   Dichte 199
   Sternentwicklung 199–201

   Struktur 199–201
   Temperatur 199
   Zentralstern 197, 201, 204
Planeten 12
   Bahngeschwindigkeit 84 f
   Bewegungen 44
   Differentiation 283
   Entfernung 87
   Entstehung 281–286, 292 f
   Leben 287–289, 293
   Masse 87
   Nachweis 286
   terrestrische 284
   Umlaufperioden 85
Planetenbahnen
   Durchmesser 84
   Form 84
Planetensysteme, Entstehung 281–286
Planetesimale 281–284
Plejaden 27, 110, 116 f, 127, 183 f
   Entfernung 117
   HR-Diagramm 117
Pluto 281
Polarisation 139, 236, 277
Polarkreis 22
polyzyklische aromatische Kohlenwasserstoffe 271
Population I 125 f, 262
   HR-Diagramm 129
Population II, Metallgehalt 129
Population III 261
Positionsbestimmung 40
Positron 149 f
p-p-Reaktion 150–152, 155, 157, 160
Präzession 42, 45, 65, 88
Primärfokus 60 f
Protactinium 132
Proton 101–103, 144, 148, 150, 197, 250
   Spin 268
Proton-Proton-Reaktion, siehe p-p-Reaktion
Protosterne 280
   Deuteriumbrennen 280
   Sternwinde 280
Protuberanzen 141 f
Prucell, E. 267
Ptolemäus, C. 24, 45 f, 84
Pulsare 238–243
   Bedeckungsveränderliche 243
   Doppelsterne 242 f
   Entstehung der Pulse 241
   innerer Aufbau 242
   Magnetfelder 241 f
   Massen 214
   Perioden 240
   Planeten 286
   Strahlung 241
Pulse, thermische 187–189
Puppis 29, 196
Pythagoras 16, 44, 88

Q

Quantenmechanik 147, 149
Quasare 41, 255–257
   Entfernung 256 f
   Jets 256
   Rotverschiebung 256 f
   Spektren 256
quasistellare Objekte, siehe Quasare
quasi-stellar radio sources, siehe Quasare

R

Radialgeschwindigkeit 88
Radioaktivität 132 f
Radiogalaxien, Jets 255
Radiostrahlung 50 f, 73, 193 f
   interstellares Medium 267–270
   Supernova-Überreste 235–237
Radioteleskop 70–73
   Auflösungsvermögen 71–73, 309
Radium 132
Radiusvektor 84 f
Raketenflüge 74
Raum, interstellarer 201
Raumgeschwindigkeit 88
Raumzeit 243
   Krümmung 243
Reflektor, siehe Spiegelteleskop
Reflexion 52
Reflexionsnebel 213 f, 216, 266, 271 f
Refraktion, siehe Brechung
Refraktor 55–60, 78, 309
Rekombinationslinien 197–199, 236
Rektaszension 36 f, 40 f, 88
Relativitätstheorie 147 f, 231
   Allgemeine 205, 243
Richter, J. 87
Riesen 110, 114, 117 f, 122
   Durchmesser 110
Riesen-Ast 109, 111, 128, 173, 199
   asymptotischer 186–189, 193, 199, 215, 217 f
Riesengalaxien, elliptische 251 f
Riesenplaneten 284
Ritchey-Chrétien-System 64, 75
Röntgenstrahlung 50 f, 73, 166
   Cyg-1 245
   Korona 130, 137, 140 f
   Supernova-Überreste 237
ROSAT 75
Rosetta-Nebel 213 f, 236
Rotation
   Erde 16, 19 f
   Galaxis 268
   gebundene 166
Rotationsachse der Erde 17–19
Rote Riesen 173, 177–183, 215
Rote Überriesen 215–218, 224 f, 228, 233

Rote-Riesen-Ast 178, 186–189
Rotverschiebung
    Galaxien 253
    gravitative 244
    Quasare 256 f
Royal Greenwich Observatory 35, 309
Royer, A. 28
r-Prozeß 230, 261
RR Lyrae-Veränderliche 128 f, 178, 182 f
RS Canum Venaticorum-Sterne 166
R-Sterne 108
ruhige Sonne 137, 141
Russell, H. N. 109 f, 160
Russell-Vogt-Theorem 160
Ruthenium 191

S

Sage-Projekt 159
Sagittarius 31, 42, 128, 214
Sagittarius-Arm 269
Salpeter, E. 181
Sandage, A. 184
Saturn 284
Saturn-Nebel 195
Sauerstoff 103, 189–192
    ionisierter 196–199
Sauerstoffbrennen 218, 228 f
Scheiben, zirkumstellare 280 f
scheinbare Helligkeit 91
    Sonne 91
Schiefe Ekliptik 20 f
Schleier-Nebel, siehe Zirrus-Nebel
Schlußknall, siehe Big Crunch
Schmelzofen 28, siehe Fornax
Schmidt, B. 63
Schmidt, M. 256
Schmidt-Teleskop 63 f, 66, 68, 78
Schmuckkästchen, siehe κCrucis
Schuler, W. 225
Schütze, siehe Sagittarius
Schwabe, H. 138
schwache Kernkraft 102
Schwarze Löcher 243–247, 260
    massereiche 255 f
    mögliche Kandidaten 245–247
Schwarzer Körper 93–97, 104, 197, 254
    Gesetze 134, 137, 154
    Gleichung 94, 110, 112
    Spektrum 93
schwarze Witwe-Pulsar 243
Schwarzschild, K. 244
Scorpius 25, 31, 126, 128, 282
Scorpius-OB2-Assoziation 215
Scorpius-Ophiuchus 273
Scutum 28, 31
Scutum-Arm 269
Seeing 58
Seeing-Scheibchen 52, 58, 64, 77

Segel, siehe Vela
Sekundärspiegel 61
SETI-Projekt 288 f
Sextant 28
Shapley, H. 262
Shelton, I. 232
sichtbare Strahlung 50 f
Siebengestirn, siehe Plejaden
Silicium 168
    Überhäufigkeit 167
Siliciumbrennen 228–230
Siliciummonoxid 194
Skylab 140, 146
Slipher, V. M. 253
Sobieski, J. 28
Solarkonstante 96
solar-terrestrische Beziehungen 145–147
Sommersonnenwende 19, 42
Sonne 12, 173
    absolute Helligkeit 91
    als Roter Riese 156, 177, 182, 187–189, 193
    Alter 133, 155 f
    Durchmesser 132
    Ekliptik 19 f
    Energieerzeugung 147–151
    Entfernung 45, 84, 87
    Entwicklung 175–182
    Farbe 92
    Farbenindex 95
    Galaxis 31
    Granulation 134 f, 142, 155
    Gravitationsenergie 147
    Helligkeit 32, 132
    Hülle 154
    Konvektionszone 155 f
    Leuchtkraft 97, 132, 147 f
    Magnetismus 137–147
    Masse 87, 118, 121, 132
    Massenverlust 193, 195
    Neutrinos 156–159
    Oberflächenschichten 133–147
    Oszillationen 155
    Radius 97
    Randverdunkelung 133 f, 136
    Rotation 138, 142 f, 155
    ruhige 137, 141
    scheinbare Helligkeit 91
    Spektrum 97 f
    Stern 12
    Stundenwinkel 37
    Supergranulation 135, 155
    Temperatur 97, 132
    Zentraldichte 154
    Zentralregion 154
    Zentraltemperatur 154
    zirkumpolare Phase 22
sonnenähnliche Sterne, Entstehung 280
Sonnenaktivität 138–147
Sonnenfinsternis, totale 135

Sonnenflecken 133, 138–143
    Penumbra 138
    Umbra 138
Sonnenfleckenzyklus 138–143, 146, 158, 166
Sonnenmodell 134, 151–159, 162
Sonnensystem
    Alter 133
    Entstehung 281–285
Sonnentag 40 f
Sonnenuhr 38
Sonnenwind 143–145, 165, 195, 238, 285
Sonnenzeit 37–42
Speckle-Interferometrie 76 f, 222
Spektralbanden 99
Spektralfrequenz 219
Spektralklassen 100 f, 108, 110, 165
Spektrallinien, interstellare 265
Spektralsequenz 100, 102, 104–108
Spektren, Quasare 256
Spektrograph 68 f
spektroskopische Doppelsterne 120, 245
spektroskopische Entfernung 115
Spektrum
    elektromagnetisches 50 f, 70–73
    Molekülbanden 192
    optisches 50
    Schwarzer Körper 93
    Sonne 97 f
    T Tauri-Sterne 273–275
sphärische Aberration 60 f, 63
Spiegelteleskop 60–64, 78, 309
Spin, Elektron 268
Spiralarme 30 f
    Entstehung 270
    Galaxis 269 f
Spiralgalaxie 251
Spiralstruktur, Galaxis 267
s-Prozeß 190–192, 230
s-Prozeßelemente 194, 201
SS433 255, 277
    Akkretionsscheibe 246 f
    Jets 246 f
S-Sterne 108, 110, 191
Standardepoche 44
Standard-HR-Diagramm 117
Starburst-Galaxien 252 f
starke Kernkraft 102 f
Staub 193
    Extinktion 266
    interstellarer 31, 265–267
Staubkörner 270
Staubwolken, interstellare 235
Stebbins, J. 66 f
Stefan-Boltzmannsches Gesetz 94
Steinbock, siehe Capricornus
Stephans Quintett 251 f, 257
Sternaktivität 163–168
Sternbilder 23–29
    alte 24–27, 296 f

Benennung 24
moderne 27–29, 298
Sternbildkarten 302–308
Sterne
  Aufbau 12
  Aufgang 16, 19
  Benennung 31–34
  Bewegung 88
  chemische Anreicherung 189–192
  chemische Zusammensetzung 100, 107 f, 182
  Chromosphären 163 f
  Durchmesser 121
  Entfernung 88–90, 115, 117
  Entstehung 281
  Farben 92–96, 99
  Flares 163, 165 f
  Flecken 163, 166
  Gesamtzahl 13
  Geschwindigkeiten 126 f
  Granulation 163
  Häufigkeitsanomalien 168
  Helligkeit 32, 91 f
  hellste 300
  Höhe 40
  innerer Aufbau 162
  Konvektionszonen 164–167
  Koronae 163 f, 166
  Lebensdauer 172–174
  Magnetfelder 162 f, 165–167
  magnetische Zyklen 166 f
  Massen 118–122, 160–163
  Massenverlust 193, 200 f, 217
  Parallaxen 20, 46, 89 f
  Photosphäre 134
  Planetensystem 195
  Pulsation 123–125, 183, 193
  Radialgeschwindigkeit 108
  Radius 112
  Rotation 164–166
  Staubscheiben 285 f
  symbiotische 208, 245
  Temperatur 92–97, 100, 110
  Untergang 16, 19
  veränderliche 80
  Verteilung 126 f
  Winkeldurchmesser 76 f, 163
  zirkumpolare 19
Sternentstehung 237, 250, 261, 264 f, 272, 278–281
Sternentwicklung 262
  Hauptreihe 174–177
  planetarische Nebel 199–201
  sonnenähnliche Sterne 174–208
Sternhaufen 78, 115
  Altersbestimmung 183 f
  Entfernung 117
  HR-Diagramm 183
  offene 263
Sternkarten 79, 302–308

Sternkoordinaten 40–42, 64 f
  Änderung 44
Sternmodelle 134, 150, 192
Sternspektren 97–108
  Entstehung 101–108
  Klassifizierung 100 f
Sternstromparallaxe 116 f
Sternsysteme, siehe Galaxien
Sterntag 40 f
Sternwinde 165, 179, 193 f, 200 f, 219–224
  Protosterne 280
Sternzeit 36
  Definition 40
  lokale 40, 42, 64 f
Streuung 266
Stickstoff 194, 201
Stickstofflinien 219
Strahlen, kosmische 146, 242
Strahlung 152
  elektromagnetische 50–55
Strahlungsdruck 153, 193
Strahlungsfluß 152–154
Ströme, bipolare 277
Strömgren, B. 213
Strömgren-Sphäre 213
Strontium 168
Stundenkreis 35
Stundenwinkel 35 f, 41, 64
  Frühlingspunkt 40
  Sonne 37
Südliche Krone 30
Südlicht 145 f
Supergranulation, Sonne 135
Superhaufen 257
Supernovae 174, 225–234, 262, 272, 279, 292
  Anzahl in Galaxis 226
  historische 226 f, 234
  Klassifikation 227 f
  Lichtkurve 228, 231
  Neutrinos 228, 232 f
  Neutronenkernregion 230 f
  nukleare Reaktionen 231
  Nukleosynthese 232
Supernova-Überreste 210, 234–237
  optische Strahlung 236
  Radiostrahlung 235–237
  Röntgenstrahlung 237
  Temperatur 236 f
  Ultraviolettstrahlung 236
symbiotische Sterne 208, 245
symbiotischer Mira-Veränderlicher 207
Synchrotronstrahlung 236 f
Szintillation 58, 74, 77

T

T Tauri-Sterne 273–277, 280 f
  Akkretion 273–275
  nackte 275
  Röntgenflares 275
  Spektrum 273–275
  zirkumstellare Scheiben 273–277
Tangentialgeschwindigkeit 88
Tarantel-Nebel 215, 227
  siehe auch 30 Doradus
Taurus 24, 31, 110, 116, 226
Taurus A, siehe Krebs-Nebel
Taurus-Auriga 273
τ-Teilchen 159
Technetium 190 f
Telescopium 28
Teleskopmontierung 64 f
Temperatur, kinetische 137
Temperaturgradient 134, 152, 154
terrestrische Planeten 284
thermische Pulse 187–189
Thorium 132
Tierkreis 24 f
Tierkreiszeichen 43
Timocharis 42
totale Sonnenfinsternis 135
Trapez 211 f
Treibhauseffekt 73
  ungebremster 177
Triangulum-Galaxie, siehe M33
Trifid-Nebel 213 f
Trumpler, R. 265
Tucana 124
47 Tucanae 128, 185
Tunneleffekt 149 f
Tychos Supernova 225 f, 232, 235
Typ II-Supernovae 228–233, 238
Typ I-Supernovae 227–232, 245

U

Überriesen 111 f, 114 f, 118, 122, 126, 174, 215–225
  Blaue 216–218, 224 f
  Entwicklung 216–225
  Rote 215–218, 224 f, 228, 233
  Winkeldurchmesser 112
Uhuru 74
Ultraviolethelligkeit 96
Ultraviolettstrahlung 50 f, 73, 197
  Absorption 59
  Akkretionsscheibe 208
  Supernova-Überreste 236
Umlaufperioden
  Doppelsterne 119
  Planeten 85
  h und χ Persei 183 f
ungebremster Treibhauseffekt 177
Universal Time, siehe Weltzeit

Universum
  Abbremsung der Expansion 257 f
  Alter 254 f
  Entwicklung 249 f
  Expansion 253–255
  geozentrisches 16
  geschlossenes 258
  kritischer Dichtewert 258, 260
  Masse 13, 257–260
  offenes 258
Unschärferelation 149, 179
Unterriesen 111, 114
Unterzwerge 111, 114, 128 f, 215
Uran 103, 132, 150
Uranometria 28, 33, 220
Uranus 281, 284
Urknall 249, 253
  Nukleosynthese 250, 259–261
Ursa Major 24 f, 33

V

Van Allen-Strahlungsgürtel 144 f
Vela 29, 210
Venus 187, 189, 195, 225, 281, 284, 287 f
  Helligkeit 32
  Radarbeobachtungen 87
Venusphasen 46
Veränderliche 80, 122–125
verbotene Linien 198 f, 236
Vergrößerung 56, 78
Vermessung
  Erde 34–42
  Himmel 34–42
Verrötung 266 f
Very Large Array (VLA) 72, 309
Very Large Telescope 309
Very Long Baseline Array (VLBA) 72
Vielfachsternsysteme, Entstehung 278–280
Virgo-Haufen 252
visuelle Helligkeit 95
Vogt, H. 160
Vollmond, Helligkeit 32
Volumen, kritisches 206 f, 245
Voyager-1 145
Voyager-2 145
Vulpecula 238

W

W Virginis-Sterne 129
W50 247
Waage, siehe Libra
wahre Ortszeit 38
wahre Sonne 37 f
Wal, siehe Cetus
Wärmeleitung 152
Wasser 194, 268, 293
Wasserdampf 73
Wassermann, siehe Aquarius
Wasserstoff 103, 147 f
  21-cm-Linie 267–270, 289
  interstellarer 267
  molekularer 268
Wasserstoffatom 104–106
Wasserstoffbrennen 148–151, 155 f, 172 f, 207
  Kernregion 175 f, 216
  Kugelschale 177, 182, 186–188, 200, 218
Wasserstoff-Fusion, siehe Wasserstoffbrennen
Wasserstofflinien 99, 102, 105 f, 197
WC-Sterne, siehe Wolf-Rayet-Sterne
Weiße Zwerge 111, 113 f, 117, 125, 174, 181, 188, 201–208, 215, 245
  chemische Differentiation 203 f
  Dichte 202
  Doppelsterne 205–208, 231
  Klassifikation 202 f
  Magnetfeld 204
  Masse 122, 205
  Spektrum 202–204
Weizsäcker, C. F. von 160
Welle, elektromagnetische (EM) 50 f
Wellenlänge 50
Welle-Teilchen-Dualismus 149
Weltbild, geozentrisches 46
weltraumgestützte Beobachtung 73–76
Weltzeit 39, 41
Wendekreis 23
  nördlicher 25
  südlicher 25
Westerbork Radio Synthesis Observatory 309
Widder, siehe Aries
Wiensches Gesetz 94
Winkeldurchmesser, Sterne 76 f
Wintersonnenwende 19
Wismut 132
WN-Sterne, siehe Wolf-Rayet-Sterne
Wolf-Rayet-Sterne 223–225, 232
  Doppelsterne 224
Wolken, interstellare 278 f, 285
Wollaston, W. 97

Y

Yerkes Observatory 309
Yttrium 168, 191

Z

Zanstra, H. 197
Zanstratemperatur 197
Zeeman-Effekt 139, 167
Zeit, Definition 38
Zeitgleichung 38
Zeitmessung 38–41
Zeitzonen 39
Zenit 17–19, 65
Zentrum, galaktisches 31, 88
Zero-Age-Main-Sequence, siehe Anfangshauptreihe
Zirkonium 191 f
zirkumpolare Sterne 19
zirkumstellare Hüllen 193–201, 219, 268, 270
zirkumstellare Scheiben 280 f
  junge Sterne 277
  T Tauri-Sterne 273–277
Zirrus-Nebel 235 f
Zivilisationen, außerirdische 287–289
Zodiakallicht 30
zone of avoidance 266
Zwerge 110
  Braune 260
Zwerggalaxien, elliptische 250, 263
Zwicky, F. 227, 238 f
Zwillinge, siehe Gemini
ZZ Ceti-Sterne 125

Sternindex

A0620-00 246
Alcor 119
Aldebaran 110, 114, 116, 174, 182
Algol 120
Alkaid 33
αCen A 101, 118
αCentauri 89, 114, 118 f, 286
αCentauri B 118
αCygni, siehe Deneb
αOrionis 34
Altair 28, 32
Antares 25, 92, 114, 215, 217
Arktur 25, 92, 96, 101, 110, 114, 174, 182

Barnards Stern 89, 173
βPersei, siehe Algol
βPictoris 285 f
Beteigeuze 26, 33, 92, 96, 101, 112, 114, 217

Canopus 32, 114
Capella 33, 92, 114
Castor 24
χPersei 101
61 Cygni 34, 89, 114, 118, 173
Cygnus X-1 245

δCephei 123
δOrionis 265
Deneb 33, 91 f, 114, 206, 214, 216
Deneb Algedi 33
Deneb Kaitos 33
Denebola 33
DO Cephei 165
DR Tauri 273

εCygni 235
εEridani 288 f
εOrionis 101
40 Eridani B 113 f, 174, 195
ηCarinae 221–225, 233

Fomalhaut 285

γ²Arietis 167
γDraconis, siehe Thuban
γVelorum 224
Granatstern 110

HD56925 223
HD148937 221
HD190429 219

HD215441 167
HD93129A 110, 214, 219
HR1040 113

IRC +10-216 194

λOrionis 271
LHS2924 92, 112
LMC X-3 246

Mira 110, 112, 174, 188 f, 219
Mizar 119
μCephei 110, 121, 215, 217
   siehe auch Granatstern

Nordstern, siehe Polaris
Nova Cygni-1975 206
Nova Herculis-1934 207

oCeti, siehe Mira

P Cygni 220, 223, 225
Polaris 25, 32, 43, 114
Pollux 24
Procyon 26, 33, 101, 114
Procyon B 114
Proxima Centauri 89 f, 92, 112, 173

R Aquarii 207
R Cygni 101
R Leporis 101
Regulus 25
ϱCassiopeia 114, 223
Rigel 26, 101, 216

S Dor 114
Sirius 26 f, 32 f, 92, 99, 101, 114, 118 f, 121, 173, 206, 222
Sirius A 122, 206
Sirius B 114, 122, 174, 195, 206
Sk-69° 202 227, 233
Sonne 173
Spica 33, 101
SS433 246 f

T Tauri 273
τCeti 289
ϑ¹Orionis C 211
ϑLyrae 114
ϑVirginis 113
Thuban 43

U Orionis 193
U Sagittae 120

VV Cephei 121, 232

Wega 36, 43, 91 f, 96, 99, 101, 106, 110, 114, 164, 173, 226, 285

ζAquilae 164
ζPuppis 221
ζTauri 234

Sonderausgaben der Spektrum Bibliothek:

■ John R. Pierce · Klang
John R. Pierce berichtet von der Entwicklungsarbeit an den berühmten Bell-Laboratorien, wo Ingenieure, Akustiker, Psychoakustiker und Musiker wie Boulez und Stockhausen die technischen Grundlagen für moderne elektronische Musik, CD-Aufnahme- und Wiedergabetechnik unter Einbezug der Raumakustik geschaffen haben.
232 S., Br. · DM 25,-/öS 183,-/sFr 23,- ISBN 3-8274-0544-0

■ Joseph Silk · Die Geschichte des Kosmos
Ähnlich wie archäologische Ausgrabungsfunde historische Epochen in die Gegenwart holen, verdeutlichen astronomische Beobachtungen der fernsten Objekte im Kosmos die frühen Entwicklungsphasen des Urknalls. Joseph Silk beschreibt in diesem reich illustrierten Band die "Urknall-Archäologie" der Sterne, Galaxien und Quasare bis hin zur kosmischen Hintergrundstrahlung.
270 S., 171 Abb., Br. · DM 25,-/öS 183,-/sFr 23,- · ISBN 3-8274-0482-7

■ Irvin Rock · Wahrnehmung
Wie das Sehsystem aus einem mehrdeutig Hell-Dunkel-Muster auf der Netzhaut ein wirklichkeitsnahes Bild rekonstruiert, erläutert Irvin Rock im vorliegenden Buch. Die komplizierten Verarbeitungsprozesse werden an vielen anschaulichen Experimenten, die der Leser anhand der Abbildungen selbst nachvollziehen kann, dargestellt und erklärt.
1998, 232 S., 180 Abb., Br. · DM 25,-/öS 183,-/sFr 23,- ISBN 3-8274-0478-9

■ Steven M. Stanley · Wendemarken des Lebens
Steven Stanleys reich illustriertes Buch zeichnet die großen biologischen Katastrophen nach, die den Gang der Evolution mehrfach massiv unterbrochen haben, und zeigt, wie sich anhand von Fossilien und Gesteinsdokumenten die räumlichen und zeitlichen Muster dieser Krisen entschlüsseln lassen.
1998, 248 S., 180 Abb., Br. · DM 25,-/öS 183,-/sFr 23,-ISBN 3-8274-0475-4

Früher DM 68,- pro Band jetzt nur noch DM 25!!

■ David Layzer · Das Universum
Schrittweise erläutert David Layzer dem Leser die Sprache der kosmologischen Theorien – vom Orts- und Bewegungsbegriff bis hin zur vierdimensionalen Raum-Zeit. So wird dem Leser das kosmologische Rüstzeug geliefert, um die historische Entwicklung der Kosmologie nachvollziehen zu können.
1998, 264 S., 180 Abb., Br. DM 25,-/öS 183,-/sFr 23,-ISBN 3-8274-0477-0

■ J.G. van den Tweel u.a. · Immunologie
»Selbst« oder »Nicht-Selbst« – das ist die entscheidende Frage, der sich das Immunsystem stellen muß, um gefährliche Eindringlinge und körperfremde Substanzen dingfest und unschädlich zu machen, ohne zugleich auch körpereigenes Gewebe anzugreifen. Mit welch ausgeklügelten Mechanismen das Immunsystem diese Aufgaben löst und mit welchen Methoden es erforscht wird, beschreibt dieses spannende Buch.
ca. 288 S., Br. · DM 25,-/öS 183,-/sFr 23,- · ISBN 3-8274-0156-9

■ David Morrison · Planetenwelten
Für den NASA-Experten David Morrison sind Planeten Reiseziele, die man einfach mit Raumfahrzeugen besuchen und inspizieren kann. Und so liest sich auch sein Buch "Planetenwelten". Fotos und Übersichtskarten laden ein, sich in die Welt auf den Planeten und ihren Monden zu versetzen und den Erläuterungen des Reiseleiters zuzuhören.
ca. 244 S., 118 Abb., Br. · DM 25,-/öS 183,-/sFr 23,- · ISBN 3-8274-0527-0

Mehr Information!

Willkommen bei
www.spektrum-verlag.de
Ausführliche Informationen, Probeseiten u. v. m.